UNREAL ENGINE SUBSTANCE PAINTER MAYA

游戏开发完全学习教程

【游戏开发者之书】

李景天　　[美]卡桑德拉·阿雷瓦洛　　[美]马修·托瓦尔　著
（Jingtian Li）　（Kassandra Arevalo）　（Matthew Tovar）

未蓝文化　译

U0244689

中国青年出版社

图书在版编目（CIP）数据

Unreal Engine、Substance Painter、Maya游戏开发完全学习教程 / 李景天，（美）卡桑德拉·阿雷瓦洛，（美）马修·托瓦尔 著；未蓝文化译. — 北京：中国青年出版社，2024.9. — ISBN 978-7-5153-7345-4

I.TP311.5

中国国家版本馆CIP数据核字第2024J82A44号

版权登记号：01-2023-5807

Creating Games with Unreal Engine, Substance Painter, & Maya Models, Textures, Animation, & Blueprint 1st Edition/by Arevalo, Kassandra; Tovar, Matthew; Li, Jingtian/ISBN: 9780367512637

侵权举报电话

全国"扫黄打非"工作小组办公室
010-65212870
http://www.shdf.gov.cn

中国青年出版社
010-59231565
E-mail: editor@cypmedia.com

Unreal Engine、Substance Painter、
Maya游戏开发完全学习教程

著　者：李景天 [美]卡桑德拉·阿雷瓦洛
　　　　[美]马修·托瓦尔
译　者：未蓝文化

出版发行：中国青年出版社
地　址：北京市东城区东四十二条21号
电　话：（010）59231565
传　真：（010）59231381
网　址：www.cyp.com.cn
编辑制作：北京中青雄狮数码传媒科技有限公司

责任编辑：张君娜
策划编辑：张鹏 张沣
封面设计：乌兰

印　刷：北京瑞禾彩色印刷有限公司
开　本：787mm×1092mm　1/16
印　张：35.5
字　数：903千字
版　次：2024年9月北京第1版
印　次：2024年9月第1次印刷
书　号：978-7-5153-7345-4
定　价：188.00元

本书如有印装质量等问题，请与本社联系
电话：（010）59231565
读者来信：reader@cypmedia.com
投稿邮箱：author@cypmedia.com

介绍

UNREAL ENGINE
SUBSTANCE PAINTER
MAYA

制作一款属于自己的游戏，一直是许多人的梦想，特别是青少年。随着新技术的不断涌现，这个梦想每年都变得越来越容易实现。在过去十年里，游戏发行量呈指数级增长。仅2019年，在Steam平台上就发布了大约1万款游戏，而移动设备上每天大约有1000款游戏问世。

游戏之所以越来越多，原因之一是有更多更好的工具来制作它们。随着虚幻引擎和Unity等免费游戏引擎的发布，每个人都可以开始制作游戏了。游戏引擎开发者之间的竞争促使他们每年都要推出新的功能，我们也看到了工具在不断地改进。

除了游戏引擎，游戏产业的各个领域都在不断发展。Substance Suite等软件以创新的方式解决了纹理的处理过程。Nvidia RTX和Playstation 5等新一代硬件，将实时渲染推向了新的高度。Oculus Rift、Steam VR和Microsoft Hololens等新型设备正在引领新的用户体验。除此之外，Quixel Megascan和Adobe Mixamo等服务提供了可重用资产库，大大提高了生产力。

对于任何想要投身游戏开发行业的人来说，现在是最好的时机。然而，制作游戏从来都不是一件容易的事。制作一款具有出色视觉效果、引人入胜的游戏玩法、沉浸式音频和整体平衡系统的游戏，需要各种各样的人才。虽然我们有很多资源学习游戏开发的不同元素，但解释整个游戏开发过程的资料却很少。本书致力于全面介绍从制作资产到编程，再到打包完整游戏的整个游戏制作流程。

本书是写给谁的？

本书旨在帮助想要开始游戏开发之旅却对起点和方向感到茫然的初学者。作为读者，本书将带您进入一个条理清晰的学习轨道，引导您全面掌握游戏开发的各个方面。本书还能够让您远离干扰，专注于基本原理，从而为您的游戏开发奠定坚实的基础，并且能够在不失去整体把握的情况下深入探究细节。

对于游戏爱好者或学生而言，本书是入门游戏开发的理想工具。对于教师而言，本书为您的课程提供了结构完善的教学方案。对于想要利用游戏引擎制作交互式产品的人来说，本书也涵盖了您所需技能的详细介绍。

本书包含哪些内容？

本书涵盖了游戏开发的各个方面，包括但不限于以下内容。

环境建模

环境建模是为环境制作三维模型的过程。我们将介绍什么是三维模型、如何制作这些模型，以及如何优化游戏模型。

角色建模

角色建模是制作三维角色的过程，本书将介绍各种建模方法和技巧。

UV映射

我们将学习如何将三维模型展开到二维平面上，以便将纹理映射到模型上。这个过程我们称之为UV映射。

贴图

贴图是为模型定义颜色和外观等的过程。

绑定

绑定是一种通过向角色添加骨骼和控制器，从而实现动画效果的技术。

角色动画

本书将介绍动画创建的技术和理论。

游戏引擎中的光照和烘焙

我们将介绍设置环境光照的工作流程，包括光照在游戏引擎中的工作原理，以及烘焙光照的技术细节。

游戏编程

我们将介绍用于创建游戏编程语言的理论和实践的各个方面。

此外，我们还将对音频和视觉特效的解决方案，以及其他关键细节进行介绍。阅读本书后，您将全面掌握制作一款出色游戏所需的知识。

最后说明

必须指出的是，游戏开发是一项非常耗时的工作，在学习过程中，您需要投入大量的精力和时间。不管遇到什么困难，都不要轻言放弃。随着互联网的广泛应用，您几乎可以找到所有问题的解决方案。

同样重要的是要认识到游戏开发工具一直在不断演变，您应该持续学习新知识，探索新想法。请认真学习本书所介绍的理论知识，但不要过份依赖我们所使用的工具。

好吧，我们知道您已经厌倦了阅读这部分内容，很多人甚至会跳过它。现在是时候开始这个美妙的旅程，开始制作出色的游戏吧！

李景天（Jingtian Li）

2020年5月9日

美国，得克萨斯州，圣安东尼奥

致谢

完成本书需要很多人的努力和支持，我们要特别感谢为本书做出贡献的每一个人。

首先，非常感谢给予我最大支持的我的导师和同事亚当·沃特金斯（Adam Watkins）。如果没有他的指导，本书无法达到如此有条理、精确且信息量充足。

此外，感谢马修·托瓦尔（Matthew Tovar）和卡桑德拉·阿雷瓦洛（Kassandra Arevalo）撰写了精彩的绑定和动画章节。没有他们的努力，本书是不完整的。

关于作者

李景天（Jingtian Li）毕业于中国中央美术学院和纽约视觉艺术学院，并获得计算机艺术硕士学位。目前，担任得克萨斯州圣安东尼奥圣道大学（University of the Incarnate Word）3D动画与游戏设计专业的助理教授。

卡桑德拉·阿雷瓦洛（Kassandra Arevalo）是得克萨斯州圣安东尼奥圣道大学3D动画与游戏设计专业的讲师，曾在Immersed Games公司担任动画师。

马修·托瓦尔（Matthew Tovar）是业内资深动画师，曾任职于顽皮狗（Naughty Dog）、Infinity Ward和索尼互动娱乐（Sony Interactive），参与的游戏开发项目包括《最后生还者》《使命召唤：现代战争》以及最近与Crystal Dynamics合作的《漫威复仇者联盟》等。目前，担任得克萨斯州圣安东尼奥圣道大学3D动画与游戏设计专业的助理教授。

目录

UNREAL ENGINE
SUBSTANCE PAINTER
MAYA

第4章　创建关卡资产

第7章　角色建模

第8章　UV贴图

第11章　Maya中的FPS动画

第15章　武器

第16章　生命值和伤害值

第17章　库存系统和用户界面

第18章   安全摄像头

第19章   巡逻人工智能

Maya 建模

　　三维模型是现代游戏图形的基础，包括我们平时看到的游戏环境和角色，其中引人入胜的视觉效果是游戏成功的关键因素之一。本章我们将对使用Maya建模的详细流程进行介绍。

1.1 Maya主界面导览

Autodesk Maya是我们进行三维建模的首选工具，虽然它不是市面上最好的建模工具，但却是整个生产制作流程中使用最多的，尤其是在动画制作方面。我们在计算机中启动并运行Maya软件后，其主界面如图1-1所示。

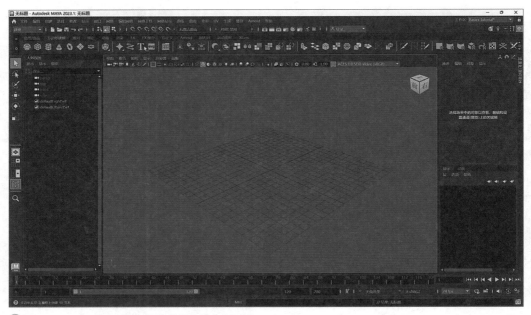

⬆ 图1-1 Maya的主界面，原点是网格的中心区域

图1-1中间的大片区域是Maya的视图区域，模型将显示在这里。当前工作区没有任何对象，中间只有一个网格表示视图的中心，网格的中心称为原点。

要想从不同的角度查看视图区域，可以同时按住Alt键和鼠标左键并拖动鼠标。要想放大或缩小视图区域，可以同时按住Alt键和鼠标右键并拖动鼠标。要想左右移动视图，可以同时按住Alt键和鼠标中键并拖动鼠标。

三维空间的宽度、高度和深度，分别通过X、Y和Z轴表示。在视图区域左下角显示了这三个轴的方向。

1.2 渲染

Maya的渲染器通常基于底层图形应用程序接口构建，着色器则由片段着色器（Fragment Shader）实现，这是一个非常复杂的过程，我们并不需要了解其中的细节和数学原理，只要知道渲染器完成的任务是将三维对象绘制到屏幕上就够了。Maya自带的实时硬件渲染器为Viewport 2.0。

1.3 3D模型

在菜单栏中执行"创建">"多边形基本体">"平面"命令，即可在视图区域创建一个平面图形。在用户界面右侧的通道盒（如果没有找到，可以单击右上方的▓图标打开通道盒）中，可以调整选中对象的基本属性。单击通道盒面板"输入"下的"polyPlane1"，在展开的设置项中将"细分宽度"和"高度细分数"值均改为1，使视图中的平面图形仅有一个面。

我们现在看到的是任意模型的构建基础——一个具有4个角的平面，在几何学中称为矩形，而在3D图形术语中称为四边面。通过将多个四边面组合在一起，可以创建复杂的3D模型。

1.4 变换工具

在用户界面的左侧有一列操作工具，用户可以使用键盘上的Q、W、E和R键，在这些工具之间进行切换。按下按键Q可以调用选择工具，按下按键W可以调用移动工具，按下按键E可以调用旋转工具，按下按键R可以调用缩放工具。

如果要选中视图中的模型，只需要单击该模型或者按住鼠标左键不放拖拉一个选择框，即可将其框选。如果要取消选中模型，则直接在视图空白处单击或按住Ctrl键并单击模型。

选中模型后按W键，可以移动模型，同时在模型上会显示可以移动模型的变换操纵器。用户拖动不同方向的箭头，可以使模型沿着特定轴移动。如果仔细观察变换操纵器会看到可以拖动的方块，它可以使模型同时沿着两个轴移动位置，甚至可以拖动中心的方块，使模型沿着三维空间中的所有轴自由移动。

选中模型后，按E键可以旋转模型，同时在模型上会显示可以移动模型的旋转操纵器。尝试拖动不同方向上的圆圈，可以使模型围绕不同的轴旋转。我们也可以拖动外侧的黄色圆圈，使模型围绕垂直于视图角度的平面旋转。

选中模型后按R键可以缩放模型，同时在模型上会显示可以缩放模型的缩放操纵器。通过拖动不同方向的线条，可以使模型沿着特定轴缩放。我们也可以拖动缩放操纵器中的正方形，使模型可以同时沿着两个轴进行缩放，甚至可以拖动中心的方块使其沿着所有轴同时进行缩放。

关于模型的变换操作方式还有很多，我们将会在建模时进行介绍。

I.5 模型剖析

I.5.1 边

在模型上单击鼠标右键，会弹出一个快捷菜单。快捷菜单中显示了用户可以执行的菜单命令。在快捷菜单处于活动状态时，向上滑动并选择"边"命令，平面图形的四条边看起来是浅蓝色的。单击任意一条边可以将其选中，被选中的边会以橙色高亮显示。使用移动工具（按W键）拖动三个不同方向的箭头，可以沿各自的方向移动边。

I.5.2 顶点

在模型上单击鼠标右键，在弹出的快捷菜单中选择"顶点"命令，平面图形的4个顶点将显示为紫色，这些是与边相交的顶点。用户可以单击其中任何一个点并移动它，就像移动一条边一样。

I.5.3 面

在模型上单击鼠标右键，在弹出的快捷菜单中选择"面"命令，可以选中并移动该面。

边、顶点和面是3D模型的重要元素，用户可以通过添加和调整这些元素创建想要的任何形状。

I.5.4 对象模式

在模型上单击鼠标右键，在弹出的快捷菜单中选择"对象模式"命令，可以完全移动模型。对象、顶点、边和面是用户在制作模型时不断切换的主要模式。

I.5.5 法线

用户可以同时按住Alt键和鼠标左键、中键或右键并拖动鼠标来旋转摄像机，以查看面的底部。此时可以看到面的底部是黑色的。三维空间中的任何面都有正面和背面，正面显示的画面是正常的，背面则显示为黑色或者不可见（这取决于渲染引擎）。Maya默认将面的背部设置为黑色。如果想查看对象的法线，则需要在菜单栏中执行"显示" > "多边形" > "面法线"命令。面法线如图1-2所示。

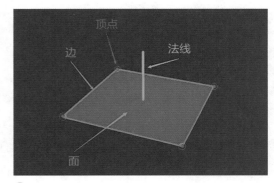

↑图1-2　四边形的元素和法线方向

按下键盘上的Q键切换到选择模式，去掉移动工具中的方向控制柄。现在我们可以看到一条绿线从模型的正面伸出来。虽然可以渲染一个面的两侧，但是通常情况下，多边形的正面应该朝外。假设渲染一张纸，我们肯定想要看到这张纸的两个面，但是通常情况下只渲染其中一个必要的面即可，这样可以避免不必要的计算机性能开销。在游戏中，每秒需要绘制很多帧，所以我们要尽量减少绘制不必要的部分。

1.6 建模规则

在开始建模之前，我们先了解一些游戏建模时的重要规则。

1.6.1 多边形计数

每一个四边形都可以分为两个三角形。我们通常使用模型中三角形数量作为多边形计数的度量标准，甚至使用四边形来创建模型。之所以选择三角形数量而不是四边形数量作为度量标准，是因为虽然Maya支持使用四条以上的边创建多边形，但只有三角形能够确保表面平坦，而对于超过三个顶点的几何图形则无法保证，故在多边形建模时，通常使用三边多边形（称为三角面）或四边多边形（称为四边面）创建模型。因此，渲染过程中使用三角面作为基本的渲染单位。更少的多边形意味着游戏更容易运行（更少的数据）。因此，为了找到平衡点，我们需要必要数量的多边形定义物体外观，又要避免额外增加多余多边形。

1.6.2 拓扑

拓扑是面在模型上的布局方式。由于四边形具有明确的方向感，便于表达形状的演变和变形，在建模时，使用四边形可以避免很多问题，并且易于展示形状的拉伸变形。我们希望四边面的流动可以表示曲面的变化。拓扑结构对于人脸变形的重要性如图1-3所示。从图中可以看到，围绕眼轮匝肌、鼻唇沟和口轮匝肌的面部环状结构构成了支撑面部表情的基本结构。总之，拓扑是为了更好地表示模型的形状并支持动画中的变形。

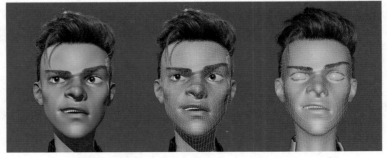

⬆ 图1-3　有效的拓扑结构对于支持之后在动画中出现的变形至关重要

I.6.3 尺寸和比例

无论模型描述多么详细，尺寸都是3D建模中的关键参数。如果尺寸或比例不对，模型看起来就会有偏差。在Maya中，默认的度量单位是厘米（cm）。这也是很多流行软件的默认单位设置，包括Unreal Engine、Blender等。而其他软件，比如Unity，则使用米（m）作为默认单位。不过这两种比例很容易进行转换。用户应该经常检查模型的大小和尺寸，以确保物理模拟、渲染和动画能够正常工作。比如，对楼梯进行建模时，那么就必须知道一般楼梯台阶的高度和宽度分别为18厘米和28厘米。当用户将建模作品从Maya导出到游戏引擎时，转换成正确的比例是非常简单的。重点是在Maya中以正确的尺寸比例（默认为厘米）构建模型。

I.7 建模基础

接下来我们将介绍建模的相关操作，并在此过程中了解Maya各种建模工具的应用。请大家记住，提高建模水平没有捷径，唯一的方法就是勤加练习。

教程 安全摄像头建模

步骤01 创建基本形状。在菜单栏中执行"创建"＞"多边形基本体"＞"立方体"命令，在视图区的原点创建一个立方体。3D建模师将这个立方体称为盒子。其实，我们现在正在执行的操作有另外一个名字，称为盒子建模。

提示和技巧

在Maya中，用户在没有选择任何对象的情况下，同时按住Shift键和鼠标右键可以打开快捷菜单，看到对应的菜单项。如果用户在没有其他对象的视图区域这样操作，可以通过快捷菜单创建新对象。这种方法与执行"创建"＞"多边形基本体"＞"立方体"命令的操作结果相同。学习这样的快捷方式将会大大提升我们的建模速度。

步骤02 维度。一个常见的安全摄像头大约长18厘米、高10厘米、宽10厘米。选中视图区域的立方体，在Maya主界面的右侧可以看到通道盒，如下页图1-4所示。

在通道盒中，将"缩放X"和"缩放Y"的值改为10，将"缩放Z"的值改为18，如下页图1-5所示。

图1-4　通道盒位于Maya主界面的右上角，允许用户更改所选对象的位置、旋转和缩放

图1-5　通过通道盒调整立方体的大小

步骤 03 我们要制作一个与图1-6类似的摄像头。模型和图像之间的主要区别之一是摄像头的棱角是圆形的。

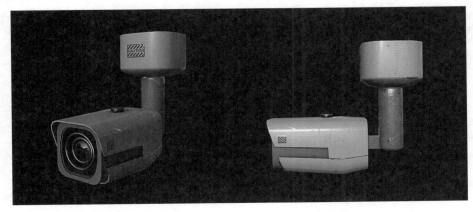

图1-6　目标摄像头

切换到边模式（选中模型并单击鼠标右键，在弹出的快捷菜单中选择"边"命令），依次单击矩形的4条长边，然后在菜单栏中执行"编辑网格" > "倒角"命令（或者按Ctrl+B组合键），制作出斜面效果，如图1-7所示。此操作可以将用户选择的边拆分为多条边。

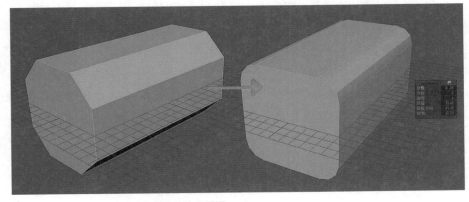

图1-7　使用倒角工具使立方体的边缘圆滑

要想使这些边缘处圆滑，可以在弹出的"polyBevel1"面板中将"分数"值改为0.38、将"分段"值改为3，以便缩小新斜面与边缘之间的距离。

提示和技巧

　　如果要选中四条边，可以在视图中旋转摄像机查看立方体的侧面，然后在这四条边上拖动剖面框。或者先选中其中一条边，按住Shift键，然后双击下一条边，可以同时将其余的边选中。在Maya中，此操作将选择同一个面之间的所有边。我们将这种边称为环形边。

步骤04 软化边。单击鼠标右键（持续按住不松开），从弹出的快捷菜单中将边模式切换到对象模式。单击视图中的空白区域，以取消选中对象。看到立方体圆滑处显眼的线条了吗？这是因为此时边缘是"硬的"。为了软化它，需要切换到边模式（在快捷菜单中选择"边"命令），然后选择圆滑处的一条边，按住Shift键，双击下一条边以选中整个环形边。之后在菜单栏中执行"网格显示" > "软化边"命令，使这个立方体圆滑处的所有线条都成为软边，如图1-8所示。

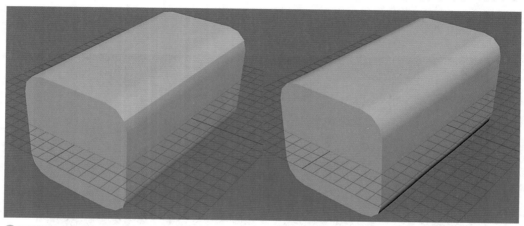

⬆图1-8　软化边

步骤05 正面开口。在快捷菜单中选择"面"命令，切换到面模式，然后选择摄像头的正面。在菜单栏中执行"编辑网格" > "挤出"命令或者直接按Ctrl+E组合键，挤压面，在我们选择的面上创建一个新的面。按R键切换到缩放工具，拖动缩放工具中间的黄色小方框，可以缩放新面以获得摄像头模型的厚度。仔细看，可以看到开口处的左右轮廓是圆形的。拖动红色小方框（拖动时会变成黄色）可以在X轴上进行缩放。调整到适合的厚度后，不再需要中间的面，所以按键盘上的Delete键将其删除，如下页图1-9所示。

步骤06 将曲率添加到侧边。为了使轮廓圆滑，我们需要借助更多的几何图形。在菜单栏中执行"网格工具" > "多切割"命令后按Ctrl键，然后将光标悬停在侧边缘上，预览单击鼠标时创建的边。在单击之前，请按住Shift键，捕捉将创建预览环的位置。此预览操作将在边上每隔10%捕捉一次，移动光标，直到预览结果位于边的中间，然后单击以完成新细分（新边）的添加。这些边的尖端和末端相连，我们将这种边称为循环边。重复并在另一侧添加相同的循环边，如下页图1-10所示。

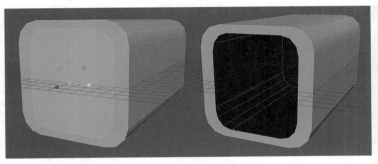

🔼 图1-9　使用挤出工具在摄像头前面创建一个开口　　🔼 图1-10　在摄像头模型两侧增加循环边

步骤 07 启用对称功能。建模是一件非常耗时的事情，为了尽可能节省时间，我们可以开启对称功能，这样就不必手动在另一边添加循环边。启用对称功能如图1-11所示。对称设置默认值为"对称：禁用"，单击其左侧的下三角按钮，选择"对象X"选项，以便在X轴上切换对称性。启用对称功能后，在几何体的一侧选择和执行命令将会影响另一侧。

🔼 图1-11　启用对称功能

步骤 08 为摄像头开口添加曲率。双击步骤06创建的循环边中的任意边，选择整个循环边。按Ctrl+B组合键使循环边呈斜角，并将"分段"改为2。切换到顶点模式（选中对象并单击鼠标右键，从快捷菜单中选择"顶点"命令），选择开口处的边的中间点，使用移动工具（W）从中心向边缘拖动。之后依次选择中间点（按Shift键），将它们拖离中心。绕过开口并调整顶点，直到获得适当的侧面曲率，效果如图1-12所示。

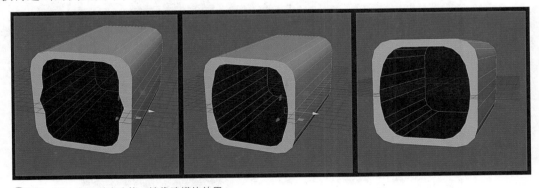

🔼 图1-12　启用对称功能，镜像建模的效果

步骤 09 挤出内表面。双击开口处的任意边以选择周围的循环边。按住Shift键和鼠标左键，将循环边向内拖动一点，这是挤出一个新的多边形环的快捷方式。沿着新挤出的边选择环形边，并按住Shift键和鼠标右键，在弹出的快捷菜单中执行"软化/硬化边">"软化边"命令，使模型内部的边变得圆滑。该命令与"网格显示">"软化边"中的命令相同。按R键切换到缩放工具，再次按住Shift键并拖动中间的黄色框，以挤出一个新的小多边形环。切换到移动工具，按住Shift键并将新的环形边向网格背面拖动，以填充内部，如下页图1-13所示。

9

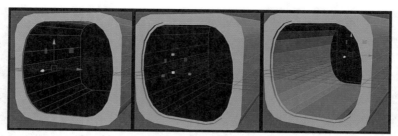

⬆ 图1-13　启用对称功能，镜像建模工作

提示和技巧

　　Shift+鼠标右键是一个非常常用的快捷方式。如果选择了对象，该操作会快速弹出相关的工具或命令。如果没有选择任何对象，执行此操作将提取大量原始多边形。几乎所有我们需要的命令都可以在这个快捷菜单中找到。

　　步骤10 创建摄像头镜头。单击视图中的空白区域，取消选择摄像头。在没有选择任何对象的情况下按Shift键和鼠标右键，在弹出的快捷菜单中选择"圆柱体"命令。选中摄像头模型，在右侧通道盒中将"旋转X"的值改为90，并使圆柱体平放。缩放并移动圆柱体，使其与摄像头镜头的大小大致相同。

　　步骤11 创建镜头前边缘。切换到顶点模式，选择正面中心点，按Ctrl键和鼠标右键，在弹出的快捷菜单中执行"到面">"到面"命令，选择共享此顶点的所有面。关闭对称功能，按R键切换到缩放工具并按Shift键，拖动黄色框以拉伸面。使用移动工具并按住Shift键，将面拖回。继续使用缩放和移动工具进行拉伸，创建镜头的所有边，如图1-14所示。

⬆ 图1-14　使用挤压、移动和缩放工具创建镜头前面的边

步骤12 将边缘磨成斜角。选择镜头边缘上粗糙的循环边（我们可以在边缘模式下双击边），按Ctrl+B组合键使其倾斜。选择镜头前面的所有边，执行"软化边"命令来软化镜头的边，如图1-15所示。

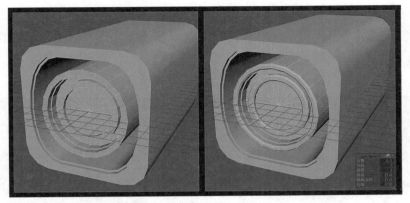

⬆ 图1-15　设置斜面和软化边，创建镜头前面的边

步骤13 增加镜头的曲率。选择镜头的中心点，按Ctrl+鼠标右键，执行"到面" > "到面"命令。切换到缩放工具并按Shift键，拖动黄色框将面向下拉伸到原始大小的一半左右。使用移动工具将面向前拖动一点，再次选择中心点，并将其向前移动一点。选择中心点周围的循环边，按Ctrl+B组合键使其呈斜角，这样就得到了镜头需要的曲率。最后，软化创建的循环边，使镜头看起来平滑，如图1-16所示。

步骤14 清理历史记录。Maya会记住用户执行的所有操作，并将其存储在通道盒下的"输入"选项区域中，如图1-17所示。

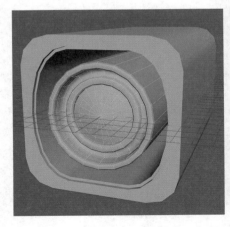

⬆ 图1-16　通过增加镜头的曲率来完善模型

⬆ 图1-17　通道盒中的"输入"选项区域，显示到目前为止模型创建的历史步骤记录

切换到对象模式，选择相机的外壳和镜头。执行"编辑">"按类型删除">"历史"命令以清理历史记录，这会使所有操作的历史记录消失（该操作的快捷键为Alt+Shift+D）。定期删除模型的历史记录很重要，这样可以确保模型稳定，场景不会越来越繁杂。

步骤15 创建外壳。选择镜头的外层，切换到面模式，选择穿过模型深度的其中一个面。按Shift键并双击下一个面，选取模型深度上的整个循环边。按Shift+鼠标右键，在弹出的快捷菜单中选择"复制面"命令。拖动箭头，指向箭头所在的面，执行"复制面"命令，从选中的面创建一个新模型。这样可以将面移开，轻松创建一个外壳，如图1-18所示。

⬆ 图1-18　通过复制面，创建一个外壳

步骤16 调整形状。图1-19中展示了前面各种操作的一系列步骤，我们可以按照图像调整形状进行匹配。

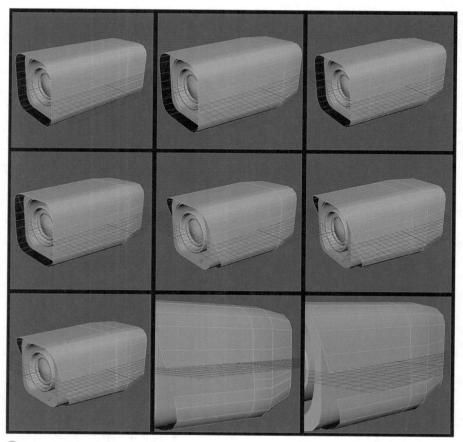

⬆ 图1-19　试着遵循图中的指示调整形状

如果有不明白的地方，可以按照下面的步骤进行操作。首先选择步骤15创建的外壳，使用缩放工具将其拉伸得更长。按住Shift+鼠标右键，在弹出的快捷菜单中执行"多切割"命令。按住Ctrl键并单击更靠近外壳后端的位置，添加循环边。按Q键切换到选择工具，双击新创建的循环边的任意边，以选择整个循环边。放大此循环边并稍微向下拖动，创建外壳较宽的部分。在靠近外壳前面的位置添加另一个循环边。在这个循环边被选中的情况下，按E键切换到旋转工具。按Ctrl+Shift组合键旋转圆环，使其向前倾斜（旋转时可以看到边是如何束缚在模型表面的，这对创建倾斜的正面形状非常有用）。选择面前面的循环边并删除它们。启用对称功能并添加循环边，以标出外壳中间开口处的边。选择相应的面并删除它们。添加一个非常靠近上下壳之间接缝处的循环边。最后，删除中间的环形面以显示接缝。

步骤17 创建壳上面的孔。在模型中心添加循环边，然后选择这个新的循环边，按Ctrl+B组合键使其倾斜，并在弹出的窗口中将"分数"值改为0.32。切换到移动工具，使用Ctrl+Shift组合键向前滑动中心处的边，以标记开口处的边。如果不确定面是否删除，可以切换到对象模式并选择外壳，按Ctrl+1组合键将其分离，如图1-20所示。

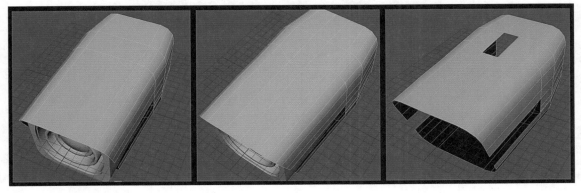

⬆ 图1-20　在壳上面创建一个孔

步骤18 增加厚度。选择模型的所有面（切换到面模式并双击任意多边形），按Ctrl+E组合键并拖动箭头，通过拉伸面来增加厚度。

步骤19 创建摄像头后臂。创建一个立方体，移动并缩放它，创建后臂的基本形状。在中间添加一个循环边并倾斜，使其弯曲。不要忘记平滑半圆处的边，如图1-21所示。

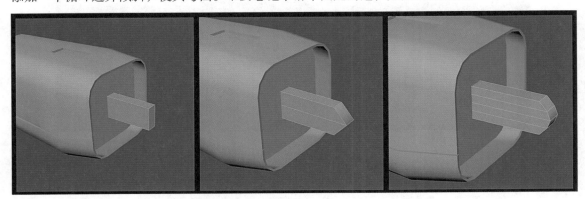

⬆ 图1-21　创建一个立方体，添加新的循环边并调整用以创建所需的形状作为后臂

步骤20 连接后臂。选择摄像头的后臂和内部的壳，执行"网格">"布尔">"并集"命令，合并选定的网格，弹出重叠的部分并融合接触面，如图1-22所示。

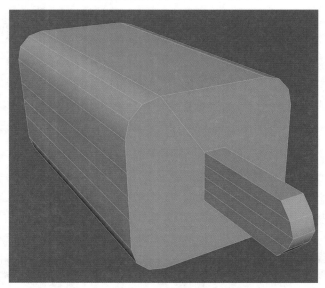

⬆ 图1-22　使用布尔值（并集）合并两个形状

步骤21 修复N-Gon。N-Gon是指具有四条以上边的任何面。这在三维建模中或许是一个问题，因为在渲染过程中我们并不清楚如何将面划分为三角面。在渲染时可能会产生多余的输出，因此最好将N-Gon重建为四边面或三角面。切换到多切割工具，单击并拖动其中一个外部边，直到它停在一个顶点处。单击并拖动其中一个内部边，直到它碰到另一个顶点。Maya将用一条新边连接这两个顶点。按G键提交当前操作，然后重新使用多切割工具，继续单击并拖动连接线，直到没有N-Gon为止，如图1-23所示。

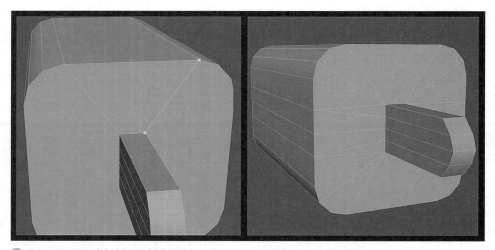

⬆ 图1-23　使用多切割工具创建新的边，将N-Gon重建为三角面或四边面

为什么？

　　需要注意的是，在一系列操作后最终会得到一些三角面，这是没有问题的。否则我们需要向主体对象的其余部分添加新的循环边，这需要更多的性能支撑，但是渲染结果是相同的。

提示和技巧

单击Maya主界面右侧的"建模工具包",在下面的"工具"部分可以看到多切割工具。单击"多切割"按钮,会打开该工具的各种设置项。向下滚动鼠标,可以打开"键盘/鼠标快捷方式"参数设置区域,如图1-24所示。除此之外,我们可以看到该工具的各种功能。尝试使用这些快捷方式,来加快我们的工作流程。

🔼 图1-24　建模工具包提供了操作便捷的高级建模工具

步骤22 创建底座。创建一个立方体,将其"缩放X"和"缩放Z"的值设为13,将"缩放Y"的值设为8。选择立方体的垂直边,按Ctrl+B组合键使其倾斜,将"分数"值改为0.62、"分段"值改为3。将它移动到摄像头后面并向上拖动,如下页图1-25所示。

步骤23 创建底座外壳。选择底部的面并向下拉伸,将产生的新面向下缩放以匹配下页图1-26中的效果。接下来切换到多切割工具,在"建模工具包"中展开"切割/插入循环边工具"部分,勾选"边流"复选框。在新拉伸部分的中间添加一个循环边。在下页图1-26中,我们可以看到边流是如何自动添加曲率的。

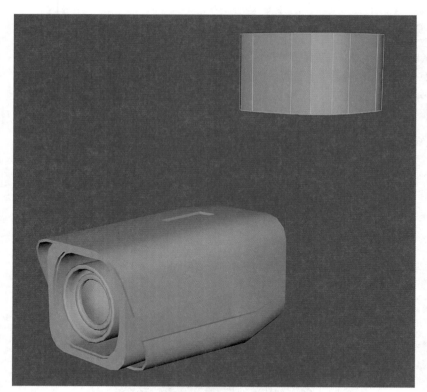

⬆ 图1-25　使用相同的方式创建摄像头的底座

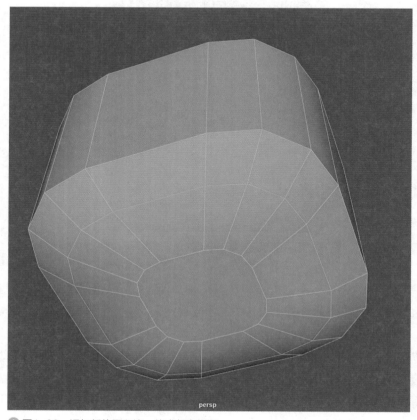

⬆ 图1-26　添加新的面和边，使底部变圆滑

步骤24 创建底座臂杆。再次选择底座底部的面，按Shift+鼠标右键，执行"循环组件"命令，使底部的形状构成一个完美的圆。不过这个形状是倾斜的，我们可以更改"扭曲"值改善这个问题，使其再次变直。将中心面向下拉伸，以得到合适的臂杆长度。使用与步骤23相同的操作，为臂杆创建一个小的圆形底部。最后，使用多切割工具修复N-Gon，如图1-27所示。

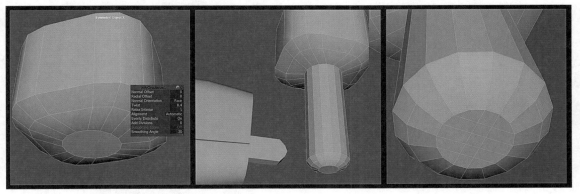

⬆ 图1-27 创建底部臂杆并清理拓扑以修复N-Gons

步骤25 创建臂杆弯曲套筒边。选择臂杆底部的边，按R键切换到缩放工具。在Maya主界面的左侧可以看到各种功能按钮。尝试按Q、W、E和R键，可以看到如何使用键盘快捷键在这些工具之间进行切换。双击"缩放工具"图标，打开"工具设置"对话框，勾选"防止负比例"复选框。缩放X轴上的线条，直到它们变平整（它们不会超出设置范围）。切换到移动工具，按V键启用"捕捉到点"功能。按住V键时，沿着X轴拖动移动工具的箭头（红色圆锥体），并将光标移动到位于手柄外的点上，以便可以在X轴上将平整的线条固定到该点上。在另一边执行同样的操作。在臂杆的长度周围添加另一个循环边，以标记开口插座的上边缘。这里要做的是标记插座的开口边缘。插座的开口在图1-28的最后一个图中突出显示。

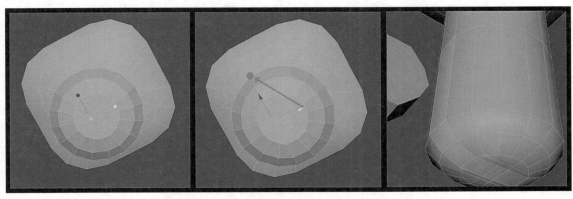

⬆ 图1-28 在每个工具的选项中使用一些新的技巧构建臂杆的底部

提示和技巧

使用Ctrl+Shift+鼠标右键，可以对当前工具进行设置。比如按R键后按Ctrl+Shift+鼠标右键，可以对"防止负比例"进行设置。想要快速选择某个循环边的一部分，请选择该循环边的开始部分，按住Shift键并双击该循环边的末尾部分。这个技巧适用于循环面、循环边和环形边。

步骤 26 打开插座。删除上页图1-28最后一个图中高亮显示的面。选择底部边缘并向上拉伸。在Y轴上缩放它们使其平整。切换到移动工具，按V键同时向上拖动边，将边缘对准开口的上面部分。保持选中对象不动，按Shift+鼠标右键，从快捷菜单中选择桥接工具，通过面连接两个循环边。该命令要求两个循环边上的多边形数量相等，如图1-29所示。

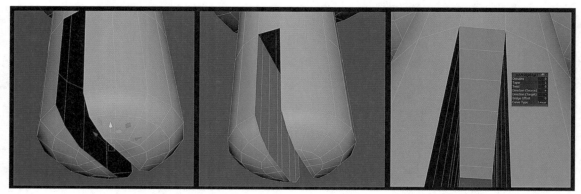

⬆ 图1-29　通过删除面、挤压边和桥接来创建臂杆的缺口

步骤 27 合并顶点。选择开口上角的边，向任意方向移动一点。注意这里有两个重叠的顶点，而不是一个合并的顶点，如图1-30所示。这会在网格中产生撕裂。

　　为了解决这个问题，我们需要把这些顶点合并在一起。按Ctrl+Z组合键撤销顶点的移动操作。按Ctrl+Shift组合键并在两个重叠点上拖动，以选择两个点。检查并确保没有选择网格背面的任何其他内容。执行"编辑网格">"合并"命令，将这两个顶点合并为一个顶点。或者，我们可以按住Shift+鼠标右键选择合并顶点，不过这次快捷菜单会显示一个嵌套的子菜单，而我们只要一直往上拖，选择"合并顶点到中心"命令即可。

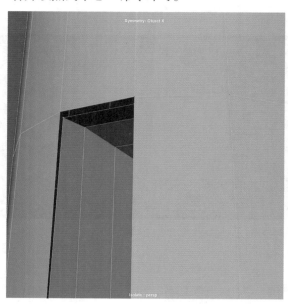

⬆ 图1-30　在之前的步骤中已经创建了带孔的网格

步骤 28 收缩并连接摄像头的底座。选择摄像头机身后臂的面，并向上或向下缩放，使其大小适合底座的开口。移动底座，将臂杆与插口连接起来，如下页图1-31所示。

步骤 **29** 创建顶部开关。创建一个圆柱体（执行"创建">"多边形基本体">"圆柱体"命令），移动并缩放到摄像头顶部外壳的开口处。在通道盒的"输入"选项区域单击"polyCylinder1"，并将"轴向细分数"的值更改为12，效果如图1-32所示。

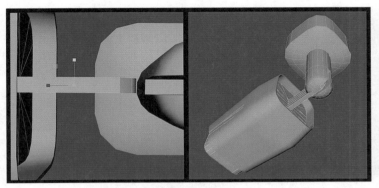

⬆ 图1-31　缩放摄像头背面的面以适配底座　　　　⬆ 图1-32　使用圆柱体粗加工顶部的开关

为什么?

　　缩小轴向细分数，可以降低顶部开关的多边形数。这是一个很小的模型，不需要与镜头相同数量的循环边。在游戏中，多边形计数是很重要的，随着工作的进行，删减那些我们不需要的元素会产生累积收益。

步骤 **30** 减少多边形计数。我们可以通过减少模型的多边形计数来节省一些性能。执行"显示">"题头显示"命令，勾选"多边形计数"复选框。在视图左上角可以看到共有1736个三角形。我们可以使用以下两种方法减少多边形计数。

（1）删除不必要的循环边。选择摄像机外壳中间的循环边，按Shift+鼠标右键，执行删除边操作。注意，删除网格后，整体网格没有任何变化。类似的清理操作如图1-33所示。

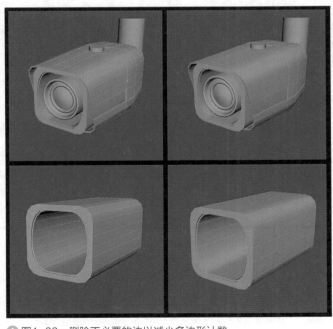

⬆ 图1-33　删除不必要的边以减少多边形计数

（2）如果不能完全删除循环边，则对循环边的各部分进行三角化处理。我们不需要额外的循环边用于外壳顶部，但需要在顶部开一个孔。要解决这个问题，需要先进入对象模式，按Shift+鼠标右键，选择目标焊接工具。单击并拖动外壳上边中间区域的顶点到它旁边的点，将其焊接到该顶点上。使用这种技术，可以在不影响模型形状的情况下焊接很多点。最终会得到一些三角面，这对于大多数非变形（非弯曲）形式来说是完全可以的，特别是对于游戏模型。类似的还原结果如图1-34所示。

需要注意的是，我们要避免产生太多的三角面。三角面在UV中很难管理（纹理过程的一个重要组成部分，稍后介绍），并且它们使高分辨率雕刻变得更加困难（如果用户需要这种复杂的操作形式，包括有机形状）。如果我们是为工作室工作，可以随时咨询团队的主管，听取他们对多边形计数的建议。优化后的最终多边形计数是1494个三角形。

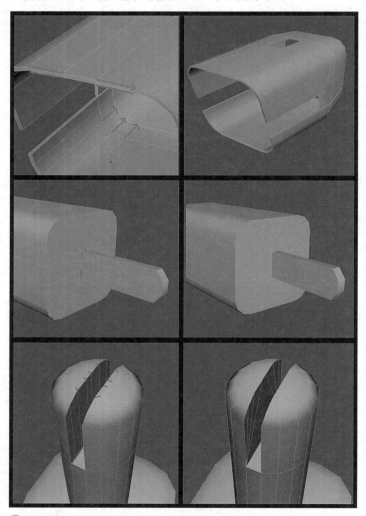

↑ 图1-34　通过顶点焊接减少多边形计数

提示和技巧

"删除边"是最常用的去除边的命令。按下键盘上的Delete键会删除边，但不会删除边上的顶点，这意味着当渲染器进行三角化时，它仍然会从这些剩余的点中生成额外的三角面。

步骤31 清理。在底座的顶部有一个大而扁的N-Gon。选择上面的面，将其向里拉伸。按Shift+鼠标右键，选择将面合并到中心命令。选择创建的所有模型，按Alt+Shift+D组合键删除所有的历史记录。最后，执行"修改">"冻结变换"命令来清理变换结果。

为什么？

你可能想知道这个"冻结变换"操作的作用。在Maya中，模型有两个主要组成部分：变换和形状。"变换"控制模型的位置、倾斜方式以及缩放方式。这些都反映在通道盒中的平移、旋转和缩放值中。"形状"控制顶点、面和边，以及它们如何组合在一起形成模型的形状。模型的最终外观是通过变换移动、旋转和缩放模型的形状决定的。在之前的操作中，我们已经缩放了摄像头的外壳，并且该缩放值会出现在通道盒中。冻结变换将清理并烘焙我们对模型变换到模型形状所做的缩放。之后的很多过程（装配、UV贴图）需要通过"冻结变换"操作进行模型形状烘焙，以达到模型的最终外观是实际形状，而不是通过变换缩放、旋转和移动的形状。

步骤32 命名和组织。在Maya主界面的左侧有一个名为"大纲视图"的选项卡，这是场景中当前现有对象的列表。在视图中选择任何对象，都可以看到它在大纲视图列表中高亮显示。我们也可以通过在大纲视图中单击对象的名称来选择对象。在大纲视图中，按Shift键可以选择多个对象，按Ctrl键可以取消选择操作。

提示和技巧

如果看不到"大纲视图"，可以在左侧"移动""旋转""缩放"工具的按钮列中找到最后一个按钮，此按钮就是用于显示或隐藏"大纲视图"的按钮。

在对象模式下选择视图中的所有对象，按Ctrl+G组合键将它们放入一个组中，此时名为group1的列表将出现在大纲视图中，这是一个组（实际上是一个父对象）。我们可以按下前面的加号按钮展开这个组，查看其中的子模型。双击可以重命名其中的任何对象。现在，将组重命名为security_cam_geo_grp。花点时间重命名其他对象，最终的命名结果如图1-35所示。

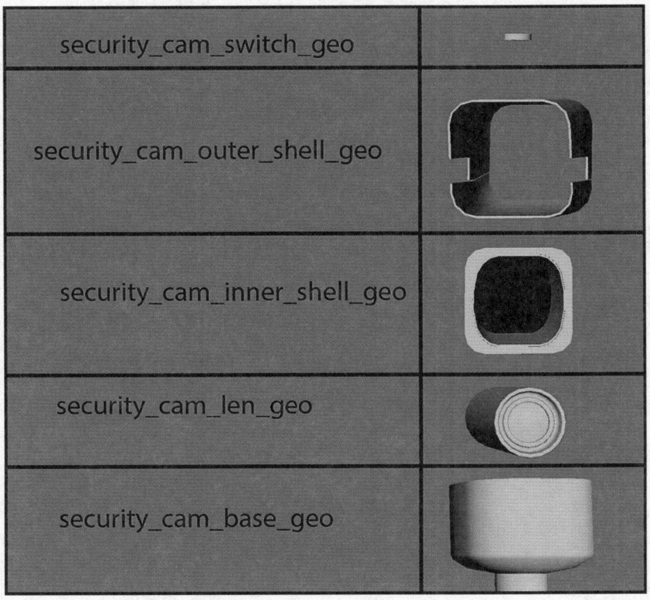

security_cam_switch_geo	
security_cam_outer_shell_geo	
security_cam_inner_shell_geo	
security_cam_len_geo	
security_cam_base_geo	

图1-35 到目前为止形状命名时使用的名称

提示和技巧

组内任何内容都会跟随该组一起。我们可以在大纲视图中选择组并移动整个形状集合。先选取对象，然后选择组并按P键，将一个或多个对象置于同一个组中。如果选择组内的某个对象并按Shift+P组合键，则会将该对象从组中取出（称为取消父级）。我们还可以将一个对象作为另一个对象的父对象，而不是组。在大纲视图中，我们可以按住鼠标中键来拖动周围的任何对象，或者将一个对象拖到另一个对象上，设置一个对象的父对象。

步骤33 清理大纲视图中的列表。我们不需要场景中的多余对象，在对模型进行操作时，大纲视图中可能会有其他空组。我们可以选择security_cam_geo_grp之外的任何内容并删除它们。或者执行"文件" > "优化场景大小"命令，让Maya为我们清理这些内容。

步骤34 保存文件。执行"文件" > "保存场景"命令，弹出"另存为"对话框，将文件名更改为game_set_models，然后保存到一个安全且容易找到的文件夹中。

1.8 其他有用的功能

我们已经介绍了一些重要的建模功能的应用。下面将会在创建一个新场景的过程中，介绍一些其他模型创建常用功能的应用。

1.8.1 扩大和缩小所选内容

创建一个球体（执行"创建" > "多边形基本体" > "球体"命令）并选择顶部顶点。按住Ctrl+鼠标右键，在快捷菜单中选择"到面" > "到面"命令，选择顶部的面。再次按住Ctrl+鼠标右键，选择"扩大选择" > "增长"命令，选择所有直接相邻的面。按G键三次，可进行三次增长操作。我们还可以按Ctrl+鼠标右键，在快捷菜单中找到"收缩选择"命令。

1.8.2 提取面

选择最上面的四圈面，按Shift+鼠标右键，在快捷菜单中选择"提取面"命令。拖动蓝色箭头，将面移开。现在我们可以看到Maya是如何将模型分成两个对象的。注意，在大纲视图中，我们可以看到pSphere1变成了一个组，其中有两个对象。组中的transform1是剩余的构造历史记录，执行删除历史记录操作可以删除它。

1.8.3 | 结合和分离

　　在Maya建模，有些命令（比如桥接）只能用于同一对象上的组件。因此，为了将上层外壳与下层外壳连接起来，必须将这些模型合并成一个对象，如图1-36所示。要合并模型，需要选择所有想要合并的模型并执行"网格" > "结合"命令。顺便说一下，我们可以看到"结合"下面的"分离"命令，该命令会根据模型的连通性将模型分离成多个模型。

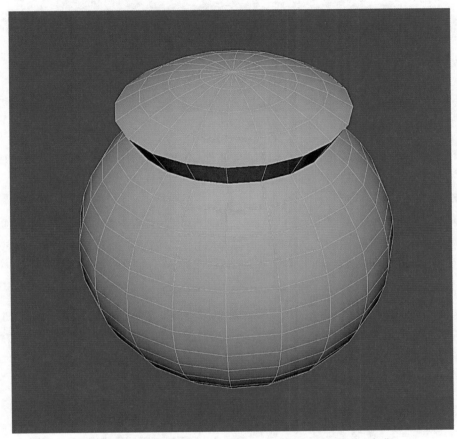

⬆ 图1-36　为了桥接这样的多边形基本体，必须确保它们是同一个对象的一部分

教程 创建电缆或管道

　　当我们需要创建一根电缆或管道时，可以执行"创建" > "曲线工具" > "CV曲线工具"命令，在视图区域单击会产生一个CV点，移动光标在下一个位置再次单击，可以继续创建新的点。继续这样的操作，就会看到一条被创造出来的曲线。按退格键和鼠标中键并拖动鼠标，可以细化放置的CV点。当我们对形状满意时，按Enter键即可完成创建，如下页图1-37所示。

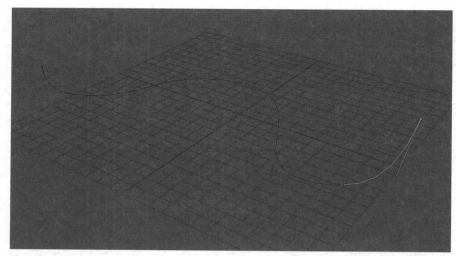

图1-37 使用CV曲线工具创建一条曲线

CV表示控制顶点。为了形成曲线，Maya将在顶点之间进行插值。这种类型的模型称为NURBS，它使用控制顶点之间的插值运算创建网格。这与我们之前创建的摄像头模型（多边形）有根本的不同。

创建曲线后仍然可以通过按住鼠标右键并选择控制顶点来编辑它。然后，我们可以移动CV以细化所需的形状。默认情况下，会在网格上创建曲线。在创建曲线时，可以切换不同的视角，以便曲线与该视图的网格相结合。执行"创建"＞"NURBS基本体"＞"圆形"命令，创建一个圆。选择创建的圆和曲线，执行"曲面"＞"挤出"命令（一定要单击"挤出"旁边的正方形图标以弹出"挤出选项"对话框）。在"挤出选项"对话框中将"结果位置"设置为"在路径处"，将"枢轴"设置为"组件"，然后单击"挤出"按钮和"关闭"按钮，此时会在视图中看到创建的一根管道，如图1-38所示。这个挤出和用多边形命令创建的挤出效果不同，它基本上是沿着曲线放置圆来创建一个框架，然后从中插值出一个形状。

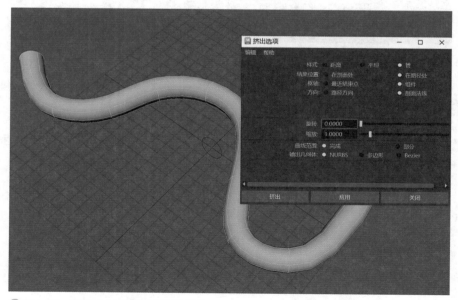

图1-38 使用NURBS挤出来创建管道

我们可以缩放nurbsCricle1来改变管子的半径，还可以调整curve1的形状来改变管子的形状，如图1-39所示。

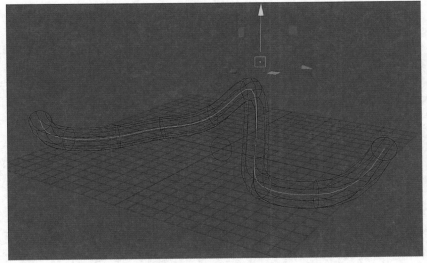

⬆ 图1-39　一旦创建了NURBS网格，可以通过编辑曲线调整网格

但是，这个管子不是多边形或基于多边形的（这是在游戏中需要的）。因此，要将其转换为基于多边形的形式。执行"修改" > "转化" > "NURBS到多边形"命令（同样要单击"NURBS到多边形"旁边的正方形图标以弹出对应的对话框），将"细分方法"更改为"控制点"，单击"细分"按钮，可以将管子转换为多边形，如图1-40所示。

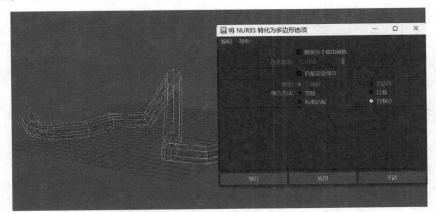

⬆ 图1-40　细分NURBS形式，以形成一个多边形对象

到目前为止，我们仍然可以调整曲线来改变半径和曲线的形状。对调整效果满意时，可以选择多边形形状并删除历史记录，删除所有曲线和原始NURBS曲面，因为不再需要它们。

提示和技巧

在任何时候，管道模型都是黑色的。我们可以在*X*轴上旋转圆，直到它翻转回正常状态。NURBS曲线和曲面是不同类型的模型，在我们创建的控制点之间进行插值运算。管道模型主要用于建筑或工业设计。在游戏场景中，一般不会使用这种类型的模型。不过，管道模型对于网络的最初构建（我们会将其转换为多边形）非常有用。

通过沿曲线挤出的方式创建管道

创建管道的另一种方法是在一个面前面创建曲线，然后沿着曲线挤出这个面。为此，需要同时选中面和曲线，然后按Ctrl+E组合键，效果如图1-41所示。

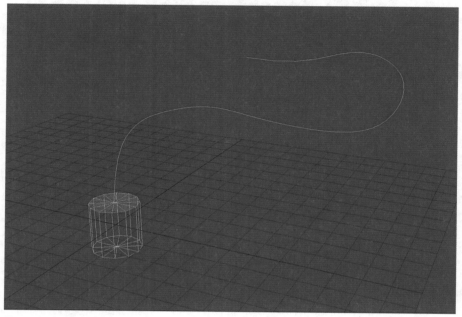

⬆ 图1-41　沿曲线挤压

在弹出的对话框中增加"分段"值，这里设置为25，创建沿着曲线平滑挤出的管道，如图1-42所示。如果是向后挤压，可以选择曲线，对曲线进行反向修复。

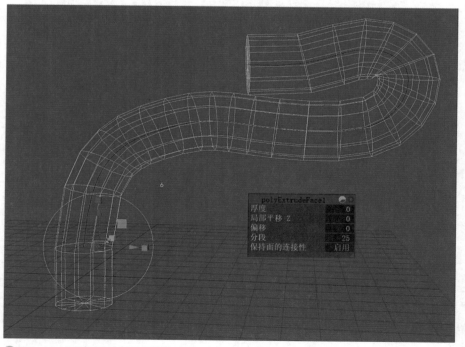

⬆ 图1-42　调整对应的设置项以达到所需的效果

1.8.4 复制对象

　　我们可以选择任何模型并按Ctrl+D组合键复制它。复制的模型将位于与原始模型相同的位置（可以在大纲视图中看到新对象的名称）。复制完成后，可以使用移动工具将新复制的对象移走，如图1-43所示。

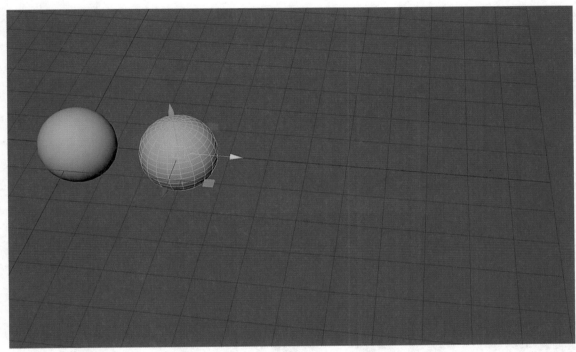

⬆图1-43　快速复制模型

　　如果想创建一个对象的副本，并让它移动相同的距离（或旋转相同的角度），可以按Shift+D组合键。多次按Shift+D组合键，可以获得多个复制的对象，每次偏移量与上次相同，如图1-44所示。

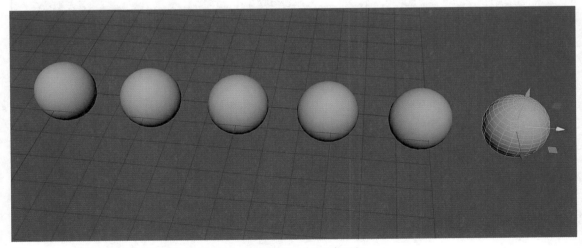

⬆图1-44　使用变换复制（按Shift+D组合键），复制和变换（移动）对象

1.8.5 特殊复制

有时，我们需要创建多个重复的实例。实例是原始形状和副本形状之间保持链接的副本。我们可以调整任何一个副本来更新其他所有副本的形状（但不能进行变换）。选择模型并执行"编辑">"特殊复制"命令，将"几何体类型"更改为"实例"，将"平移"的第一个数值更改为2（X轴），将"副本数"更改为10。然后单击"特殊复制"按钮，会看到模型的10个副本，每个副本彼此之间相隔两个单位。更重要的是，编辑其中任何一个都会影响其他复制对象，如图1-45所示。

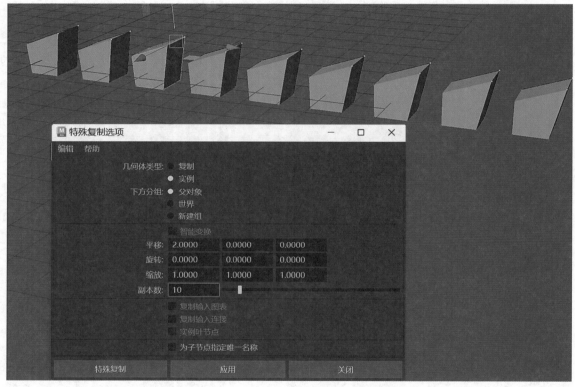

⬆ 图1-45　使用实例（不是副本）创建对象的副本，当原始对象被操作时，该对象将发生变化

1.8.6 镜像

在建模时，如果忘记使模型对称，可以在对象模式下选择模型并执行"网格">"镜像"命令。尝试不同的轴和方向，以确保镜像到正确的一侧。如果希望仅镜像中心的顶点，则将"合并阈值"的值降低至0.001。我们还可以将"边界"设置为"桥接边界边"或者"不合并边界"以获得不同的结果。

1.8.7 中心枢轴

我们可以在对象模式下选取任何模型，执行"修改">"中心枢轴"命令，将模型的枢轴移动到其边界中心。枢轴是对象旋转的位置，每当用户希望能够从模型的几何中心旋转或缩放模型时，都需要它。

1.8.8 更改枢轴

在任何模式下，我们都可以按键盘上的D键并拖动小控件来调整枢轴的位置或方向，还可以单击模型上的任何元素，将枢轴固定到该元素上。例如，我们可以改变摄像机主体的枢轴到臂杆的铰链上，以便围绕铰链旋转它。

1.8.9 捕捉

移动对象或其中各种元素时，可以按X键捕捉到栅格，按V键捕捉到点。捕捉开关位于主菜单下的按钮行。捕捉开关是六个按钮，其图标中带有磁铁。试着切换不同的按钮，观察它们各自的作用。

1.8.10 隐藏模式

选取任何模型或元素，按Ctrl+H组合键可以隐藏它们。想要取消隐藏，则按Ctrl+Shift+H组合键。在选择了一些对象的前提下，只会取消隐藏选择的对象（可能在大纲视图中）。如果没有选择任何内容，将取消隐藏所有内容。创建模型之后，正确地命名、冻结变换并隐藏它，有助于我们继续处理下一个模型，而不会被其他模型遮挡。

1.8.11 视图控制

任何时候，只要光标位于视图中，可以通过按空格键切换到四视图布局中，显示顶部、透视、正面和侧面视图。我们可以将光标移动到任何视图中，然后按空格键来最大化查看该视图。不过，在实际操作中，我们通常只需按住空格键并向上、向下、向左和向右拖动，即可切换到这些视图中。

1.9 示例

学习了这么多的建模方法后，现在我们选定参考图并获得准确的测量数据，然后在Maya中创建自己的模型。图1-46展示了一些建模示例。

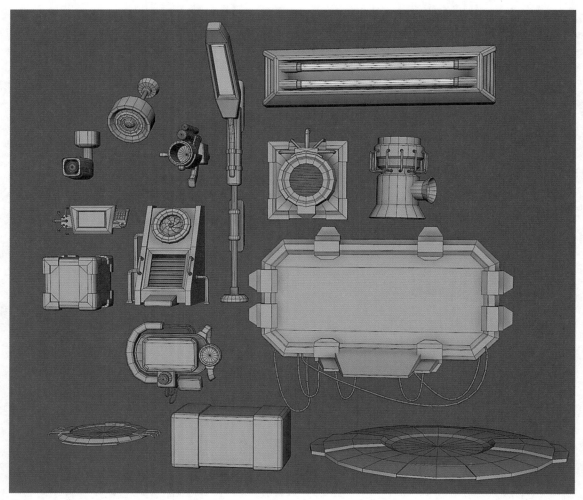

⬆ 图1-46　使用本章介绍的方式构建的模型示例

1.9.1 几何误差

我们在建模过程中可能会出现一些错误，这些错误在模型中或许不容易察觉，但如果不修复它们，可能会在游戏引擎中造成一些严重的问题。虽然这些都是相当有技术含量的问题，而且核心细节超出了本书的范围，但花一点时间讨论它们还是值得的。更重要的是，如何评估并解决它们。下面介绍一些典型的几何误差，我们可以对照检查自己的模型，看是否有此类问题。

⊙ **非流形几何体**：该几何图形无法展开并平铺为二维曲面。通常，有一条边由两个以上的面共享或法线方向不一致，这种类型的模型会使渲染器混淆几何体的外部。

⊙ **层状体面（Lamina Faces）**：两个面共享所有的边。通常，这是由复制和组合具有相同面的网格引起的。

⊙ **零长度的边**：对没有长度的边的描述。

⊙ **N边面（N-Gon）**：是具有四条以上边的任何面。这在三维中可能是一个问题，因为我们不清楚在渲染过程中应如何将面划分为三角面。有时会在渲染时产生不需要的输出。所以，最好将N边面重建为四边面或三角面。

幸运的是，尽管这些错误背后的理论是抽象的，但修复这些问题通常很容易。如果需要清理模型，请执行"网格" > "清理"命令。打开"清理选项"对话框，在"通过细分修正"选项区域中勾选"边数大于4的面"复选框。在"移除几何体"选项区域中勾选"层状体面（共享所有边的面）"和"非流行几何体"复选框。然后单击"清理"按钮。从理论上来说，可以消除所有的错误。Maya可能会认为某些面是错误的几何体而将其删除，请检查模型，确保并重新创建模型中任何缺失的部分。

教程 模块化组件

创建一个具有吸引力且复杂的模型是一项艰巨的任务。为了降低创作上的难度，可以采用模块化的工作流程，这意味着我们需要制作像乐高积木那样可重复使用的部件，这些部件很容易相互组合。之前所创造的模型都是基于此目的而设计的，但是为了创建基础的游戏关卡，我们需要统一建模的文件格式，即需要一个尺寸图表与模型完全匹配，以便能够无缝组装不同的模型。

我们可以使用两种不同进制系统来表示尺寸，分别是二进制（文件格式为.mb）和十进制（文件格式为.ma）。

十进制文件格式有10、20、30、50、100等不同的尺寸大小。二进制文件格式有16、32、64、128、256、512等不同的尺寸（两种文件格式均以厘米为单位）。

这两种文件系统都很常用，这里将采用二进制文件格式。笔者发现，二进制文件格式更容易无缝组合模块，也更容易与纹理尺寸匹配，这也是这个文件格式的特点。

I.9.2 栅格

执行"显示" > "栅格"命令，在打开的"栅格选项"对话框中将"长度和宽度"值均设为256，将"栅格线间距"值设为64，将"细分"值设为5。拖动"栅格线和编号"的滑动按钮，使色块区域呈蓝色，然后单击"应用并关闭"按钮，创建一个栅格，其边缘距离中心256厘米，每64厘米有一条蓝色网格线，每条蓝色网格线之间有四个额外的分区，使得每个栅格长16厘米。

为了验证大小，我们可以执行"窗口" > "内容浏览器"命令。在打开的"内容浏览器"窗口左侧单击"Modeling" > "People"示例，将站立的人物角色拖到视图中以导入人体模型。模型高度应略短于栅格长度的一半，如图1-47所示。如果导入的角色是灰色的，请按键盘上的数字6，让Maya显示材质。

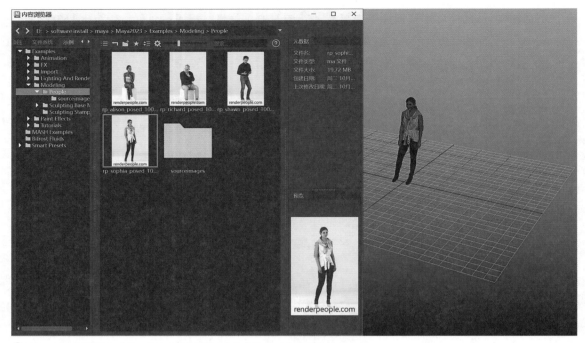

⬆ 图1-47　设置栅格模块，导入正常比例的人物作为尺寸和比例的参考

教程 创建底板

步骤01 设置底板尺寸。首先隐藏其他模型，以便我们可以在不显示其他模型的情况下开始新模型的创建。创建一个立方体，在通道盒中将其"平移Y"设置为-8，"缩放X"和"缩放Z"设置为256，"缩放Y"设置为16。调用移动工具，按住D和V键，将盒子的轴心点拖动到负X和Z象限的右上角，松开所有的按键。接着，按住X键并拖动空间的中心，将模型捕获到正X和Z象限，如图1-48所示。

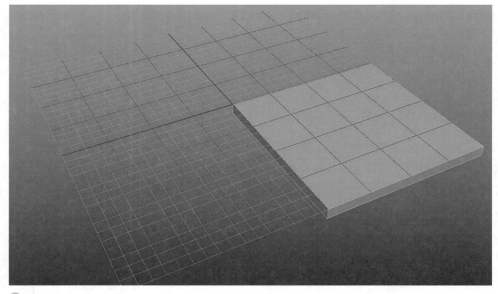

⬆ 图1-48　创建并在栅格中显示底板

为什么?

　　我们希望这个模型可以很容易组装在一起,将枢轴定位到盒子的角落对捕捉非常有帮助。我们还希望枢轴位于世界坐标中心,以避免出现任何偏移。

　　步骤 02 修饰底板边缘。要想在底板侧面添加其他模块,则先选择底板顶部的面,按Ctrl+E组合键。将"偏移"值设置为16,设置效果如图1-49所示。将此模型命名为floor_01并隐藏它。

　　现在我们已经完成了这个模块。每次完成一个模块时,都可以对其进行命名,然后将其隐藏,继续创建下一个模块。这样,所有的模型都是在一个Maya文件中创建的,便于之后访问,同时也能保持游戏的规模。我们不打算为环境制作很多模型,所以把它们都放在一个场景文件中便于管理。当然,我们也可以为其他的模型另外创建新的场景文件。如果设置了新的场景文件,请确保在不同的场景文件中保持栅格设置一致。

　　步骤 03 设置底板墙尺寸。创建一个立方体并将其"缩放X"设置为256,"缩放Y"设置为512,"缩放Z"设置为32。将创建的底板墙模块枢轴捕捉到后下角,然后移动到栅格的中心,如图1-50所示。

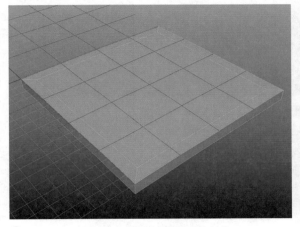

⬆ 图1-49　通过挤出功能创建模块的修饰部分

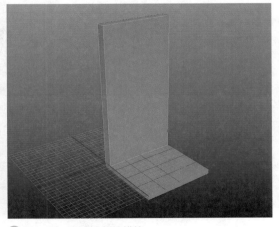

⬆ 图1-50　创建底板墙模块

　　步骤 04 添加底部装饰。在墙体模块的底部添加一个循环边。挤出底面并将挤出面的上边缘向下移动,形成底部修饰边,如图1-51所示。然后将此模型命名为wall_01。

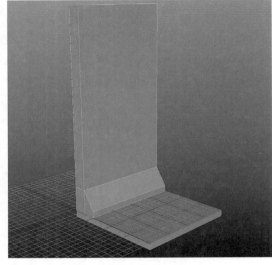

⬆ 图1-51　为wall_01添加装饰

步骤 05 创建墙体的拱形顶部。按照图1-52的指示操作，首先创建一个管道（执行"创建">"多边形基本体">"管道"命令），在通道盒的"输入"部分展开polyPipe1，设置半径为128，高度为512，厚度为32。另外设置该模型的"旋转Z"值为90。删除管道的正面和底部的四分之一。接着按D键和V键，将管道的枢轴卡入其背面的角上。按V键，将管道卡入前两个步骤创建的墙的顶部。复制墙壁并删除其顶部的面。同时选择墙体和管道，执行"网格">"结合"命令，将其与管道组合在一起。选择管道的顶点和墙壁的顶部，按X键将它们向下拖动，直到管道的顶部与原始墙壁的高度相同。我们可以通过侧面的视图查看对齐情况。选择所有的顶点，按Shift+鼠标右键，再次向上移动（或执行"网格">"结合"命令），合并墙的顶部和管道底部之间的顶点。双击管道前面一个孔的边，按住Shift+鼠标右键，执行"填充孔"操作。然后将此模型命名为wall_02。

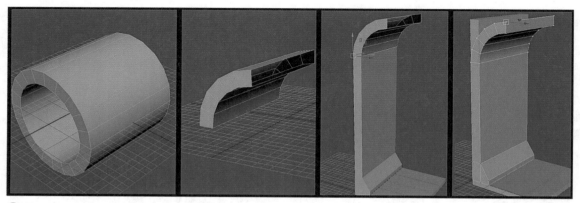

⬆ 图1-52　通过组合管道的不同部分，创建墙体的拱形顶部

提示和技巧

步骤05中有很多操作步骤，但思路很简单。我们想在墙的顶部创建一个拱门，在需要一些复杂的部件时，可以把它们分解成更小的基本体。创建这些基本体时，可以将它们捕捉在一起并组合，然后合并顶点。

步骤 06 创建锥形墙部分。复制创建的拱形墙并将其枢轴移动到原点，将其"缩放X"值更改为0.25。选择顶部正面并按Ctrl+E组合键，将挤出部分的"平移Z"值改为16。再次挤出相同的量，但这一次在X轴上缩放面以创建一点锥度。使用缩放或捕捉功能来拼合顶部正面，如图1-53所示。

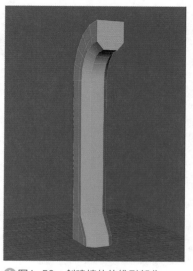

⬆ 图1-53　创建墙体的锥形部分

步骤07 修饰墙面细节。选择模型前面中间部分的面，按Shift+鼠标右键，执行"复制面"操作。将"局部平移Z"设置为16。选择底部的顶点并向上拖动。桥接底部边缘并对主要转弯边缘进行斜切，这样就有了额外的体积。我们可以创建额外的模型，使模型更加复杂，如图1-54所示。将此模型命名为wall_frame_01。

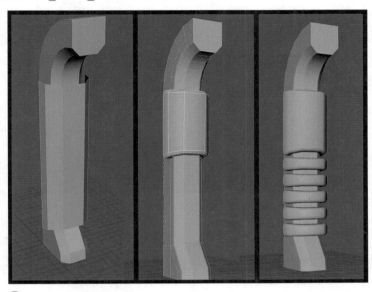

⬆ 图1-54 修饰墙面细节

提示和技巧

完成模型的创建后，请务必对模型进行命名和适时的整理，以后我们会感谢自己现在把一切都整理得干净、有条理。

步骤08 创建墙角过渡部分。我们可以为墙体创建圆形的墙角，以便组装墙壁。像图1-55中第一个图一样复制和捕捉模块。我们可以在旋转时按J键，每5度旋转一次。要确保模块之间精确地连接在一起。在两个走廊或走廊和地板的转弯部分有一个蓝色（64个单位）栅格间隙，这是为了确保有圆角过渡的空间。

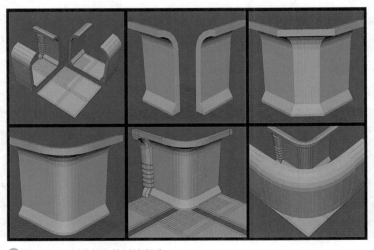

⬆ 图1-55 创建外角的过渡部分

在上页图1-55的第二个图中，选择这两堵转折点的墙，复制（按下Ctrl+D组合键）并合并（执行"网格"＞"合并"命令）它们。选择将连接到转弯部分的面，按Shift+鼠标右键，执行"桥接面"命令，结果可能看起来有些乱，因此设置分割值为7，设置曲线类型为混合。由此产生的中间部分就是转弯模块。最后，删除侧面多余的孔并桥接侧面的孔。外角以同样的方式完成。

步骤09 填补空隙。创建不同尺寸的底板，以填补我们在步骤04中为完成转弯走廊而留下的空隙，如图1-56所示。我们选择使用的尺寸分别是256×256×32、256×128×32、256×64×32。

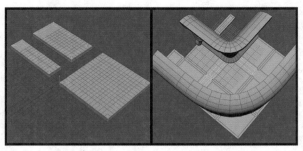

⬆图1-56 为地板创建其他模块化部件

步骤10 创建楼梯框架。创建一个立方体，并将其"缩放X""缩放Y""缩放Z"均设置为256，将其枢轴捕捉到左下角，并将立方体置于正象限。移动（并捕捉）它的底部和顶部的一排顶点，为楼梯创建一个倾斜的框架。它的边界框长度为6×64个单位（六个蓝色网格）。轴的基础为64个单位，轴的厚度为16个单位（一个灰色网格）。结果如图1-57所示。

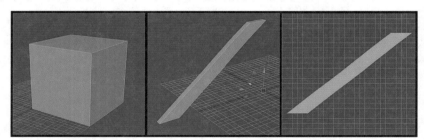

⬆图1-57 建造楼梯，注意要使模块化发挥作用，捕捉顶点的确切位置非常重要

步骤11 创建楼梯台阶。复制楼梯框架以创建另一侧。捕捉副本，使它们的宽度加在一起是256个单位。创建一个长方体，使其"缩放X"为32，"缩放Y"为8，"缩放Z"为200。将它移到第一层楼梯的位置，应该有18个单位的高度。对长方体的所有边进行倒角，然后从两个侧面挤出以连接到框架。对框架的底部边缘进行倒角，以添加细节。将N-Gon固定在斜面之后，对框架的边缘进行斜切，如图1-58所示。

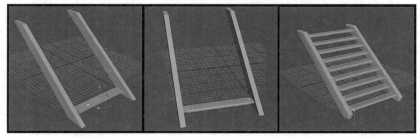

⬆图1-58 创建楼梯台阶

步骤 12 创建楼梯扶手。执行"创建">"曲线工具">"CV曲线工具"命令，使用曲线工具创建扶手的轮廓。注意要确保弧线部分有足够多的点，放置的点数将决定最终多边形形状上的线段数。使用沿曲线拉伸功能创建扶手，可以使用圆柱体创建列，如图1-59所示。请记住，一定要将NURBS形式隐藏为polvaons。

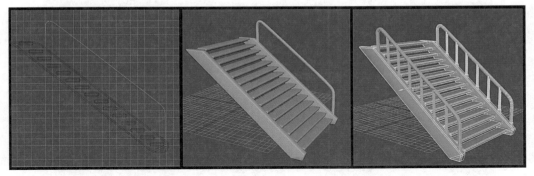

⬆ 图1-59　使用NURBS技术创建扶手

步骤 13 创建其他模块化部件。其他模块化部件采用和前文相同的操作方式创建，以下是具体介绍。

- ⊙ **墙壁：** 有3面墙、5个墙框架和一些随机的小部件。其高度为256×512，厚度为32，如图1-60所示。

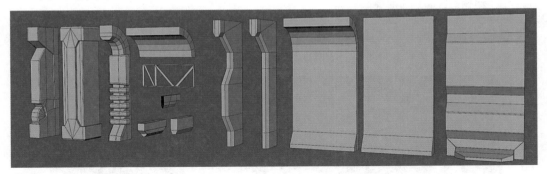

⬆ 图1-60　完成的墙壁模块

- ⊙ **圆弧：** 这些圆弧的半径为256个单位，厚度为32个单位，用于外弧、墙和墙底装饰，如图1-61所示。

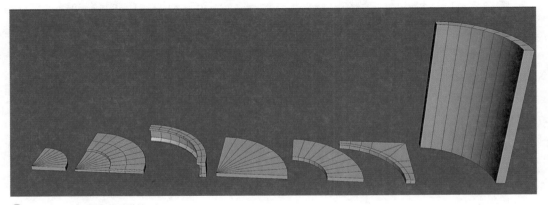

⬆ 图1-61　完成的弧形模块

⊙ **楼层：** 楼层尺寸为256×256×32、256×128×32、256×64×32，可以形成大小不同的走廊。此外，我们还创建了两个网格模块，如图1-62所示。

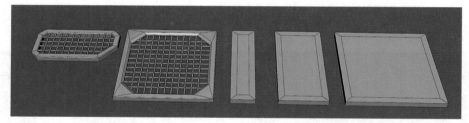

⬆图1-62　完成的底板模块

⊙ **管道：** 管道有3种尺寸，每种尺寸的半径分别为16、8和4。一定要创建一些转弯结构来支持复杂的组合，如图1-63所示。

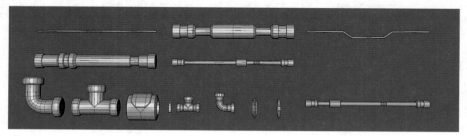

⬆图1-63　完成的管道模块

⊙ **楼梯：** 有两个楼梯，高楼梯的高度为256个单位，低楼梯的高度为64个单位。此外，扶手被设计成能够适应各种变化，如图1-64所示。

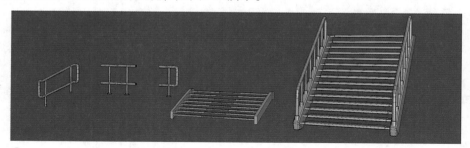

⬆图1-64　楼梯模块

⊙ **窗口：** 窗口有4种尺寸：256×128×32、128×128×32、512×512×256、96×64×160，如图1-65所示。

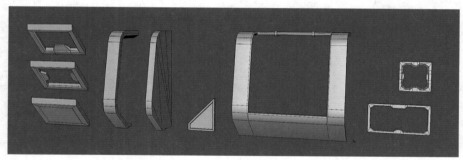

⬆图1-65　各种窗口模块

整个模型有57个模块，由于所需要的模块数量很难确定，因此明智的做法是先创建较少的模型。我们可以尝试创建一个走廊或一个房间，看看是否需要更多模块。

步骤14 英雄资产（主要资产/关键资产）。英雄资产是我们只使用几次但非常重要的资产，所以需要额外的关注和细节。我们将为最终场景创建两个英雄资产，这些英雄资产的创建过程比较烦琐，需要花费大量的时间和更高的多边形数量。但是，即使这些资产的真实度要求更高，我们仍然可以使用本章介绍的工具和命令去创建它们。英雄资产如图1-66所示。

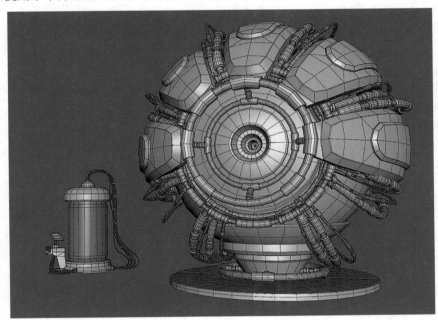

⬆ 图1-66　英雄资产

1.10　总结

　　本章，我们已经完成了游戏的环境建模部分。当然，这里只创建了个性化的独立部件。虽然目前我们的建模水平还不够，但还是会将这些模型导入到游戏引擎，并对它们进行组装，设置到关卡中。不过，在我们这样做之前，还需要进行UV贴图和纹理处理，以避免模型呈现的效果不佳。

　　如果能完成本章这些模型的构建，说明你已经很优秀了。如果感觉比较困难，但又想要转到下一阶段，那么这些模型可以在本书支持的网站中找到。我们将在下一章介绍关于资产UV贴图的相关内容。

第 2 章

Maya UV 集

对于初学者来说，UV贴图的概念比较抽象，但是在掌握其本质后，会非常容易理解。UV贴图是一个二维坐标系统，用于将二维图像映射到三维模型的表面上。

2.1 UV编辑器

在为图2-1的第一个、也是最简单的模块化资产（256×256尺寸的地板）创建UV坐标前，首先来了解UV编辑器。

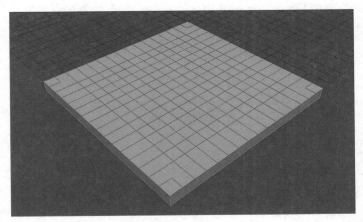

⬆ 图2-1 256×256尺寸的地板

切换到Maya主界面右上角的菜单栏，单击"工作区"右侧的下拉按钮，在下拉列表中选择"UV编辑"选项。视图区域将被一分为二，右侧是UV编辑器窗口，这是编辑UV的地方，按Alt+鼠标中键可以进行平移，按Alt+鼠标右键可以放大或缩小。在UV编辑器窗口右侧有一个"UV工具包"，其中包含了很多用于编辑UV的实用工具和命令。

选择地板模型，在UV编辑器窗口中可以看到一个像倒着的字母"T"的蓝色图案，这就是一个立方体的默认UV。我们会从立方体开始着手操作（如果图案不是蓝色的，请将光标移动至UV编辑器窗口中并按数字5键）。在UV编辑器窗口中单击棋盘格图标，可以在UV编辑器和视图中看到棋盘格纹理，如图2-2所示。

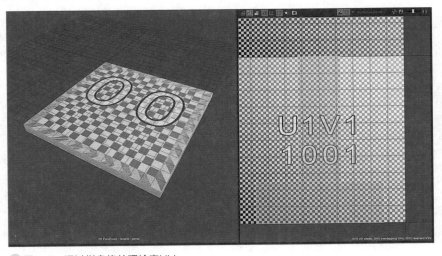

⬆ 图2-2 通过棋盘格纹理检查UV

选择地板模型的表面，我们可以看到UV编辑器窗口中的面是如何高亮显示的。UV编辑器窗口中的那个面是3D模型顶部的UV。在UV编辑器窗口中按W键调用移动工具，将此面移动到棋盘格纹理上字母"U"的位置，此时字母"U"会出现在3D模型的表面，如图2-3所示。

这种面对面的匹配方式就是UV的工作原理。UV是三维模型的二维表示方式，它定义了如何将图像映射到模型的表面。你也可以将UV想象为3D模型的扁平外壳，这个棋盘格是一种方便预览UV在模型上映射纹理的方式。

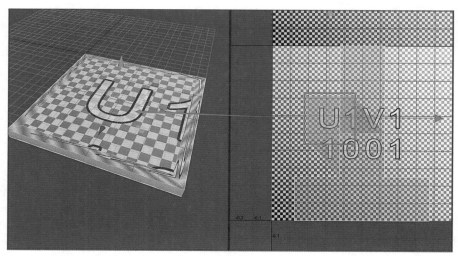

⬆ 图2-3　移动UV使字母"U"出现在模型表面

2.1.1 | UV坐标

除了边、面和顶点之外，还有第4个元素，即UV坐标（UV纹理贴图坐标）。它定义了图形中每个点的位置信息，每个点都精确对应到模型的表面。切换到UV编辑器窗口，单击鼠标右键，选择"UV"命令，然后就可以选择UV坐标，并且可以像在UV编辑器窗口中移动、缩放和旋转顶点一样操作UV坐标。移动UV坐标会影响UV的形状和纹理的映射。从图2-4可以看到如何缩小UV，使字母"U"看起来比以前更大。

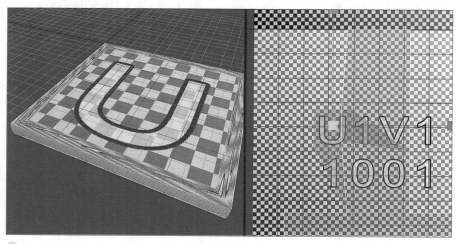

⬆ 图2-4　缩小UV坐标，让字母"U"看起来比之前大

2.1.2 UV平铺

棋盘格纹理上显示的"U1V1 1001"字样就是UV平铺的编号。在UV编辑器窗口中向上平移，可以看到"U1V1 1001"上方的"U1V2 1011"。这个"U1V2 1011"方形区域是另一个UV平铺编号。在UV编辑器窗口中单击鼠标右键，执行"UV"命令，拖动一个大的选择框，选择所有的UV坐标。按W键切换到移动工具，将UV坐标拖到X轴正方向。现在可以看到更多棋盘格纹理被放置在与UV重叠的贴图上，如图2-5所示。

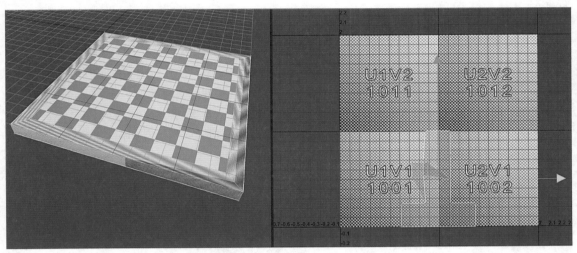

⬆ 图2-5 更多的棋盘格纹理被放置在与UV重叠的贴图上

在很多渲染器（比如Redshift、Octane、Arnold或V-Ray）中，UV平铺可以将多个纹理应用到一个模型中。每个平铺都可以有一个独特的纹理，但游戏引擎是不支持这个功能的。我们必须确保所有的UV坐标都放置在U1V1平铺中。可以再次选择所有的UV坐标，把它们移回来并缩小尺寸。当只显示一个带有"U1V1 1001"的棋盘格时，我们就知道它们都在U1V1中，如图2-6所示。

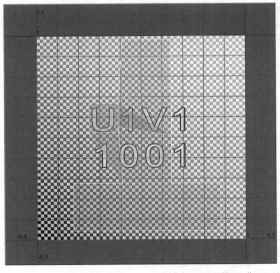

⬆ 图2-6 如果所有的UV坐标都在U1V1平铺中，则只显示"U1V1 1001"

教程 切割UV

　　选择地板模型顶部面的所有边，在UV编辑器中按住Shift+鼠标右键（上一章中介绍了如何通过这个快捷方式显示并选择适合的命令），选择"切割"命令，可以看到这些边看起来更厚了。切换到"面"命令并选择模型顶部的面。在UV编辑器中移动面，可以看到它是如何与UV其余部分分离的。现在可以自由移动它，而不会影响其他面的UV，如图2-7所示。

　　尝试分离UV的一个边并在UV编辑器中移动它，可以看到另一条边是如何移动的。这是因为它们在实际的3D模型中是相同的边，即同一条边的两个引用。UV坐标也是顶点的引用，有时它们引用相同的顶点。

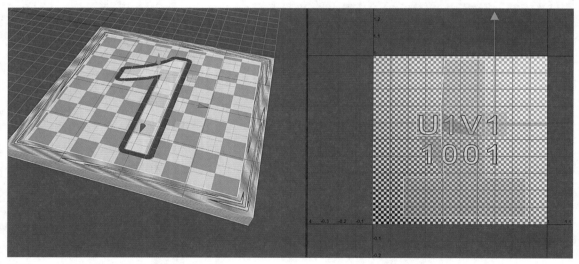

⬆ 图2-7　UV的切割边将面与其余部分分离

教程 创建地板UV

　　查看映射到模型的棋盘格纹理时，可以看到模型的外部框架有一个超拉伸的纹理。这种拉伸效果是因为这些面的UV没有正确布局。我们希望所有面的所有UV坐标都以正确的比例被展平，且彼此不重叠，通常不依赖默认的UV。现在，从头开始创建地板的UV吧。

　　步骤01 投影UV。在对象模式下选择地板模型并冻结其变换功能。导航视图以非直线角度查看模型。执行"UV">"平面"命令，弹出"平面映射选项"对话框，选择"摄影机"单选按钮并勾选"保持图像宽度/高度比率"复选框，然后单击"投影"按钮。现在我们可以在UV编辑器中看到模型的投影图。这个平面投影将模型从3D视角投射到UV编辑器中的UV坐标或UV空间中，如图2-8所示。

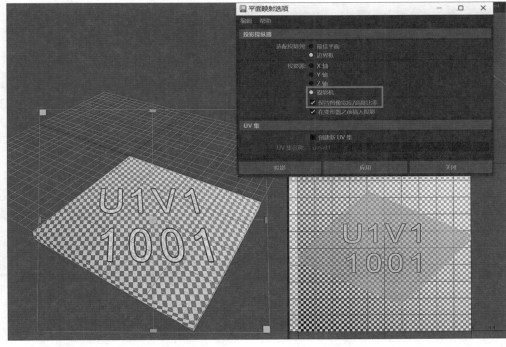

⬆ 图2-8　将UV投影到UV编辑器

步骤02 切割UV。投影只会投影模型，不会进行切割。想象一下，假如我们收到了一个包裹盒子，如果不把塑料胶带剪开，就不可能把它展开成二维平面，各个面也不会相互重叠。下面我们取消棋盘格纹理，这样更容易看到地板模型的边。

选择地板背面的所有边，在UV编辑器中按Shift+鼠标右键，选择"切割"命令，对边进行切割。在UV编辑器中按鼠标右键，选择"UV壳"命令。UV壳是UV的外壳，它的所有面都是连接的。在UV编辑器中单击模型的顶部，所有连接到上表面的UV坐标（或者没有从上表面切割出来的）都会被选中。使用移动工具把它移开，选择顶部的四个边和地板的四个垂直边，也对它们进行切割。我们切割的边看起来应该更厚，如下页图2-9所示。

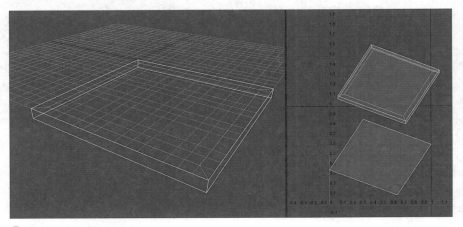

⬆ 图2-9　切割地板上的UV

步骤 03 展开UV。在UV编辑器中选择所有的UV坐标，按Shift+鼠标右键，选择"展开"命令。Maya会自动尝试将UV展开为相同的3D形状，并为每个面使用相同的比例，如下页图2-10所示。

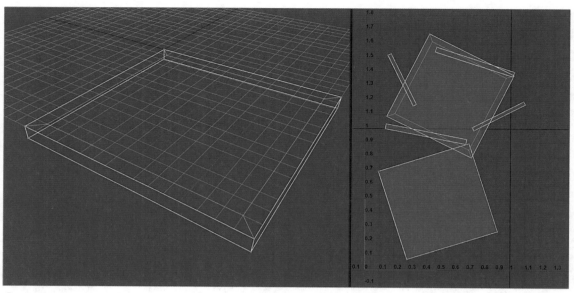

↑ 图2-10　展开UV

步骤 04 定向UV。目前，所有的UV都是倾斜的。为了固定方向，我们可以在UV编辑器的菜单栏中执行"修改">"定向壳"命令，Maya会尽量将它们变直。现在可以选择任何UV壳并旋转，同时按J键调整它们的旋转角度，如图2-11所示。

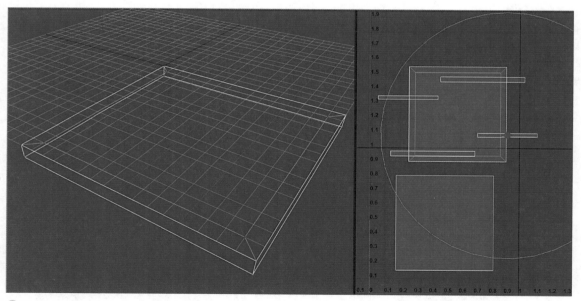

↑ 图2-11　定向UV

提示和技巧

UV定向并不是一个众所周知的问题，有时也没有太大差异。然而，在绝大多数情况下，我们希望类似的UV壳能以相同的方式进行定向。

步骤05 排布UV。选择所有的UV坐标，按Shift+鼠标右键，选择"排布">"排布UV"命令，UV壳会自动重新排列到U1V1空间中。此默认行为存在一个小问题：UV壳之间没有间隙，U1V1平铺的边和UV壳之间也没有间隙。

很多纹理软件将颜色从UV壳中渗出一点，以避免接缝处漏出背景。再次执行"排布"命令，这一次单击该命令旁边的方框图标，打开"排布UV选项"对话框，在"布局设置"选项组中将"壳填充"和"平铺填充"设置为10。该设置确保所有UV壳彼此之间至少有10个像素的距离，并确保它们距离UV平铺的边有10个单位的距离。单击"排布UV"按钮，如图2-12所示。

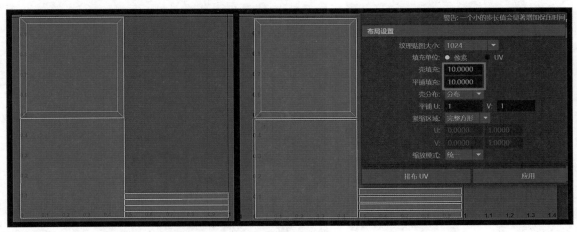

⬆ 图2-12 在"布局设置"选项组中设置"壳填充"和"平铺填充"值

提示和技巧

像素是图像的最小单位。我们把计算机上的任何一张图片放大到足够大，都能看到排列着的纯色小方块。所有的数码照片都是以这种方式组合在一起呈现图像的。当我们讨论计算机屏幕的分辨率时，比如4K显示器，意味着宽度大约有4000像素。4K屏幕的精确像素数的宽度为3840像素、高度为2160像素。

步骤01到步骤05可以用于几乎所有的UV坐标，甚至是复杂的角色模型。做一个平面投影，将模型投射到UV空间，切割我们认为需要展平的接缝，然后展开、定向和布局。

对于UV应该如何切割和排布，没有通用的规则。重要的是要知道如果切割不到位，UV就会被拉伸。如果切割得太多，则会很难整理。对于所做的每一次切割，都有可能在边上看到中断的纹理图案，我们称之为接缝伪影。它在现代纹理软件中已不再是问题。最后一个重要的注意事项是，要切割所有硬边，稍后解释原因。

下面来检测一下监控摄像头的UV。我们更新了安全摄像头模型，并将垂直臂与底座分离，如下页图2-13所示。

我们需要分离摄像头的臂杆，然后在Y轴上旋转摄像头模型，会看到不同角度的变化，特别是当物体的机械性（比如臂杆旋转）没有被考虑进去的时候，我们有必要这样操作。

步骤06 投射UV。选择摄像头模型的所有模块，按照步骤01（图2-14）的方法进行平面投影。

步骤07 切割外壳。选中摄像头的外壳，按Ctrl+1组合键将其隔离（按Ctrl+1组合键执行隔离当前选择操作）。设置对象X的对称性（如果模型旋转方式不同，可以很容易地设置为对象Z）。执行"UV" > "3D切割和缝合UV工具"命令，在3D视图中单击并拖动外壳外部和内部循环边，对它们进行切割，也可以双击以切割整个循环边。按住Ctrl键的同时拖动或双击，将边缘缝合在一起。继续沿着模型的厚度在面的主要转弯处切割边，如图2-15所示。3D切割和缝合UV工具会在壳被切断后为其添加颜色。

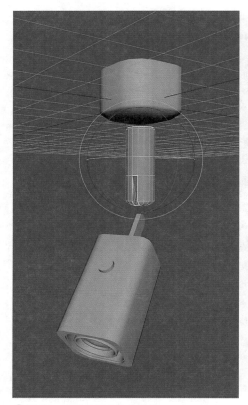

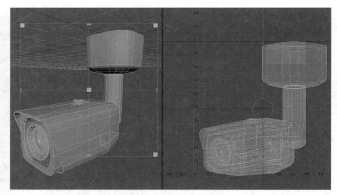

⬆ 图2-14 投射摄像头的UV

⬆ 图2-13 分离摄像头的臂杆

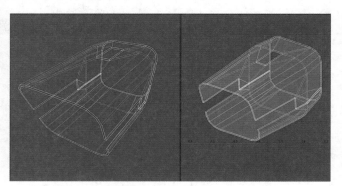

⬆ 图2-15 使用3D切割和缝合UV工具切割边

提示和技巧

使用3D切割和缝合UV工具进行切割与在UV编辑器中选择边并切割没有什么不同。在工作中，我们可以根据需要，使用不同的方法来实现同一个结果，经验可以帮助我们决定哪种方式更快。

步骤08 展开UV。在UV编辑器中选择所有UV坐标，切换到"UV工具包"，在"展开"选项组中单击"展开"按钮。这与使用Shift+鼠标右键打开快捷菜单中的"展开"命令一样。笔者更喜欢快捷菜单的这种方式，因为一个快速拖动操作会立即调用"展开"命令，如下页图2-16所示。

步骤09 优化UV。选择所有UV后，切换到UV编辑器中的"修改"选项卡，单击"优化"命令右侧的方形图标，弹出"优化UV选项"对话框，将"优化选项"选项组中的"迭代次数"设置为100（重复100次），然后单击"应用并关闭"按钮。此时可以看到UV有轻微的变化，Maya在这里的操作是移动UV坐标以减少拉伸。我们也可以在Shift+鼠标右键的快捷菜单和"UV工具包"中找到"优化"命令。

🔺 图2-16　展开UV

步骤10 定位和布局。在步骤04和步骤05（图2-17）中执行定向壳和布局操作。

🔺 图2-17　外壳的UV

步骤11 创建内壳的UV。继续用同样的方法创建内壳的UV，创建结果如下页图2-18所示。

步骤12 创建其他UV。我们也可以以相同的方式创建其他UV。下页图2-19显示了其余部件的切割选择。

步骤13 合并UV。选择安全摄像头的所有部件，在UV编辑器中选择所有UV坐标，执行"布局UV"命令，如下页图2-20所示。

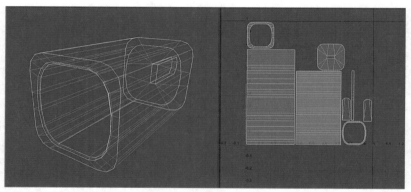

⬆图2-18　内壳的UV

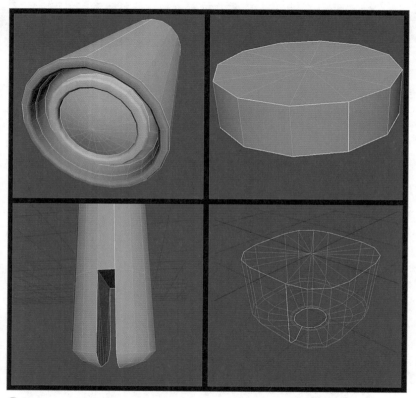

⬆图2-19　其余部分的切割选择

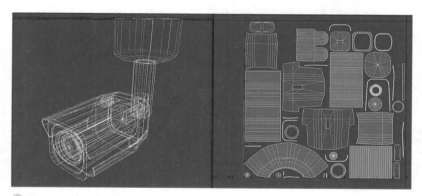

⬆图2-20　布局整个摄像头的UV

为什么?

我们之所以把安全摄像头模型所有部件的UV都放在一个UV平铺中,是因为这样可以为整个摄像头创建纹理,并为游戏节省性能。将UV坐标以统一有序的方式组合在一起是非常有必要的。

2.2 纹理密度

现在我们有两个模型的UV贴图,本节将对纹理密度进行介绍。选择摄像头的所有UV,切换到"UV工具包",在"变换"选项组的底部有"Texel密度(px/单位)"设置项,单击"获取"按钮,可以看到计算的值。在特殊情况下,计算的值是3.1016,这意味着如果使用512×512分辨率的纹理,则每单位(厘米)有3.1个像素,该纹理可以在"贴图大小"设置项中定义。选择地板模型并单击"获取"按钮,得到的值为0.97。前面两个值表示摄像头的分辨率为3×3倍,是地板模型分辨率的9倍。我们还可以在启用棋盘格纹理的情况下在视图中可视化差异,就可以看到摄像头正方形的边长大约是地板的3倍。

纹理密度的重要性是毋庸置疑的。根据在游戏开发过程中积累的经验,纹理密度的一致性在维护资产、节省性能和保持图像一致性方面有很大帮助。理想情况下,模型上的1个像素纹理会在屏幕上渲染为1个像素,分辨率更高的纹理会浪费计算机性能,分辨率很低的纹理会导致像素化或模糊的结果。如果纹理密度在不同的模型上呈现出不同的效果,那么一些纹理可能会比其他纹理更细致。

教程 选择正确的纹理密度

纹理密度的高度取决于游戏中的摄影机视角。在第三人称或第一人称游戏中,摄影机需要更接近物体,因此需要更多的纹理密度,而自上而下的视角则需要较少的纹理密度。严格来说,我们也希望离玩家近的模型具有更高的纹理密度,离玩家远的模型具有更低的纹理密度。

有些游戏有两到三个级别的纹理密度。玩家可以自由接近的资产(游戏角色、墙壁、武器等)具有最高级别的纹理密度,玩家无法自由接近的较远的资产(高的天花板、建筑、窗外的树木等)具有中等级别的纹理密度,而背景资产(山脉、天空、天空中的鸟等)具有最低级别的纹理密度。

在我们正在制作的内部空间中,玩家几乎可以接近任何物体,因此我们需要一致的纹理密度。不同游戏的纹理密度有很多的规则要求,在本例中,我们追求的是中等到高等的纹理密度,就像游戏《神秘海域4》那样。我们将使用512×512像素到4K(4096×4096像素)范围内的纹理,纹理密度大约是每厘米5.12像素或每米512像素。

值得注意的是,我们的目标不是为每个资产设定一个固定的数字,而是允许纹理密度有一定的变化。我们可以通过在游戏引擎中观察,来判断某些物体是否离得太远。

步骤 01 指定材质并标记分辨率。切换到安全摄像头模型，在"UV工具包"的"变换"选项组中将"Texel密度"旁边的"贴图大小"设置为1024，然后单击"获取"按钮，此时纹理密度为6.2。选择摄像头模型，单击鼠标右键，选择"指定新材质…"命令，在弹出的对话框中选择"Blinn"作为新材质。在模型上再次单击鼠标右键，选择"材质属性"命令，此时Maya主界面右侧会出现"属性编辑器"，在第一个文本框中将材质的名称改为"SecurityCamera_1k"。以这种方式命名材质可以帮助我们记住要为模型使用的纹理分辨率。

步骤 02 地板保压。继续对地板模块进行UV贴图（共5个）。选择这些模块，切换到UV编辑器并选择所有UV，按Shift＋鼠标右键，在快捷菜单中选择"排布">"排布UV"命令，打开"排布UV选项"对话框。在"保压设置"中将"保压分辨率"设置为4096，将"布局设置"的"纹理贴图大小"设置为4096，将"壳填充"和"平铺填充"设置为10，然后单击"排布UV"按钮。此时Maya会将所有UV保压至U1V1空间。

切换到"UV工具包"的"变换"选项组，将"Texel密度"的"贴图大小"设置为4096。单击"获取"按钮，得到的结果为4.2146，这足够接近我们每单位5.12个像素的目标，效果如图2-21所示。

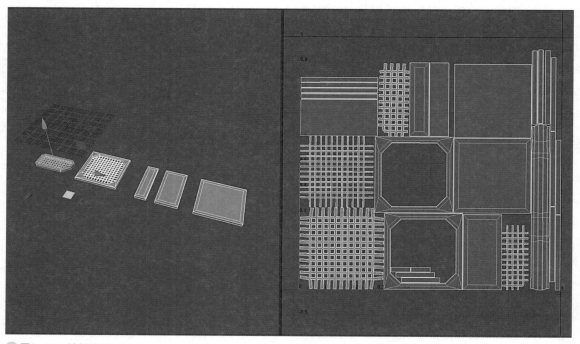

🔼 图2-21　地板保压

为什么?

我们将所有的地板保压到一个UV壳中，并使用4k（4096×4096像素）纹理，结果是每个单位的纹理密度为4.2146像素。保压类似的资产是一种常见的做法，我们将模型保压在一起，形成一个大的纹理，这种纹理称为图集，使用图集能减少来自游戏引擎的绘制调用。当然，4k的纹理更大，加载时间更长，需要更多的内存空间。然而，在很多情况下，制作瓶颈并不是使用了多少内存，而是读取和释放内存的频率。不同公司有不同的标准，如果有疑问则需要咨询对应的技术指导，以确定适合自己的平台和引擎。

2.3 制作UV吊舱模型

接下来我们将为游戏环境制作吊舱模型，包含控制台、油箱、电缆和键盘，如图2-22所示。要注意玻璃材质的特殊性。吊舱包含两种模型，即玻璃和吊舱的其他部分。分离这些特殊类型的材质是安全的，这也使它在游戏引擎中更易使用。

模块化部件玻璃窗户也是以同样的方式分离的。下面继续讨论吊舱的UV，并介绍一些UV贴图技巧。

⬆ 图2-22 吊舱模型

步骤01 选择吊舱的所有模块并进行平面投影。

步骤02 分割吊舱的圆柱形玻璃罐（油箱）。在吊舱背面选择油箱的垂直循环边，切换到UV编辑器，然后执行"剪切"命令。选择玻璃罐的所有UV并执行"展开"和"优化"命令，如图2-23所示。

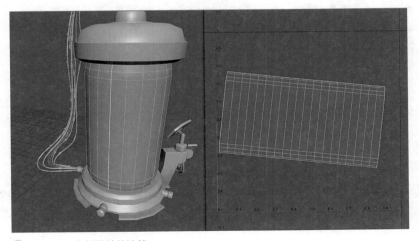

⬆ 图2-23 分割吊舱的油箱

步骤03 控制台监视器。选择控制台显示的面，在UV编辑器中执行"面"快捷命令，然后按住Shift+鼠标右键，选择"创建UV壳"命令。切换到移动工具并将壳从其原始位置移开，我们可以看到外边缘是如何被切割的。使用"创建UV壳"是分离UV的另一种方法，对显示器的UV执行"展开"和"优化"命令，如下页图2-24所示。

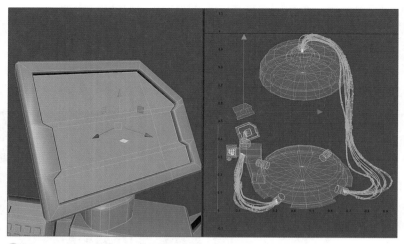

⬆ 图2-24　执行"创建UV壳"命令对控制台的监视器进行UV处理

步骤04 键盘UV贴图。选择键盘的所有面，按Ctrl+1组合键将它们分离。选择键盘背面，创建UV壳并通过"展开"和"优化"命令将壳移出。需要注意的是，"创建UV壳"命令还会将选择模式切换到"壳"，我们可以使用该命令快速选择所有键盘按钮，将它们移出、展开并优化，如图2-25所示。

⬆ 图2-25　为键盘创建UV

提示和技巧

　　在切割和展开UV阶段不必担心排列问题，我们可以自由移动它们。使用"排布UV"命令可以轻松地将它们保压到U1V1空间。

步骤05 分离键盘的其他部分。选择横跨键盘厚度的循环面，并选择代表控制台顶部小监视器深度的循环面。添加表示键盘区域的凹陷深度的循环面，执行"创建UV壳"命令并将分离的壳移出，如下页图2-26所示。使用这个创建UV壳的技巧可以轻松分离UV。

步骤06 切割和展开键盘的其他部分。选择下页图2-27中高亮显示的边并剪切，选择键盘的所有UV，展开并优化它们。

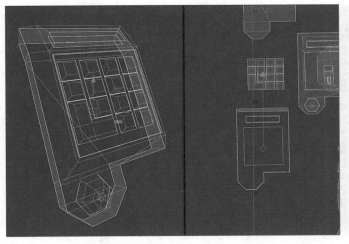
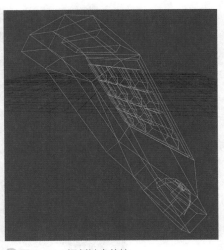

⬆ 图2-26　分离键盘的其他部分　　　　　　　　　⬆ 图2-27　切割键盘的边

步骤 07 对电缆进行UV贴图。我们精心制作了该模型的电缆，使模型具有复杂性和功能性。尽管它们看起来很复杂，但UV部分并没有想象的那么难。我们要做的就是在每根电缆的长度上选择循环边并进行切割，然后展开并优化它们，如图2-28所示。

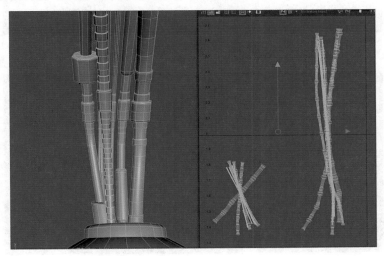

⬆ 图2-28　对电缆进行UV贴图

步骤 08 控制台的其他部分。控制台的其他部分应该简单明了，接下来继续切割并展开控制台的其余部分。

步骤 09 保压。选择吊舱的所有UV，执行"修改" > "定向"命令制作一个壳。再次选择它们并执行"排布UV"命令，确保在"排布UV"中将"壳填充"和"平铺填充"的值设置为10。下页图2-29显示了排布后吊舱的UV。需要注意的是，两个UV集都有空白区域，这是因为Maya有时不能充分地使用所有UV空间。

步骤 10 手动保压。除了让Maya自动排布UV之外，我们还可以手动保压UV。选择吊舱的所有UV，切换到缩放工具，按D键和X键，将缩放工具的枢轴拖动到U1V1平铺的左下角，然后松开按钮并放大UV。现在UV超过了U1V1的范围，如果想控制缩放量，就需要将超过U1V1范围的UV移回U1V1空间内的剩余空白UV空间中，如下页图2-30所示。

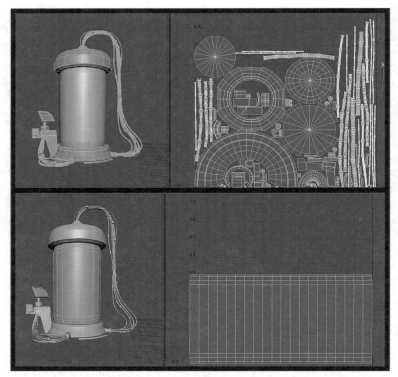

⬆ 图2-29　排布后吊舱的UV

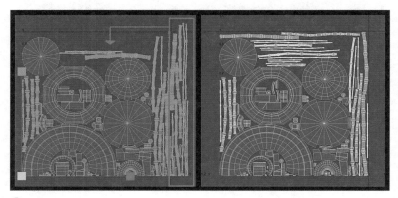

⬆ 图2-30　手动保压UV

提示和技巧

　　手动调整UV排布的纹理密度为4.7617，调整之前的纹理密度为4.295，即分辨率提高了约11%。我们始终可以通过手动调整UV排布来提高纹理密度，但这是一个耗时的过程。我们需要不断推出资产以满足最后期限，但有时这种优化在制作日程中是不可能实现的。

　　(步骤 11) 完成其他UV。请确保设置相似的纹理密度，并给每组保压的UV提供新材质。此外，使用适用于这些资产的分辨率命名材质。下页图2-31至图2-56是其余模型的UV和纹理密度。

　　(步骤 12) 清理冗余。在大纲视图中查看是否有任何未命名的材质并删除空组，确保分配并正确命名所有材质。检查完所有内容后，执行"文件">"优化场景大小"命令，清理冗余历史记录和材质。

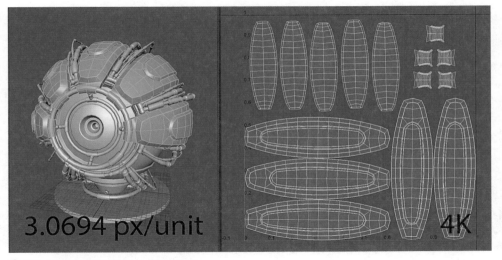

3.0694 px/unit

4K

⬆ 图2-31 其余模型的UV和纹理密度1

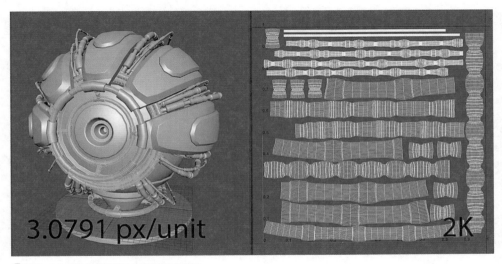

3.0791 px/unit

2K

⬆ 图2-32 其余模型的UV和纹理密度2

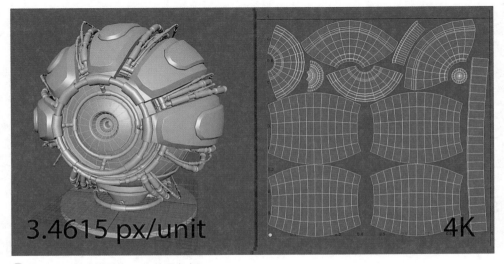

3.4615 px/unit

4K

⬆ 图2-33 其余模型的UV和纹理密度3

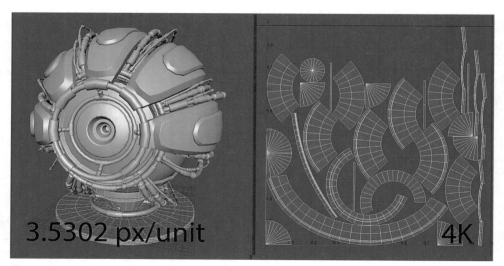

3.5302 px/unit

4K

图2-34 其余模型的UV和纹理密度4

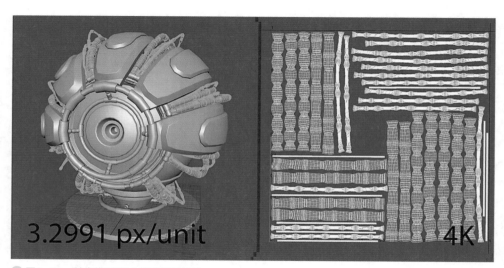

3.2991 px/unit

4K

图2-35 其余模型的UV和纹理密度5

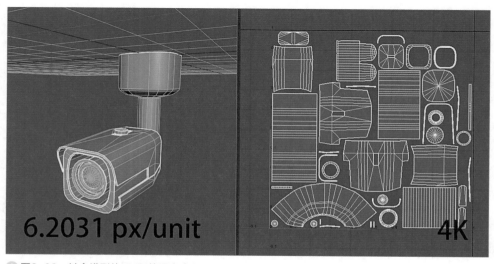

6.2031 px/unit

4K

图2-36 其余模型的UV和纹理密度6

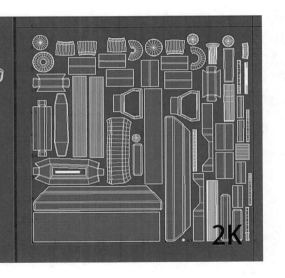

4.6081 px/unit

2K

⬆ 图2-37　其余模型的UV和纹理密度7

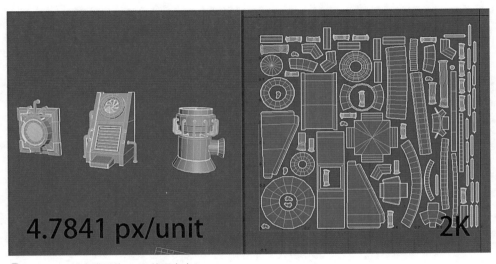

4.7841 px/unit

2K

⬆ 图2-38　其余模型的UV和纹理密度8

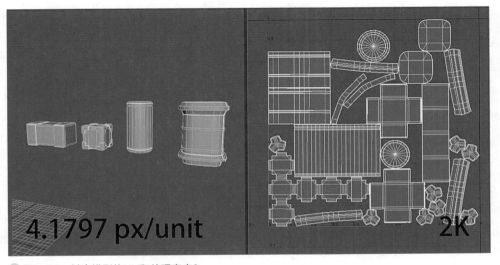

4.1797 px/unit

2K

⬆ 图2-39　其余模型的UV和纹理密度9

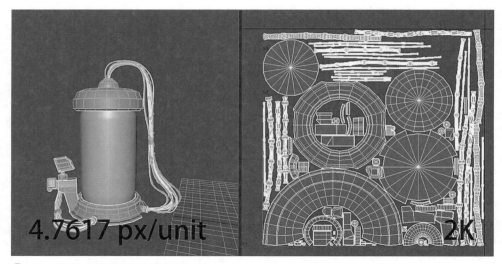

4.7617 px/unit

2K

⬆ 图2-40　其余模型的UV和纹理密度10

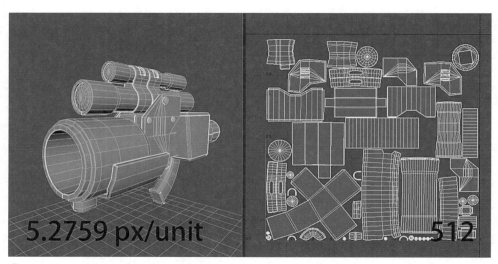

5.2759 px/unit

512

⬆ 图2-41　其余模型的UV和纹理密度11

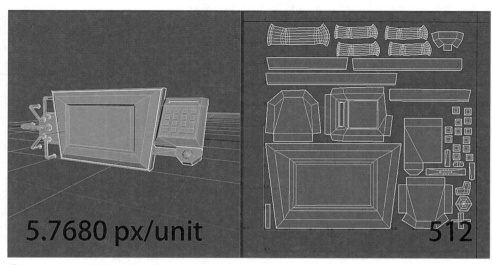

5.7680 px/unit

512

⬆ 图2-42　其余模型的UV和纹理密度12

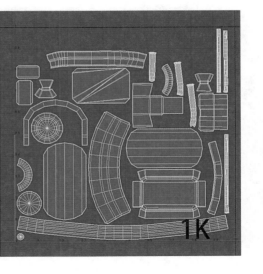

4.1636 px/unit   1K

⬆ 图2-43 其余模型的UV和纹理密度13

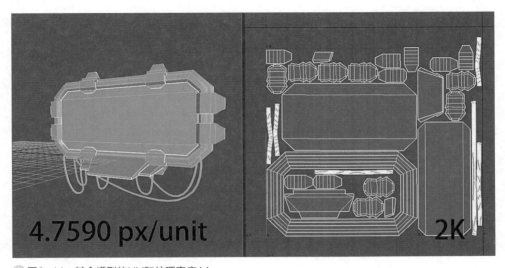

4.7590 px/unit   2K

⬆ 图2-44 其余模型的UV和纹理密度14

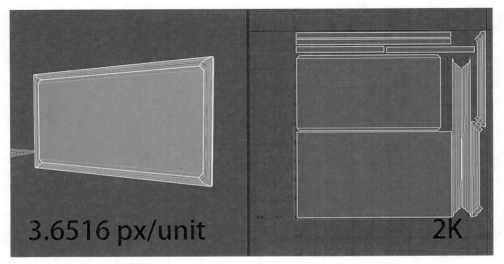

3.6516 px/unit   2K

⬆ 图2-45 其余模型的UV和纹理密度15

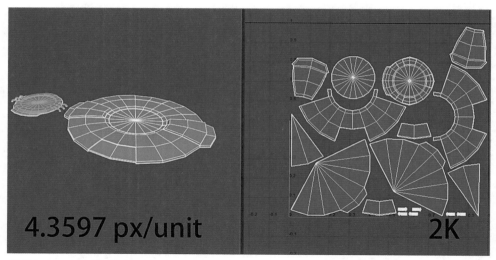

4.3597 px/unit

2K

⬆ 图2-46　其余模型的UV和纹理密度16

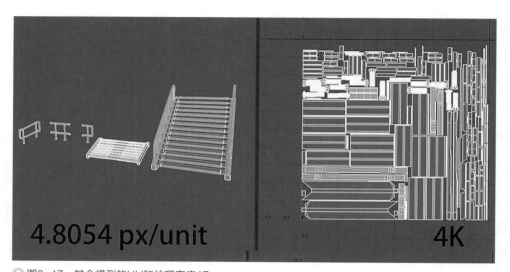

4.8054 px/unit

4K

⬆ 图2-47　其余模型的UV和纹理密度17

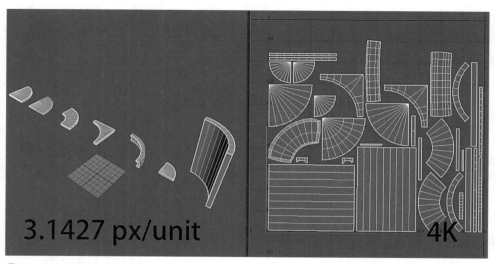

3.1427 px/unit

4K

⬆ 图2-48　其余模型的UV和纹理密度18

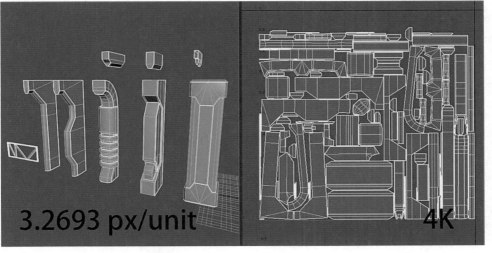

🔼 图2-49　其余模型的UV和纹理密度19

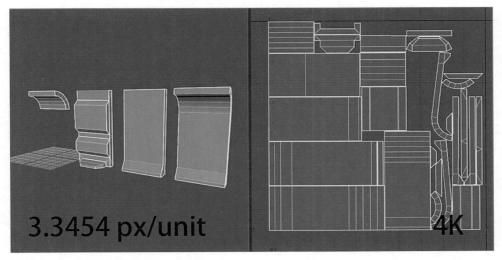

🔼 图2-50　其余模型的UV和纹理密度20

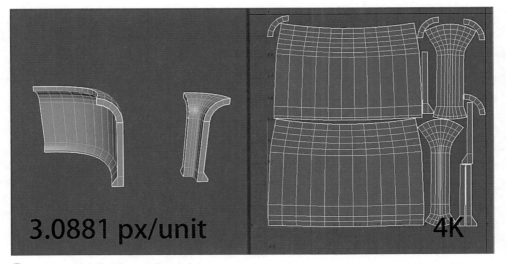

🔼 图2-51　其余模型的UV和纹理密度21

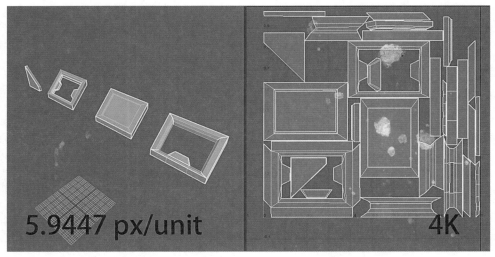

5.9447 px/unit 4K

图2-52 其余模型的UV和纹理密度22

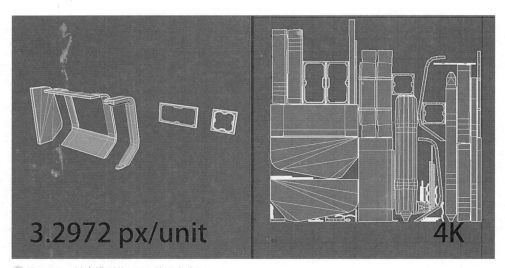

3.2972 px/unit 4K

图2-53 其余模型的UV和纹理密度23

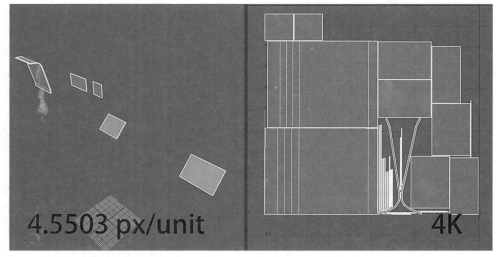

4.5503 px/unit 4K

图2-54 其余模型的UV和纹理密度24

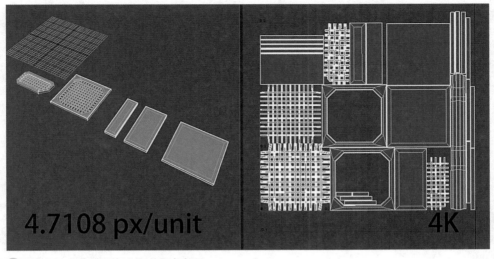

4.7108 px/unit

4K

🔺 图2-55　其余模型的UV和纹理密度25

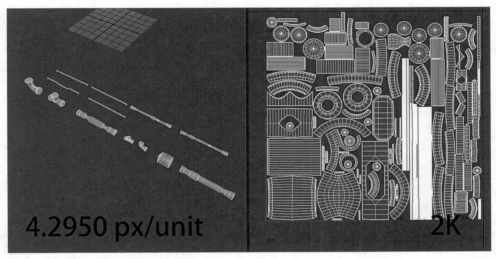

4.2950 px/unit

2K

🔺 图2-56　其余模型的UV和纹理密度26

2.4 总结

　　模型的UV部分可能不会直接出现在图稿上，但它是模型纹理的基础，是不容忽视的。在"UV"＞"自动"选项下有一个"自动UV"命令，不要认为使用这个命令就会让建模变得简单轻松，除非有充分的理由，否则不要使用这个命令。

　　一旦完成UV部分后，纹理的有趣之处就体现出来了。我们将在下一章对此进行探讨。

第 3 章

纹理集

UV贴图通常是三维建模中比较困难的部分，但一旦完成UV贴图部分，就可以进入有趣的纹理部分。

对于模型表面的颜色、粗糙度、金属度、高度等，纹理有着重要的作用。纹理会被应用到模型的材质上，材质会通过纹理上的信息确定模型的光照和着色效果，比如模型表面是什么颜色、表面是否有光泽、是不是金属材质等，这些都会对模型的外观产生重要的影响。

3.1 PBR

在现在的建模流程中，纹理决定了材质的方方面面，比如颜色、粗糙度和金属度等。游戏行业中使用PBR标准来定义材质，PBR表示基于物理的渲染，是一种着色和渲染的方法，可以更加准确地表达光和模型表面的相互作用。而其他相关的材质属性会在内部进行计算，确保光照能量根据物理定律被模型表面反射、折射和吸收。例如，知道金属表面的颜色和粗糙度，可以使用物理定律计算反射的亮度和颜色。PBR标准有多种版本，但最流行的一种是PBR-金属粗糙度，它由以下模型表面属性组成。

- Base Color：基础颜色。
- Height：高度。
- Roughness：粗糙度。
- Metallic：金属度。
- Normal：法线。

高度和法线属性是模型表面形状的细节体现，严格来说，我们不需要这些属性信息描述一种材质，但有些渲染器仍然想使用它们提供信息，即使这些渲染器只是为了一致性的颜色。

3.2 烘焙

绘制纹理通常需要用到烘焙功能。烘焙是生成纹理的过程，其中包含有关几何图形的一些内容，相关术语如表3-1所示。

表3-1 烘焙相关术语

术语	含义
法线	在切线空间中提取高清细节；在渲染过程通过贴图计算光照，并使高清细节在低清晰度模型上作为一种错觉出现
世界空间法线	提取相对于对象空间中的固定帧的法线坐标
ID	通过识别贴图快速隔离模型中的区域
环境光屏蔽	当表面积靠近其他表面时变暗，用于增强细节
曲率	提取包含网格凹凸信息的贴图
位置	提取网格表面所有点的 X、Y、Z 世界坐标
厚度	提取模型不同部位的厚度

3.3 纹理处理

如果有一个带有雕刻细节的高清网格，模型的贴图效果会更明显。我们可以使用具有雕刻功能的软件向模型添加雕刻效果，目前，常用的雕刻软件是ZBrush。ZBrush是一款功能强大的数字雕刻和绘画软件，但它超出了本书的介绍范围，所以在此不会介绍。

下面将介绍如何使用Substance Painter进行纹理处理，我们将在此过程中介绍更多有关纹理的基本内容。

教程 模块化部件的纹理

纹理和建模同样重要，有很多方法可以绘制模型的纹理，例如我们可以通过UV快照功能以二维形式绘制纹理，或者使用一些专用软件以三维形式绘制纹理。主要使用名为Substance Painter的三维绘画软件。

接下来将介绍模块化部件纹理的设置。

步骤01 设置Maya项目。在Maya中打开模型文件，执行"文件">"项目窗口"命令，在弹出的"项目窗口"对话框中单击顶部的"新建"按钮，在"当前项目"文本框中输入"Game_Maya_Project"。单击"新建"按钮下面的文件图标，指定项目保存的位置，其余部分保持默认值，然后单击"接受"按钮。按Ctrl+Shift+S组合键再次保存文件，将文件保存在scenes文件夹中。

为什么？

到目前为止，我们一直是在Maya中通过新建文件进行建模，这是因为这些游戏的规模很小，模型放在同一个文件中会使管理更方便。但在实际的游戏项目制作中，我们需要为不同的模型、角色和装备分别创建文件。当我们创建的资产和文件越来越多时，查询对象就会变得越来越困难，所以需要使用一种便捷的方式管理这些文件，而步骤01创建的包含子文件夹的文件结构方式可以方便我们管理文件。现在要进行纹理绘制，因此需要创建一个存放纹理的地方，即创建sourceimages文件夹。

步骤02 整理模型。为确保一致性，我们会在同一个文件夹中对多个资产进行纹理处理。要做到这一点，必须将模型的不同部件移开，以避免模型重叠。首先选择模型的所有模块化部件，按Ctrl+1组合键进行隔离，然后使用移动工具对它们进行排列，使相似的部分放在一起但又不会相互重叠，如下页图3-1所示。

步骤03 导出模型。选择所有模块化部件，执行"文件">"导出当前选择"命令。在弹出的"导出当前选择"对话框中，选择sourceimages文件夹。然后单击对话框右上角的黄色文件夹图标以创建新的文件夹，并将其重命名为"set_texturing"。在对话框底部的"文件名"文本框中输入"modular_pieces"，"文件类型"选择"FBX export"。在对话框右侧的"选项"选项区域，单击"文件类型特定选项"折叠按钮，勾选"包含">"几何体">"平滑组"复选框。之后单击对话框右侧的"导出当前选择"按钮导出文件。

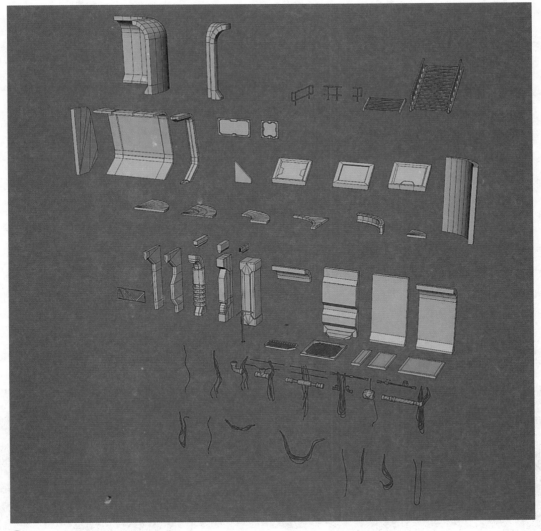

↑ 图3-1 模型导出前的排列方式

为什么？

有人可能会问其他模型呢？其实纹理文件非常大，当有很多模型时，计算机性能会下降，所以我们需要将模型分解为多个纹理文件。

步骤 04 导入到Substance Painter。打开Substance Painter软件，执行"文件" > "新建"命令，在弹出的"新项目"对话框中将模板设置为"Unreal Engine 4"，这里也可以在输出时进行更改。单击"选择"按钮，找到并选择在步骤03中导出的modular_pieces文件，然后单击"打开"按钮，将文件分辨率更改为2048，单击"确定"按钮。

为什么？

有人可能会有疑问：难道不需要让一些模型具有4k（4096×4096像素）纹理吗？答案是需要，但是4k对于计算机来说是很高的纹理分辨率。Substance Painter能够在任何阶段提升分辨率而不丢失任何细节，它会通过记住在绘制纹理时所做的每一个操作，并将分辨率升级为4k来实现这种独特的功能。

3.4 认识Substance Painter

Substance Painter的主界面与Maya相似，如图3-2所示。菜单栏用于加载和更改模型。状态栏中包含大小、笔刷透明度、对称性和透视图等通用控件。紫工具栏包含了基本的绘画工具，比如绘画、橡皮擦、映射和几何体填充等。视图区位于界面中间，包含一个三维视图和一个二维视图，几乎与Maya UV的编辑布局相同。"资源"面板位于视图下方，包含笔刷、透贴、贴图、材质和其他有用的资源。"图层"和"纹理集设置"是两个不同的设置面板。"图层"面板中堆叠了多层纹理，从中可以获取模型的最终外观，而"纹理集设置"面板中包含了各种关于纹理的参数设置。"属性"面板中包含画笔或特定图层的设置，我们可以在这里进行模型的平铺、模板、透贴等设置。界面最右边是UI面板，列出了主界面没有显示的所有面板，单击这里的按钮可以拉出其他隐藏面板。在Maya中为模型创建的每个材质最终都会成为纹理集列表中的纹理集，我们可以将纹理集列表视为Maya的大纲视图。

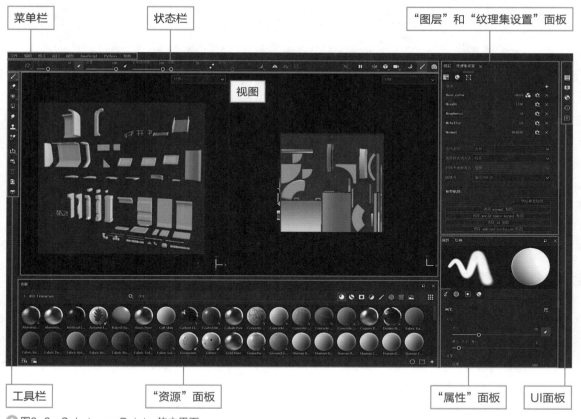

图3-2　Substance Painter的主界面

3.4.1 导航

在Substance Painter中，三维视图的导航与Maya相同，二维视图的导航与Maya的UV编辑器相同。我们可以按F2功能键只显示三维视图，按F3功能键只显示二维视图，或按F1功能键同时显示两者。

3.4.2 光照方向

如果想要改变光照方向，我们可以在按住Shift键的同时，单击鼠标右键并拖动鼠标进行调整。

接下来进行烘焙。单击"图层"选项卡旁边的"纹理集设置"选项卡，找到并单击"烘焙模型贴图"按钮，在弹出的窗口中将"输出大小"的值设置为4096，勾选"将低模网格用作高模网格"复选框，然后设置抗锯齿，将"消除锯齿"设置为"超采样16x"。单击视图中的"烘焙所选纹理"按钮开始烘焙，这可能需要一点时间。将纹理的输出大小值设置为4096，因为这是我们需要的最高分辨率。通过勾选"将低模网格用作高模网格"复选框可以将所有的网格数据从导入的网格中烘焙到网格本身，这种方式可以生成相关的网格数据，比如曲率和环境遮挡（AO）。设置抗锯齿可以减少伪影，但会增加烘焙时间。经过烘焙之后，模型的凹陷区域看起来会更暗。

3.4.3 环境遮挡

环境遮挡是一种自然现象，是由凹凸的表面或彼此靠近的面吸入光线引起的。较弱的光线会从这些区域反射出来，导致这些区域变得更暗。这种现象就像吸音板对声音的影响一样。

教程 应用PBR材质通道制作划痕效果

在"纹理集列表"面板中选择floor_4k材质，切换到地板模型的材质，并确认二维视图切换到地板的UV。或者我们也可以按Alt+Shift组合键，单击地板的任意模块切换到地板模型。按Alt+Q组合键开启隔离模式（再次按Alt+Q组合键关闭隔离模式）。在"图层"面板中单击带有倾斜桶图标的按钮（添加填充图层），可以看到在"Layer 1"的上方创建了一个名为"填充图层1"的新图层，填充图层是一个允许为模型分配纯色或纹理的层。在"属性"面板的"材质"部分有5个按钮，分别是"color""height""rough""metal"和"nrm"，这5个按钮即为通道切换，我们可以通过单击按钮来打开或关闭通道，从而在图层中添加或删除该通道的效果。

"基础颜色"定义了模型的颜色，我们可以将定义的颜色改为任何想测试的颜色。

"高度"是模型表面的收缩距离。高度贴图会让人产生一种错觉，除非有明显的变化，否则很难察觉。单击"Height均一色"按钮，在弹出的搜索栏中输入"Metallic Grate wide"并进行搜索，然后选择并使用该纹理作为高度贴图，此时贴图会显示在模型的表面，我们可以以这种方式将纹理分配到通道。改变光的方向，我们可以看到高度贴图看上去像有实际的高度变化一样，但是放大并从侧面查看这个模型，会发现它仍然是一个平面。

"粗糙度"定义了模型表面的粗糙程度，拖动滑块可以调整粗糙度的值，值越高表示模型越粗糙，值越低表示模型越光滑。

法线贴图与高度贴图类似，不过它会有更多关于表面形状变化的方向性信息。

在"材质"部分的正上方，我们可以通过对"比例""平铺""旋转"和"偏移"的设置来调整纹理的效果。

步骤01 创建面板材质。双击"填充图层1"的名称并删除，输入"Metal"重命名该图层。将该图层的基础颜色设置为深灰色，单击"Roughness均一颜色"按钮，在弹出的菜单顶部的搜索栏中输入"Leak Dirty"，选择名为"Grunge Leak Dirty"的选项，然后将"Metallic"的值设置为1。此时就成功创建了一个暗金属材质，并在粗糙程度上有了一些变化，如图3-3所示。

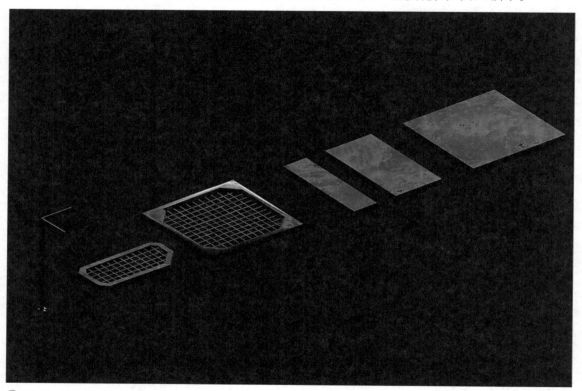

⬆ 图3-3 暗金属材质

为什么？

虽然模型看起来只有光泽度的变化，但它已经呈现了更多精细的细节。值得注意的是，我们不应该忽视光泽度的变化，从某种意义上说，它和颜色一样重要，甚至更重要。

步骤02 添加面板划痕。再次创建一个填充图层，将其命名为"Scratches"，将"Roughness"的值设置为0.25，将"Metallic"的值设置为1。这个新创建的图层会覆盖在Metal图层之上，如果我们想要该图层仅出现在锐利的边缘则右键单击Scratches图层，在弹出的菜单中选择"添加黑色遮罩"命令（为图层添加一个遮罩）。黑色的遮罩是可以透视或透明的，这就是为什么我们现在又看到了金属层。右键单击黑色遮罩，选择"添加生成器"命令，在属性面板中单击"生成器"按钮，然后选择"Mask Editor"选项。现在可以看到模型边缘显示了划痕效果，如图3-4所示。

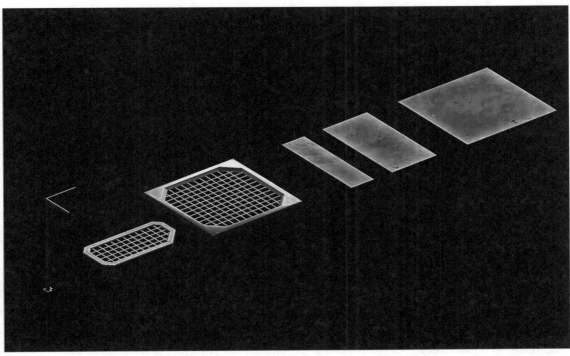

🔺图3-4 一个新的划痕层

3.5 应用生成器

生成器是Substance Painter的基本功能，它会根据我们提供的信息和设置生成颜色。生成器最常见的用途是根据烘焙的网格数据生成遮罩，以创建边缘磨损或灰尘等效果。我们将在后面介绍生成器的更多细节。

步骤 01 调整划痕。Mask Editor是Substance Painter程序化纹理工作流程的关键，也是最常用的生成器。单击Scratches图层下的"Mask Editor"，"属性"面板中将会显示关于它的所有设置。在众多参数中，只有"Global Balance"和"Curvature Opacity"这两个参数值不为0。Global Balance用于调高或降低生成遮罩的不透明度，而Curvature Opacity是目前唯一用于生成遮罩的参数。将"Global Balance"的值设置为0.6，"Global Contrast"的值设置为0.2，使模型边缘磨损效果看起来更理想。

步骤 02 设置遮罩。右击Scratches填充图层，选择"添加填充"命令。在"属性"面板中单击"grayscale均一颜色"按钮，搜索并在结果中选择"Grunge Scratches Fine"选项。单击"Grunge Scratches Fine"右侧的"Norm"按钮，在列出的混合模式选项中选择"Multiply"。混合模式定义了如何将当前图层与它下面的图层混合，默认是Normal，会覆盖下面的所有内容。乘法混合模式会将当前图层的值与下面图层的值相乘作为结果。这个新图层为遮罩添加了细微的划痕，使模型的细节更加完善，如下页图3-5所示。

↑图3-5　在Scratches填充图层中添加其他划痕

提示和技巧

　　在模型中使用的暗金属材质，我们没有对其进行纹理绘制操作，而是通过计算机算法生成，这种纹理称为过程纹理，有两个主要的影响因素：图层和遮罩。通过过程纹理，我们不仅可以获得更快、更清晰的操作结果，还能够调整操作过程中的任意步骤，而无需重做其他部分。

　　步骤03 创建智能材质。单击Scratches图层，按住Shift键后单击Metal图层，将这两个图层同时选中。按Ctrl+G组合键将两个图层分到同一个文件夹中，并将该文件夹重命名为"Dark Metal Scratched"。我们可以单击这个文件夹将其展开或折叠。右击该文件夹，选择"创建智能材质"命令，此时资源的搜索框中会出现一个与文件夹同名的材质，也可以在那里看到Substance Painter附带的很多其他智能材质。智能材质其实是一组或一个图层文件夹，创建智能材质后，我们可以将其从资源中拖出来，并添加到想要添加的任何地方。在"图层"面板中删除"Dark Metal Scratched"文件夹，然后在资源中将"Dark Metal Scratched"材质拖到Layer 1图层上方。我们可以看到，"图层"面板中又恢复了"Dark Metal Scratched"文件夹中的内容。

　　步骤04 设置新材质。在资源部分的智能材质中搜索"Steel Painted Scraped Dirty"，将其拖到所有图层的顶部位置。展开"Steel Painted Scraped Dirty"文件夹，选择其中的Paint图层。在"属性"面板中单击"Base color均一颜色"按钮，会弹出"Base color颜色"面板。分别拖动"H""S""V"的滑动按钮，可以更改颜色的色调、饱和度和透明度，也可以在渐变框中选择颜色。我们将颜色更改为橙色。此时设置的新材质几乎覆盖了模型的所有区域。

　　步骤05 绘制高度贴图。在Base Metal图层上方新建一个填充图层，将新图层命名为"OuterPanel"。在"属性"面板中拖动"Height均一颜色"按钮下面的滑动按钮至"1"，其余设置通道均关闭。为这个图层添加一个黑色遮罩，右击黑色遮罩，选择"添加绘图"命令，在"资源"面板中单击"笔刷"图标，搜索"Basic Hard"笔刷并使用它进行绘图。在"属性"面板中向下滚动到底部，将笔刷的grayscale改为白色。按住Ctrl+鼠标右键，左右拖动鼠标可以改变笔刷的大小。现在我们可以尝试单击并拖动模型以绘制模型中部件的高度，如下页图3-6所示。

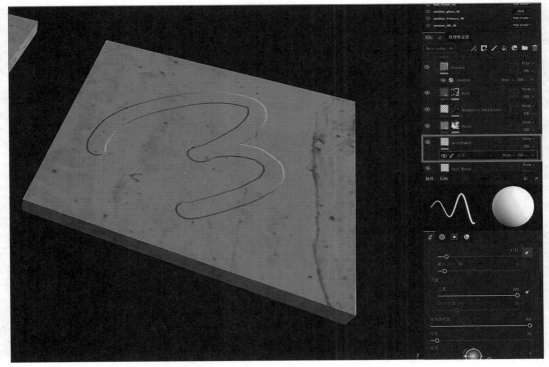

⬆ 图3-6　测试绘制模型上的一些高度信息

为什么？

我们创建了一个填充图层，将其"height"值设置为1，并使用遮罩定义高度的位置。之后，回到填充图层并将其"height"值更改为其他任意值。我们可以选择创建一个新的绘画图层，并在画笔设置中定义想要绘制的高度效果，不过之后更改"height"值就比较困难了。

提示和技巧

我们可以使用一些基本的快捷键对笔刷进行调整。按住Ctrl+鼠标右键，左右移动鼠标可以改变笔刷的大小，上下移动鼠标可以改变笔刷的柔软度。按住Shift+鼠标左键，可以拖动鼠标上下旋转笔刷，也可以左右移动鼠标改变笔刷的不透明度。

步骤06 使用高度作为外部面板的遮罩。在OuterPanel图层的遮罩上右击，选择"添加锚定点"选项，在"图层"面板中向上滚动，找到名为"Steel Painted Scraped Dirty"的文件夹并右击，选择"添加黑色遮罩"命令。然后右击遮罩，选择"添加填充"命令，在"属性"面板中单击"grayscale均一颜色"按钮，在弹出的面板中选择"ANCHOR POINTS"选项卡下的"OuterPanel"，就可以看到橙色的外部面板出现在了绘制高度的区域中，如下页图3-7所示。

为什么？

锚定点是纹理的参照，OuterPanel锚定点是其下方和OuterPanel图层内部结果的参考。我们添加到"Steel Painted Scraped Dirty"文件夹遮罩中的填充层使用的就是该锚定点，因此，它引用了我们为OuterPanel图层绘制的相同遮罩。这就是为什么在OuterPanel图层遮罩涂上白色的地方，也能看到"Steel Painted Scraped Dirty"材质的出现。

⬆ 图3-7 使用锚定点共享遮罩

步骤07 设置对称性。按L键可以切换到对称模式（也可以在状态栏中找到它，查看按L键后切换到了什么界面），然后红色线条将会出现在模型的某个位置（如果没看到，可以缩小视图）。无论我们绘制的是什么，都会镜像到另一边。如果想为右边的方形面板绘制对称图案，可以按Q键进行切换，向右拖动蓝色箭头，将红色线条置于方形面板的中间，如图3-8所示。

步骤08 绘制面板。按F6功能键切换到正投射视图（可以在状态栏右侧找到开关）。正投射视图没有透视变形，非常适

⬆ 图3-8 切换到对称模式并设置方形面板

合绘制精确的形状。按数字2键切换到橡皮擦工具（在工具栏），单击并拖动橡皮擦工具，可以擦除之前绘制的图案。按住Shift键的同时更改视角，将视角切换到俯视图，将画笔移动到方形面板形状的外侧和下方，然后单击鼠标左键。按Ctrl+Shift组合键向上移动画笔，从单击的位置到画笔的当前位置会出现一条虚线，当我们移动画笔时，它会每隔5°折断一次。确保虚线是垂直的并覆盖整个面板，然后再次单击。在虚线上画一条直线，继续这样的操作，直到用方形面板覆盖了面板的大部分，如下页图3-9所示。

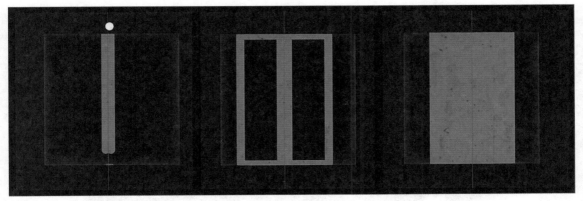

↑ 图3-9　精确绘制方形面板

提示和技巧

我们可能要使用画笔上下绘制两次才能画出一条线。绘制方形面板后，有很多方法可以对方形面板进行填充，我们使用Ctrl+Shift组合键辅助绘制直线。整个方形面板绘制完成后，可以根据自己的习惯进行面板填充。另外，还可以使用更粗的画笔来自由绘制并填充面板的空白区域。

步骤09 绘制面板的其他细节。按Ctrl+ Shift组合键可以快速地在面板上绘制其他细节部分，如图3-10所示。

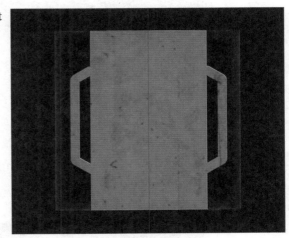

↑ 图3-10　在面板上绘制其他细节部分

提示和技巧

我们不可能在面板的中心实现精准的镜面效果，但可以尽量贴近这种效果。我们必须在不同的Substance文件中对单个模型进行纹理处理，以获得优秀的对称效果。然而，对于个人来说，这种方式很难操作，但如果是团体合作，最好是每个人负责各自的文件。

步骤10 在面板中增加锚定点细节。我们制作的面板看起来不错，但是没有边缘磨损（模型上的划痕或其他缺陷）。在默认设置中，只有烘焙高度和法线贴图用于查找磨边。要包含绘制高度，需要切换到Paint图层，单击其遮罩，选择"mg_mask_builder"生成一个遮罩，使边缘磨损显示在模型的边缘上。这种边缘磨损的效果是通过使用烘焙的法线贴图和曲率贴图功能实现的。在"属性"（PROPERTIES）面板的底部，单击"Micro Height"按钮并选择为OuterPanel创建的锚定点，即可在绘制的面板上看到边缘磨损的效果，如下页图3-11所示。

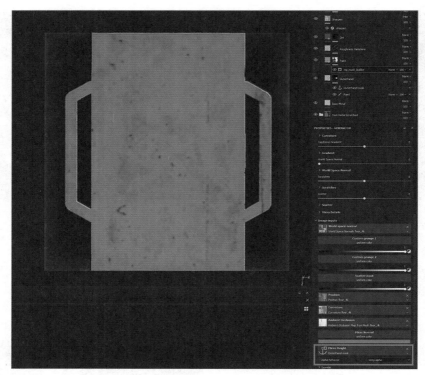

↑ 图3-11　在面板中增加锚定点细节

步骤 11 使用Alpha（画笔的笔头形状）。单击OuterPanel的遮罩返回Paint图层，切换到资源面板，在搜索栏输入"Shape Gradient"后并选择结果中的第一个选项，则画笔现在是渐变Alpha的效果。按X键，画笔的颜色会从白色反转为黑色。按住Ctrl+鼠标左键并将鼠标向上或向下移动，可以改变画笔的方向。按住Ctrl+鼠标右键并将鼠标向左或向右移动，可以改变画笔的大小。要获得准确的方向，请于"属性"（PROPERTIES）面板中在按住Shift键的同时拖动圆形刻度盘来调整画笔的角度。将画笔调整为180°，颜色设置为黑色，在面板的一侧绘制一个斜坡，如图3-12所示。

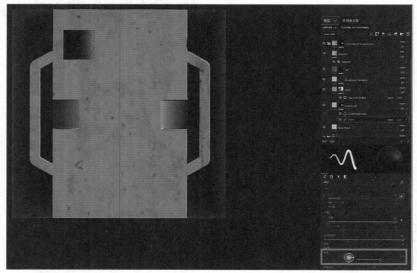

↑ 图3-12　使用Alpha绘制斜坡效果

步骤12 尝试其他画笔效果。请试着使用各种画笔效果制作更多的惊喜。图3-13为使用Alphas添加一些新细节的结果。

步骤13 法线细节。单击我们用来创建填充图层按钮的左侧按钮，添加绘画图层。填充图层只允许我们使用纯色或纹理，而绘画层是可以绘制任意内容的图层。将新创建的图层命名为"NormalDetail"，在"属性"（PROPERTIES）面板中，关闭除"nrm"以外的所有通道。在"资源"（MATERIAL）面板中搜索"Niche Rectangle Top Wide Rounded"形状（也可以选择使用其他形状），将其从"资源"面

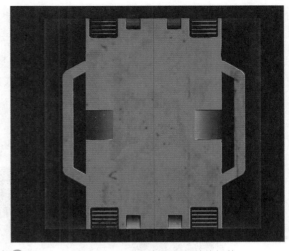

⬆ 图3-13 使用Alphas为面板添加额外的细节

板拖到"属性"（PROPERTIES）面板中，单击画笔Alpha上的X按钮，去掉画笔的Alpha效果。现在我们能看到法线形状完全出现在画笔上，可以单击模型标记该形状，如图3-14所示。

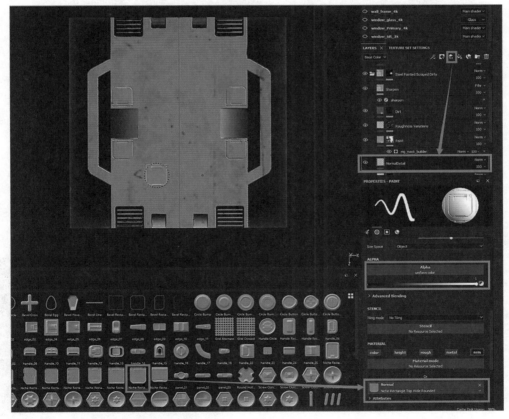

⬆ 图3-14 将法线细节标记到模型

提示和技巧

应用高度贴图和法线贴图可以为模型添加大量的表面细节，这就是在第1章中所说的不需要创建太复杂模型的原因。

步骤14 法线贴图细节的边饰。在NormalDetail图层上右击，选择添加锚定点选项。切换到Paint图层下的mg_mask_builder，在"属性"（PROPERTIES）面板中单击"Micro Normal"按钮，然后在"ANCHOR POINTS"选项卡中选择"NormalDetail"选项。将"Referenced"设置为"Normal"，这确保了我们获取的是关于法线的信息。边饰现在应该出现在用法线贴图绘制的面板上。向上滚动到"属性"（PROPERTIES）面板中的"Micro Details"部分，将"曲率强度"（Curvature Intensity）值设置为0.15，"高度细节强度"（Height Detail Intensity）值设置为10，以收紧和锐化边缘效果，如图3-15所示。

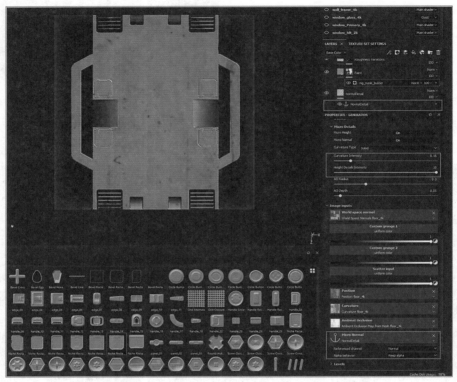

⬆ 图3-15　添加边缘磨损效果

步骤15 添加更多法线面板细节。我们还可以使用其他法线贴图来为模型添加更多细节，如图3-16所示。

步骤16 添加电缆。创建一个填充图层，将其置于"Dark Metal Scratched"组的正上方、"Steel Painted Scraped Dirty"组的下方，然后将其命名为"Cables"。将图层的"Base color"设置为深灰色，"Roughness"的值设置为0.2，"Metallic"的值设置为1，"Height"的值设置为1。为图层添加一个黑色遮罩，并在遮罩上添加绘图。在资源面板的画笔区域选择"Basic soft"画笔，然后按Ctrl+Shift组合键绘制直线，铺设一些电缆，效果如下页图3-17所示。

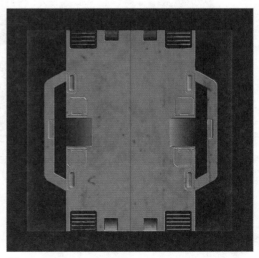

⬆ 图3-16　使用法线贴图添加的额外细节

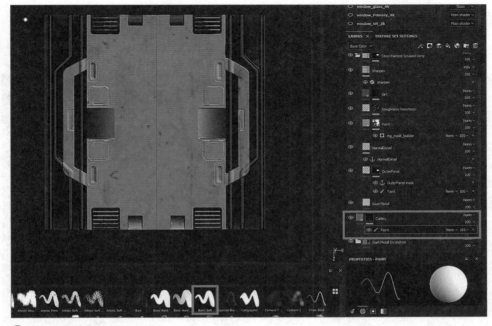

⬆ 图3-17　绘制电缆

步骤 17 设置高度混合模式。我们绘制的电缆高度图显示在橙色面板上，这说明高度混合模式存在问题。要解决这个问题，需要选择"Steel Painted Scraped Dirty"组，然后将"图层"（LAYERS）选项卡下的"Base color"改为"Height"，此时可以查看并调整高度。单击"Steel Painted Scraped Dirty"图层右侧的下拉按钮，在下拉列表中选择"Normal"选项。这个组的高度通道的混合模式现在是正常的，会覆盖下面的图层，橙色面板现在就覆盖了与电缆重合的部分，如图3-18所示。

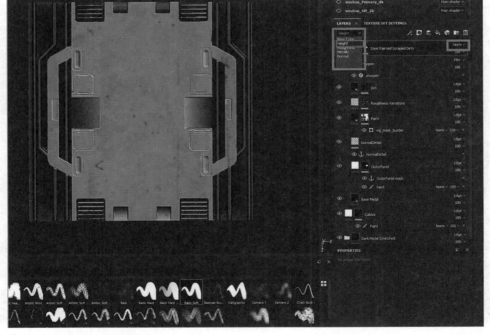

⬆ 图3-18　设置高度混合模式

步骤18 额外铺设一层电缆。将Cables图层遮罩绘画层右侧的数字100改为30，使电缆只有30%可见（降低可见度）。在Cables图层的遮罩上再添加一个新的绘画层，并绘制新的电缆。此时新绘制的电缆会覆盖在之前的电缆上，如图3-19所示。

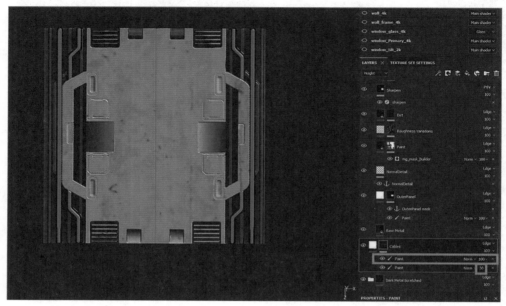

⬆ 图3-19　额外铺设电缆

步骤19 电缆支架。选择Cables图层并按Ctrl+D组合键复制，将其重命名为"CableHolders"。在属性面板中将"Base color"调整至稍微明亮的颜色，将"Roughness"的值调整到0.65。右击CableHolders图层的遮罩，选择"清除遮罩"命令，删除遮罩中的绘画图层及其他内容。为遮罩添加一个新的绘画图层，使用硬笔刷绘制电缆支架，按X键切换到黑色，单击电缆支架的两侧，并分别添加孔，如图3-20所示。

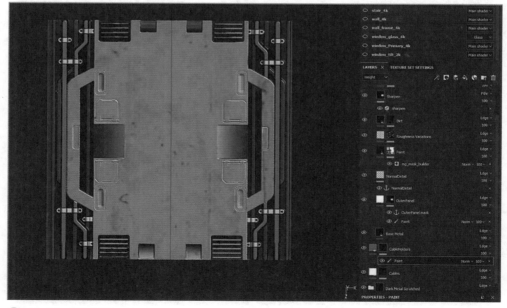

⬆ 图3-20　增加电缆支架

提示和技巧

使用前面的绘图方式虽然可以快速绘制电缆，但实现的效果可能并不是最好的。我们可以选择为一些电缆创建模型，但对引擎处理来说比较麻烦。更简单的方法是从已建模电缆的模型中烘焙法线贴图。

步骤20 绘制其他面板。我们可以使用相同的方式创建模型的更多细节。切换到"图层"（LAYERS）面板，为其他两个面板模型绘制面板效果和电缆细节，我们不需要创建额外的图层来实现以上的效果和细节。图3-21为最终的设计效果，只不过面板的颜色略有变化。

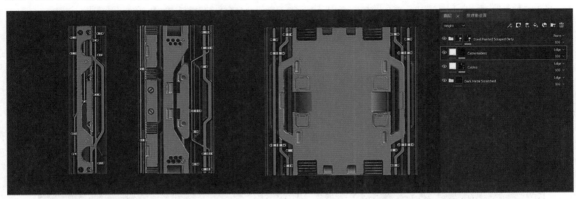

⬆ 图3-21　在另外两块面板上绘制细节

步骤21 在面板的顶部绘制细节。选择除"Dark Metal Scratched"之外的所有图层，然后按Ctrl+G组合键对其进行分组，将新组命名为"Detailing"。下面我们为这个组添加一个黑色遮罩，并在遮罩上添加一个绘画层。按数字4键切换到几何体填充工具，通过该工具可以选择模型的不同部分并进行颜色填充。在属性面板中，将"填充模式"切换到"几何体填充"（方形图标按钮），将颜色设置为"1"。单击模型的任意面，将该面填充为白色，直到绘制的细节全部重新出现在面板的顶面上。将过度锐利的伪影去掉后，可以看到面板顶部的边缘形成了一个干净的边缘切割，如图3-22所示。

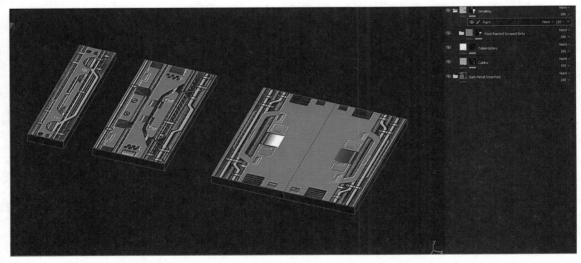

⬆ 图3-22　在面板的顶部绘制细节

提示和技巧

　　填充方式有4种,分别为三角形填充、几何体填充、模型填充、UV块填充,每种模式都有对应的图标表示。切换到不同的模式,可以通过设置颜色来填充不同的模型部分。比如,选择UV块填充,并将颜色改为黑色,单击模型的任何部分,这部分将填充为黑色。几何体填充是创建遮罩的简单方式。

　　步骤 22 创建智能材质。选择所有图层并按Ctrl+G组合键分组,命名为"GameScifiPanels"。右键单击新组,选择创建智能材质命令即可创建节能材质。

　　步骤 23 在墙壁上使用相同的材质。按Alt+Shift组合键并单击任意墙壁模型切换到wall_4k纹理集。按Alt+Q组合键将其隔离,在资源的智能材质中搜索"GameScifiPanel"材质并将其拖到图层中。此时可以看到墙壁模型的深色金属材质效果,如图3-23所示。

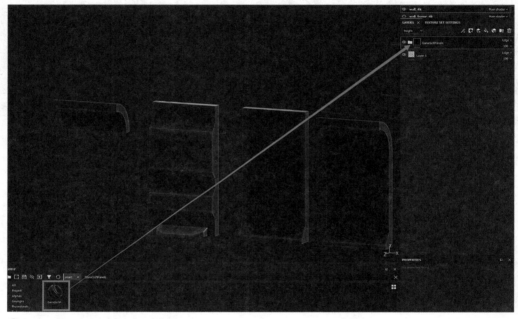

　　↑图3-23　将新的智能材质拖到图层中

提示和技巧

　　此时没有出现橙色面板,是因为这些面板和电缆还没有合适的遮罩。Substance Painter只记录我们在面板上绘制的内容,而不记录在墙上绘制的内容。面板和墙体实际上在游戏场景中不处于同一位置,即使它们在同一位置,我们为面板进行的绘制操作也不适用于墙壁,必须重新为墙壁模型进行绘制操作。

　　步骤 24 绘制墙壁面板。切换到相应的图层,为墙壁模型绘制面板。按X键可以切换黑色切割面板,要是选择不在墙上安装电缆,则需要将电缆隐藏起来。我们可以单击图层前面的眼睛图标切换图层的可见性,如下页图3-24所示。

　　步骤 25 在墙壁上添加面板。在OuterPanel图层上添加填充图层并命名为"ExtraPanel"。将"height"值设为1,为图层添加一个黑色遮罩,并为遮罩添加一个绘画层。切换到笔刷模式,按住Ctrl+鼠标右键并向下拖动鼠标,使笔刷更柔软。在当前面板的顶部绘制一个面板,如下页图3-25所示。

⬆图3-24　绘制墙壁面板

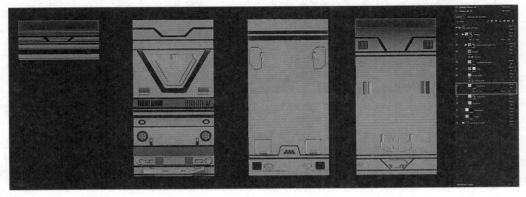

⬆图3-25　为墙壁新增面板

步骤 26 为新绘制的面板创建边缘。右击ExtraPanel图层的遮罩，选择添加锚定点命令，在Paint图层上右击并添加一个生成器。在"属性"（PROPERTIES）面板中单击"生成器"（Generator）按钮，选择"Curvature"选项，单击"Micro Details"后的关闭按钮，将其切换为"开启"（On）。单击"Micro Height"按钮，在"锚定点"（ANCHOR POINTS）选项卡下选择"ExtraPanelmask"。现在可以看到橙色只出现在模型突出的部位和新增面板的高度上。打开全局反转设置，在"属性"（PROPERTIES）面板的底部单击曲率贴图的"X"按钮将其卸载，然后拖动滑块将其调整为0，此时边缘磨损效果应该只出现在绘制的新增面板上，如图3-26所示。

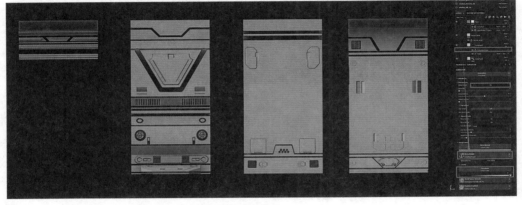

⬆图3-26　通过额外的曲率生成器创建面板边缘磨损效果

为什么？

卸载曲率贴图功能是因为我们只想要新增面板的绘制高度有边缘磨损，不想烘焙的曲率影响遮罩。设置适当的Micro Height，曲率发生器非常适合生成边缘磨损效果。

步骤27 设置Curvature图层的混合模式。需要注意的是，我们唯一看到的有边缘磨损的地方是之前创建的新增面板。新的Curvature图层的效果是遮盖其下遮罩生成器的图层。为了生成边缘磨损效果，我们需要提前进行设置，将Curvature图层的混合模式改为"Multiply"，如图3-27所示。

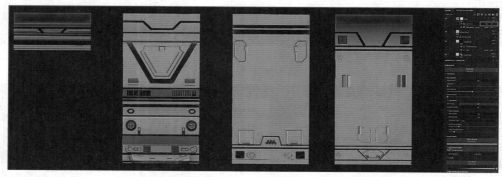

⬆图3-27　结果显示面板的所有边缘磨损效果

步骤28 设置电缆的基础材质。切换到电缆图层，在资源面板中搜索"Iron Diamond Armor"材质并将其拖到图层中，在属性面板中将旋转值设置为128，在"图层"（LAYERS）面板中，将通道设置为"Height"，并将Iron Diamond Armor图层透明度的值设置为30，如图3-28所示。

⬆图3-28　电缆的基础材质设置

为什么？

有人可能会认为使用Substance Painter中的现有材质没有创新之处，毕竟其他人也可能使用同样的材质。但我们并不是将现有材质直接应用到模型上，而是结合多种材质得到非常独特的新材质，然后应用到模型中。

步骤29 添加新图层。在"图层"（LAYERS）选项卡中新增一个填充图层，将其命名为"Straps"。将"图层"（LAYERS）选项卡下的"Height"改为"Normal"。在属性面板中，将"Base Color"调暗，"Roughness"值降至0.2，将"Metallic"值调高至0.7。切换到资源面板，然后在属性面板的"Height"中选择"Strips"，将旋转值设为16。这样设置后得到的效果非常明显，但是如果试图降低透明度，不仅会使效果减弱，还会看到该图层下面的"Iron Diamond Armor"材质。相反，右击Straps图层，选择添加色阶命令，在属性面板中将受影响的通道设置为"Height"，将图表底部的黑色滑块向右拖动，滑块越向右，高度受到的影响就越弱，如图3-29所示。

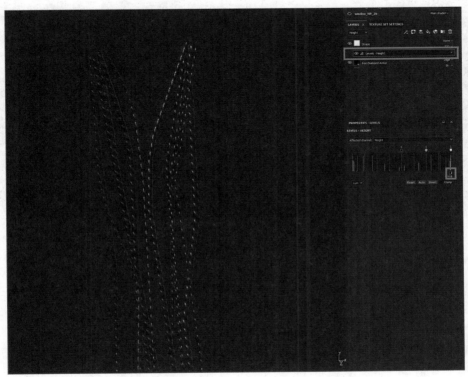

⬆ 图3-29　添加Straps图层

3.6 应用色阶

　　色阶是非常重要的色彩调整工具。色阶图显示了从黑色（左侧）到白色（右侧）的颜色分布情况。色阶图上有3个滑块，黑色滑块表示全部为黑色，灰色滑块表示中间，白色滑块表示全部为白色，拖动它们可以改变图像的颜色。比如将黑色滑块拖到中间色调，则任何比中间色调更深的颜色都变为全黑色。拖动灰色滑块到任何位置，则该点之前的颜色就会变成中间色调，色阶图底部的两个滑块会再次重新映射颜色。黑色滑块所指的颜色会变成黑色，白色滑块所指的颜色会变成白色，两个滑块所指之外的颜色变成了纯黑色和纯白色，剩下的颜色是在这两个滑块之间的插值。

步骤 01 为Straps图层创建随机遮罩。要为Straps图层创建黑色遮罩，则首先要右击遮罩，添加一个生成器。在属性面板中单击生成器按钮，选择"UV Random Color"选项。切换到Straps图层，在UV Random Color图层上方添加一个色阶（右击"Straps"图层，选择"添加色阶"命令）。在"属性"（PROPERTIES）面板中对色阶进行调整，将色阶顶部的黑白滑块拖到中间，使电缆一半显示在Straps图层中，一半显示在Iron Diamond Armor图层中。如果不喜欢这种效果，可以在图层中选择"UV Random Color"，然后在属性面板中单击参数折叠按钮，再单击参数种子右侧的随机按钮以获取不同的结果，如图3-30所示。

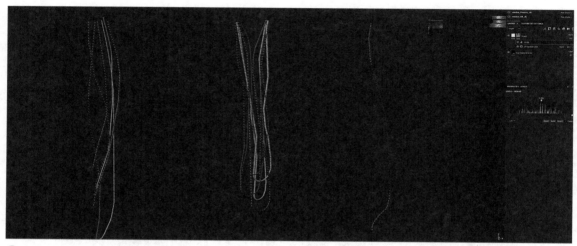

⬆ 图3-30　为Straps图层创建随机遮罩

为什么？

UV Random Color为每个UV块生成了一个随机颜色，而色阶会将颜色范围收缩到黑色或白色。这样，一半的电缆有白色的遮罩，另一半的电缆有黑色的遮罩。

步骤 02 添加新图层。在资源面板中搜索"Carbon Fiber"材质并将其拖到所有图层的顶部以生成新图层"Carbon Fiber"。在属性面板中将旋转值设为128，但是它没有Height通道，而我们想让它的Height值比其他电缆高。在"Carbon Fiber"图层上面添加一个填充图层，关闭该图层中Height通道之外的所有通道，并将其命名为"CarbonFiberHeight"，然后在属性面板中将"Height"值设置为1。选择这两个图层，按Ctrl+G组合键进行分组，将该组命名为"CarbonFiber-WithHeight"。在该图层的右侧将混合模式改为"Normal"，为该组添加一个黑色遮罩，并在遮罩上添加绘画层。

步骤 03 为电缆绘图。按F3键切换到二维视图，并切换到基本硬笔刷模式，在属性面板中将对齐方式设为"UV"。按Ctrl+Shift组合键在所有电缆上绘制几条直线，按F1键可同时查看三维和二维视图效果。我们现在看到绘制的直线随机地附着在电缆上，为了使它们更明显，选择Carbon Fiber图层并在"属性"（PROPERTIES）面板中将"Color 1"和"Color 2"设置为较深的颜色，如下页图3-31所示。

步骤 04 为电缆底座和电缆保护套创建材质。接下来我们可以为圆柱形的底座和保护套创建Steel Gun材质。首先在资源面板中搜索"Steel Gun Matte"材质并将其拖到图层的最顶层，然后创建组，再为该组创建一个黑色遮罩并添加一个绘画层。在"属性"（PROPERTIES）面板中将

"填充模式"（Fill mode）改为模型填充（一个立方体图标），将"Color"设置为白色。切换到几何体填充工具，单击底座和保护套模型，使材质显示在模型上，如图3-32所示。

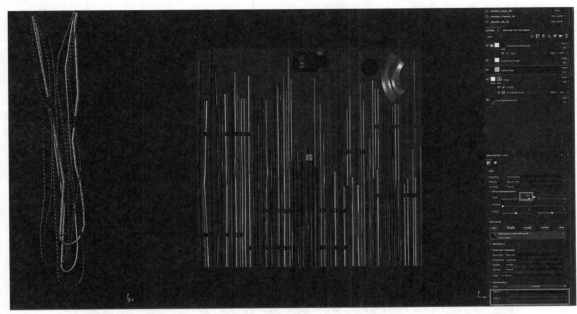

⬆ 图3-31 为电缆绘图的效果

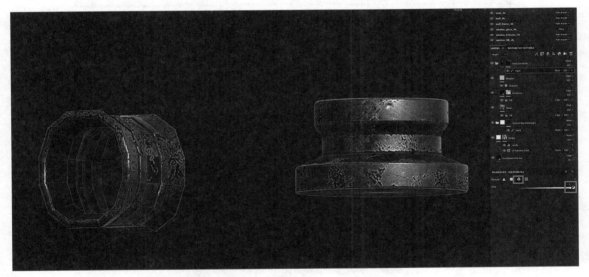

⬆ 图3-32 为电缆底座和电缆保护套创建材质

步骤05 设置管道材质。我们也可以切换到管道所在的图层，将"Steel Gun Painted"材质拖到对应的图层中，为管道添加材质，如图3-33所示。

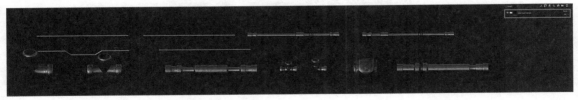

⬆ 图3-33 使用Steel Gun Painted作为管道的材质

步骤 06 设置玻璃材质。按Alt+Shift组合键并单击其中一个玻璃模型进行切换。按Alt+Q组合键将模型的不同部分隔离。在纹理集列表中单击window_glass_4k纹理右侧的"Main shader"下拉按钮，在下拉列表中选择"New shader instance"选项，重新选择着色器。现在纹理集列表中的着色器为Main shader。着色器是计算三维模型着色方面的算法集合。我们需要一个新的着色器，因为玻璃本质上是有透明度的。在主界面右侧单击小球图标（着色器设置），打开着色器设置面板。单击"pbr-metal-rough"按钮，将其改为"pbr-metal-rough-with-alpha-blending"按钮，这个着色器支持透明度。然后将名称改为"TransparentShader"，如图3-34所示。

⬆图3-34　创建新的着色器

步骤 07 添加Opacity（不透明度）通道。在"纹理集设置"（TEXTURE SET SETTINGS）面板中单击"通道"（Channels）右侧的"+"按钮，选择"Opacity"选项，如图3-35所示。我们需要选择"Opacity"通道，为TransparentShader着色器提供透明度值。

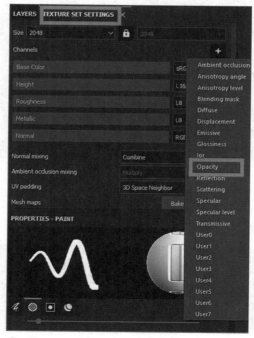

⬆图3-35　新增Opacity通道

步骤 08 创建玻璃材质。在"图层"（LAYERS）面板中添加一个填充图层，将其命名为"Glass"。在"属性"（PROPERTIES）面板的"材质"（MATERIAL）部分可以看到多了一个op通道，这个op通道就是步骤07中添加的不透明度通道。将填充图层的基础颜色设置为灰色，单击"Roughness"按钮，搜索并选择"Grunge Fingerprints Smeared"光泽度材质。将"Opacity"值设为0.1，使其更透明。玻璃一般是非金属的，所以保持"Metallic"值为0，如图3-36所示。

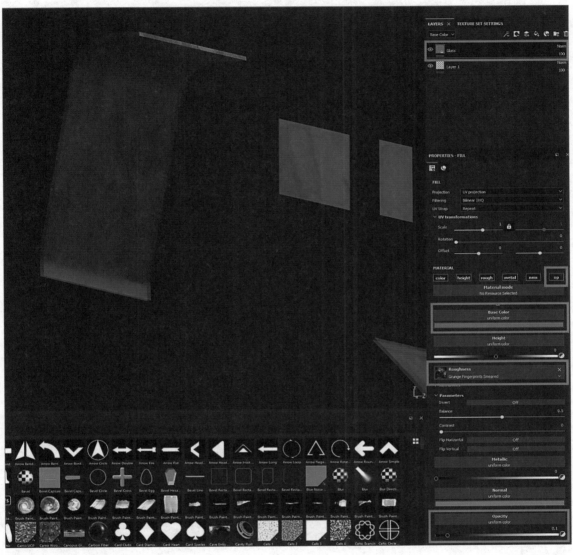

⬆ 图3-36 创建新的玻璃材质

为什么?

　　游戏引擎的着色器在透明度等方面会发挥显著的作用，因此我们在这种玻璃材质上不需要进行太多的操作。当我们创建材质时，会通过游戏引擎设置材质的属性。

　　步骤 09 为其他模块化部件创建材质。我们已经熟练掌握了操作方法，现在使用同样的方法对其他模块进行操作。下页图3-37为对模块的操作结果，下页图3-38为梯子的纹理特写镜头。

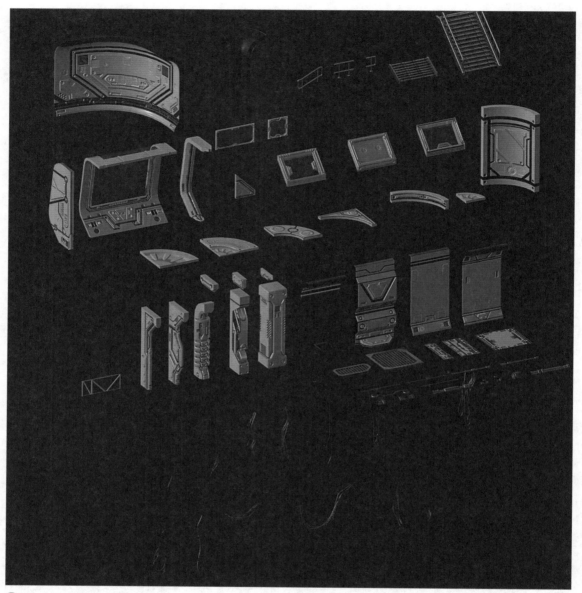

🔼 图3-37　模块压部件的纹理结果

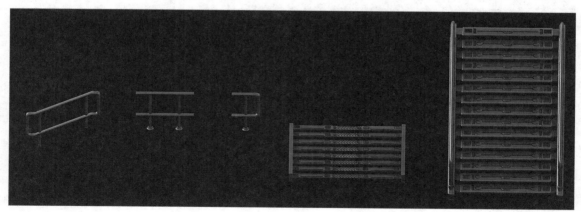

🔼 图3-38　梯子的特写镜头

3.7 对其余模型进行纹理处理

我们对道具和英雄资产进行纹理处理的方式与对模块进行纹理处理的方式相同。图3-39至图3-44显示了设置的纹理效果。其中唯一涉及的新操作是对屏幕的操作，我们在着色器中添加了一个"Emissive"通道，以允许发射输入，并使屏幕变成明亮的蓝色。最终得到的5个实体文件如下。

- ⊙ Modular_pieces_texturing.spp：包含所有的模块部件。
- ⊙ Props_texturing.spp：包含所有不应该在游戏中移动的道具网格。
- ⊙ Security_camera_texturing.spp：仅包含安全摄像头模型。
- ⊙ Door_texturing.spp：只包含门。
- ⊙ Hero_asset_texturing：只包含英雄资产。

⬆ 图3-39　屏幕纹理

⬆ 图3-40　吊舱纹理

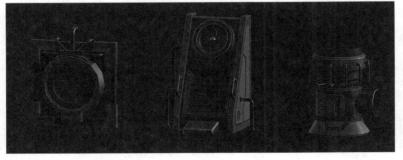

⬆ 图3-41　通风口纹理

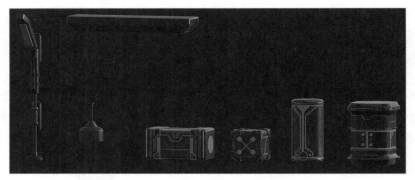

🔺 图3-42　箱子和灯的纹理

🔺 图3-43　榴弹发射器和安全摄像头的纹理

🔺 图3-44　门和英雄资产的纹理

　　除了在制作过程中存在的一些组织缺陷外，将摄像头、门和英雄资产分开并没有什么特别的原因。我们也可以有一个完全不同的排布方式。接下来，请继续为其余模型进行纹理设置。

3.8　总结

　　对模型进行纹理设置需要花费一些时间，但是实际操作时会非常有趣。不过，在构建场景之前，目前的效果还没有达到让我们满意的状态。

　　现在大家一定想继续下一步操作，将模型导入游戏引擎，设置材质，然后组装模型使之达到令人满意的效果。下一章我们将介绍如何在游戏引擎中导入和组装游戏关卡。

第 *4* 章

创建关卡资产

本章我们将学习关于虚幻引擎的基础知识，包括创建游戏项目、导入资产、创建材质等。有人认为导入可以通过单击和拖动这两个操作轻松完成，在某些情况下确实是这样。然而，模块化工作流程的本质需要我们更加关注组织性和一致性。

需要注意的是，在进一步操作之前，我们需要先检查自己的模型，因为本章的任何操作都没有办法弥补模型中的缺陷。如果想继续使用之前创建的模型和纹理，这里也准备了相关的文件。

4.1 游戏引擎

游戏引擎是用来制作游戏的软件，构建了用于渲染输入、物理、人工智能、网络、界面设计、视觉特效和音频的框架或模块。游戏引擎中通常有一个编辑器来创建关卡和其他内容，并且支持一些编程语言，以供程序员编写游戏逻辑。

4.1.1 虚幻引擎

虚幻引擎是我们进行游戏设计的首选引擎，它是最早也是最好的游戏引擎之一。大众喜欢的很多游戏都有它的参与，比如《堡垒之夜》《战争机器》系列、《生化奇兵》系列、《绝地求生》《最终幻想7》重制版等。作为一家不断制作游戏的公司，Epic Games将虚幻引擎的专业性发挥到了极致。虚幻引擎有一个框架，在游戏制作的各个方面都有功能丰富的模块。虚幻引擎为内容创作者提供了友好的用户体验，并让专业程序员可以完全访问其C++源代码。

4.1.2 安装虚幻引擎

下面将介绍如何获取虚幻引擎。

步骤 01 下载并安装Epic Games启动程序。首先访问Unreal Engine官方网站，单击界面右上角的"下载"按钮，然后在跳转的页面上单击"下载启动程序"按钮并进行安装，如下页图4-1所示。在读者阅览本书时，网页内容或许已经更改，因此请按照访问网址自行查找下载链接。下载完成后启动下载的"EpicInstaller"安装包以安装Epic Games启动程序。

步骤 02 安装虚幻引擎。打开Epic Games启动程序并登录，在界面左侧选项列表中选择"虚幻引擎"选项，然后单击界面顶部的"库"选项卡。在显示的内容中单击"引擎版本"后面的黄色"+"按钮，添加新版本。虚幻引擎版本的更新速度非常快，所以在我们安装新版本时可能已经更新到更高的版本。单击"安装"按钮安装引擎，如下页图4-2所示。安装会花费一些时间，所以请耐心等待。

⬆ 图4-1　虚幻引擎的下载界面

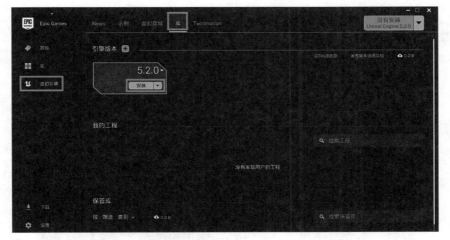

⬆ 图4-2　通过Epic Games下载虚幻引擎

4.2 **Visual Studio**

　　Visual Studio是一个用于编程的集成开发环境（IDE），在制作游戏时经常需要使用。在进行纯文本编辑时，它是一个神奇的文本编辑器，我们可以在其中编写代码。IDE还有额外的功能，比如调试和智能感知。因此，我们最好在开始虚幻引擎项目时就准备好这个环境。

步骤 01 安装Visual Studio。访问Visual Studio网址后，单击紫色的"下载"按钮下载Visual Studio Community。启动并运行此程序，按照指示步骤进行操作，直到显示图4-3中的界面。

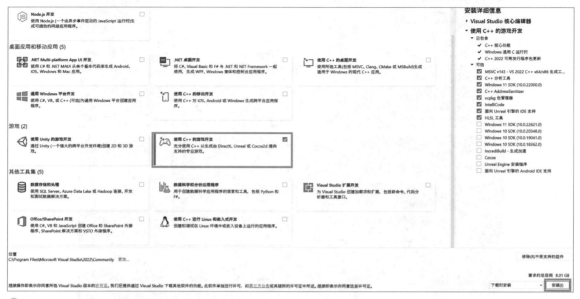

🔼 图4-3　Visual Studio安装工作负载设置

在此界面勾选"使用C++的游戏开发"复选框，然后单击右下角的"安装"按钮。安装需要一些时间，在完成虚拟引擎和Visual Studio的安装之前，请不要继续后面的操作。

步骤 02 创建虚幻引擎游戏项目。在Epic Games Launcher中单击右上角黄色的"启动"按钮，启动虚幻引擎。加载之后，会打开"虚幻项目浏览器"对话框，在对话框左侧"最近打开的项目"下选择"游戏"选项，因为我们要制作一款FPS游戏，所以选择界面中间的"第一人称游戏"选项，如果想要第三视角效果，请选择"第三人称游戏"选项。然后在对话框右侧取消勾选"初学者内容包"复选框。在底部可以更改项目保存的位置和项目名称，此处项目名称为"TheEscaper"，也可以设置为自己喜欢的其他名称。最后单击"创建"按钮，如图4-4所示。

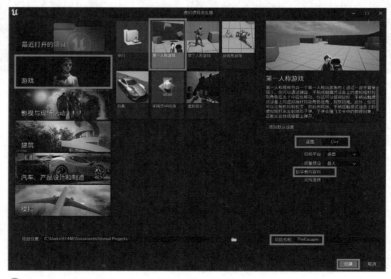

🔼 图4-4　创建虚幻引擎游戏项目的设置

4.3 虚幻编辑器

在完成之前的步骤后，将会显示虚幻编辑器界面，如图4-5所示。它的主界面与Substance Painter类似，最上面一行是菜单栏，在里面可以找到一些常用的命令和功能，比如"保存当前关卡""项目设置"和"视图变更"等。第二行是工具栏，包含了最常用的工具和快捷方式。关卡视图用于显示当前关卡的内容，比如摄像机。内容浏览器包含了为游戏创建或导入的所有资产。界面右侧上方是"大纲"面板，与Maya中的"大纲"面板类似，显示了我们放入关卡中的所有对象。界面右侧下方是"细节"面板，显示了选择对象的各种属性，该面板显示的内容取决于在关卡视图中选择的内容。

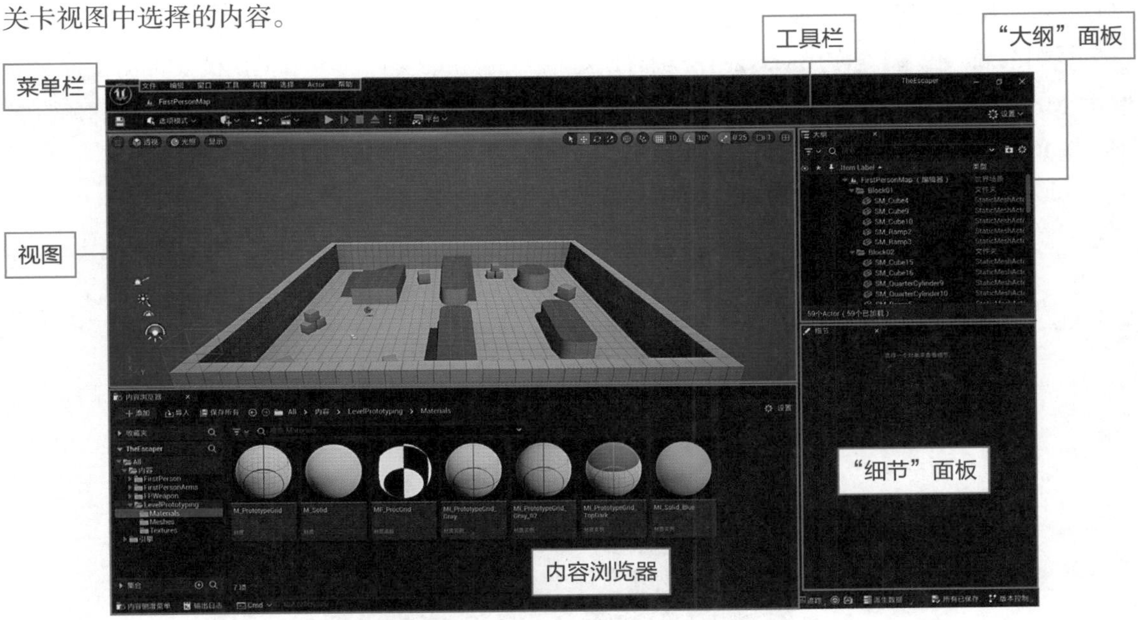

图4-5 虚幻引擎编辑器界面

4.3.1 导航

如果想查看导航视图，请按住鼠标右键，然后按W、A、S、D键来转换视角。按住鼠标右键并移动鼠标，也可以环顾视图四周。或者，我们可以按住Alt键并按下鼠标左键、中键、右键后拖动鼠标，这与Maya中的操作方式类似（按鼠标中键后拖动鼠标与Maya的方式相反）。

步骤01 测试运行游戏。想要在编辑器中测试运行游戏，只需单击工具栏中的▶图标（"播放"按钮）即可。该模板在关卡中有一个持枪的FPS角色，我们可以控制这个已有的角色。按W、A、S、D键可以使其在关卡中移动，单击鼠标左键进行射击，按空格键跳跃。

步骤02 测试构建游戏。按Esc键退出播放模式，执行"文件" > "压缩项目"命令，打开"压缩文件位置"对话框，将文件压缩到指定的位置。在指定路径处创建一个名为"Publish"的新文件夹，将项目压缩到此处，这时虚幻引擎会发出科幻音效，右下角会显示压缩通知。压缩成功后打开Publish文件夹，里面是压缩好的游戏。在文件夹中双击"TheEscaper.exe"即可运行游戏。

到目前为止，这款游戏还没有UI，只有一个拿着枪射击的机器人。即便如此，建成角色并成功运行还是非常令人兴奋的。按下"`"键（Esc键下方）打开控制台，输入"exit"的命令退出游戏。

下面介绍将资产导入虚幻引擎的具体操作。

4.3.2 将资产导入虚幻引擎并创建材质

此外，如果在建模过程中需要更多的资产，那么我们有时也会创建新的出来。制作游戏本质上并不是线性的，在整个专业的游戏团队中，将由建模师制作模型、动画师制作动画、程序员编写游戏机制代码。而在团队或部门之间会进行讨论和决策，同时相互传递相关文件。

步骤01 准备模型。使用Maya打开包含所有模型的Maya文件。本书提供的文件的文件名为"Set_Model.mb"，这个文件也用于将模型导出到Substance Painter，其中有我们需要的所有模型。图4-6显示了该文件的大纲。

🔺图4-6 模型文件的大纲

我们还会将模型彼此移开以进行纹理处理，不过现在是将它们移回原点的时候了。在文件的大纲中选择"all"组，切换到主菜单，执行"选择"（Select）>"层次"（Hierarchy）命令，现在所有的模型都在选择区域中。在通道盒中将"平移"（Translate）和"旋转"（Rotate）的值设为0，将"缩放"（Scale）的值设为1，此时所有的模型都会回到原点位置，如下页图4-7所示。如果其中一些模型仍然没有回到原点，我们需要将其选中，执行"修改"（Modify）>"烘焙枢轴"（Bake Pivot）命令，再将它们的"平移"（Translate）和"旋转"（Rotate）值设为0。

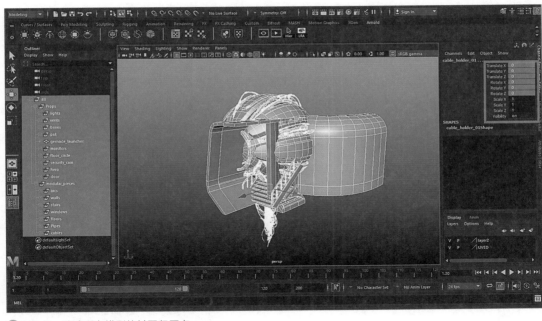

⬆ 图4-7　移动所有模型使其回归原点

步骤02 导出模型。尝试系统地整理所有文件，分别导出每个组，而不是将所有模型作为一个文件一起导出。我们打算在虚幻引擎中为Maya中的每个组都创建一个文件夹。选择"floors"组，执行"文件"（File）>"导出当前选择"（Export Selection）命令，在弹出的对话框中选定为游戏项目创建的文件夹，设置新文件夹的名称为"Assets"，并在其中创建floors文件夹。设置"文件类型"（Files of type）为"FBX export"，在对话框右侧的"选项"（Option）下展开"几何体"（Geometry）部分，勾选"平滑组"（Smoothing Group）和"三角化"（Triangulate）复选框，取消其他复选框的勾选。如果勾选了"动画"（Animation）复选框，请将其取消勾选。输入文件名为"floors"，单击"导出当前选择"（Export Selection）按钮，如图4-8所示。

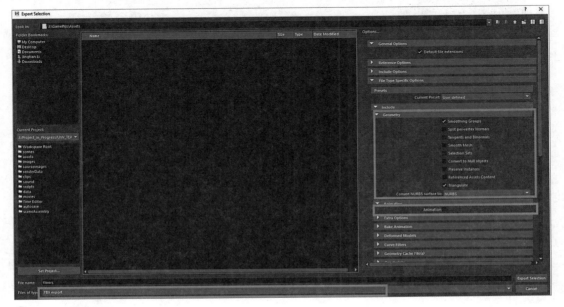

⬆ 图4-8　导出设置

步骤 03 导出其他模型。使用步骤02中的方法导出其他模型，如图4-9所示。值得注意的是，我们没有把"Props"和"modular_pieces"分开。

步骤 04 导出纹理。使用Substance Painter打开modular_pieces_texturing.spp文件，按Alt+Shift组合键并单击floor模型的任意部分，选择floor纹理集。执行"文件">"导出贴图"命令，在弹出的对话框中单击"输出目录"（Export tab）右侧的长按钮，可以选择导出纹理的位置，这里指定到为导出floor模型而创建的floors文件夹。将纹理格式从"png"改为"targa"，将"输出模板"（Config）指定为"Unreal Engine 4 (Packed)"。在纹理集列表中勾选"floor_4k"，因为我们要求使用4k纹理，所以

↑图4-9　在Maya中单独导出所有组的文件夹

将floor_4k纹理右侧的分辨率设置为4096×4096像素，取消勾选"导出着色器参数"（Export shaders parameters）复选框，然后单击"导出"（Export）按钮导出纹理，如图4-10所示。

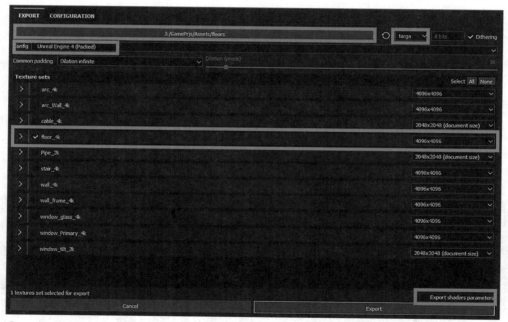

↑图4-10　导出纹理的设置

步骤 05 导出其余模型的纹理。请花一些时间导出其他纹理。要注意的是，有些模型可能有多个纹理集，比如英雄资源的模型，所以我们需要把这些纹理放到hero文件夹中。

为什么？

我们花费了很多时间整理文件、建立文件夹并将对象命名，这些操作看似多余，但会让后续工作更容易。例如，我们想调整地板模型时，不需要再次重新导出所有内容，只需要操作floors文件夹即可轻松调整。

步骤06 将地板模型导入虚幻引擎。打开虚幻编辑器,在"内容浏览器"（Content Browser）中找到"内容"（Content）文件夹,右击该文件夹,新建文件夹并命名为"StaticMeshes",双击进入该文件夹中。打开文件资源管理器,找到"Assets"文件夹,里面包含了所有的网格和纹理文件夹。然后将"floors"文件夹从"Assets"文件夹中拖到虚幻引擎的"StaticMeshes"文件夹中,如图4-11所示。

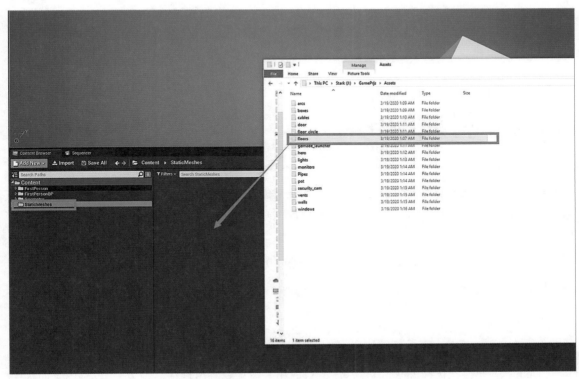

⬆ 图4-11 将"floors"文件夹拖到虚幻引擎的"StaticMeshes"文件夹中

虚幻引擎会弹出FBX导入选项,我们只需要使用静态网格的默认设置,然后导入所有资源。现在将floor_4k材质和三个纹理导入地板模型。需要注意的是,由于拖入了一个文件夹,所以虚幻引擎也为我们创建了一个floors文件夹,如图4-12所示。按Ctrl+A组合键执行全选操作,按Ctrl+S组合键进行文件的保存。

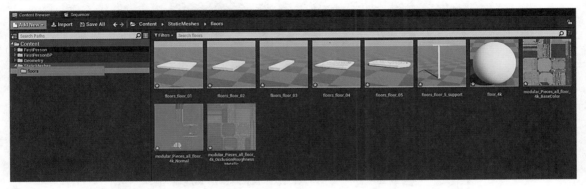

⬆ 图4-12 导入地板模型的资产

提示和技巧

当资产导入虚幻引擎时，会被分为不同的类型，并在每个资产的底部显示出来。青色的资产是静态网格。在我们的环境中，网格和多边形是一样的，静态网格是没有变形（或改变形状）能力的网格。切换到"Content" > "Character" > "Mesh"文件夹，可以看到一个带有粉红色条状的文件，名为"SK_Mannequin_Arms"，这个资产是一个骨骼网格。骨骼网格下有一个可以控制其运动的骨架，就像现实生活中的生物是有骨头的。为网格设置骨架的过程称为索具，在制作玩家和NPC角色时，将会介绍索具。绿色条状的名为"floor_4k"的文件是地板模型的材质，而另外三个带有红色条状的文件是纹理。

4.4 材质编辑器

双击"floor_4k"材质打开材质编辑器。材质编辑器是构建材质的地方，按住鼠标右键并拖动鼠标便可在图形周围移动。图中有两个正方形，它们可能会相互重叠，可以按住鼠标左键将它们彼此拖离。

每个节点都会包含一些数据或执行一些操作。floor_4k节点是材质的最终输出，它与我们在Substance Painter中看到的属性类似，比如基础颜色、金属度、粗糙度和法线。Param是一个颜色节点，包含一个纯色，节点左侧的点是输入引脚，节点右侧的点是输出引脚。有一条线从Param节点的白色输出引脚连接到floor_4k节点的基础颜色输入引脚，这样的线叫作连接，这种特殊的连接意味着Param节点的颜色传递给了材质的基础颜色。材质编辑器的左下角有一个"细节"（Details）面板，选择Param节点，该节点的相关设置就会出现在"细节"（Details）面板中（不要将这个"细节"（Details）面板与主界面的"细节"（Details）面板混淆）。展开"细节"（Details）面板中的"常量"（Default），单击右侧的取色器并在其中选择想要的颜色，然后单击"确定"（OK）按钮。此时材质应该显示为我们选择的颜色，如图4-13所示。

⬆ 图4-13　在材质编辑器中改变材质的颜色

4.5 R、G、B、A颜色通道

在Param节点的左侧有更多的输出引脚，红、绿、蓝引脚分别代表节点的红、绿、蓝通道。屏幕上的任何颜色都是红、绿、蓝的特定组合，把它们按不同的比例组合起来会得到不同的颜色。红色输出引脚用于创建该颜色的红色量，最底部的白色引脚是Alpha通道，这是表示颜色透明度通道的一个奇特名称。这四个通道被称为R、G、B、A颜色通道。我们还可以在"细节"面板的"默认值"下面调整这些颜色通道的数值，取值范围是0到1。如果A通道的值为0，就意味着它完全不透明。

步骤01 设置"OcclusionRoughnessMetallic"纹理。双击名称末尾带有"OcclusionRoughness-Metallic"的纹理，打开纹理编辑器，取消勾选"细节"（Details）面板中"纹理"（Texture）下的"sRGB"复选框，按Ctrl+S组合键进行保存，如图4-14所示。

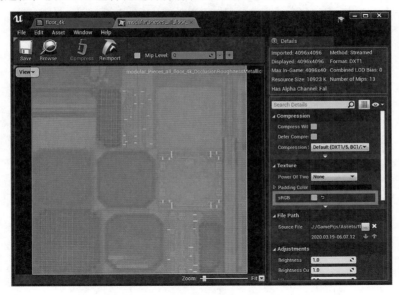

⬆ 图4-14　取消对"OcclusionRoughnessMetallic"纹理的sRGB设置

为什么？

sRGB设置对所有表示颜色的纹理都是起作用的。sRGB所做的是重新映射颜色，使其更适合我们的显示器，但是它确实改变了原始信息。之所以检查"OcclusionRoughnessMetallic"纹理的sRGB，是因为sRGB并不代表颜色。R通道表示环境光遮挡，G通道表示粗糙度，B通道表示金属度。将sRGB应用到这些通道会改变环境光遮挡、粗糙度和金属度，但这并不是我们想要的。

步骤02 设置材质。返回到"floor_4k"节点，按住Shift键并选择要导入的三个纹理，将它们拖到材质编辑器中，材质编辑器会创建三个纹理样本节点来读取这三个纹理。将它们彼此分隔，这样纹理之间就不会互相重叠。单击读取纹理样本的RGB输出引脚，将其拖动到floor_4k节点的基础颜色（Base Color）输入引脚，颜色会出现在材质编辑器左上角视图中的球上。读取蓝色纹理的纹理样本节点，读取法线贴图，拖动其RGB输出引脚，并连接到floor_4k节点的法线（Normal）输入引脚。最后一个纹理样本节点正在读取"OcclusionRoughnessMetallic"纹理。将其R、G、B输出引脚拖动到4k节点的环境光遮挡（Ambient Occlusion）、粗糙度（Roughness）和金属度（Metallic）输入引脚上，如图4-15所示。单击材质编辑器左上角的"保存（Save）"按钮保存更改的内容。

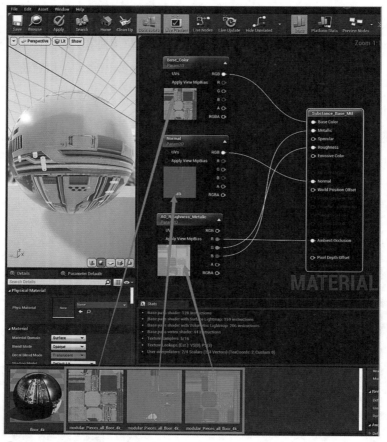

⬆ 图4-15　材质连接

　　关闭材质编辑器，可以看到所有的模型都更新了纹理。如果模型没有显示正确的纹理，需要将其选中并右击以强制更新。将floors_floor_01拖到视图中，按F键对焦，按W键调用移动工具并将其向上拖动，这样就可以看到纹理了，如下页图4-16所示。

提示和技巧

　　移动、旋转和缩放工具有与Maya相同的快捷方式，它们的工作方式也和Maya一样。

　　步骤03 创建主材质实例。右击StaticMeshes文件夹，新建一个文件夹并重命名为"Shared"。返回floors文件夹，选择"floor_4k"，按F2键将其重命名为"Substance_Base_Mtl"，将它拖到Shared文件夹中。双击Shared文件夹，可以看到Substance_Base_Mtl材质实例位于其中。右击Substance_Base_Mtl，选择"创建材质实例"命令，然后单击确定按钮提交默认名称。有人可能会疑惑这样做的目的是什么，请继续执行这些步骤，稍后将看到原因，如下页图4-17所示。

⬆ 图4-16 视图中的地板模型

⬆ 图4-17 创建Shared文件夹

 ## 4.6 材质实例

材质实例与材质一样都可以供用户使用。在进行更改时不需要重新编译材质实例。材质实例仅包含通过父材质中的参数公开的设置（稍后将介绍如何执行此操作）。

步骤01 为地板模型创建一个材质实例。右击"Substance_Base_Mtl_Inst"并选择"创建材质实例"（Create Material Instance）命令，将新材质实例命名为"floor_4k"并拖到floors文件夹中。打开所有的地板模型，并在"细节"（Details）面板中把"Element 0"设置为新的floor_4k。我们可以将floor_4k材质拖到资产编辑器的"Element 0"中进行分配，如下页图4-18所示。

⬆图4-18　为模型分配floor_4k材质实例

步骤02 将纹理样本转换为参数。回到Shared文件夹，双击打开"Substance_Base_Mtl"材质实例，右击基本颜色纹理样本将其转换为参数。将"细节"（Details）面板中"常规"（General）下的"参数名称"（Parameter Name）更改为"Base_Color"。对另外两个纹理样本也进行同样的操作，并将读取法线贴图的样本命名为"normal"，另一个命名为"AO_Roughness_Metallic"。再次打开floor_4k材质实例，这三个参数已经显示为灰色纹理槽，单击这些纹理参数前面的复选框可以打开它们。将基础颜色更改为其他颜色，就可以看到模型的更新效果，如图4-19所示。

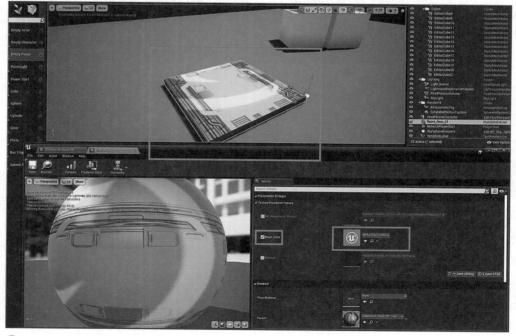

⬆图4-19　改变地板模型材质的Base_Color参数会立即改变地板模型的纹理

为什么？

我们选择使用材质实例的原因是避免为不同的模型一次又一次地设置相同的内容。因为模型都使用三种纹理，所以我们可以轻松地为其他模型创建新的材质实例，并且只需更改三个纹理参数。

步骤 03 导入其他模型。多次按Ctrl+Z组合键，直到floor_4k材质实例的"Base_Color"被选中。切换到StaticMeshes文件夹中，打开文件资源管理器，再次进入Assets文件夹。选择除floors文件夹以外的所有文件夹（floors文件夹已经被导入了），一次性将这些文件夹拖到StaticMeshes文件夹中。在弹出的"FBX导入选项"（FBX Import Options）中，设置"材质"（Material）下的"材质导入方法"（Material Import Method）为"创建新的实例材质"（Create New Instanced Materials）。在"基础材质名称"（Base Material Name）下拉列表中，选择"Substance_Base_Mtl_Inst"，单击"导入所有"（Import All）按钮导入其余的模型和纹理，如图4-20所示。在虚幻引擎中也有相同的文件结构。

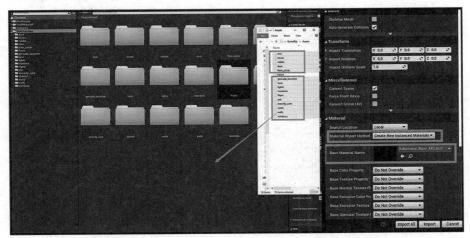

⬆ 图4-20　其他模型的导入设置

步骤 04 修复"OcclusionRoughnessMetallic"纹理的sRGB设置。在StaticMeshes文件夹中搜索"OcclusionRoughnessMetallic"，此时名字中带有该关键字的纹理都会被列出。按住Shift键并单击第一个和最后一个纹理，就会把它们全部选中。右击其中任何一个纹理，执行"资产操作"（Asset Aotions）>"通过属性矩阵进行批量编辑"（Bulk Edit via Property Matrix）命令，在弹出的面板中按住Shift键并选择列表中的所有内容，然后勾选sRGB复选框，如下页图4-21所示。

提示和技巧

任何时候我们想改变多个资产的设置，都可以通过执行"通过属性矩阵进行批量编辑"的命令来实现。

步骤 05 为其他模型分配正确的纹理。切换到内容浏览器新添加的文件夹中，可以看到"Substance_Base_Mtl_Inst"成为了父元素的模型、纹理和材质实例。检查三个纹理参数并分配相应的纹理，如下页图4-22所示。完成所有材质的纹理分配后，在内容浏览器顶部单击保存所有按钮保存所有模型，然后将模型拖到视图中查看，如第111页的图4-23所示。

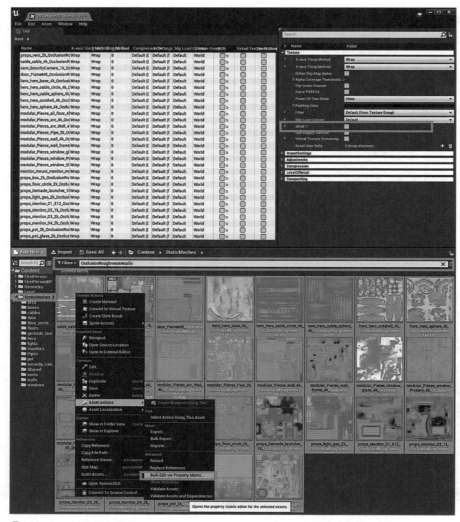

⬆ 图4-21　检查所有"OcclusionRoughnessMetallic"纹理的sRGB设置

⬆ 图4-22　将对应的纹理分配给材质实例

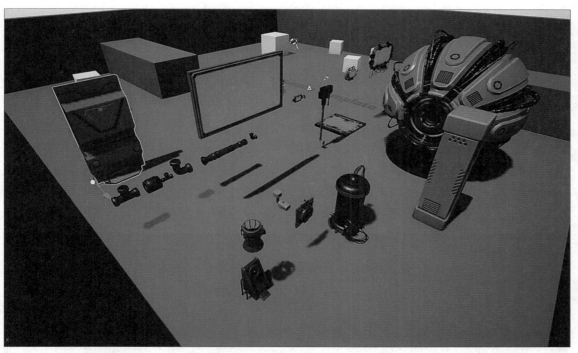

🔺图4-23　视图中的部分模型

为什么？

　　或许有人正在尝试将材质和材质实例混合应用到模型中，但这并不是唯一可行的方法，我们还可以为每个模型创建新材质。不过使用实例也有优点，首先材质实例更快，其次是这种层次结构可以进行全局更改。图4-24为创建材质和材质实例的层次结构，其中有一个基础材质叫"Substance_Base_Mtl"，它定义了纹理连接到材质的通道的方法。这里创建了一个名为"Substance_Base_Mtl_Inst"的材质实例，我们在模型上使用的其他材质都是该实例。在有需要的情况下可以使用这个材质实例进行全局调整。比如模型看起来太亮了，就可以调整这个材质实例，使模型变得更粗糙。稍后将介绍如何设置材质实例的粗糙度以及它的其他属性。

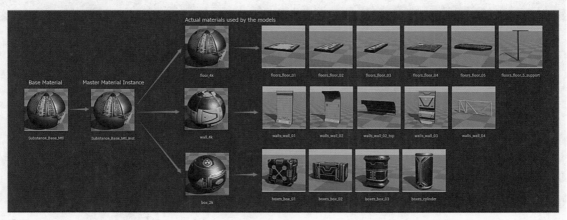

🔺图4-24　材质的层次结构

　　我们已经导入了所有资产并创建了材质，下面可以继续创建关卡了。但在那之前，需要建立一个用于测试的走廊模型，查看材质在光照下的表现，并在必要时进行调整。

教程 创建走廊模型

下面介绍创建走廊模型的操作步骤。

步骤01 创建一个新关卡。在"内容浏览器"的"内容"文件夹下创建一个新的文件夹，将其命名为"Level"。执行"文件">"新建关卡"命令，在弹出的"新建关卡"对话框中选择默认选项。我们并不需要保存当前模板的级别，所以单击"不保存"按钮。加载新关卡后，按Ctrl+S组合键将其保存到Level文件夹中，并命名为"Test_Level"。

步骤02 设置网格对齐。执行"编辑">"编辑器偏好设置"命令，在"编辑器偏好设置"面板的左侧单击"视口"选项，在面板右侧的"网格对齐"列表中勾选"使用二的幂次方对齐大小"复选框，如图4-25所示。

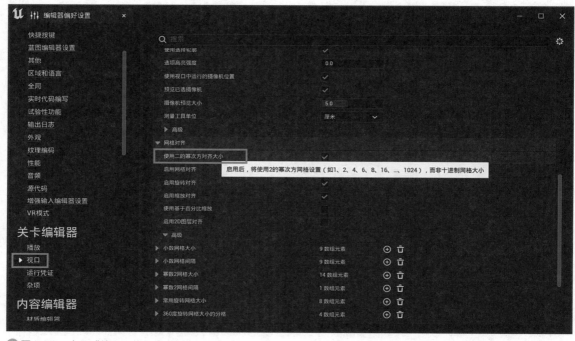

⬆ 图4-25 启用"使用二的幂次方对齐大小"功能

为什么？

我们已经在二进制的基础上建立了资产的全部规模，它们的大小都是2的次方。当启用"使用二的幂次方对齐大小"功能，模型就可以很好地对齐。

步骤03 设置"对齐大小"（Snap Sizes）数值。在视图右上角有一排快捷图标，单击网格图标右侧的数字4，将其改为16，这表示在移动物体时，每16个单位就会被捕捉到。选择16是因为这个数字是模块化模型中最小的尺寸，如图4-26所示。

⬆ 图4-26 将"对齐大小"（Snap Sizes）的数值设置为16

步骤 04 创建一个简单的走廊地板。删除关卡中的地板模型，在floors文件夹中将floors_floor_01拖到关卡中。在细节面板的位置中，将X、Y、Z的值设置为0，使其移动至原点。按W键切换到移动工具，按住Alt键并在X轴方向上拖动地板部分（红色箭头）将会复制这个地板部分。继续拖动，直到地板边缘处与原来的部分对齐，如图4-27所示。

步骤 05 在模型侧面增加板子长度。将floors_floor_02拖到视图中，并将光标移动到原有地板附近，以便将其放置在那。移动新创建的地板（大约一半大小），直到它卡入其中一个方形板子的侧面。按住Alt键并将其拖动到另一侧，旋转180°，然后再次移动直到对齐，如图4-28所示。

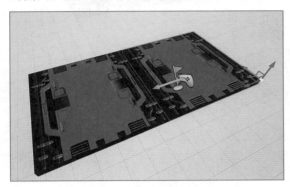
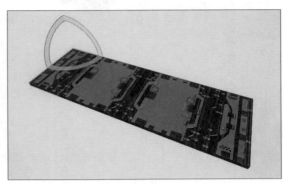

⬆图4-27 创建两个对齐的走廊地板模型　　⬆图4-28 在侧边增加板子长度

步骤 06 创建墙模型。切换到walls文件夹，将walls_wall_03拖动到地板的侧面，旋转并移动，这样墙体就会固定在地板的一侧。同时按住Alt键和鼠标左键并拖动鼠标来获得墙体的副本，将其与地板的另一侧对齐，如图4-29所示。

步骤 07 复制floors和walls模型。按住Shift键后选择所有拖进来的模型，同时按住Alt键和鼠标左键并拖动鼠标以获得它们的副本，然后将这些模型对齐，直到组合在一起的模型全部对齐，如图4-30所示。

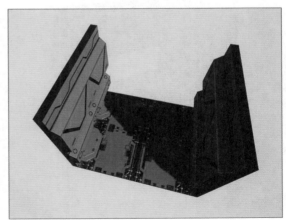

⬆图4-29 添加墙壁　　⬆图4-30 复制地板和墙体

步骤 08 添加墙体框架。将walls_wall_frame_02拖到关卡中并与模型组合起来，使它与走廊的外缘对齐，同时一半嵌入墙壁。拖动框架副本然后将其对齐到墙体的另一侧，如下页图4-31所示。

步骤 09 添加一些管道模型。拖动一些管道和管道部件到墙体的凹陷区域。这部分的操作比较灵活，可以根据自己的需求创建不同的模型，如下页图4-32所示。

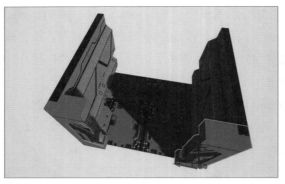

⬆ 图4-31 放置墙体的框架

⬆ 图4-32 添加一些管道

为什么？

只嵌入一半的墙体框架是因为我们在复制框架的时候，另一半框架自然会嵌入到复制的墙体中。

步骤 10 添加天花板。选择所有的地板，按住Alt键并向上拖动鼠标，直到复制到墙体的顶部。由于我们并没有制作天花板模型，这些地板就充当了天花板。不过它们的底部使用了不同的材质，因此地板和天花板看起来是不同的，如图4-33所示。

步骤 11 选择所有的部件并将它们分组。切换到大纲面板中，单击类型按钮，按类型对关卡中的资产进行排序，此时所有的网格会被一起列出。单击第一个模型并按住Shift键，然后单击最后一个模型，将所有模型全部选中，最后按Ctrl+G组合键将它们分为一组。

步骤 12 复制组。按住Alt键并拖动组会得到一个副本，将副本拖到原来的组中。按照此方式再创建三个副本来制作一个走廊模型，如图4-34所示。

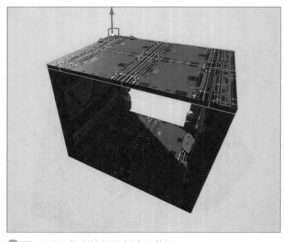

⬆ 图4-33 复制地板以创建天花板

⬆ 图4-34 通过复制创建一个走廊

提示和技巧

虚幻引擎中的分组与Maya不同，虚幻引擎不会将模型都放入同一个文件夹中，而是记住它们现在是"粘"在一起的。优点是我们可以快速选择所有选项，但是如果想移动组中的某个模型，就必须取消组（按Shift+G组合键）。

（步骤 13）嵌入门模型。切换到door文件夹，选择所有静态网格并将它们拖到关卡中。将门模型放置在走廊尽头的中心位置，如图4-35所示。

（步骤 14）拖入更多的墙体用来更好地嵌入门的两侧，如图4-36所示。

（步骤 15）在门的上方拖入两组窗户。在windows文件夹中选择"windows_window_01"和"windows_window_01_glass"，将它们拖到关卡中，并放置在门的上方。按住Alt键并向上拖动可以得到窗户的另一个副本。这两个窗户应能够填补门上方的空隙，如图4-37所示。

↑图4-35　在走廊尽头放置一扇门

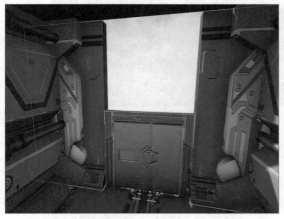

↑图4-36　在门的两侧嵌入墙壁

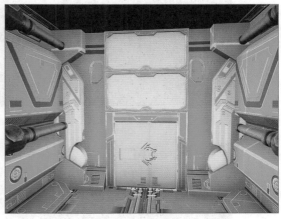

↑图4-37　使用两扇窗户填补门上面的空隙

现在我们已经完成了走廊的创建，可以看到灯光是没有变化的。要是走廊里没有光，看起来应该要昏暗一些，在左上角的视图中可以看到"光照需要重新构建"的警告信息。我们就要在菜单栏执行"构建"（Build）>"仅构建光照"（Build Lighting Only）命令（快捷键是Ctrl+Shift+;），如图4-38所示。

↑图4-38　执行"仅构建光照"命令

之后虚幻引擎会开始为关卡创建光照效果，创建进度显示在视图的右下方。一旦虚幻引擎完成了光照的构建，就会将结果应用到模型中，所以此时走廊看起来非常昏暗，如图4-39所示。

⬆图4-39　光照构建完成之后的昏暗效果

步骤16 创建一些点光源。在模式面板中选择光照，将点光源拖到走廊并放置在天花板下方，点光源可以很好地照亮昏暗的走廊。按Ctrl+Shift+;组合键能重新构建光照效果。完成之后可以看到走廊的效果会更加逼真，如图4-40所示。

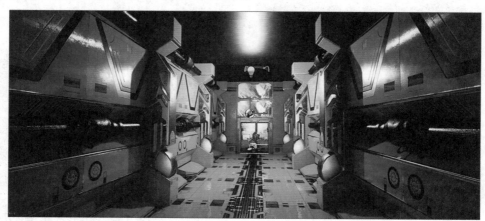

⬆图4-40　在走廊中增加点光源

到目前为止模型效果似乎不错，但它有两个主要的缺陷。首先，从构图上看，橙色似乎占据了过多的画面，将地板刷成白色会比较好。其次，所有对象看起来都比在Substance Painter中更亮一些。这里有两种选择，一种是回到Substance Painter，将地板的颜色设置为白色，使所有的东西变得粗糙，但这可能需要反复多次修改才能得到我们想要的效果。第二个选择是在材质中设置一些控件，这样就可以在控件里进行更改。

下面我们来看看如何在虚幻引擎中实施第二种方法。

教程 为材质设置参数

下面介绍为材质设置参数的操作步骤。

步骤 01 设置去饱和度参数。在Shared文件夹中双击"Substance_Base_Mtl",在材质编辑器中将其打开。这里有一个Param节点,选择它并删除。右击图形的任何空白区域,输入"Desaturation",按Enter键创建一个去饱和度节点。将Base_Color节点的RGB输出引脚连接到Desaturation节点的第一个输入引脚,将Desaturation节点的输出引脚连接到Substance_Base_Mtl的Base Color的输入引脚。再次右击空白区域并输入"scalar",在搜索结果中选择"ScalarParameter"选项,创建ScalarParameter节点,然后将该节点的输出引脚连接到Desaturation节点的Fraction输入引脚。最后,在"细节"(Details)面板中将"参数名称"(Parameter Name)设置为"Desaturation"并单击"保存"(Save)按钮保存材质,如图4-41所示。

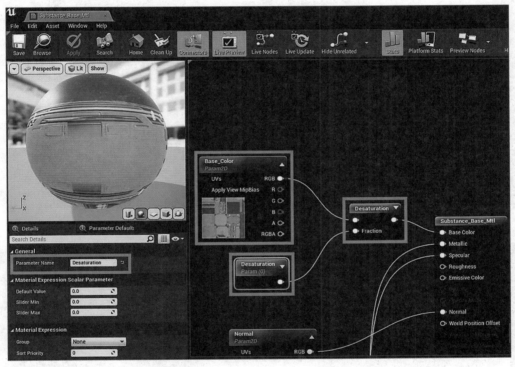

⬆ 图4-41 增加一个去饱和度参数

步骤 02 测试去饱和度参数。在floors文件夹中双击floor_4k材质实例,在资产编辑器中打开它。在"细节"(Details)面板的参数组下勾选"Desaturation"复选框,将"去饱和度"(Desaturation)的值设置为"1"来使其完全去饱和,此时地板呈现出白色效果,如下页图4-42所示。

步骤 03 创建色调改变参数。返回到Substance_Base_Mtl,然后用创建Desaturation节点的方式创建HueShift节点。将Base_Color的RGB输出引脚与HueShift节点的Texture(V3)输入引脚连接,将HueShift节点的Result输出引脚与Desaturation节点的第一个输入引脚连接。保存后单击任意位置添加ScalarParamater节点(这是创建ScalarParamater节点的快捷方式)。将新的Scalar-Paramater节点命名为"Hue_Shift",并将其连接到HueShift节点的HueShift Percentage (S) Result输入引脚。再次单击"保存"(Save)按钮保存更改,如下页图4-43所示。

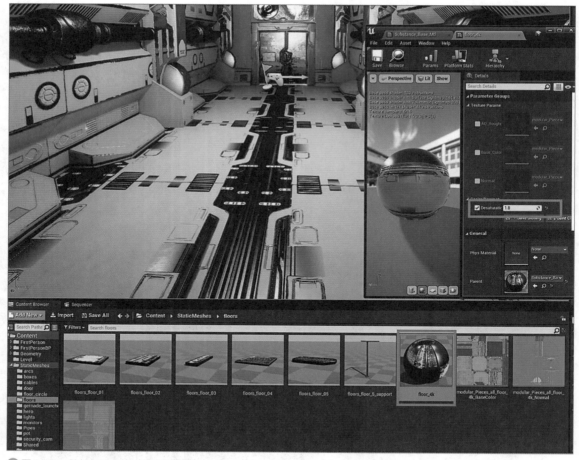

⬆ 图4-42 让地板呈现出不饱和效果

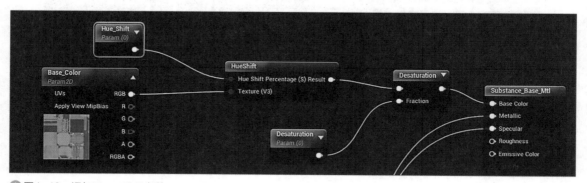

⬆ 图4-43 添加Hue_Shift参数

步骤 04 测试Hue_Shift参数。在Shared文件夹中双击Substance_Base_Mtl_Inst，在资产编辑器中打开它，检查饱和度和色差。将"去饱和度"（Desaturation）的值设置为0.1，降低颜色饱和度。将"Hue_Shift"的值设置为0.015，使其变黄（如果想要不同的颜色，可以设置不同的值）。在这里进行任何改动都会影响所有的模型，因为它是其他模型的父材质，这也是有Substance_Base_Mtl_Inst材质实例的原因。此时地板仍然是白色的，因为floors_4k有它自己的去饱和检查，覆盖了父材质（Substance_Base_Mtl_Inst）呈现的效果，如下页图4-44所示。

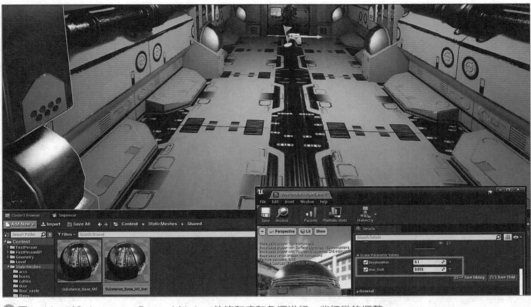

图4-44 对Substance_Base_Mtl_Inst的饱和度和色调进行一些细微的调整

步骤05 添加粗糙度对比和移位控制。再次返回到Substance_Base_Mtl，添加一个CheapContrast节点（右击并搜索来查找和创建节点）。将AO_Roughness_Metallic纹理参数节点的G输出引脚连接到CheapContrast节点的In输入引脚。按住S键后在任意位置单击以创建标量参数，并命名为"Roughness_Contrast"，将其连接到CheapContrast节点的Contrast输入引脚。按A键，创建Add节点，Add节点会将其输入引脚A和B一起添加为输出引脚。将CheapContrast节点的Result输出引脚连接到Add节点的A输入引脚。按住S键后单击以创建另一个标量参数，并命名为"Roughness_Shift"，将其连接到Add节点的B输入引脚。将Add节点的输出引脚连接到Substance_Base_Mtl节点的Roughness输入引脚。单击"保存"（Save）按钮保存材质，如图4-45所示。

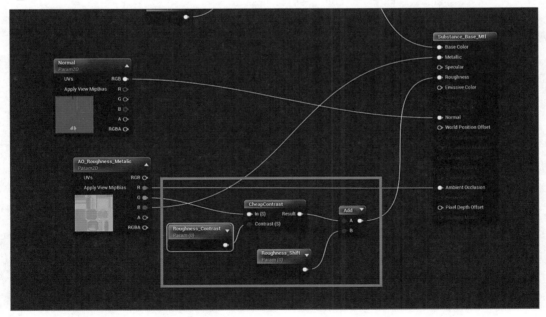

图4-45 添加粗糙度对比和移位控制

我们在材质编辑器中的操作称为基于节点的脚本。你可能没有意识到，我们已经在这里进行了一些编程。我们编写了一个着色器程序，可以通过它控制材质的许多方面，后面要进行的编程和这个很相似。

步骤06 测试Roughness_Contrast和Roughness_Shift的参数。双击"Substance_Base_Mtl_Inst"打开它，检查Roughness_Contrast和Roughness_Shift的参数，将"Roughness_Contrast"的值设置为0.15，将"Roughness_Shift"的值设置为0.25，这样可以获得更好的粗糙度值和对比度，如图4-46所示。

⬆ 图4-46 调整Roughness_Contrast和Roughness_Shift的参数

为什么？

我们通过将"Roughness_Contrast"的参数值设置为大于0来提高粗糙度的对比度，这样能增强为粗糙度创建的变化。具体效果可以参考墙壁和地板上的亮点的变化，这也让细节变得更加生动。

步骤07 创建玻璃材质。玻璃材质与其他材质完全不同，因为它是透明的。选择"Substance_Base_Mtl"，按Ctrl+W组合键创建一个副本，并命名为"Substance_Base_Transparent_Mtl"。在材质编辑器中双击打开，选择Substance_Base_Transparent_Mtl节点。在材质编辑器的"细节"（Details）面板中将材质下的"混合模式"（Blend Mode）从不透明改为"半透明"（Translucent）。更改后，材质的金属度、法线和粗糙度的输入都变为灰色。想要解决这个问题，就向下滚动到半透明部分，设置"光照模式"（Lighting Mode）为"表面半透明体积"（Surface Translucency Volume）。按住S键，单击创建ScalarParameter节点，并将其命名为"Opacity"。将Opacity ScalarParameter节点连接到Substance_Base_Transparent_Mtl的Opacity输入引脚，然后单击"保存"（Save）按钮保存材质，如下页图4-47所示。

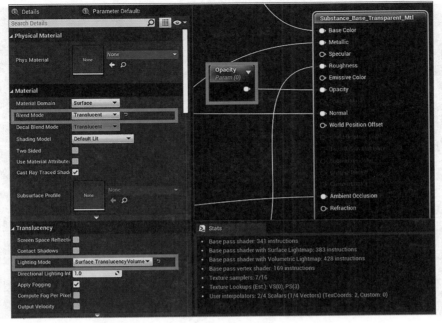

↑图4-47　设置新的Substance_Base_Transparent_Mtl材质

提示和技巧

　　在材质半透明部分的光照模式下有很多设置。如果我们将光标悬停在任意选项上，将弹出一个提示信息，显示该选项的确切含义。通过阅读所有选项可以发现SurfaceTranslucencyVolume是玻璃和水的最佳设置，平衡了质量和性能。

　　步骤08 将Substance_Base_Transparent_Mtl材质实例应用到玻璃上。右击"Substance_Base_Transparent_Mtl"，选择"创建材质实例"（Creat Material Instance）并按Enter键确认名称。在文件资源管理器中双击"window_glass_4k"将其打开。在资产编辑器"细节"（Details）面板的"通用"（General）部分，将"父项"（Parent）设置为"Substance_Base_Transparent_Mtl_Inst"。切换到pot文件夹，将pot_glass_2k的"父项"（Parent）也设置为"Substance_Base_Transparent_Mtl_Inst"。将pot_pot_body和pot_pot_glass拖到关卡中。返回到Shared文件夹，双击"Substance_Base_Transparent_Mtl_Inst"将其打开，检查并设置"不透明度"（Translucent）的值为0.3，将"透明度"（Opacity）调整为0.7，这样就会给人一种玻璃材质的感觉，如下页图4-48所示。

　　步骤09 设置折射。返回到Substance_Base_Transparent_Mtl，按L键，创建一个Lerp节点，Lerp代表线性插值。该节点在Alpha输入引脚的基础上插入它的A和B输入引脚。如果Alpha值为1，则B变为输出；如果Alpha值为0，A就是输出。如果Alpha的值是一个随机值n（介于0和1之间），则输出为A×（1-n）+B×n。选择Lerp节点并在"细节"（Details）面板中将"Const A"的值设为1。创建一个ScalarParamater节点并将其命名为"IOR"。在"细节"（Details）面板中，将"默认值"（Default Value）设置为1.52。将IOR连接到Lerp节点的B输入引脚，创建一个Fresnel节点，并将其输出引脚连接到Lerp节点的Alpha输入引脚。将Lerp节点的输出引脚连接到Substance_Base_Transparent_Mtl节点的Refraction输入引脚，如下页图4-49所示。单击"保存"（Save）按钮保存材质。

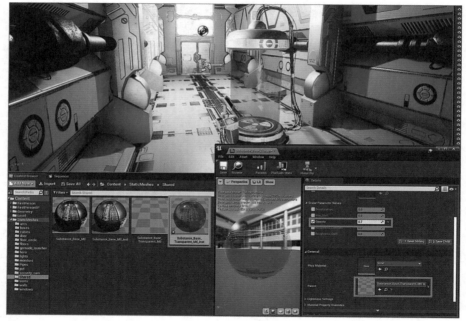

⬆ 图4-48　测试玻璃材质

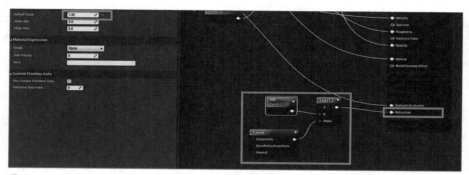

⬆ 图4-49　设置材料的折射输入值

为什么？

　　当光线照射到不同的介质表面时，光线的方向会发生改变（折射）。通过材质的折射设置可以模拟这种效果。IOR代表折射率，表示有多少光被折射，玻璃的折射率是1.52。Fresnel节点生成了一个灰度梯度，在模型边缘较亮，在模型中心较暗。在材质设置中，我们使用Fresnel节点作为Lerp的Alpha值，用于插值IOR（1.52）的值为1，使用结果作为材质的折射输入。这种设置意味着模型边缘的IOR为1.52，模型中心的IOR为1（无折射）。这样做是因为当光线以更大的角度照射到表面时折射更多，而当光线直射到表面时则不会折射（或改变方向）。图4-50显示了玻璃上的IOR值和我们设置的结果。注意玻璃的边缘是如何折射光线的，它会扭曲我们通过玻璃看到的东西的效果。

⬆ 图4-50　玻璃上的IOR值和我们设置的结果对比

步骤 10 创建发光材质。在Shared文件夹中右击空白区域，创建材质并命名为"Emissive_Base_Mtl"。双击打开它，在"细节"（Details）面板的"材质"（Material）中将"着色模型"（Shading Model）更改为"无光照"（Unlit）。该材质现在只有Emissive Color输入引脚可用。按住V键后单击任何空白区域，创建一个Vector-Parameter（是一个颜色参数）节点，并将其命名为"EmissiveColor"。按住M键后单击以创建一个Multiply节点。按住S键后单击创建标量参数节点，并将其命名为"EmissionIntensity"。将EmissiveColor节点的第一个输出引脚连接到Multiply节点的A输入引脚，将EmissionIntensity节点连接到Multiply节点的B输入引脚，然后将Multiply节点的输出引脚连接到Emissive_Base_Mtl的Emissive Color输入引脚。单击"保存"（Save）按钮保存材质，如图4-51所示。

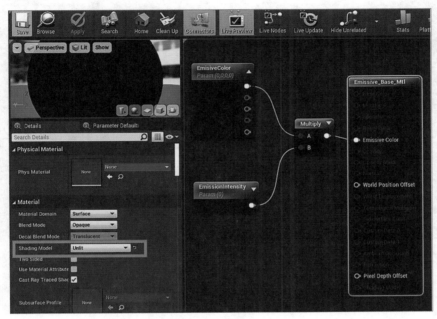

⬆ 图4-51　创建Emissive_Base_Mtl材质

步骤 11 为灯光指定材质。右击"Emissive_Base_Mtl"材质，选择"创建材质实例"（Creat Material Instance）命令，按Enter键以默认名称创建材质实例。双击并打开它，将"自发光颜色"（Emissive Color）设置为白色，将"发射强度"（Emission Intensity）设置为2。右击"Emissive_Base_Mtl_Inst"创建材质实例，将新材质命名为"Ceiling_light_01_light_mtl"。接着继续创建两个材质实例，分别命名为"Ceiling_light_02_light_mtl"和"Floor_light_light_mtl"。将这三个材质实例移动到lights文件夹中。双击"lights_ceiling_light_01"模型，在资产编辑器中将其打开。将Ceiling_light_01_light_mtl拖动到"Element 1"插槽中，将其分配给模型的灯泡部分。将lights_ceiling_light_01拖到天花板部分并确认，结果如下页图4-52所示。以同样的方式将Ceiling_light_02_light_mtl分配给lights_ceiling_light_02，将Floor_light_light_mtl分配给lights_floor_light。

我们注意到灯光部分只是模型，所以把材质拖到模型中时，这些材质展现的效果并不像一盏灯。即使使用发光材质，也不同于在测试关卡中的效果。

所以为了创建一个可以照亮游戏环境的光源，需要将光和我们的模型进行组合，这个组合称为"Actor"。

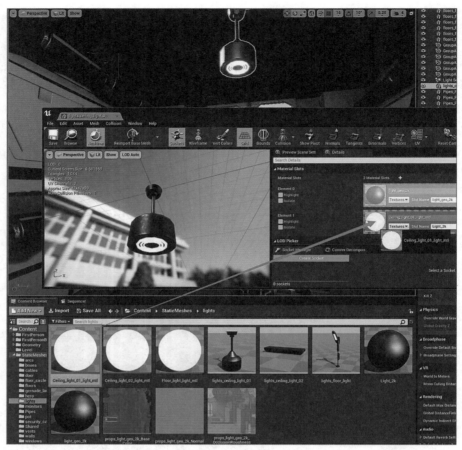

↑图4-52　为灯光指定发光材质

4.7 Actor

拖入关卡中的任何对象都是一个Actor。拖入的模型是一种名为"StaticMeshActor"的Actor，拖入的光源是PointLight Actor。如果单击"运行"按钮，那么被控制的第一人称角色就是一种称为"Character"的Actor类型。我们可以制作任何自定义Actor并赋予其不同的功能。下面将介绍制作自己的光源Actor的操作步骤。

创建一个光源Actor。进入StaticMeshes文件夹中的lights文件夹，右击空白区域，执行"蓝图">"蓝图类"命令。在弹出的"选取父类"对话框中单击"Actor"按钮，创建一个新资产，默认名称为"NewBlueprint"，我们将其重命名为"BP_ceiling_light_01"。

为什么？
有人可能不知道蓝图类是什么，父类又是什么，这些都是稍后会介绍的编程术语。现在要知道的是，我们正在创建一个光源Actor，把它拖到关卡中可以照亮游戏场景。

步骤02 添加静态网格组件。双击"BP_ceiling_light_01",在资产编辑器中将其打开。编辑器的中间是视图区域,左上角为"组件"(Component)面板。单击"组件"(Component)面板中的"添加组件"(Add Component)按钮,添加一个静态网格体组件。在编辑器右侧的"细节"(Details)面板中展开"静态网格体"(Static Mesh)下拉列表,这里列出了所有的静态网格模型。输入"lights_ceiling_light_01"并搜索,选择该模型后,它就会出现在视图中间,如图4-53所示。

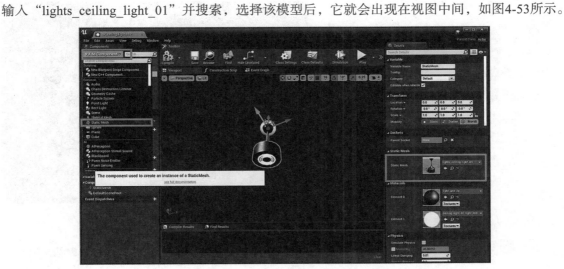

⬆ 图4-53 将lights_ceiling_light_01作为静态网格组件添加到BP_ceiling_light_01中

提示和技巧

如果在下拉列表中有很长的选项,我们可以通过输入关键字来过滤无关的选项,并且找到正在搜索的选项,而且有时并不需要输入全称。

步骤03 添加聚光源组件。单击"添加组件"(Add Component)按钮添加一个聚光源组件,该组件也会出现在视图区域。使用旋转(Rotate)和移动(Move)工具把它放在灯下并且面朝下。切换到"细节"(Details)面板,将"变换"(Transform)中的"移动性"(Mobility)设置为"固定"(Stationary),然后将我们在上一步添加的静态网格组件的移动性设置为"静态"(Static)。单击视图上方工具栏中的"编译"(Compile)按钮和"保存"(Save)按钮,以便提交更改操作,如图4-54所示。

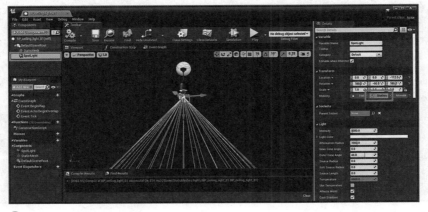

⬆ 图4-54 添加聚光源组件

教程 移动性设置

移动性是指物体的移动性。固定和静态移动都意味着物体不会移动。这是对任何我们想使用烘焙照明物体的一个要求。"固定"选项允许灯光改变颜色而不需要重新调整照明。我们将在后面的章节解释这个选项的细节和差异。

步骤01 测试BP_ceiling_light_01。删除其他灯并将BP_ceiling_light_01拖到天花板上。按Ctrl+Shift+；组合键重新搭建灯光。此时BP_ceiling_light_01照亮了走廊，如图4-55所示。

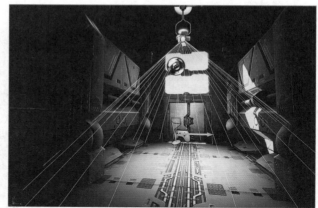

⬆ 图4-55　在走廊处测试BP_ceiling_light_01

步骤02 创建另外两个灯。按照相同的操作创建BP_ceiling_light_02和BP_lights_floor_light。即使有两个灯管，BP_ceiling_light_02也使用单个灯管，因为使用两个灯管意味着花费两倍的成本，而且我们使用一个灯管就可以得到类似的效果。设置"源半径"（Source Radius）的值为8、"源长度"（Source Length）的值为195，使点光源的形状看起来像一个长管道。在BP_lights_floor_light中添加一个矩形光源组件，然后将其移动到模型的光源前面。为了将矩形光源组件的大小与模型匹配，需要将其"源宽度"（Source Width）的值设置为20，如图4-56所示。我们将在后续章节中讨论更多关于光的细节。

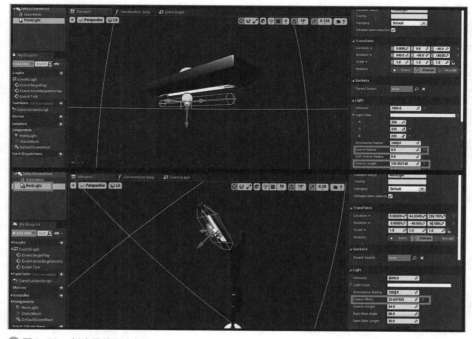

⬆ 图4-56　创建另外两个灯

步骤 03 测试走廊上三盏灯的效果,如图4-57所示。

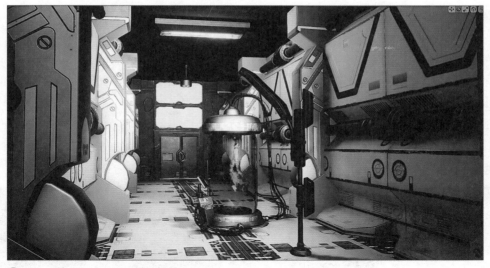

⬆ 图4-57　测试走廊中三盏灯的效果

步骤 04 调整显示器材质。显示器材质应该与Emissive_Base_Mtl类似,但是我们希望呈现出扫描线效果并显示一些内容。选择"Emissive_Base_Mtl",按Ctrl+W组合键复制它,并将复制后的副本命名为"Screen_Base_Mtl"。双击将其打开,删除EmissiveColor参数。右击空白区域,创建一个TextureSampleParameter2D节点(与我们在Substance_Base_Mtl中加载Base Color和其他纹理的纹理参数相同)。将新的TextureSampleParameter2D节点命名为"ScreenTexture",然后将该节点的RGB输出引脚连接到Multiply节点的A输入引脚,如图4-58所示。

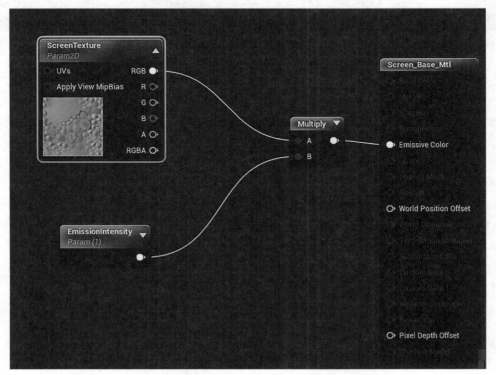

⬆ 图4-58　将EmissiveColor参数替换为TextureSampleParameter2D参数

步骤 05 添加扫描线。右击空白区域，搜索"LinearSine"并按Enter键进行创建。使用相同的方法创建一个LinearGradient节点。将VGradient连接到LinearSine节点的Value(S)输入引脚。创建一个标量参数，将其命名为"ScanLineSize"，并将其默认值（Default Value）设为0.03。将ScanLineSize连接到LinearSine节点的Period(S)输入引脚。按住M键创建一个Multiply节点，将LinearSine节点的Linear Sine输出引脚连接到Multiply节点的A输入引脚，将ScreenTexture的RGB输出引脚连接到Multiply节点的B输入引脚。最后，将这个新的Multiply节点的输出引脚连接到连接了EmissionIntensity节点的Multiply节点的A输入引脚。为了能够可视化，我们将"Emission-Intensity"的默认值（Default Value）更改为1，在材质编辑器左上角区域，将预览模型切换为平面。我们可能需要导航视图才能看到模型的前部，如图4-59所示。

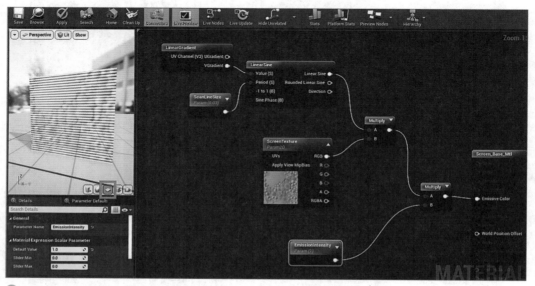

⬆ 图4-59　添加扫描线

为什么？

对于讨厌数学的人来说，LinearSine（线性正弦函数）让人摸不着头脑。然而，数学是在计算机中操作的基础。我们不需要了解正弦波的细节，只要将其想象为重复的上下（黑白）波。我们在这里构建的是穿过UV的V方向的波，其波长值为0.03（ScanLineSize参数的值）。LinearGradient节点的VGradient连接到LinearSine节点的Value(S)输入引脚，确保它是一个V方向波。将VGradient引脚换成UGradient引脚，我们可以看到波纹改变到U方向。

步骤 06 移动扫描线。创建Time节点和Multiply节点，将Time节点连接到Multiply节点的A输入引脚。创建另一个标量参数并命名为"ScanLineSpeed"，将其默认值（Default Value）设为0.1。然后将ScanLineSpeed连接到Multiply节点的B输入引脚，按A键并单击以添加节点。将LinearGradient的VGradient输出引脚连接到Add节点的A输入引脚，将Multiply节点连接到Add节点的B输入引脚。最后，将Add节点连接到LinearSine节点（LinearGradient连接到的位置）的Value（S）输入引脚。我们可以看到扫描线在移动，如下页图4-60所示。

步骤 07 修复着色问题。打开monitors文件夹，然后双击打开Monitor_01，可以看到材质插槽中只有一个元素，因为我们还没有为显示器的屏幕分配不同的材质。

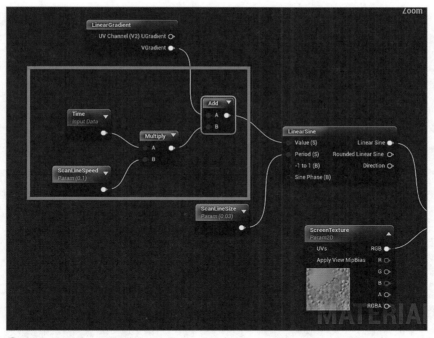

🔼 图4-60　移动扫描线

再次打开Maya并加载Set_Model.mb文件，在大纲视图中找到Monitor_01，按Ctrl+1组合键将其隔离。选择属于显示器的所有面，将工作区更改为"UV编辑"。在"UV编辑器"中按住Shift+鼠标右键并且选择"创建UV壳"。

再次按住Shift+鼠标右键，执行"修改">"排布"命令。在弹出的"排布UV选项"对话框中将底部的"缩放模式"设置为"非均匀"，然后单击"排布UV"按钮。此时屏幕上的UV会填满整个U1V1空间。在显示器的所有面都被选中的情况下，回到三维视图中，按鼠标右键，选择"指定新材质"命令，在弹出的"指定新材质"对话框中选择"Blinn"。此时会弹出"属性编辑器"面板。如果没有弹出，则按Ctrl+A组合键。

再次按住鼠标右键，选择"材质属性"命令，设置Blinn的名称为"Monitor_01_Screen_01_Mtl"。大屏幕侧面的数字键盘上还有一个小屏幕，我们也需要对小屏幕进行同样的UV调整，并为它指定一个Blinn材质，命名为"Monitor_01_Screen_02_Mtl"。对其他显示器模型也执行相同的操作。要是U1V1检查器纹理颠倒或倾斜，则需要排布UV后旋转UV壳，并再次进行UV排布。图4-61显示了Monitor_02模型的结果。

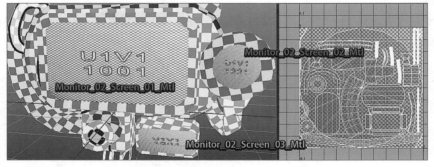

🔼 图4-61　其中一个显示器的新UV和材质排列

为什么？

之所以让UV填充U1V1空间，是因为要是我们想用相机捕捉场景并在显示器上显示该场景，就需要通过读取完整的U1V1空间来读取完整的捕获图像。我们也给每个屏幕新的材质，以便可以将显示器的材质分配给它们。

步骤 **08** 重新导入到UE中。选择显示器组，执行"文件"（File）>"导出当前选择"（Export Selection）命令。导航到之前导出的monitors.fbx文件，选择旧文件，单击"导出当前选择"（Export Selection）按钮。此时会弹出一个对话框，询问是否需要替换它，选择"是"（Yes），然后回到虚幻引擎。在"内容浏览器"（Content Browser）中选择所有的显示器，右击其中一个显示器，然后选择"重新导入"（Reimport）。此时会弹出一个对话框，询问如何处理分配的新材质。由于它们之前是不存在的，所以只需要单击"完成"（Done）按钮即可。双击"monitors_Monitor_02"打开它，现在可以看到还有三个名称为"Monitor_02_Screen_01_Mtl""Monitor_02_Screen_02_Mtl"和"Monitor_02_Screen_03_Mtl"的材质实例等待分配新材质。它们使用的是worldGridMaterial，这个材质是未被分配的插槽的默认材质，如图4-62所示。

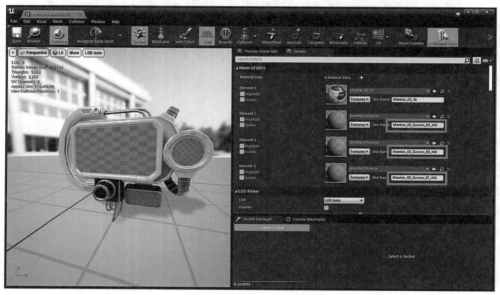

⬆ 图4-62　显示器的新材质元件

提示和技巧

每当我们需要更新模型时，可以回到Maya中进行更改。导出并替换旧的fbx文件，然后在内容浏览器中右击模型并重新导入。

步骤 **09** 创建并分配屏幕材质实例。回到Shared文件夹，右击"Screen_Base_Mtl"并选择"创建材质实例"（Create Material Instance），按Enter键以默认名称完成创建。将此材质实例分配给所有显示器的所有屏幕材质槽，如下页图4-63所示。

当我们在进行游戏编程时，会替换显示器使用的纹理。现在使用的是虚幻引擎提供的默认纹理。

 图4-63　为屏幕创建材质实例

4.8 总结

　　我们已经在虚幻引擎项目中完成了资产导入和材质创建。可以看到，将模型和纹理传输到游戏引擎中并不简单。此外还花了一些时间创建Actor和材质，使光线和显示器在游戏中发挥作用。我们还介绍了更改和重新导入资产的相关操作。所有的这些操作都会使接下来的游戏关卡的构建步骤变得容易一些。

　　现在终于可以继续构建游戏关卡了，我们将在下一章继续这个有趣的旅程。

第 5 章

关卡创建

　　在本章中，我们将使用前几章创建的资产来构建关卡。现在已经完成了"乐高积木"的搭建，是时候将它们引入到关卡中了。在完成关卡内部的构建后，我们将使用虚幻引擎和其他免费资源来构建外部环境。

　　回顾整个工作流程，我们已经对模块化部件和其他道具进行了建模，并在Maya中为它们创建了UV。我们使用Substance Painter创建纹理，并在很大程度上依靠它为模型添加表面细节。我们在虚幻引擎中导出所有模型，并仔细管理和设置所有材质。

5.1 创建关卡

步骤 02 为起始房间构建平面图。选择中间的地板，按Delete键删除它。切换到floors文件夹并将floors_floor_01拖到关卡中。在"细节"面板中，将"位置"中X、Y、Z的值全部设为0，并调整到原点。稍后将会在更大的房间里使用这些地板。将地板旋转180°后倒置，确保网格的捕捉为16个单位（视图的右上角）。如果捕捉选项仍然是10个单位，则执行"编辑" > "编辑器偏好设置"命令，在打开的面板中搜索"幂次方"，过滤其他设置项。在"网格对齐"项中检查是否勾选了"使用二的幂次方对齐大小"复选框，如图5-2所示。之后将地板向下拖动，使其正好位于网格下方。

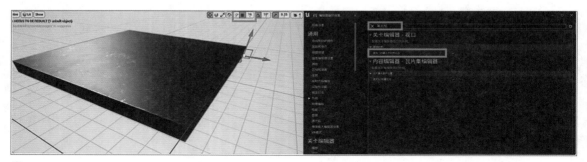

⬆ 图5-2　放置第一块地板

步骤 03 连续创建3块地板。按住Alt键并拖动移动工具的X（红色）轴以获取地板的副本，继续拖动直到它与前一个轴对齐。经过这样的操作后，我们就有了3块合适的地板，如图5-3所示。

⬆ 图5-3　连续创建3块地板

步骤 04 填充9块地板。选择已创建好的3块地板，按住Alt键并拖动，复制出另外两行地板，以创建3×3的地板，如图5-4所示。

⬆ 图5-4　创建3×3的地板

134

步骤05 添加其他部件。在内容浏览器中选择"floors_floor_04"，然后选择视图中地板的4个角落的部分。右击选定的部分，用Floors_floor_04替换选定的Actor（方形部件内部有一个框架和一个金属网格）。4个角就替换为了floors_floor_04，如图5-5所示。

⬆ 图5-5 使用floors_floor_04替换地板角落

步骤06 填充floors_floor_04的底部。将floors_floor_03拖动到关卡中，按住Alt键并拖动来创建3个副本，这4个部件便一起组成正方形。按Ctrl+G组合键分组，将该组旋转180°。我们可以看到它们的背面有管状的纹理。将组移动到网格块下面，按住Alt键并拖动来复制，然后将其拖到其他3个角落，如下页图5-6所示。

⬆图5-6　在4个角落添加floors_floor_03模块

步骤 07 延长地板。将floors_floor_02拖到关卡中，移动并复制它，使其包围在地板两侧，然后使用floors_floor_03包围地板的另一侧，如图5-7所示。注意，4个floors_floor_03用于覆盖地板的一侧，因为floors_floor_02增加了地板的长度。

⬆图5-7　用floors_floor_02和floors_floor_03围住地板

步骤 08 创建墙壁。切换到walls文件夹，将walls_wall_01拖动到关卡中，移动并复制墙壁，以便每块地板边缘处都有一堵墙。将墙壁与地板边缘处对齐，如图5-8所示。

步骤 09 将walls_Turnning_wall_01拖到墙壁的角落以遮挡开口处，如图5-9所示。

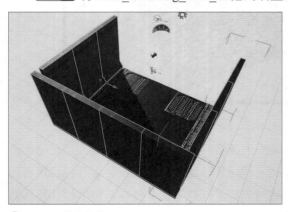

⬆图5-8　放置墙体

⬆图5-9　使用walls_Turnning_wall_01遮挡墙壁角落的开口处

提示和技巧

在构建场景时，并没有明确规定如何使用一些部件。walls_Turnning_wall_01设计用于走廊的转弯处，但这并不意味着我们不能将它用在其他用途上，比如遮挡角落。

步骤10 将门拖进关卡。切换到door文件夹，把door_door_frame、door_door_l和door_door_r拖到关卡中。将门对准房间开口一侧的中间地板边缘处，如图5-10所示。

步骤11 在门上方添加窗户。切换到windows文件夹中，将windows_window_01和windows_window_01_glass拖到关卡中，并将它们放在门的正上方。按住Alt键并向上拖动，将另一个窗户放置在顶部，如图5-11所示。

⬆图5-10 放置门

⬆图5-11 在门上方放置两扇窗户

步骤12 添加两个额外的门框。切换到walls文件夹，将walls_door_frame_flat拖到关卡中，并将其放置在门的一侧。复制并放置另一个门框在门的另一侧，如图5-12所示。

步骤13 填充其余的空间。在门的侧面添加两个walls_wall_01。用walls_wall_corner_frame填充其余的角落，如图5-13所示。

⬆图5-12 在门的两侧增加两个额外的门框

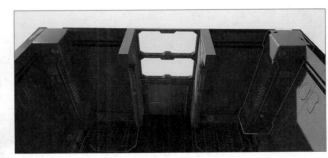

⬆图5-13 填充墙壁其余的部分

提示和技巧

我们可以使用自己认为适合的方式填充墙壁和角落。请根据需要随意使用不同的部件。

步骤14 使用道具填充房间。切换到boxes文件夹，将几个盒子模型拖到地板的角落处。在关卡中再拖动一些合适的道具来填充空间，但需要保持中间部分是空的，因为玩家的生成点在中间，如图5-14所示。把BP_lights_floor_light的副本放置在其中的一个角落处。

步骤15 填充天花板。用地板模型填满天花板，确保它们的暗面朝向内部，如图5-15所示。

⬆图5-14 使用道具填充房间

⬆图5-15 填充天花板

步骤16 装饰天花板。将BP_ceiling_light_01拖到天花板的中间作为主光源。在两个门框之间拖动一个BP_ceiling_light_02作为门口的引导照明。拖动cables_Cables_10到门灯后面，这就会给人一种连接电缆的错觉。为了更好地修饰天花板，还增加了一个通风口，如图5-16所示。

步骤17 添加倾斜的窗户。切换到windows文件夹，将windows_Tilt_03和windows_Tilt_window_03_glass拖到关卡中，然后把它们放置在门框和墙壁之间。这些倾斜的窗户为90°的地板和墙壁增加了一些过渡效果，如图5-17所示。

⬆图5-16 在天花板上添加灯、电缆和通风口

⬆图5-17 添加倾斜的窗户

提示和技巧

我们在门的上方添加了一盏灯，帮助玩家更容易地看到它。在灯后面添加的电缆可以让门口区域更具吸引力，并投射出有趣的阴影。关卡设计师应该想办法设计一些吸引玩家注意力的地方。

步骤18 添加管道。切换到Pipes文件夹，拖动一些管道模型到关卡中，并使用移动和旋转工具组装它们。这部分设计完全取决于我们自己，在连接和转换的方式上要尽量设计得有创意，如图5-18所示。

⬆图5-18 在房间添加一些管道

提示和技巧

　　管道是我们制作关卡细节的主要资产之一，它可以很快地使一个区域看起来很复杂，不过建造管道结构需要一些时间。其实它们就像待组装的乐高积木，我们可以毫不犹豫地大量使用管道，并尝试设计各种风格。

　　步骤19 创建走廊。将floors_floor_01放置在门外，并在其两侧各添加两个floors_floor_03，旋转使其倒置。将它们与floors_floor_01重新对齐，如图5-19所示。将这个走廊命名为"tutorial hallway"，我们使用这个走廊让玩家熟悉游戏的基本玩法。

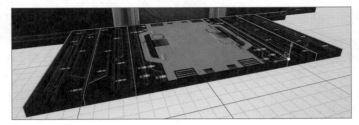

⬆ 图5-19　创建走廊的底部

　　步骤20 为地板添加细节。就像之前为地板添加细节一样，将4个floors_floor_03模块向下移动，并将floors_floor_05模块放在它们上面，如图5-20所示。

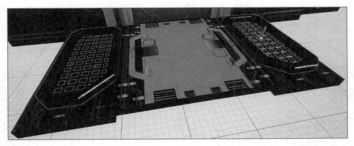

⬆ 图5-20　在地板的侧面添加层次细节

提示和技巧

　　如果游戏中只有一种类型的地板，则会很容易让人觉得无趣。我们可以将不同的部件组合在一起，使地板变得不同来避免场景变得无趣。

　　步骤21 分组并复制地板。选择我们为走廊创建的floors_floor_01和floors_floor_03模块，按Ctrl+G组合键将它们进行分组。现在我们可以通过单击其中的任何一个全选它们。枢轴也以整个模块的边界框为中心。选择组后，按住Alt键并拖动Y（绿色）轴复制一些模块，如下页图5-21所示。

　　步骤22 复制网格。选择两个floors_floor_05模块，因为这些网格块比其他的模块更短，我们必须用不同的方式复制它们。按Ctrl+G组合键将两个floors_floor_05分组。拖动组的副本（按住Alt键并拖动Y轴），并将其与原始组对齐。切换到"细节"面板，将"缩放"中X的值设为−1以翻转它们。选择两个组，拖动更多的副本以覆盖走廊的其余部分。最后一个副本可能会超出走廊的范围。按Shift+G组合键取消分组并删除多余的部分。最后，移动这些网格块，横跨Y轴并将网格块的末端和地板的其余部分对齐，如下页图5-22所示。

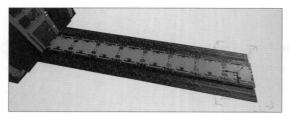

⬆ 图5-21　分组并复制地板

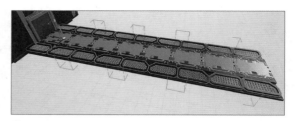

⬆ 图5-22　复制网格模块

提示和技巧

　　分组对管理场景很有用。要注意的是，在虚幻引擎中分组不用像Maya那样创建包含模型部件的文件夹，而是会在大纲视图中创建一个额外的GroupActor表示该组。管理场景的另一种方法是在大纲视图中创建文件夹。想要创建文件夹，单击大纲视图顶部搜索栏右侧的"新建"按钮即可。我们可以将任何内容拖到文件夹中，将其放在文件夹下，也可以将任何内容拖出文件夹。如果选择了某些内容并单击"新建"按钮，将创建一个文件夹，所选对象会放置在文件夹中。不过，虚幻引擎中的文件夹与Maya中的不同，不能通过移动文件夹来移动其中的所有对象。我们可以右击任意文件夹，执行"选择">"所有后代"命令，选择文件夹中的所有对象。

　　步骤 23　放置墙壁。将walls_wall_02模块放置在走廊的两端。我们可以将它们分组，然后再进行复制，如图5-23所示。

　　步骤 24　为走廊添加天花板。选择我们为起始房间的天花板创建的floors_floor_01模块，拖动复制后的副本组成走廊的天花板，将它们向下移动16个单位（虚幻引擎每16个单位捕捉一次，所以我们只需要将它们向下拖动，并在第一次捕捉时停止拖动），如下页图5-24所示。

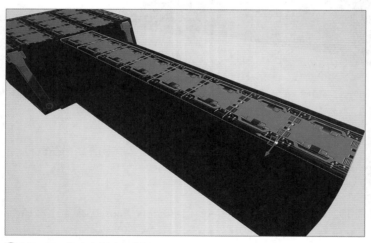

⬆ 图5-23　为走廊创建天花板

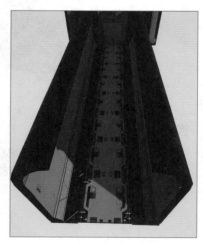

⬆ 图5-24　放置墙壁

　　步骤 25　添加灯光、管道、板条箱和其他道具，完善走廊的细节。这一步主要取决于我们选择在关卡中投掷的道具组合。需要记住的是，我们要避免阻塞道路，并尝试各种变化，如下页图5-25所示。

　　步骤 26　创建走廊拐角部分的地板。地板的转弯部分有4个floors_floor_01模块，两侧各有两个floors_floor_02模块与走廊部分连接，如下页图5-26所示。我们在创建模型的时候就这样设计了。第1章中的图1-56展示了所需的模块布局效果。

图5-25 为走廊添加灯光和细节

图5-26 创建走廊拐角部分的地板

步骤27 为拐角部分添加墙壁。切换到walls文件夹，将walls_Turnning_wall_01和walls_Turnning_wall_02拖到关卡中，并放置在拐角部分，以便它们可以无缝连接走廊末端和拐角部分，如图5-27所示。

步骤28 创建拐角部分的天花板。对于拐角部分的天花板，我们只需要拖动地板的副本并将其向上移动即可，如图5-28所示。

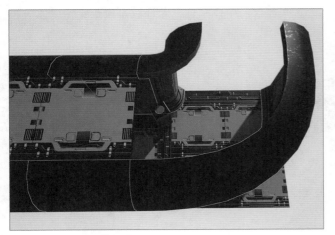

图5-27 为拐角部分添加墙壁

图5-28 在走廊拐角处添加天花板

为什么？

我们还可以将拐角处的地板创建成其他的样子，但是只创建部分模块可以节省时间。我们可以避开突出的模块部分，比如拐角处的外围部分，因为玩家永远看不到那里。

步骤29 创建走廊的其余部分。继续并创建连接到拐角的其余部分。我们可以自由发挥想象力创造合适的模块，走廊效果如下页图5-29所示。

步骤30 添加墙体框架。切换到walls文件夹，其中有一些模块的名称中带有"frame"，这些框架模型用于突出形状，就像墙壁或支撑柱的框架一样。每两面墙添加一个框架模型来打破墙壁的平整度，如下页图5-30所示。将这些框架直接放置在两面墙之间的接缝上，这样可以避免经常发生在接缝上的烘焙问题。这里使用的是walls_door_frame_flat和walls_wall_corner_frame框架。

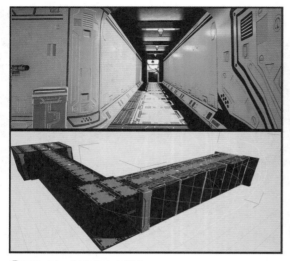

⬆ 图5-29　其余的走廊部分

⬆ 图5-30　放置墙体框架（红色突出显示的部分）

步骤31 为摄影室创建地板和墙壁。拖动一些地板、墙壁和门，遮挡与走廊尽头相连的下一个房间，我们将这个新房间称为摄影室。这个房间包含一个控制台，允许玩家检查安全摄像头，如图5-31所示。

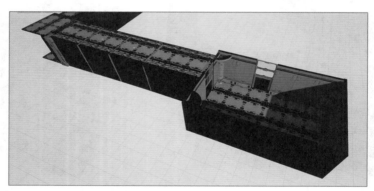

⬆ 图5-31　为摄影室创建地板和墙壁

步骤32 增加额外的高度并打破墙壁。在墙壁上再增加128厘米的高度，使它看起来更高。倾斜的窗户让整个模型看起来更有趣。图5-32显示了本书中使用的布局方式，我们也可以随意调整布局。最后，拖动地板的副本作为天花板。

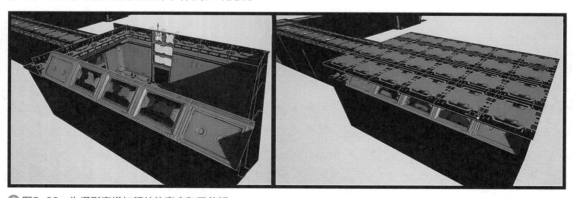

⬆ 图5-32　为摄影室增加额外的高度和天花板

步骤33 修复黑色反射。有人可能想知道为什么金属部分的零件显得很暗，这是因为它们没有反射数据。在默认设置中，反射不是实时计算的，而是作为贴图进行烘焙以省性能。为了使烘焙反射正常工作，我们需要拖动反射捕获来捕获反射贴图。切换到模式面板，输入"盒体反射捕获"进行搜索，将"盒体反射捕获"拖到关卡中，移动并缩放它，此时橙色边框会覆盖摄影室。如果反射捕获的边界框比房间大一些，这也是可以的。再拖动3个盒体反射捕获的副本，并使用它们覆盖两个走廊和起始房间，或者也可以将它们进行重叠，如图5-33所示。我们现在能够看到捕获的反射在金属零件中的效果。

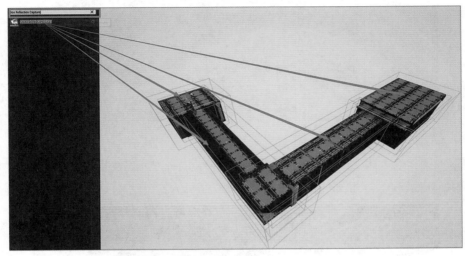

↑ 图5-33　添加反射捕获

提示和技巧

如果我们的显卡支持实时光线追踪，那么可以将其打开，这样就不需要使用反射捕捉。不过它的价格比较昂贵，只适用于高端硬件，所以我们不打算使用实时光线追踪。但是当这本书被阅读到的时候，也许实时光线追踪对于我们的硬件来说已经很便宜了，所以不要犹豫，可以去尝试一下。

步骤34 添加一个网格平台。将一些网格地板、楼梯和一些扶手拖到摄影室，以改变关卡高度，如图5-34所示。同样，作品和构图是由我们决定的，不必和人物完全相同。这里的楼梯使用的是stairs_stair_low模型。

↑ 图5-34　放置网格平台

143

步骤35 添加显示器。切换到monitors文件夹，将monitors_Monitor_02和monitors_mointor_mounter模型拖到天花板下方并对齐。调整位置，让显示器悬挂在房间的正中间，如图5-35所示。

⬆ 图5-35　放置显示器

步骤36 放置其他道具。我们放置了与游戏玩法相关的资产，现在是时候发挥自己的创造力，在场景中添加其他资产了。摄影室的最终布局如图5-36所示。

⬆ 图5-36　摄影室布局

提示和技巧

当我们在构建关卡时，必须考虑良好的构图。从图5-36中可以看到使用了两种合成技术。

（1）光照。如果没有光照，构图就不会有明显的效果。但是可以看到两个顶灯使门和显示器的效果更明显。

（2）设计准则。电缆、楼梯扶手的方向和板条箱都集中在显示器上。

所以在构建关卡时，请认真考虑构图。

步骤37 搭建安全摄像头走廊的地板。使用与前面走廊相同的地板组合，在摄影室的另一扇门外创建一个走廊，让这个走廊比之前的走廊更长一些。这个新走廊安装了摄像头，同时增加了玩家的挑战难度。如果想让走廊更有吸引力或更具挑战性，可以根据需要添加更多的拐角部分，如下页图5-37所示。

⬆ 图5-37　完成监控摄像头走廊地板的铺设

为什么?

　　总是从地板开始建模的原因是地板确定了玩家可玩的区域。我们希望首先确定可玩区域,然后添加墙壁、天花板和一些细节。

　　步骤 38 为安全摄像头走廊创建墙壁的基本形状。将3个walls_wall_03拖到地板的一侧,并在其底部添加3个floors_floor_02来遮挡,如图5-38所示。

　　步骤 39 装饰墙壁。在墙体上添加一些管道结构和电缆,并在墙体边缘添加walls_wall_frame_02模块,如图5-39所示。

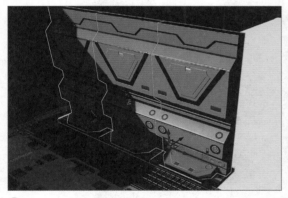

⬆ 图5-38　墙体的基本形状

⬆ 图5-39　使用电缆、管道和墙壁框架装饰墙壁

提示和技巧

　　对于walls_wall_frame_02,我们放置它的方式与在步骤29中放置框架的方式相同,即让它与墙壁的一半对齐。这种操作可以让下一个模块以同样的方式与之匹配,如图5-40所示。并且框架与墙体的一半对齐。

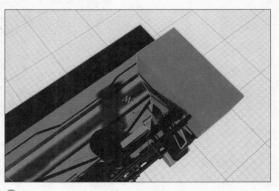

⬆ 图5-40　框架与墙壁的一半对齐

步骤 40 分组和复制墙壁。选择墙壁的所有部分，按Ctrl+G组合键创建组。按住Alt键并拖动，创建更多的墙壁副本，确保它们的边缘相互对齐，如图5-41所示。在走廊尽头留出一些空间，我们将在那里创建一个楼梯和通往下一个房间的门。

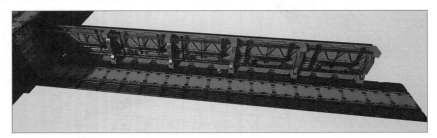

⬆ 图5-41　复制墙壁

步骤 41 添加更多走廊的细节。对于走廊的另一边，我们使用windows_arc_window作为墙壁，这样可以看到一些外部情况。我们还在走廊的开始处增加了一扇通往侧室的门，这个侧室叫作手枪室。玩家将在击倒守卫后获得手枪。同时，在墙壁与摄影室的交汇处放置两个walls_wall_corner_frame模块，如图5-42所示。

⬆ 图5-42　走廊的另一边

步骤 42 建造手枪室。与之前的房间相比，手枪室相对较小。我们使用了一些弧线，使它与建造的其他房间有不同的感觉。将一些重叠的零件放在一起，以增加门口区域的变化，如下页图5-43所示。

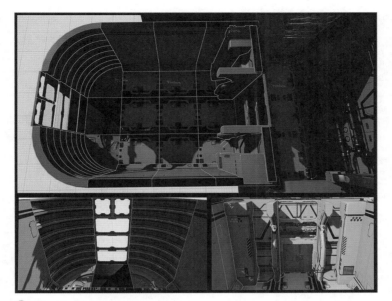

⬆ 图5-43 手枪室的布局

步骤 43 为走廊和手枪室搭建天花板。监控摄像头走廊和手枪室的天花板用地板和弧形碎片进行填充，如图5-44所示。

⬆ 图5-44 走廊和手枪室的天花板

步骤 44 在走廊的尽头添加一个楼梯。在走廊的尽头放置一个stairs_stair_high模块，并增加一些墙壁和地板以帮助遮挡周围的环境，如图5-45所示。

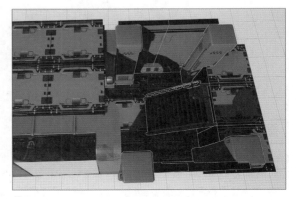

⬆ 图5-45 在走廊的尽头增加一个楼梯

步骤 45 完成楼梯区域的创建。与之前的操作相似，我们可以放置地板、墙壁、门、道具和一些装饰品。图5-46显示了该部分的内部和外部场景。在外面的顶部和底部都有突出的部分，用来遮挡这个区域的内部。

⬆ 图5-46 创建完成的楼梯和尽头的门

步骤 46 在地板上添加电缆簇。切换到cables文件夹，将cables_Cables_11拖到监控摄像头走廊的地板上。要是cables_Cables_11不够长，无法覆盖整个地板宽度，我们就创建cables_Cables_11副本，并将其与前一个对齐，如图5-47所示。

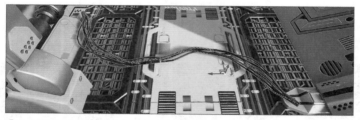

⬆ 图5-47 在地板上添加两个cables_Cables_11副本

步骤 47 修复电缆连接问题。将cables_cable_holder_01模块拖到地板上，并将其作为绑带，连接两个cables_Cables_11模块。我们可以使用cables_cable_holder_01的多个副本，将电缆的末端延伸到墙壁，使整个电缆完整，如图5-48所示。

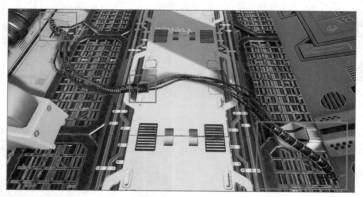

⬆ 图5-48 使用cables_cable_holder_01修复电缆连接

提示和技巧

默认的小控件指向世界场景的轴。切换到视图的右上角，然后单击带有地球图标的按钮。此时该按钮的图标会变成一个立方体。这个按钮用于世界场景（球形图标）和本地空间（立方体图标）之间的切换。当我们在制作cables_cable_holder_01副本时，本地空间更容易使用。

步骤 48 添加另一个分支到电缆集群中。使用与步骤46和步骤47相同的方法，在集群中添加另一个分支电缆，如图5-49所示。继续向组中添加更多的电缆，避免出现重复的墙壁和地板图案。

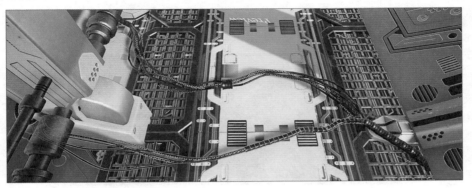

⬆ 图5-49 向电缆集群添加另一个分支

步骤 49 创建储藏室的地板。我们继续创建更大的地方——储藏室，这个房间是玩家和一群守卫一起潜行的地方。该地面由17×18的floors_floor_01模块瓷砖组成，并由网格模块包裹着。在房间的另一侧放置一扇门，如图5-50所示。

⬆ 图5-50 储藏室的地板

步骤 50 组装墙壁。使用与步骤38和39相同的方法，将墙壁与walls_wall_03、walls_wall_04以及所有电缆和管道部件组装在一起。为了增加深度，我们在墙壁表面的凹陷处插入了更多的管道，如图5-51所示。

⬆ 图5-51 储藏室墙壁的侧面部分

步骤51 复制墙壁。将我们在步骤50中组装的墙分组，使用按住Alt键并拖动的方法复制墙壁，直到墙壁的三面都被围住。对于没有门的较短的一面，我们选择使用windows_arc_window来避免重复。windows_arc_window_sidewall用于遮挡windows_arc_window侧面的开口处，Walls_door_frame_zigzag用于装饰和填充门的侧面，如图5-52所示。

⬆图5-52　已完成的储藏室墙壁效果

提示和技巧

此时通过单击鼠标左键选择内容可能会不方便。我们可以按Ctrl+Alt组合键并拖动选框进行选择。如果同时按Shift键，会添加选择项。需要注意的是，如果选择带有选框的天空球，则要确保在选择选框后将其取消选择。另一个有用的技巧是右击选中的模型，执行"可视性">"仅显示选中项"命令，此命令会隔离当前的选择。按Ctrl+H组合键会使所有内容再次可见。

步骤52 添加倾斜的窗户。在房间较长的墙壁顶部添加一排倾斜的窗户。这里使用windows_Tilt_01、windows_Tilt_02和windows_Tilt_03，使模型整体看起来有一些变化，如图5-53所示。

⬆图5-53　在墙的顶部增加倾斜的窗户

步骤53 添加额外的倾斜窗户和天花板。为了增强整个天花板的趣味性，在有天花板之前，房间的三分之二得带有两排倾斜的窗户，如图5-54所示。

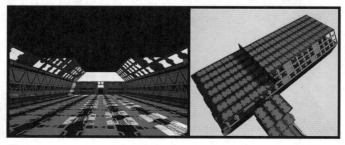

⬆图5-54　添加天花板后储藏室内部和外部的效果

步骤54 填充其余的墙壁。对于房间里侧面较短的墙壁，我们使用windows_window_01、windows_window_02和windows_Tilt_04模块。windows_Tilt_04用于遮挡矩形窗户和倾斜窗户之间的三角形间隙，如图5-55所示。

⬆图5-55　修饰其余的墙壁

步骤55 添加楼梯和平台。这个房间是处于高位的，我们可以使用floors_floor_04、floors_floor_05、floors_floor_5_support和stairs_stair_high来创建一些更高的平台，以增加视觉效果和游戏玩法，如图5-56所示。

⬆图5-56　在储藏室增加楼梯和平台

步骤56 添加板条箱。为了发掘游戏的潜在玩法，需要为玩家添加掩蔽物或障碍物。我们可以使用boxes文件夹中的所有模型在房间里建造成堆的板条箱，毕竟这本就是用来存放东西的储藏室，如图5-57所示。

⬆图5-57　将板条箱添加到储藏室

步骤57 添加其他装饰。在储藏室添加管道、电缆、灯和通风口，使其更有视觉吸引力。建造这部分需要一些时间，但是建造过程与之前没什么不同，如下页图5-58所示。

⬆图5-58　在储藏室添加其他细节

　　至此我们已经完成了大量的模块组装。现在可以看到该关卡的模式了。通过走廊连接各个房间，每个房间都有其特色。通过思考游戏的进程，我们可以大胆设计构图。

　　现在要创造更多的走廊和boss格斗室。图5-59向我们展示了模型在下一章中生成的效果。

⬆图5-59　boss的房间和通往房间的走廊

5.2 创建景观

　　完成最后一个走廊和boss房间的创造。boss是hero文件夹中的英雄资产，是我们只在boss房间里使用的独特模型。这个房间的建模会花费将近一整天的时间来完成。房间里使用了很多管道和电缆。我们先完成这些操作再继续。

　　完成室内装修后，向窗外望去，看到的是空荡荡的天空，感觉就像我们飘浮在空中。此外，还可以看到模型外部的情况，有些部分是重叠的，有些是需要裁剪的。为了解决这些问题，我们需要用外景覆盖，给玩家创造一个完整且无限的环境。我们还将借此机会介绍自然环境与景观的创建，以及如何使用虚幻引擎生态系统中的免费资产。Epic Games是为数不多努力创造开放式自由市场的公司，他们努力为所有用户和合作伙伴提供免费和专业的工具。

　　下面让我们继续创建景观吧。

教程 创建景观关卡

　　接下来将介绍创建景观关卡的步骤。

　　步骤01 创建景观覆盖面。切换到模式（Modes）面板，单击带有小山图标的按钮，在视图中心会形成一个绿色的网格。这个绿色网格是景观的覆盖面。网格看起来尺寸很大，需要将"部分大小"（Section Size）设置为15×15，使其变小。拖动小控件移动横屏，并确保带有摄像头的走廊和储藏室的窗户可以看到大部分景观，如图5-60所示。

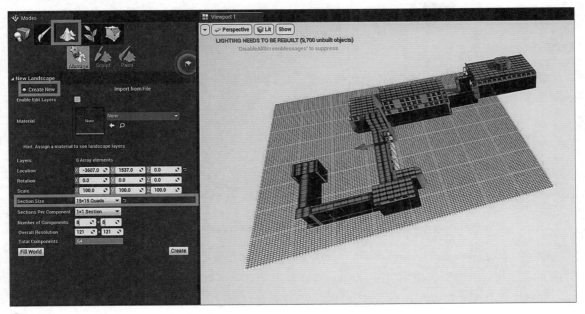

⬆ 图5-60　景观的网格

步骤 02 塑造景观。单击"创建"按钮，景观会变成一个实心的表面。打开雕刻模式，只需单击并拖动地形即可抬高画笔下方的区域。按左方括号按钮（"["）可以减小画笔，按右方括号按钮（"]"）可以增大画笔。在雕刻时按Shift键可以降低景观高度。雕刻时要考虑以下几件事。

- ⊙ 从窗户向外看时，景观要有足够多的变化和距离上的层次感。
- ⊙ 通过景观可以遮挡建筑的外墙，不需要确保所有的墙壁都被遮挡，我们可以使用更多的自然资产遮挡多余的部分。
- ⊙ 确保景观没有突然的起伏变化。
- ⊙ 避免将外部景观裁剪到关卡内部。

如果景观形状变得杂乱，请单击"雕刻"按钮，并在下拉列表中选择"平滑"选项，把雕刻工具改为平滑。使用平滑工具，在景观上进行雕刻可以平滑模型表面。

继续在景观周围雕刻一些简单的山丘，如图5-61所示。

步骤 03 添加侵蚀效果。将工具从"雕刻"或"平滑"改为"侵蚀"。将笔刷变大，单击并拖动景观来添加一些自然侵蚀的效果。侵蚀效果可以使景观更加锐利，更加逼真，如图5-62所示。

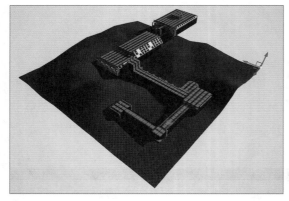

⬆图5-61　雕刻景观

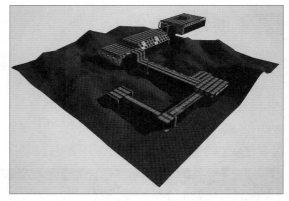

⬆图5-62　对景观进行侵蚀

我们雕刻好了地形后，就来设置它的材质。我们将使用名为"Quixel Megascan"的服务辅助完成接下来的操作。

5.3　Quixel Megascan生态系统

Quixel Megascan是大型扫描库，Quixel团队走遍了世界的每一个角落，他们捕获环境并将其转换为纹理和三维模型。使用Quixel Megascan，每个人都可以访问以前只有大型工作室才有的库，并且独立开发者可以在几个小时内创建一个优秀的环境。

教程 设置Quixel Bridge

接下来介绍设置Quixel Bridge的步骤。

步骤01 下载并安装Quixel Bridge。输入Quixel Bridge的网址进入网站，单击网页右上角的"SIGN IN"（登录）按钮。在弹出的登录窗口中，选择使用Epic Games账户登录。然后向下滚动网页，找到"BRIDGE"并单击，如图5-63所示。

↑图5-63　Quixel Bridge的访问链接

下载Quixel Bridge并安装。安装完成后，再次使用Epic Games账号登录。

步骤02 下载第一个资产。回到虚幻引擎，在"内容浏览器"（Content Browser）面板中单击"保存所有"（Save All）按钮后关闭虚幻引擎。进入Quixel Bridge，单击界面左侧的球体图标，选择"Environment"（环境）>"Natural"（自然）>"Nordic Forest"（北欧森林）选项。北欧森林是在丹麦、挪威和瑞典周围的森林中扫描的资产集合。这些森林植被丛生，景观复杂潮湿。在界面中间部分有许多资产，向下滚动找到Mossy Ground材质，然后进行下载，如图5-64所示。

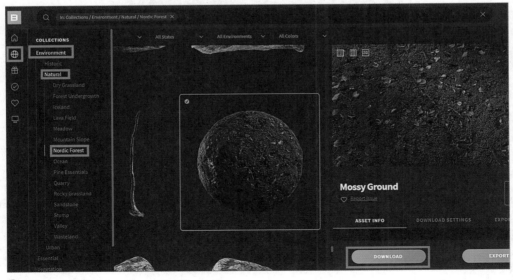

↑图5-64　下载Mossy Ground材质

步骤 03 导出到虚幻引擎。执行"Edit"（编辑）>"Export Settings"（导出设置）命令，将纹理分辨率（Texture Resolution）设置为2k，将纹理格式（Texture Format）设置为"TGA"，并将导出（Export to）设置为"虚幻引擎"（Unreal Engine）。将引擎版本（Engine Version）设置为自己的虚幻引擎版本。然后指定虚幻引擎的安装路径，在默认设置中，应该是在C:\Program Files\Epic Games\UE_4.2x\Engine\Plugins中。

设置完成后，Quixel Megascan插件开始安装到虚幻引擎。最后，将项目位置（Project Location）设置为虚幻项目的路径。本书的项目路径是J:\GamePrjs\TheEscaper。单击"导出"（Export）按钮后会将资产导出到设定的虚幻项目路径中，如图5-65所示。

⬆图5-65　苔藓地面的导出设置

为什么？

我们选择使用2k而不是8k是因为风景在房间外面，而玩家永远无法到达那里，因此将分辨率保持在相对较低的程度可以节省性能。

步骤 04 下载Swamp Soil材质。完成导出操作后，右上角会弹出一个通知，告诉我们已导出成功。回到虚幻引擎，可以在内容浏览器中看到材质和纹理。在Quixel Bridge中搜索"Swamp

Soil"，下载并以同样的方式导出到虚幻引擎项目。

现在我们已经在项目中有了Quixel资产，下面继续进行景观材质的设置。

教程 创建景观材质

为景观层设置一个材质函数。我们希望在景观中同时将苔藓地和沼泽地分为两层。为了设置材质，我们可以创建一个材质函数。该函数可以将每个材质函数都作为一个整体来表示。在内容浏览器中的"内容"（Content）文件夹添加一个新的文件夹，并将其命名为"Landscape"。在该文件夹中右击，选择"材质和纹理"（Material & Textures）>"材质函数"（Material Function）命令，将新材质函数命名为"Landscape_layer_MF"，如图5-66所示。

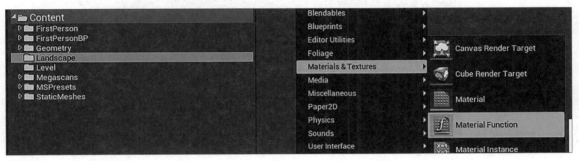

⬆ 图5-66 创建一个材质函数

教程 使用材质函数简化混合图形

我们可以将材质函数想象成一个自定义节点，在材质编辑器中可以构建和使用它。就像之前使用的Multiply节点和Desaturate节点一样，材质函数也有一定的功能，比如输入和输出。在接下来的几个步骤中，我们将使用材质函数帮助简化苔藓地和沼泽地材质的混合图形。

步骤01 为材质函数创建一个BaseColor输入节点。双击打开Landscape_layer_MF材质函数，再打开材质功能编辑器。右击搜索并创建MakeMaterialAttributes节点，将该节点的BaseColor输出引脚连接到Output Result节点的输入引脚。右击并在搜索框中输入"Function Input"，创建节点。在"细节"（Details）面板中将"输入命名"（Input Name）设置为"BaseColor"。然后将BaseColor节点的输出引脚连接到MakeMaterialAttributes节点的BaseColor输入引脚，如下页图5-67所示。

步骤02 创建其他的节点。在内容浏览器中按照"Megascans">"Surfaces"的路径打开Mossy_Ground_00文件夹（在Quixel Bridge导出材质时创建）。我们可以看到有6种纹理，其中thbjbhpr_2k_Displacement和thbjbhpr_2K_Bump是不需要的。位移纹理是用来替换表面形状的，只有超级高端的硬件才会使用。凹凸纹理是一种表示表面细节的传统方式，现已不再需要。为材质函数创建另外3个函数的输入节点，并根据我们需要使用的纹理命名，分别为Normal、Roughness和AO。将它们连接到MakeMaterialAttributes节点相应的输入引脚，如下页图5-68所示。最后保存创建的材质函数。

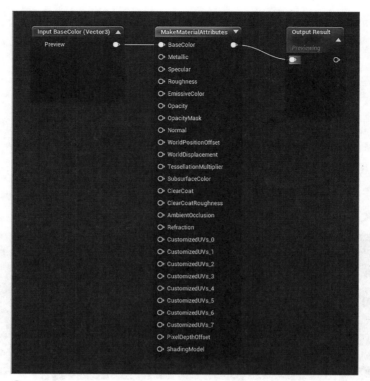

⬆ 图5-67　为材质函数添加BaseColor输入引脚

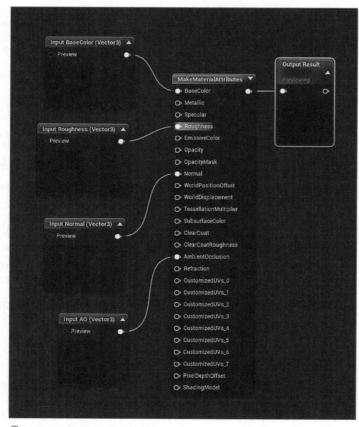

⬆ 图5-68　完成材质函数图表

步骤 03 创建景观材质。进入Landscape文件夹，右击并选择材质，将新材质命名为"Landscape_Base_Mtl"，然后将其打开。从内容浏览器中拖动Landscape_layer_MF到材质编辑器中的Landscape_Base_Mtl图表中，可以看到材质函数变成了一个有4个输入引脚的节点。这4个输入引脚是我们在步骤06和07中设置的输入引脚。切换到Mossy_Ground_00文件夹，并将相应的4个纹理拖到图表中，将它们连接到Landscape_layer_MF节点的4个输入引脚（Albedo用于BaseColor输入引脚）。选择Landscape_Base_Mtl节点，在"细节"（Details）面板中，勾选"材质"（Material）部分的"使用材质属性"（Use Material Attributes）复选框。Landscape_Base_Mtl现在只有一个输入引脚，将Landscape_layer_MF的输出引脚连接到Landscape_Base_Mtl的输入引脚。可以看到苔藓材质显示在材质预览窗口的左上角，如图5-69所示。

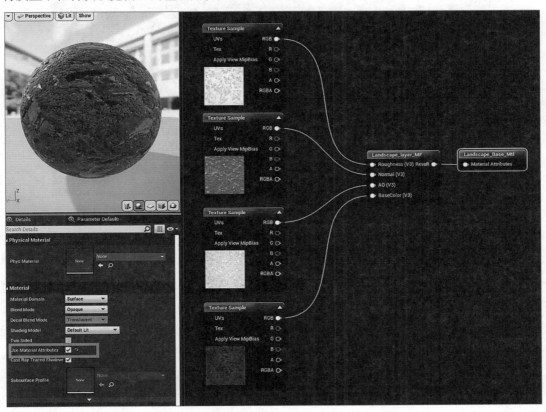

⬆ 图5-69 使用Landscape_layer_MF组装材质的纹理

步骤 04 创建Swamp_Soil图层并设置混合方式。将另一个Landscape_layer_MF拖到图表中。切换到Swamp_Soild_00文件夹，将沼泽土壤材质的反照率（Albedo）、AO、法线（Normal）和粗糙度纹理（Roughness Textures）拖到图表中，然后将它们连接到新的Landscape_layer_MF中。创建一个LandscapeLayerBlend节点。在"细节"（Details）面板中，单击图层设置中的"+"按钮两次以创建两个图层。单击三角形图标打开这两个图层，将第一层的图层名称更改为"moss"，第二层更改为"soil"。将第一个Landscape_layer_MF连接到Layer Blend节点的Layer Moss输入引脚，第二个Landscape_layer_MF连接到Layer Blend节点的Layer Soil输入引脚。最后，将Layer Blend节点的输出引脚连接到Landscape_Base_Mtl节点，如下页图5-70所示。单击"保存"按钮保存材质。

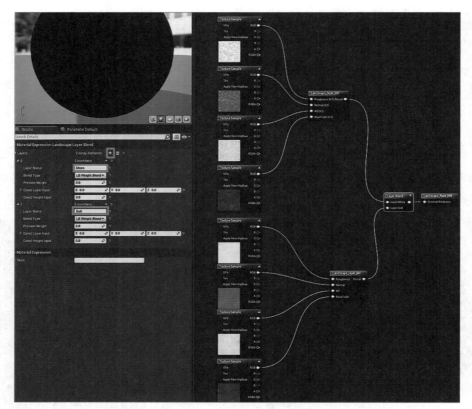

⬆ 图5-70 设置两个景观图层的分层

步骤 05 设置景观。切换到Landscape文件夹，右击"Landscape_Base_Mtl"，选择"创建材质实例"（Create Material Instance）。在关卡中选择景观，并将新材质实例拖到"细节"（Details）面板的景观材质槽中，将其分配给景观。然后会弹出一条通知，其中包含编译着色器的相关内容，需要一些时间来完成编译。景观此时是黑的，按Shift+3组合键切换到风景模式。在模式（Mode）面板中，单击"绘画"（Paint）按钮进入风景模式。在图层（Layers）部分，可以看到苔藓和土壤层（在LandscapeLayerBlend节点定义的层）。单击苔藓（Moss）图层的"+"按钮，选择混合权重图层（Weight-Blended Layer），在弹出的窗口中，选择landscape文件夹并单击"确定"（OK）按钮。对土壤（Soil）图层进行同样的操作。此时景观会显示苔藓材质在其上重复出现，如图5-71所示。虚幻引擎开始再次编译着色器，并给它足够的时间来完成操作。

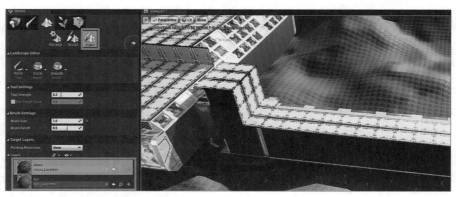

⬆ 图5-71 设置景观材质和图层

160

步骤06 绘制图层分布。我们希望大部分区域都是土壤，右击模式面板中的土壤图层，选择填充图层。单击苔藓图层，并开始在景观上绘画，然后将苔藓添加到景观表面。有些斜坡上会长苔藓，我们将投掷许多道具和树叶来覆盖景观，因此不必仔细地绘制它，如图5-72所示。

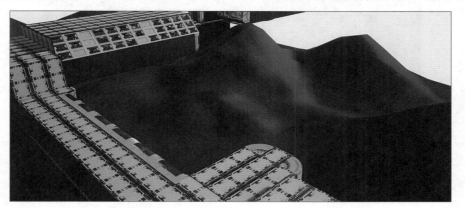

⬆ 图5-72　绘制景观的图层分布

步骤07 设置平铺控件。我们可以看到土壤和苔藓都在重复生长。切换到Landscape文件夹，双击"Landscape_Base_Mtl"打开它。创建一个LandscapeLayerCoords节点，用于提供景观的UV。景观的UV贴图会作用到景观的各个部分，在进行其他调整之前可以先参考这些效果。添加Multiply节点和ScalarParamater节点，并将LandscapeLayerCoords连接到Multiply节点的A输入引脚。将ScalarParamater节点重命名为"MossTiling"，并将其连接到Multiply节点的B输入引脚。将MossTiling的默认值设置为1，将Multiply节点连接到苔藓图层的4个纹理样本的UV输入引脚。对土壤图层执行同样的操作，如图5-73所示。单击"保存"按钮进行保存。此时新一轮着色器编译被触发，需要一些时间来完成操作。

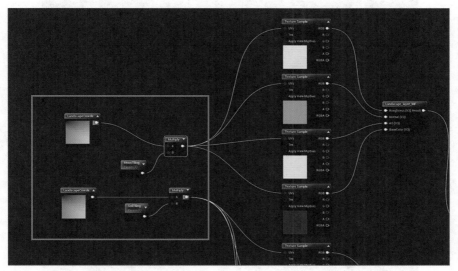

⬆ 图5-73　设置图层平铺

步骤08 调整图层的平铺。打开LandScape_Base_Mtl_Inst，切换到MossTiling和SoilTiling，将其设置为小于1的值以减少平铺。我们在这里为MossTiling设置的值是0.3，为SoilTiling设置的值是0.1，如下页图5-74所示。要是对景观模型比较满意，可以继续填充更多的资产。

⬆ 图5-74 减少图层的平铺

教程 在景观上放置三维资产

接下来介绍在景观上放置三维资产的步骤。

步骤01 Megascan资产。切换到Quixel Bridge，在NORDIC FOREST合集中搜索并下载一些三维资产，将它们导出到我们的项目中。下载它们的过程与下载苔藓的过程一样，并且此时不再需要更改导出设置。图5-75显示了我们选择在外部场景中使用的资产。

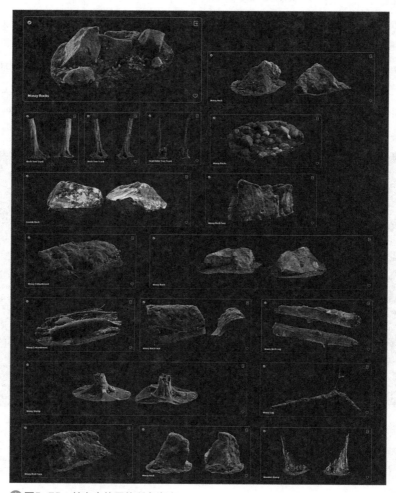

⬆ 图5-75 关卡中使用的所有资产

步骤 02 过滤资产。切换到Megascans文件夹中的3D_Assets文件夹，单击搜索栏侧面的过滤器（Filters）按钮，查看静态网格，我们下载的所有三维模型都在这里。选择此过滤器选项是列出特定类型资产的快速方法，如图5-76所示。

⬆ 图5-76　获取内容浏览器中列出的所有Megascan三维资源

步骤 03 放置Megascan资产。现在我们可以将这些资产拖到关卡中，进行移动、旋转和缩放等操作，只要是有意义的行为都可以。放置这些资产的目的是遮挡房间外部的多余建筑，并在模型周围营造一种无限自然环境的错觉。我们可以自由地放置这些资产。结果如图5-77所示。

⬆ 图5-77　Megascan最终的位置

步骤 04 创建一个资产转移项目。在继续获取更多资源之前，会发现我们下载了一些最终不会使用的资产。这些未使用的资产会让我们的项目变得更大。使用与创建当前项目相同的步骤和设置，创建一个新的虚幻引擎项目，并为这个新项目命名为"AssetTransferer"。打开一个新的虚幻引擎编辑器，保证它在后台是打开状态。我们将使用AssetTransferer作为新资产的接收方。检查完资产后，再决定是否将它们中的任何一个转移到TheEscaper项目中。

步骤 05 在商城中获取免费资产。我们还需要一些真正的树木修饰模型。另一种获得免费资产的方式是在虚幻商城中获取。打开Epic Games启动器，在左侧单击"虚幻引擎"（Unreal Engine），然后单击右侧面板的"商城"（Marketplace）部分。在搜索框中输入温带植被"Spruce Forest"（云杉林）。搜索结果中只显示了一个资产，这就是我们要使用的免费资产。单击"Spruce Forest"查看这个资产的描述信息，然后单击右下角的"免费"（Free）按钮进行获取。之后"免费"（Free）按钮会变成"添加到项目"（Add to Project）。单击此按钮后，在弹出的窗口中选择AssetTransferer项目，并单击"添加到项目"（Add to Project）按钮，如下页图5-78所示。Epic Games启动器需要一些时间来下载资产。下载完成后，它会将资产添加到AssetTransferer中。

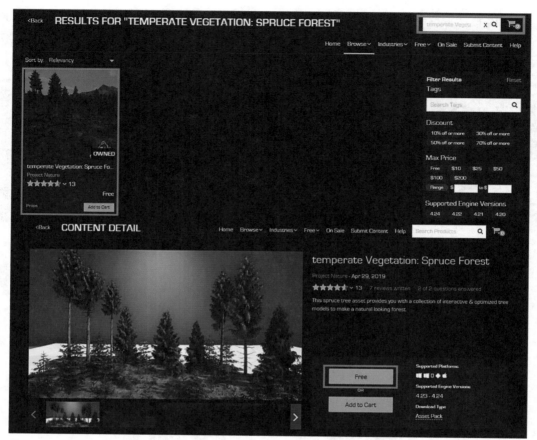

图5-78 获得免费的温带植被云杉林资产

为什么？

在下载时，我们可以看到温带植被云杉林资产的大小约为8GB。这个资源包的大小比我们项目中已有的要大得多，里面有很多树木和其他植被，但是我们只需要一小部分。将它添加到AssetTransferer项目中，我们选择其中的几个模型，并将这些模型转移到TheEscaper项目中。

步骤06 将树木转移到TheEscape项目中。切换到新的AssetTransferer项目，可以在内容浏览器中看到一个名为"PN_interactiveSpruceForest"的新文件夹。打开文件夹，选择"Meshes" > "half" > "low"选项，里面包含了4棵树。如果编辑器忙于编译着色器，那么给它一些时间来执行此操作。选择"spruce_half_02_low"和"spruce_half_03_low"，右击其中任何一个，执行"资产操作"（Asset Actions）> "迁移"（Migrate）命令，如下页图5-79所示。此时会弹出一个窗口，显示这两个树的所有依赖项，单击"确定"（OK）按钮，在新弹出的文件资源管理器窗口中，导航到TheEscaper项目的内容浏览器文件夹的目录，如下页图5-80所示。然后单击"选择文件夹"（Select Folder）按钮，这两棵树就会被转移到TheEscaper项目中。这个操作只需要几秒钟，一旦引擎完成迁移，右下角就会弹出通知。使用同样的方法，将"PN_interactiveSpruceForest" > "Meshes" > "small"文件夹中的spruce_small_02和spruce_small_05迁移到TheEscaper项目中。此时可能会弹出一个警告，提示资产已经存在。单击"No all"按钮避免再次复制已经存在的资产，这些存在的资产已经导入到共享材质中。

⬆ 图5-79　迁移资产

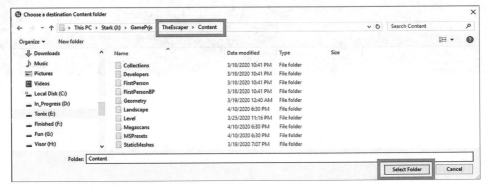

⬆ 图5-80　定位内容浏览器文件夹

步骤07 设置要绘制的植物。切换到TheEscaper项目。按Shift+4组合键进入植物模式。我们也可以通过转到模式（Modes）面板并单击景观按钮右侧的植物按钮切换到此模式。在内容浏览器（Content Browser）中，单击PN_interactiveSpruceForest文件夹并切换到静态网格体（Static Mesh）过滤器，将迁移的4棵树拖到"添加植物类型"（Add Foliage Type）按钮下的空白区域。这4棵树现在就被添加到了可以在任何表面上绘制的植物列表中，如图5-81所示。

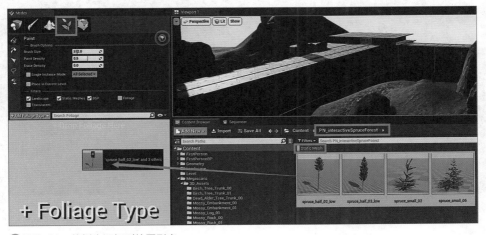

⬆ 图5-81　将树木添加到绘图列表

步骤08 调整植物设置。单击并拖动地形或任何其他模型，将树木作为植物放置在合适的位置。单击绘图列表中的第一棵树，切换到列表下面的设置，将Density/iKuu的值设置为1而不是100，减少其绘图密度，然后勾选"对齐法线"（Align to Normal）复选框。要是想每次只绘制一种树，则将光标悬停在其他三棵树上，然后取消勾选图标左上角的复选框停用它们。停用后植物图标会变暗，重新开始绘制地形时，每次只放置一棵树，如下页图5-82所示。

⬆ 图5-82　调整植物设置

为什么?

　　勾选"对齐法线"复选框会生成所有主干,并且树木高大而笔直。如果这些主干是倾斜的,画面会显得很奇怪。

　　步骤 09 放置更多的树木。如果对第一棵树的设置满意,可以继续第二棵树的设置。然后对其他树执行同样的操作,直到放置了相当数量的树,如图5-83所示。

⬆ 图5-83　放置更多的树

　　步骤 10 调整树木。如果不喜欢绘制的树,可以单击模型(Model)面板中的"选择"(Select)按钮,然后单击任意树将其选中。一旦树被选中,我们就可以移动、旋转、缩放或删除它。通过选择并调整树的大小使其有更多变化,然后删除不需要的树,如下页图5-84所示。

　　至此我们已经完成了整个场景的组装。

↑图5-84　调整树的大小

5.4　总结

　　环境建模总被认为是游戏制作中最耗时的部分。

　　无论是团队还是个人，都要在这个环节花费很长时间。幸运的是，有许多免费资产，比如Quixel Megascan和虚幻商城。利用这些免费的资产可以节省大量的时间。环境建模既具有挑战性又令人兴奋，其中包含了很多可能性和变化。一名环境建模者总能从中获取新鲜感。

　　接下来我们将进入下一章，在那里学习光照、烘焙等知识，并对关卡进行调整。

第 6 章

光照和烘焙

在建模中，光照是一个重要的因素，它会极大地影响游戏场景对玩家的吸引力和观感。如果操作得当，可以提升游戏的情绪价值、体验感和清晰度。如果做得不好，游戏就会变得具有误导性，从而分散玩家的注意力。本章将介绍如何处理游戏的光照和烘焙。游戏场景中已经有了阳光，我们建立了一些光源Actor，但还没有对其进行调整。

6.1 烘焙

烘焙是渲染和存储光照信息的过程，使用的是存储的光照信息，而不是实时计算光照的各个方面。最常见的方法是将光照信息渲染为灰度贴图，并在模型的基础颜色纹理之上相乘。在Arnold Renderer（用于电影制作的专业渲染器）中，在中等质量设置下，渲染位于平面上的立方体大约需要10秒钟，效果如图6-1所示。在同一渲染器中渲染具有大量多边形和多个纹理的高质量岩石需要2分钟。为一帧渲染10秒钟或2分钟，对于动画来说是可以的，但对于游戏来说不实用。为了使其达到相同的质量，我们将光照信息烘焙为灰度纹理，并将这些灰度颜色叠加在它们的基础颜色上。通过烘焙光照，我们不需要实时计算光照。不过，烘焙光照不支持可移动的物体。

⬆ 图6-1 使用烘焙光照获得高质量的渲染结果

6.2 光照贴图

烘焙的光照信息称为光照贴图。图6-1中间的贴图是光照贴图。

6.2.1 光照贴图UV

光照贴图可以使用一组不同的UV进行优化。考虑到关卡的所有地板共享同一个UV集，floors_floor_01的UV仅占据UV空间的一小部分，其他部分是空的。使用这种UV会浪费UV空间的所有空白区域。切换到内容浏览器，找到floors_floor_01，双击将其打开。在资产编辑器中单击"UV"，在下拉列表中选择"UV通道0"（UV Channel 0）选项。此时模型的UV显示在编辑器的左下角。此UV是所有纹理在材质中使用的第一个UV通道。此外还有"UV通道1"（UV Channel 1）选项。再次单击"UV"右侧的下拉按钮，选择"UV通道1"（UV Channel 1），会出现一种不同的UV布局，并且该布局具有更大的UV块。"UV通道1"（UV Channel 1）用于烘焙和应用光照贴图。一个模型可以有多个UV通道，"UV通道0"（UV Channel 0）常用于纹理。其他UV通道可用于其他用途，比如烘焙和光照贴图，如图6-2所示。

图6-2　检查不同的UV通道

|6.2.2| 光照贴图分辨率

在资产编辑器的"细节"（Details）面板中，展开"LOD 0"部分，将"最小光照贴图分辨率"（Min Lightmap Resolution）的值从64改为128，然后单击"应用改动"（Apply Changes）按钮进行更改。该设置的目的是让虚幻引擎知道，我们为这个资产建立的最低光照贴图的分辨率是128×128像素。128×128像素的分辨率看起来很低，与彩色贴图相比，光照信息很少。更改后，"UV通道1"（UV Channel 1）也会随之改变，在壳之间留下的间隙也会更小。由于纹理变得比以前更大，因此较小的间隙仍然包含相同数量的像素。要更改实际光照贴图的分辨率，就在"一般设置"（General Settings）部分，将"光照贴图分辨率"（Light Map Resolution）的值设置为128，如图6-3所示。

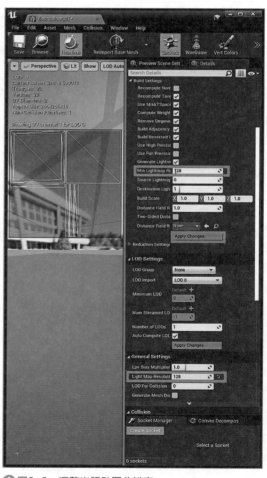

图6-3　调整光照贴图分辨率

170

6.2.3 光照贴图密度

按Alt+0组合键可以切换到光照贴图密度模式。这些模型采用网格纹理进行颜色编码。这种查看模式显示了光照贴图的分辨率，绿色表示理想的纹理密度，蓝色表示分辨率太低，红色表示分辨率太高。这不是纹理的纹理密度，而是使用"UV通道1"的烘焙光照贴图，并不需要使它们都是绿色的。在开始烘焙之前，我们可以花时间解决一些极端的问题。按Alt+4组合键返回到光照模式，这是正常的查看模式。这些切换模式也可以在视图左上角找到。

6.2.4 体积光照贴图

除了之前提及的二维光照贴图，还有体积光照贴图。体积光照贴图是三维空间中采样点的矩阵，每个点都有关于该点所在位置的光照烘焙信息。如果熟悉这些，就能知道这是Unity的光照问题。图6-4显示了体积光照贴图，图中每个球体都是我们讨论过的一个点。要注意的是，球体的某些角度呈红色，这是来自点光源的反射红光。切换到视图左上角的"显示"菜单，选择"可视化">"体积光照贴图"命令，效果如图6-4所示。

↑图6-4 体积光照贴图

6.2.5 移动性

有些Actor是静态的，它们的光照可以全部烘焙。其他Actor在游戏过程中也会移动，比如玩家角色或滑动门，烘焙光照贴图对它们并不起作用。Actor和光照具有移动性设置，允许我们定义如何计算其光照。

选择任意一个模型，切换到"细节"面板的移动性设置部分，可以看到有三个选项。

⦿ **静态：** Actor无法以任何方式移动或更新。静态和固定光照的所有照明方面都经过烘焙。可移动光照的所有照明方面都是实时计算的。

- **可移动**：Actor可以自由移动。来自静态光源的光照仅查询烘焙的体积光照贴图，不会投射阴影。来自固定光源的直接光照和阴影都是实时计算的，来自静止光源的间接光照查询烘焙的体积光照贴图。可移动光源的所有照明方面都是实时计算的。
- **固定**：与可移动一样，但无法在游戏中移动（在编辑器中编辑关卡时无需重新烘焙即可移动）。如果光照没有改变，来自可移动光源的阴影将使用前一帧的阴影。

光照也具有相同的移动性设置。

- **静态**：光线不会以任何方式改变。它有助于光照贴图烘焙，其光照被烘焙为静态网格的光照贴图。可移动和固定网格只查询其烘焙的体积光照贴图，而不会从中投射阴影。
- **可移动**：光线可以自由变化，不会造成光照贴图烘焙。所有网格的光照都是实时计算的，如果它们投射阴影，则会占用大量性能。
- **固定**：光线不能移动，但其他方面可以改变，比如颜色、强度，但不能改变柔和度。固定光源有助于光照贴图烘焙。

对于可移动和固定的Actor，直接光照和阴影是实时计算的，间接光照查询了体积光照贴图。固定光照的所有照明方面都针对静态网格体进行了烘焙。

在笔者看来，所有光照的复杂性注定要随着未来计算机硬件能力的提升而消失。目前，我们在第4章中创建的所有灯光都是静止的。固定光照在性能和质量之间有完美的平衡。它们也适用于具有移动设置的任何网格。

现在我们已经介绍了虚幻引擎中光照的基础内容，接下来继续优化模型的光照贴图分辨率。

教程 优化光照贴图分辨率

接下来介绍如何优化光照贴图的分辨率。

步骤 01 优化室内光照贴图纹理密度。打开Level_01_Awaken关卡，按Alt+0组合键切换到光照贴图密度视图模式。选择模型中任意的蓝色部分，按Ctrl+E组合键在资产编辑器中将其打开。在LOD 0中将最小光照贴图分辨率设置为当前值的两倍，然后应用并更改。在一般设置中，将光照贴图分辨率设置为与最小光照贴图分辨率相同的值，然后进行保存即可。

切换到视图并检查模型现在是否变为绿色（只需要足够接近即可）。如果没有，则重复相同的过程，同时不要使分辨率的值高于512。对于红色的部分，不要将最小光照贴图分辨率和光照贴图分辨率加倍，而是将值降低一半。继续这样的操作，直到室内所有模型都是绿色的（不一定非要达到精确的程度）。

有些模型的比例不同（比如管道、盒子）。在资产编辑器中保持使用一个值。选择关卡中需要调整的部分，进入细节面板，展开光源设置部分，对覆盖光照贴图分辨率进行调整。该设置将覆盖在关卡中选择的实例（前提是该实例在资源编辑器中设置过），如图6-5所示。

⬆ 图6-5　优化了室内的光照贴图分辨率

提示和技巧

　　获取光照贴图分辨率的最佳方法不是把模型中的所有东西都变成绿色的。我们可以将场景分解为以下三个分辨率级别。

　　（1）可玩区域——玩家可以尽可能接近的区域，让所有模型都变成绿色。我们还可以使复杂的模型或可能接收更复杂阴影的模型变得更红。

　　（2）中间地带——玩家无法到达但能非常接近的区域，让这些模型的绿色或蓝色的程度降低。

　　（3）背景——距离太远的区域，将它们全部设置为蓝色。

　　步骤 02 优化景观光照贴图纹理密度。选择风景（Landscape），切换到"细节"（Details）面板，单击"光源"（Lighting）折叠按钮，将"静态光照分辨率"（Static Lighting Resolution）的值设置为16，如图6-6所示。

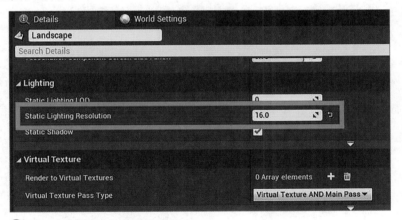

⬆ 图6-6　设置景观的光照贴图分辨率

为什么？

　　风景看起来或许仍然是蓝色的。但这是一个广阔的区域，如果我们把它烘焙成绿色，则需要很长时间；此外，玩家无法到达那里，所以那个区域被认为是中间地带。

　　步骤 03 修复树木。在建模时使用的两棵高大的树（spruce_half_02_low和spruce_half_03_low）有5个LOD。LOD表示细节层次，具有多个LOD的模型意味着该模型有多个版本，每个版本有不同的细节层次（不同的多边形计数）。虚幻引擎根据摄像机（玩家）与模型的距离加载不同的模型。这样，虚幻引擎就可以在玩家无法到达的区域里加载较低的版本，以节省计算机性能。

树木的前4个LOD都有3个UV通道，其中UV通道2用于光照贴图。但是，这两棵树的最后一个LOD没有UV通道2，这会导致整体效果不协调，光照贴图烘焙失败。由于我们没有原始的模型，所以要想得到正常的效果就需要删除两棵树的最后一个LOD。

在资产编辑器中打开spruce_half_02_low。在"细节"（Details）面板中单击"LOD设置"（LOD Settings）折叠按钮，将"LOD数量"（Number of LODs）的值从5更改为4，然后单击"应用改动"（Apply Changes）按钮，这会删除最后一个LOD。单击"一般设置"（General Settings）折叠按钮，将"光照贴图坐标索引"（Light Map Coordinate Index）的值设置为2。对spruce_half_03_low执行同样的操作。执行修复操作后，在"光照贴图密度"（Lightmap Density）查看模式下的两棵树的表面会显示网格效果，如图6-7所示。

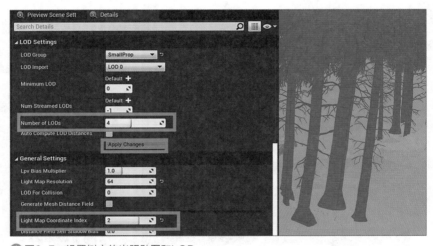

⬆ 图6-7　设置树木的光照贴图和LOD

步骤 04 调整模型外部的光照贴图分辨率。玩家并不能直接到达这些树木所在的区域，我们可以将它们绘制得偏蓝一些。另外，两个叶子模型spruce_small_02和spruce_small_05更靠近窗户，所以把它们绘制成绿色。将这些叶子的光照贴图分辨率的值设置为256。我们也让其他的岩石看起来更蓝一些。图6-8显示了在"光照贴图密度"查看模式下的外观效果。

⬆ 图6-8　外部景观的光照贴图分辨率

优化光照贴图分辨率后，我们可以继续放置全局光照重要体积。

6.3 全局光照重要体积

全局光照重要体积是盒子体积。在构建光照贴图时，虚幻引擎会更加关注这些盒子体积，并创建更多的样本来准确地烘焙这些区域。切换到"模式"面板，搜索"全局光照重要体积"，并将搜索结果拖到关卡中，移动并对其进行缩放，使其覆盖起始房间和与之相连的走廊。然后通过拖动操作创建更多"全局光照重要体积"的副本，使其覆盖所有可玩区域，它们之间可以相互重叠，效果如图6-9所示。

我们在创建关卡时添加了一些灯，并且每扇门的上方都有一个BP_ceiling_light_02模型，一些走廊和房间的天花板也有灯。在构建光照之前，我们并不知道它们的实现效果如何，不过期待这些模型可以实现正常的光照效果，因为我们在制作它们时已经在Test_Level中进行了测试。

↑图6-9 所有的全局光照重要体积都被添加到关卡中

教程 降低烘焙质量，实现快速迭代

为了快速测试光照效果，我们可以全局降低光照贴图分辨率。执行"构建"（Build）>"光照信息"（Lighting info）>"光照贴图分辨率调整"（LightMap Resolution Adjustment）命令，勾选"静态网格体"（Static Meshes）和"BSP表面"（BSP Surfaces）复选框，将"比率"（Ratio）的值设置为20。设置后只能烘焙我们定义的光照贴图分辨率的五分之一，加快了渲染时间，如下页图6-10所示。

为了提高渲染效率，还可以降低烘焙质量。切换到细节面板右侧的世界场景设置面板，单击Lightmass设置折叠按钮，将静态光照等级范围的值设置为2、间接光照质量的值设置为0.5。

⬆ 图6-10 降低全局光照贴图分辨率

　　静态光照等级决定了烘焙时有多少虚幻单位等于1厘米。值为2表示两个虚幻单位等于1厘米，这样设置会使游戏场景更小，烘焙时间更快。

　　此外，我们还将"间接光照质量"的值降低到了0.5，提升了烘焙速度，如图6-11所示。

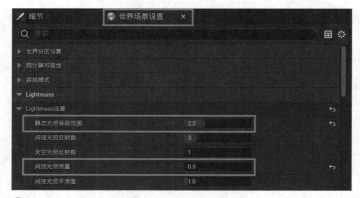
⬆ 图6-11 在"世界场景设置"面板中进行设置

　　按Ctrl+Shift+;组合键可以构建灯光。

　　在使用"Intel(R) Core(TM) i7-6700K"CPU的情况下，烘焙需要10分钟，因为这款CPU比"Core i7"落后。烘焙结果如图6-12所示。

⬆ 图6-12 烘焙后的调整效果

下面我们继续调整和添加新的灯光，进一步完善关卡，增强玩家的游戏体验。

提示和技巧

迭代的次数越多，实现的效果就越好。减少烘焙时间对于尝试不同的光照设置非常重要。

教程 调整光照

下面介绍调整光照的操作步骤。

步骤01 全局调整光照强度和颜色。目前整体的游戏环境是有些昏暗的，我们需要对光照进行调整。在起始房间中选择BP_ceiling_light_01，按Ctrl+E组合键将其打开。在"组件"（Components）面板中选择"SpotLight"组件，切换到"细节"（Details）面板，将"强度"（Intensity）的值设置为10000。为了使灯光更特别，我们需要将浅色改为淡蓝色。为了保持光的颜色和灯泡的颜色一致，我们将Ceiling_light_01_light_mtl的自发光颜色设置为蓝色。

对于另外两盏灯，BP_ceiling_light_02的光照强度值高达3000，光色稍暖。BP_lights_floor_light的光照强度值是2048，光的颜色有点偏蓝。在这里做的所有调整都会影响到关卡中的灯光，如图6-13所示。我们可以根据自己的需求调整灯光效果。

⬆ 图6-13 对BP_ceiling_light_01进行更改

步骤02 添加更多的灯。摄像机室和安全摄像头所在的走廊光线太暗了，所以应该多增加一些灯来照亮一些较暗的区域。图6-14显示了一些新添加的灯。我们也可以在需要更多照明的其他区域添加更多灯。

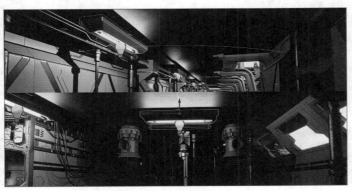

⬆ 图6-14 添加更多的灯照亮室内环境

步骤 03 调整材质。板条箱看起来太暗了，为了调整亮度，需要改变基础材质。打开Substance_Base_Mtl，按M键添加一个Multiply节点。按V键添加矢量参数，并命名为"ColorMult"，在"细节"（Details）面板中将其默认值设置为白色。将Desaturation节点连接到Multiply节点的A输入引脚，将ColorMult节点的Color输出引脚连接到Multiply节点的B输入引脚，将Multiply节点的输出引脚连接到Substance_Base_Mtl节点的Base Color输入引脚，单击保存按钮进行保存。我们现在有了一个新的ColorMult参数，可以通过它来叠加材质的颜色。在boxes文件夹中打开Box_2K材质实例，检查"ColorMult"复选框是否勾选，打开取色器，然后将"V"值设置为4，使模型的颜色变亮，如图6-15所示。

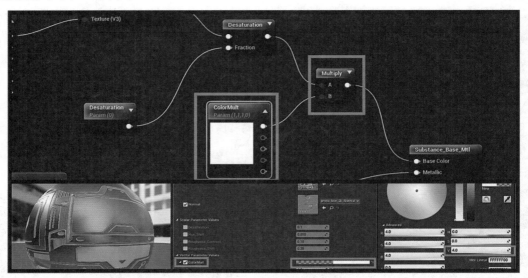

⬆ 图6-15　增加ColorMult参数提升模型的亮度

墙壁整体的效果过于饱和，为了解决这个问题，我们可以将Substance_Base_Mtl_Inst的"Desaturation"参数值设置为0.3。

步骤 04 修复重叠的光线。如果我们逐一检查模型中的灯，可以看到其中的一些灯上有一个红色的叉，如图6-16所示。红色的叉意味着有两个以上的灯重叠了，这是这种灯光的技术局限之处。下面有两个解决方案。

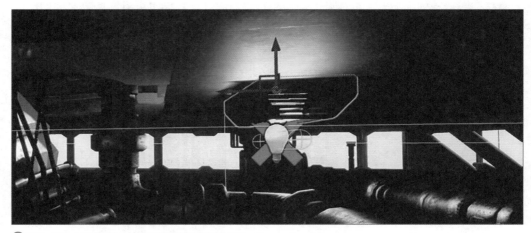

⬆ 图6-16　显示红色的叉表示过多的灯光重叠在一起

（1）模型中所有的灯都设置成了固定状态，以适应静态网格和可移动的Actor。然而，我们不需要所有的灯都是固定的。选择任意带有红色叉的光，在"细节"（Details）面板中将"移动性"（Mobility）设置为"静态"（Static）。静态光不会在可移动的物体上投下阴影，该设置适用于此光源不是可移动Actor主光源的区域。走廊上的灯就是这样设置的，如图6-17所示。

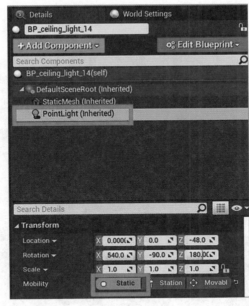

⬆ 图6-17　将光线的"移动性"（Mobility）设置为"静态"（Static）

（2）减少灯光的照射范围，这样光线就不会相互重叠。虚幻引擎中的所有光照都有一个"衰减半径"（Attenuation Radius）的设置。衰减半径人为地限制了光的到达范围。在图6-18中，PointLight的衰减半径（Attenuation Radius）值被减少到了500，以避免与太多的灯光重叠。明亮的球形线框表示光线照射的最远范围。要是需要此光源为可移动Actor提供细致的照明和阴影，则首选此选项。在这种情况下，我们希望灯光可以辅助照亮英雄资产，该资产未来会在游戏中移动。

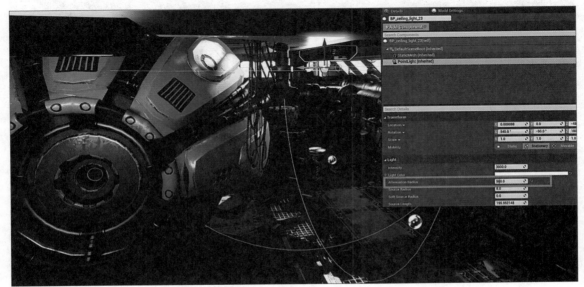

⬆ 图6-18　降低衰减半径，避免光线重叠限制

只有在静态和固定两个选项均无效时，才将灯光更改为可移动。

步骤 05 为可移动对象设置移动性。门和英雄资产在未来是会移动的，选择门和英雄资产的模型，切换到细节面板，将其移动性设置为可移动。

步骤 06 调整反射捕获。我们需要确保有足够的反射捕获来覆盖不同的区域。图6-19显示了boss房间中的每个点是如何都具有反射捕获功能以获取更好的反射效果的。装有安全摄像头的走廊太长了，在那里使用了多次反射捕捉。

↑ 图6-19　设置更多的反射捕获以获取更好的反射效果

步骤 07 构建其他的测试光照。我们已经做了足够的修改，按Ctrl+Shift+;组合键重新构建光照并观察不同之处。测试结果截图如图6-20所示。

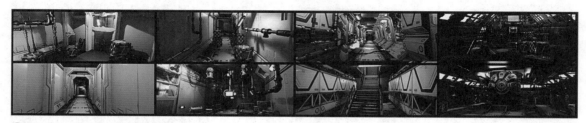

↑ 图6-20　构建其他的测试光照

步骤08 继续完善。请大家花费更多的时间完善光照效果，直到自己满意为止。

步骤09 最终的烘焙。在对自己的光照测试效果满意后，执行"构建">"光照质量">"产品级别"命令，然后继续执行"构建">"光照信息">"光照贴图分辨率调整"命令，将"比率"的值设置为100，勾选"静态网格体"和"BSP表面"复选框，同时选择"当前关卡"单选按钮。在"世界场景设置"面板中，将"静态光照等级范围"的值设置为0.25，"间接光照反射数"的值设置为4，"天空光照反射数"的值设置为3，如图6-21所示。按Ctrl+Shift+;组合键再次执行该操作，并开始烘焙。烘焙操作需要很长时间（使用6代英特尔酷睿i7需要12个小时）。

⬆ 图6-21　最终的烘焙质量设置

最终烘焙结果如图6-22所示。光照和烘焙操作已经完成，接下来要通过更多的步骤进一步增强图像效果。

⬆ 图6-22　高品质的烘焙效果

教程 添加后期处理和其他效果

接下来介绍如何添加后期处理和其他效果。

步骤01 添加指数级高度雾。我们应该在游戏的森林环境中添加一些雾。切换到模式面板，搜索雾，把指数级高度雾拖到关卡中。指数级高度雾数值越高，雾会越稀薄。现在画面上的雾太浓了，切换到细节面板，将雾密度的值设置为0.005，使雾看起来更稀薄。

步骤02 添加后期处理盒子。切换到模式面板，搜索后期处理盒子并将其拖到走廊模型中。在细节面板中，检查后期处理盒子设置部分和无线范围（未绑定），使该效果对整体环境起作用。

6.4 后期处理盒子

后期处理盒子可以调整最终图像的很多方面，使建模师对图像效果有更多的把控。我们可以调整镜头的效果、颜色分级并添加其他渲染功能，比如屏幕空间环境光遮挡。需要注意的是，后期处理盒子不应该用来解决任何光照问题。如果环境太暗，我们可以调高光照强度。

步骤01 添加暗角。暗角是一种使图像边缘变暗的效果，在构图上有助于引导玩家的眼睛看向图像的中心。选择后期处理盒子，切换到镜头设置部分，打开图像效果，检查暗角强度。设置暗角强度值为0.5，以创建一个非常微妙的暗角效果。

步骤02 调整对比度和饱和度。切换到"颜色分级"（Color Grading）部分，在"全局"（Global）设置中调整"饱和度"（Saturation）和"对比度"（Contrast）。为了使图像更清晰，我们将"对比度"（Contrast）的值设置为1.1，更高的对比度会使颜色更饱和。将"饱和度"（Saturation）的值设置为0.8，以将其固定，如图6-23所示。

⬆ 图6-23　使用后期处理盒子调整对比度和饱和度

步骤03 添加环境光遮挡。在渲染特征中打开环境光遮挡，查看其强度和半径，将强度值设为1。我们已经在第3章讨论了环境光遮挡（AO），AO在这里是同样的意思，添加AO可以增强模型的细节权重。

6.5 微调光照并测试后期处理盒子

现在我们学习了光照的不同方面，可以试着自己来微调光照。请花费一些时间来调整灯的数量、光照强度和光线颜色。光源照射的方向决定了太阳光的照射方向，我们可以通过旋转改变太阳光的方向。同时也不要忘记测试后期处理盒子。最终结果如下页图6-24所示。

⬆ 图6-24　光照效果

6.6　总结

　　游戏的光照环境十分有趣，不断尝试就可以有无限种效果。但节省计算机性能是我们始终要牢记的一点，为此需要尽可能减少灯的数量。就目前的计算机图形而言，降低性能的不是多边形计数，而是光照和着色器的复杂性。这对学习构图和光照技术非常有帮助，所以当我们想尝试不同的光照创意时，可以获得很好的指导。

　　目前我们处理的都是静止的物体，下一章中将开始制作游戏角色。

第 7 章

角色建模

欢迎大家来到角色建模章节。角色一直是游戏的关键元素之一，它或许不会占用太多屏幕空间，但却是玩家长时间注视的对象，也是玩家想象中的自己。因此，塑造一个引人注目的角色是建模的一项基本任务。

创建角色需要非常有耐心，每个小细节都要考虑周全，尽力做到更好。为了使本书的范围适合所有类型的游戏，我们将开发一个可以适应任何摄像机的全身角色，并确保它可以完全被玩家操纵。

7.1 概念设计

概念设计是角色发展中的关键步骤之一，是不容忽视的。在触及视觉效果之前，我们会仔细考虑游戏的背景故事、环境、职业和角色的其他部分。视觉外观还需要多次迭代才能达到期望的结果。这里游戏的概念设计角色是艾伦·玛拉，她是无脑杀戮军队的基因克隆人之一。但不知出于什么原因，她变得有了自我意识，想要逃离命运的束缚。最终确定的设计效果如图7-1所示。

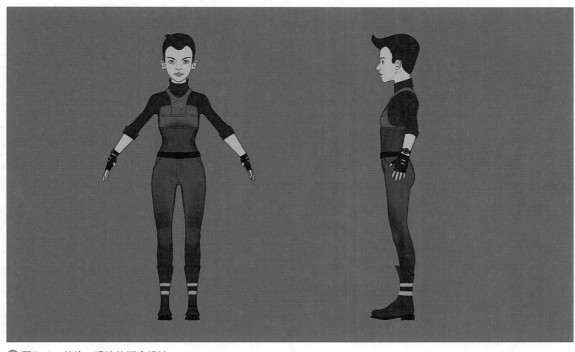

⬆ 图7-1 艾伦·玛拉的概念设计

7.2 样式表

拥有一个干净的样式表来展示完整的角色设定至关重要，同时，更实用的做法是避免花哨的阴影而使用清晰的线条。对角色有不同的看法也很重要，这样才能准确地与游戏背景匹配。比如下巴的底部应该在正面和侧面视图中处于同一位置。我们可以用两种不同的姿势塑造角色，即T姿势和A姿势。T姿势是手臂伸直，而A姿势是手臂自然放下。我们选择A姿势是为了更好地定义肩膀的形状，否则，自然姿势中的角色肩膀必须通过索具来定义。

7.3 工作流程

经过多年的发展，制作角色的工作流程发生了很大的变化。现代的工作流程大多会用到ZBrush雕刻软件。不过，为了限制软件的数量和遵循本书的成本，我们将采用一种更传统的方法——盒子建模。盒子建模可能不是最先进的工作流程，但它是教授拓扑的最佳实践方式，这在技术上对索具和制作动画至关重要。另一方面，这也会迫使美工首先考虑大的形状和比例。

7.4 多边形计数

多边形计数是开始制作模型之前首先要考虑的事情之一。根据目标平台、引擎和屏幕上出现的角色数量，情况会有很大不同。与光照、阴影和纹理的数量相比，多边形计数对性能的影响比较小，我们可以有把握地假设3万的数量是能被接受的。这并不是说角色数量应该达到3万次，而是我们始终需要在质量和性能之间找到适当的平衡。

7.5 在Maya中设置图像平面

接下来在Maya中设置图像平面，步骤如下。

步骤 01 在Maya中新建一个场景，并保存为Ellen_Mara.mb。

步骤 02 将当前视图切换到前视图，执行视图>图像平面>导入图像命令，加载图片Ellen_Style_Sheet_Front.jpg。

步骤 03 切换到右视图，执行视图>图像平面>导入图像命令，加载图片Ellen_Style_Sheet_Side.jpg。

步骤 04 创建一个立方体，将其扩展到160个单位，然后将其向上移动80个单位。立方体的大小大致相当于角色的大小。

步骤 05 进入透视视图，选择两个图像平面，缩放并移动它们，使角色的大小大致是立方体的大小。

步骤 06 返回前视图，在大纲视图中选择ImagePlane1并移动，使角色的前视图与网格的中心对齐。

步骤 07 切换到右视图，在大纲视图中选择ImagePlane2并移动，使角色的侧视图与网格的中心对齐。

步骤08 切换到透视视图，删除立方体。在Z轴上移动ImagePlane1，使其远离中心。在X轴上移动ImagePlane2，使其远离中心，如图7-2所示。

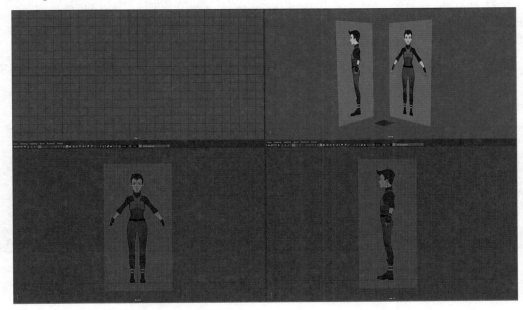

↑ 图7-2　导入并整理图像平面

为什么？

这两个图像平面是我们需要得到的准确结果的参考。将它们从中心移开就避免了几何体和图像平面之间受到影响。

步骤09 选择ImagePlane1，按Ctrl+A组合键打开属性编辑器。单击图像平面属性折叠按钮，将显示属性改为沿摄像机观看。对ImagePlane2也执行同样的操作。

为什么？

这一步是为了保持透视视图的整洁，不过是可选选项。一些建模师认为在透视视图中显示图像平面更有帮助。

7.6 创建眼球模型

下面创建眼球模型，具体步骤如下。

步骤01 创建一个多边形球体，并将其重命名为Ellen_I_eye_geo。这个球体将作为眼球使用（执行创建>多边形基本体>球体命令）。

步骤02 减少眼球的多边形计数。选择Ellen_I_eye_geo，切换到通道框面板，在输入选项区域单击polySphere1，并将轴向细分数和高度细分数的值都更改为16。

为什么？

虽然眼球对角色很重要，但玩家不太可能近距离观察它。减少多边形计数有助于提高游戏的帧率。要注意的是，根据游戏的类型不同，可以细分的级别也不同。

步骤03 固定眼睛的拓扑结构。选择眼球的顶部中心顶点（这是眼睛的前面），按住Ctrl键，然后按Delete键，去掉眼球中间的所有三角形。使用多切割工具并将点连接到网格状的凹槽，如图7-3所示。

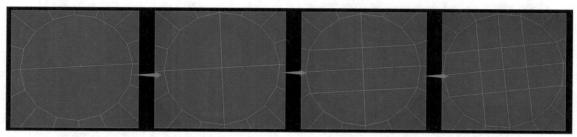

⬆ 图7-3　重建眼睛前面的拓扑结构

为什么？

任何连接了4条以上边的顶点都被称为极点。众所周知，极点不适合平滑着色，尤其是在有很多条线与其相连时。因为眼睛是角色最重要的部分之一，所以我们选择重建拓扑结构。

步骤04 修复曲率。切换到前视图，选择顶部的顶点，按住Shift+鼠标右键，在快捷菜单中选择平均化顶点命令。该命令可以平均所选顶点的位置，并附带一些曲率。此时眼球呈现坍塌状态，使用移动工具将坍塌部分向上移动，重复"平均化顶点"命令并移动，直到眼球恢复成球形，如图7-4所示。

步骤05 增加角膜凸起效果。切换到透视视图，选择眼球顶部中心的顶点，按B键启动"软选择"模式。按住鼠标左键并拖动鼠标，使下降范围大致为角膜的大小。使用移动工具向上移动眼球，创建角膜凸起的形状，如图7-5所示。

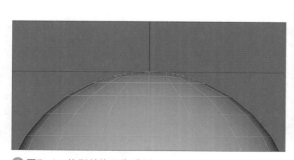

⬆ 图7-4　将形状修正为球形

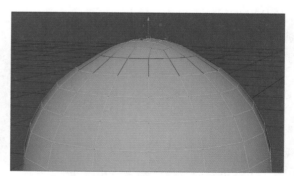

⬆ 图7-5　制造角膜凸起效果

为什么？

眼球的形状不完全是一个球形，角膜区域稍微凸出一点，之所以模仿眼球的形状，是因为这有助于体现眼球的屈光和突出效果。

步骤06 将眼球在X轴上旋转90°。移动并缩放眼球,直到它在正面和侧面的图像平面上与左眼眼球匹配,如图7-6所示。

步骤07 复制眼球并命名为Ellen_r_eye_geo,将平移X从正值改为负值(这里是从3.938改为-3.938)。

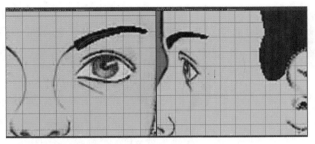

⬆ 图7-6 将眼球模型与参考图像匹配

7.7 创建眼睑模型

接下来创建眼睑模型,具体步骤如下。

步骤01 让眼球更加生动。选择Ellen_Leye_geo,在状态栏单击磁铁图标,此时眼球模型会变得更加生动。当几何体处于活动状态时,任何创建或运动的操作都会被捕捉到眼球表面。让眼球更加生动有助于我们获得正确的眼睑曲率。

步骤02 绘制眼睑的几何形状。按数字5键启用着色模式,在视图区域的顶部执行着色>X射线显示命令。在没有选择任何内容的情况下,按住Shift键+鼠标右键,选择四边形绘制工具命令。将视图切换到前面,单击眼球到下拉点,创建四个点,然后按住Shift键并在四个点的中间单击以填充四边形,如图7-7所示。

步骤03 完成眼睑环的创建。创建两个点,填充另一个四边形并连接到第一个四边形。继续执行同样的操作,直到眼睑轮廓周围形成一个环状,如图7-8所示。我们可以拖动任意点或边来移动这个环。按Ctrl+Shift组合键,单击任意点或边都可以将其删除。

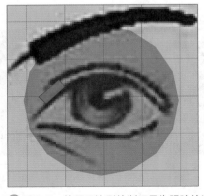

⬆ 图7-7 使用四边形绘制工具为眼睑绘制一个面

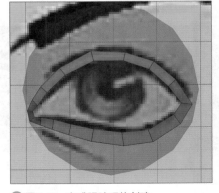

⬆ 图7-8 完成眼睑环的创建

为什么？

四边形绘制工具是一种重新拓扑化工具，它允许我们为任何几何体创建拓扑。我们可以用它获取正确的眼睛曲率。这个工具其中的一个重要用途是对像ZBrush这样的雕刻软件雕刻的高分辨率模型进行重新拓扑，我们称之为从高到低的工作流程。

步骤 04 修饰眼睑形状。关闭活动对象，切换到选择工具，进入对象模式，将眼睑模型向前移动一点，这样眼睑的厚度会有一个间隙。切换到侧视图，拖动各个点，使其与侧视图中眼睑的轮廓相匹配。

步骤 05 细化内眼角。选择内眼角的两个点，使用移动工具和"软选择"模式拖动内眼角区域使其向前，效果如图7-9所示。

步骤 06 突出眼睑的厚度。切换到边模式，双击选择眼睑的内眼角循环边。向眼球方向挤压，使内眼角表面在眼球周围弯曲，如图7-10所示。

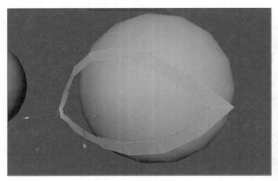

⬆ 图7-9　向外拖动内眼角的眼睑

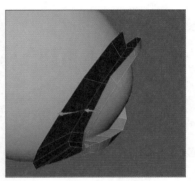

⬆ 图7-10　挤压眼睑的厚度

为什么？

虽然眼睑的外眼角位于眼球的一侧，但内眼角不是。在眼睑的内眼角下方有泪阜、泪腺等结构，它们使内眼角向前移位，这就是我们将眼睑向前拖的原因。

步骤 07 创建泪阜。按照图7-11中的步骤创建泪阜。在眼睑厚度循环面的中间添加一个循环边，从内眼角选择顶部和底部的第二个面，创建一个桥接面。之后选择内眼角与新桥接面之间的环状并将其删除。双击产生的洞，执行填充洞命令，不要忘记填充洞的背面。在创建的新结构中添加一个水平的循环边并移动顶点，使其看起来像一个扁平的椭圆形。

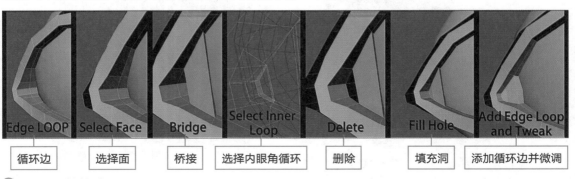

循环边　　选择面　　桥接　　选择内眼角循环　　删除　　填充洞　　添加循环边并微调

⬆ 图7-11　创建泪阜

为什么?

步骤07中的操作步骤虽然看起来很多，但都是必需的，这样做可以让眼睛看起来更生动。我们所做的一切都是为了创建更高水平的模型。如果不想花费太多时间在制作眼睛上，可以跳过这个操作。

步骤 **08** 完善上下眼睑。选择上眼睑转弯处的循环边，将其向上移动。选择下眼睑的同样位置并将其向下拖动。这样做是为了制作出眼睑动起来时的正确弧度，效果如图7-12所示。

步骤 **09** 软化法线。切换到对象模式，选择Ellen_body_geo，按住Shift+鼠标右键，执行软化/硬化边>软化边命令。

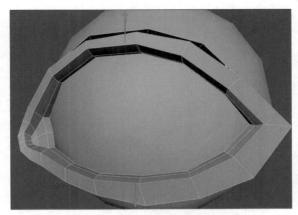

↑ 图7-12　拖动上下眼睑边缘，使其圆润一些

为什么?

我们希望限制多边形计数，不希望看到硬化多边形边缘。软化边命令可以帮助平滑模型表面边缘之间的阴影。

7.8　创建眼窝模型

下面创建眼窝模型，具体步骤如下。

步骤 **01** 标记眼窝的边缘。选择眼睑的外部循环边，挤出一个新的循环面并且移动顶点，使新的外部循环边位于眼窝的边缘处，如图7-13所示。

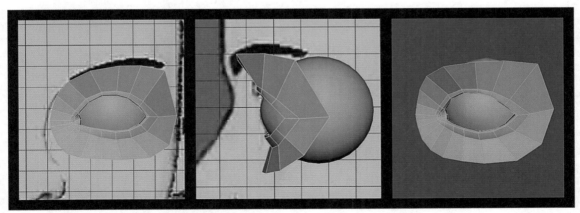

↑ 图7-13　添加一个循环边，使其延伸到眼窝边缘处

步骤 02 完善眼窝内部细节。在上一步循环面的中间添加一个循环边，调整顶点使其具有正确的曲率，如图7-14所示。

步骤 03 优化内部结构。我们可以在眼睛周围的任何部分添加更多的循环边来优化细节。在此案例中，眼睑周围又增加了3个循环边并进行了调整，以支撑下眼睑的底边和上眼睑上方的褶皱，如图7-15所示。

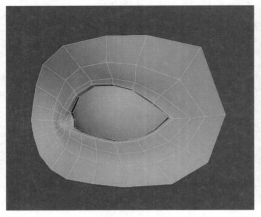 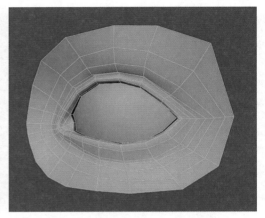

⬆ 图7-14　额外添加循环边，完善眼窝的内部细节　　⬆ 图7-15　添加更多的循环边优化眼窝的曲率

为什么？

从步骤01到步骤03，我们执行了先标记边缘，然后在中间添加细节的操作流程。这种方式可以确保我们能把握大致的模型形状并且不会失控。

步骤 04 镜像。选择Ellen_body_geo，执行修改>冻结变换命令，切换到前视图。按D键和X键，使用移动工具将枢轴移动到网格的中心。执行编辑>特殊复制命令，将几何体类型改为实例，将缩放改为1,1,1。该设置会创建模型的实例，这样，当我们在一侧建模时，就可以看到角色的整张脸。

提示和技巧

在建模一段时间后，会产生很多操作的历史记录。为了避免出现性能问题或者设备崩溃等状况，可以按Alt+Shift+D组合键定期删除历史记录。

7.9　创建额头和鼻子模型

下面创建额头和鼻子模型，具体步骤如下。

步骤 01 创建鼻根。选择模型中心一侧的几条边，将这些边拉伸到网格的中心。在X轴上将其缩小，以展平这些边。使用移动和网格捕捉工具将它们捕捉到中心。切换到侧视图并向前拖动这些边，移动各个顶点使它们与鼻梁对齐，如下页图7-16所示。

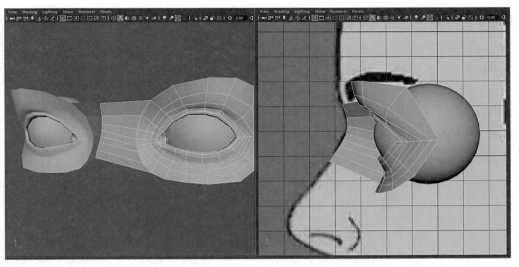

⬆图7-16　创建鼻根

步骤 02 增加鼻根的曲率。在鼻子的根部添加一个垂直的循环边，向前移动以区分鼻子的正面和侧面。继续添加新的循环边并调整顶点，直到鼻子的曲率可以被表示出来。然后再添加两个循环边，如图7-17所示。

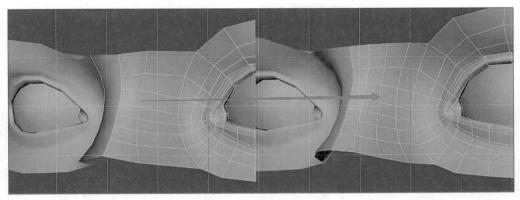

⬆图7-17　添加鼻根的曲率

步骤 03 将鼻子与眉骨相连。将眼窝上眼睑的循环边拉伸两次，将它们与鼻根的侧面循环边合并。此时有一个几何流从鼻子的侧面延伸到眉骨，如图7-18所示。

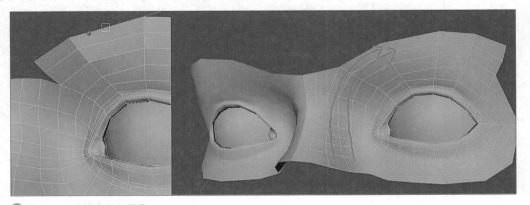

⬆图7-18　连接鼻子和眉骨

为什么?

边流是所有结构转弯的唯一工具。我们在步骤03中创建了循环边,以准确地表示鼻子和眉骨的结构变化,就像把砖块放在拱门上一样。

步骤04 创建前额。将顶部的循环边向上拉伸到额头边缘,添加更多的水平循环边支撑曲率,就像对鼻子根部执行的操作一样,如图7-19所示。

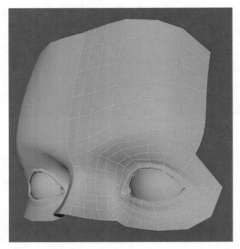

⬆ 图7-19　创建前额

步骤05 创建鼻梁。向下和向前拉伸鼻根底部的边。调整顶点位置,使其与鼻梁的形状匹配,如图7-20所示。

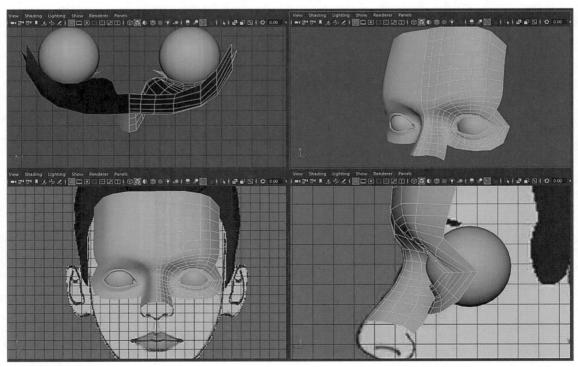

⬆ 图7-20　创建鼻梁

步骤 06 标记鼻唇沟的循环边。从鼻梁底部向下拉伸出一条边，选择新面的侧边，然后沿着鼻子侧边拉伸。不要忘记在拉伸后进行旋转，这样循环边会随着表面方向的变化自然流动。继续拉伸，直到整个鼻唇沟形成并延伸到嘴巴区域，如图7-21所示。

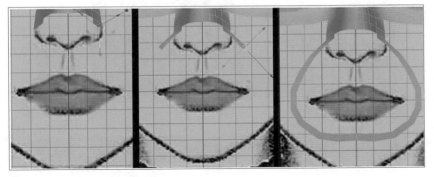

⬆ 图7-21　标记鼻唇沟的循环边

步骤 07 调整鼻唇沟的循环边。切换到右视图，拖动鼻唇沟循环边的顶点，调整它的形状，这样可以很好地修饰嘴巴周围，如图7-22所示。

步骤 08 标记其他必要的循环边。继续拉伸出几个循环边表示鼻子侧面、鼻孔和鼻子底部的轮廓。这些循环边帮助我们确定鼻子的主要区域，如图7-23所示。

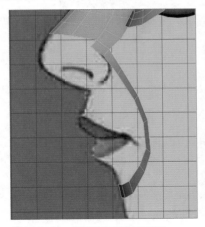

⬆ 图7-22　调整鼻唇沟的循环边

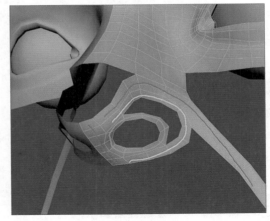

⬆ 图7-23　标记必要的循环边

请注意，这不是一个简单的操作，我们需要小心地移动所有不同视图中的顶点，确保形状在所有角度都是匹配的。有些循环边之间是相互连接的，所以它们的边缘会融合在一起。

为什么？

绘制不同部分的轮廓为我们提供了形状的框架。一旦完成框架的搭建，接下来要做的就是填补空白。拓扑图基本上是循环边，和我们在步骤07中使用的网格状内部填充类似。

步骤 09 填充鼻翼。选择鼻子侧面的孔，按住Shift+鼠标右键，执行"填充洞"命令。执行多切割命令填充几何形状。在下页图7-24中，突出显示的线条是新添加的线条，用来获取干净的拓扑结构。然后拖动顶点修饰鼻子侧面的形状。

步骤 10 使用与步骤09中相同的方式填充鼻尖，如下页图7-25所示。

⬆图7-24　填充鼻翼

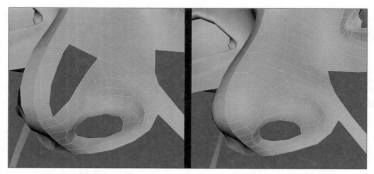

⬆图7-25　填充鼻尖

7.10　创建嘴巴模型

接下来创建嘴巴模型，具体步骤如下。

步骤 01 创建嘴巴。从鼻子底部挤出人中的循环边，从人中底部挤出唇部的循环边。添加循环边能更好地绘制唇形。注意需要从不同的角度观察模型的曲率，不然很容易绘制出平坦的唇形，所以要注意调整唇部轮廓的弧度，如图7-26所示。

步骤 02 填充嘴和鼻唇沟之间的空隙。连接嘴唇的外边缘和鼻唇沟的内边缘，如果多边形计数不匹配，只需添加更多循环边即可。调整效果如图7-27所示。

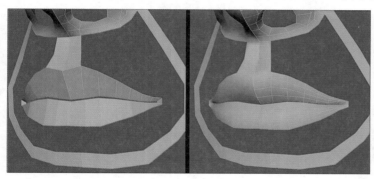

⬆图7-26　创建嘴巴的拓扑结构

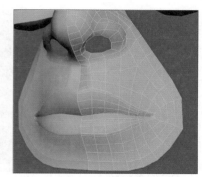

⬆图7-27　填补嘴巴和鼻唇沟之间的空隙

7.11 创建头部的其余部分

接下来创建头部的其余部分，具体步骤如下。

步骤 01 将头部的其余部分框起来。在头部周围创建更多的循环边，标记脸、耳朵、头顶和后脑勺的边缘。在脖子和下巴处也创建循环边，如图7-28所示。

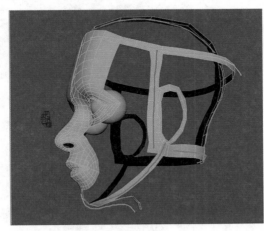

⬆ 图7-28 框住头部的其余部分

步骤 02 填充脸部。使用桥接、挤压、填充洞和多切割命令桥接脸部。首先找到需要创建的关键循环边，然后填补空白。确保添加的所有内容都必须在某种程度上进行调整，以获得正确的形状，如图7-29所示。

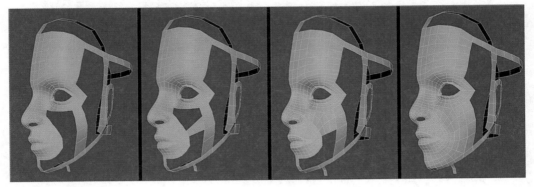

⬆ 图7-29 填充面部

提示和技巧

填补完空白后的脸部并不光滑。选择具有对象模式的模型，按住Shift+鼠标右键，选择雕刻工具，再次按住Shift+鼠标右键，然后选择"抓取工具"。现在可以拖动模型的任意部分，就像在雕刻它一样。按住B键，拖动鼠标以改变画笔大小。注意，画笔有可能会很大，需要缩小很多倍才能看到它的变化。我们也可以按住Shift键，拖动模型的表面使其平滑。要记住的是，模型的形状是非常重要的，不要过于纠结拓扑结构，这样我们也会在拓扑方面上有所提升。但如果对形状不够重视，可能会越做越糟。

步骤 03 填充脸部侧面。我们可以使用与前面步骤相同的方法填充脸的侧面。眼睛的外眼角没有足够的多边形计数连接到另一边，所以增加了两个循环边来弥补这一点，效果如图7-30所示。

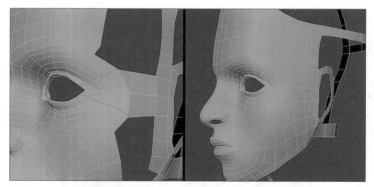

⬆图7-30　填充脸的侧面

步骤 04 填充头顶。头顶的拓扑结构基本上是一个经过两次平滑处理的立方体。重要的是要找到两个角点，如图7-31所示。正是这两点改变了多边形的流动方向。在这两个点之后，几何图形要么从前到后，要么从侧面到中间。要注意的是，抓取和平滑雕刻用于在拓扑正常作用后获取平滑结果。

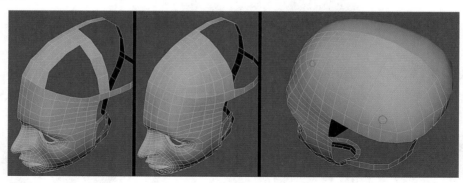

⬆图7-31　填充头顶

步骤 05 填充后脑勺。

7.12　创建耳朵模型

耳朵可能没有眼睛和鼻子那么重要，但如果制作效果不好，就会影响整个模型。下面将详细介绍如何创建耳朵。

步骤 01 创建耳朵的耳廓。就像制作鼻子一样，耳朵也可以通过多边形循环布置主要结构来建模。从耳朵后面的部位开始进行挤出操作，然后从那里构建循环边。下页图7-32中是耳廓的颜色编码版本。

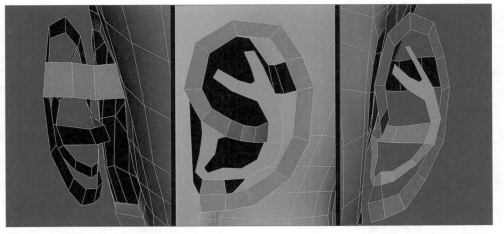

⬆ 图7-32 创建耳朵的耳廓

步骤 02 填充耳朵。我们可以通过桥接和挤压命令填补循环边之间的空白。但不要忘记留下一个孔，用来挤出耳孔，如图7-33所示。

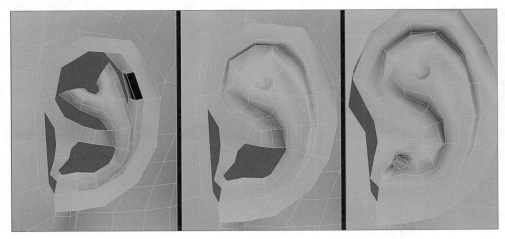

⬆ 图7-33 填充耳朵

步骤 03 连接耳朵。继续桥接和挤压，使耳朵与面部连接，如图7-34所示。多边形计数可能不完全与模型匹配，所以我们需要有选择地添加或删除循环边。

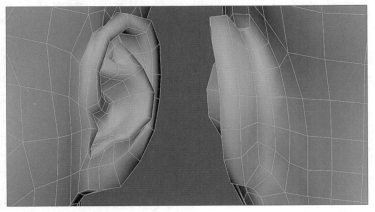

⬆ 图7-34 连接耳朵

7.13 创建颈部模型

下面创建颈部模型，具体步骤如下。

步骤 01 填充头的底部。模型中有很多线条从头部向下延伸，但是我们不希望在颈部出现这种情况。将这些边缘流重定向到中心并在另一侧相连是消除它们的好方法，如图7-35所示。

步骤 02 挤压颈部。颈部要尽可能简单，因为角色的高衣领会将其覆盖。我们要做的是从颈部底部的孔进行挤压，并在中间添加循环边匹配角色，如图7-36所示。

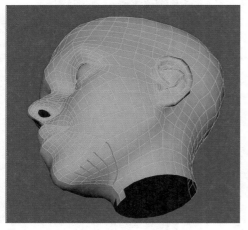
⬆图7-35　将循环面的线条重定向到中心并填充头的底部

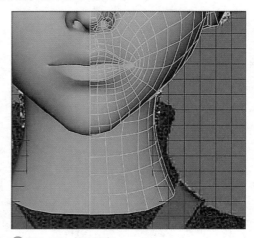
⬆图7-36　挤出颈部

7.14 创建内部结构

下面创建内部结构，具体步骤如下。

步骤 01 挤压鼻孔内部。选择鼻孔处的循环边，分别向上和向内进行挤压，重复执行两次，使孔看起来一直向内延伸并确保孔的末端不可见，如图7-37所示。

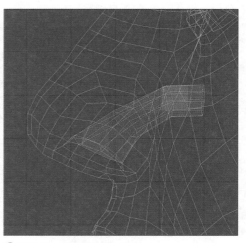
⬆图7-37　挤压鼻孔的内部

步骤02 挤压口腔内部。口腔内部结构与鼻孔相同，但需要更多的循环边和内部空间。选择 Ellen_body_geo，按Ctrl+1组合键进行隔离。选择唇缝处的循环边，向内挤压，再向外扩展，确保牙齿有足够的空间。然后继续挤压，直至完成口腔的内部结构，如图7-38所示。

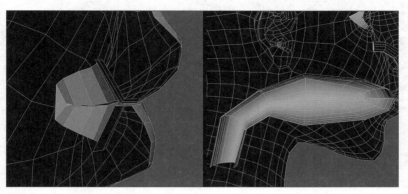

↑图7-38 挤压口腔内部

7.15 创建身体模型

下面创建身体模型，具体步骤如下。

步骤01 创建躯干的中心循环边。从脖子前面的底部执行挤出操作，直到形成环绕的轮廓。合并到颈部的后面，效果如图7-39所示。

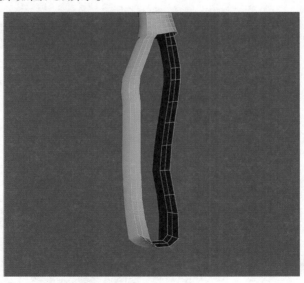

↑图7-39 创建躯干的中心循环边

步骤02 创建胸部。在胸部和肩膀周围创建循环边，在颈部和手臂的连接处连接循环边，标记出胸部的范围，然后填充胸部的洞。使用多切割工具填充缺少的拓扑结构。要是多边形计数不起作用，就新增线条。然后使用雕刻工具平滑并优化形状，如下页图7-40所示。

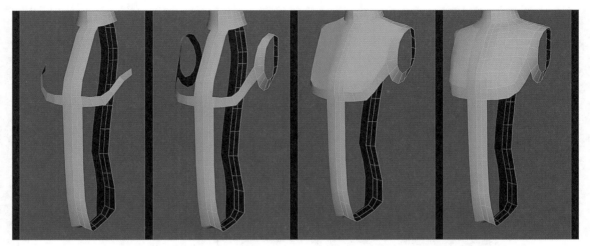

图7-40　创建胸部

步骤03 填充背部。使用与步骤02相同的方法，填充身体的背部，如图7-41所示。

步骤04 填充躯干。使用与步骤02相同的方法填充躯干，如图7-42所示。

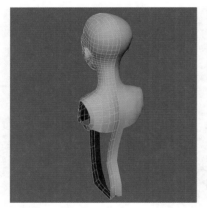

图7-41　填充背部

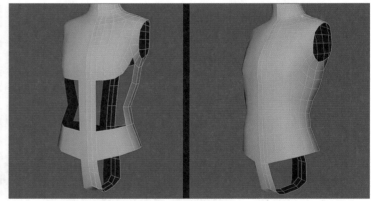

图7-42　填充躯干

步骤05 调整骨盆的流动方向。从躯干底部的孔中挤出一个循环边，调整其形状，使底部周围有一个循环边代表骨盆的上边缘，如图7-43所示。

步骤06 创建大腿根部的循环边。在大腿根部创建循环边，填补骨盆和大腿根部之间的空隙，如图7-44所示。

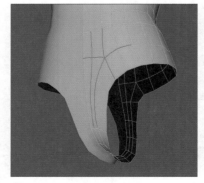

图7-43　调整骨盆的拓扑结构

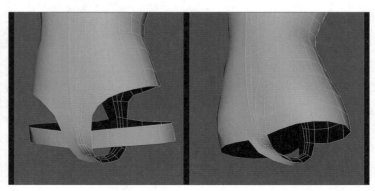

图7-44　在大腿根部创建循环边

步骤07 制作腿部。从大腿根部的孔中进行挤出操作来制作腿。我们可以用一个非常简单的圆柱形拓扑来表示腿。要记住的是，至少需要3个循环边才能正确弯曲膝盖和脚踝，如图7-45所示。

步骤08 创建脚踝。从腿部向下挤出，在底部创建一个脚踝形状。底部顶点是循环边的主要转折点，也就是极点。创建效果如图7-46所示。

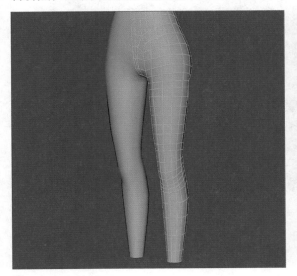

⬆ 图7-45　创建腿

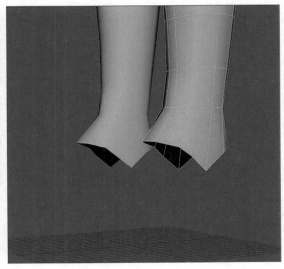

⬆ 图7-46　创建脚踝

提示和技巧

我们在不同的部位创建了循环边后，可以发现正确定义其轮廓是至关重要的，以便进一步挤压或填充模型的形状。

要始终牢记的一件事是，将要合并的两侧使用的是相同的多边形计数。在步骤08中，我们需要确保底部点的正面和背面具有相同的多边形计数，否则就需要新增线条或删除线条。

步骤09 制作脚。使用相同的方式创建脚的框架，然后填充空白处，如图7-47所示。

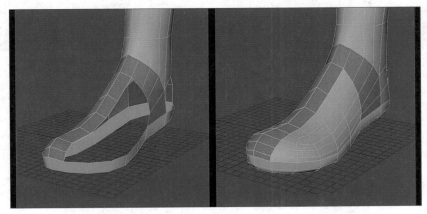

⬆ 图7-47　创建脚

步骤10 创建三角肌。切换到边模式，选择手臂孔的上半部分。拉伸出两个循环边，将第二个循环边的一侧桥接到先前选定边的正下方。调整形状，使轮廓与图像平面匹配，形成一个倾斜的臂孔，如下页图7-48所示。

步骤 11 创建手臂。从臂孔进行挤出操作，形成手臂，这个过程和创建腿的过程完全一样，如图7-49所示。

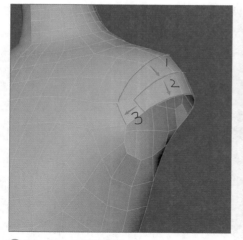
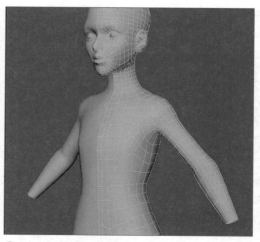

↑图7-48 创建三角肌 　　　　↑图7-49 创建手臂

步骤 12 创建手掌。从手腕进行挤出操作，形成手掌。添加几个循环边绘制手掌的大小，如图7-50所示。

步骤 13 创建拇指。再添加一个循环边标记拇指的连接处，然后挤出面来创建拇指的第一段。执行编辑网格>圆形圆角命令，使挤出的面更圆润。继续执行挤出操作，添加循环边，调整并完成拇指的制作，如图7-51所示。

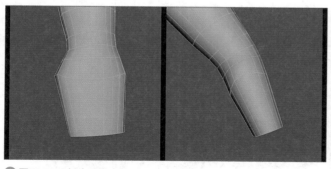
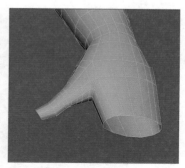

↑图7-50 创建手掌底部 　　　　↑图7-51 挤出拇指

步骤 14 创建拇指尖端的拓扑结构。删除拇指尖端的所有线条，使用多切割工具创建图7-52中的新拓扑结构。

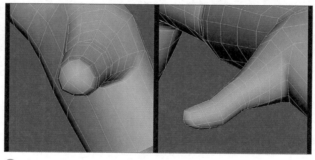

↑图7-52 创建拇指尖端的拓扑结构

步骤15 创建食指。创建一个立方体,将其移动到食指的连接处,将尖端挤出两次,然后标记手指的3个关节部位。调整不同关节部位的大小,如图7-53所示。

步骤16 添加手指细节。删除手指根部的面。我们需要将手指伸展开并连接到手掌。选择插入循环边工具,按Shift键添加两个循环边修饰手指,如图7-54所示。

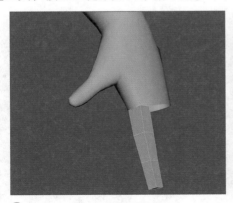
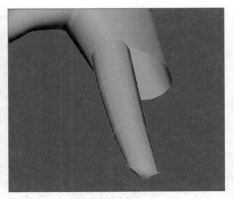

⬆图7-53　创建食指根部连接处　　　⬆图7-54　添加食指细节

步骤17 在关节处添加循环边。在手指上添加更多的循环边,每段关节的弯曲处至少需要3个循环边。在添加循环边后调整手指形状,如图7-55所示。

步骤18 复制手指。复制食指,移动并缩放以创建其他手指。需要注意的是,四个手指的底部不是平面的,而是存在弧度的,如图7-56所示。

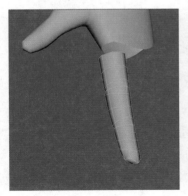
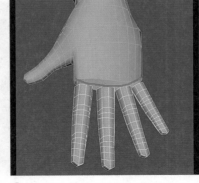

⬆图7-55　在食指关节处添加循环边　　⬆图7-56　创建其他手指并正确排列

步骤19 手指并拢。选中所有手指,执行网格>结合命令。选择两个相邻手指内侧的边进行桥接,然后向桥接的面添加一个垂直的循环边,向内拖动以模拟手指之间的间隙,如图7-57所示。

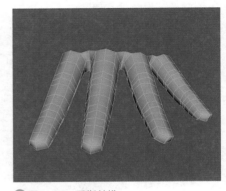

⬆图7-57　手指并拢

步骤 20 将手指与手掌相连。同时选择身体和手指，执行网格>结合命令。按Alt+ Shift+D组合键清除历史记录。合并后，可能会留下一些多余的组，删除所有空组并将合并的模型命名为Ellen_body_geo。桥接手指两端的面和距离手掌最近的面，填充剩余的两个洞，如图7-58所示。

步骤 21 细化手部的拓扑结构。使用多切割工具将线条从手指连接到手掌。这样做明显存在不同的多边形计数。现在只需沿着手掌边缘进行剪切，确保手部的点在合适的位置，如图7-59所示。

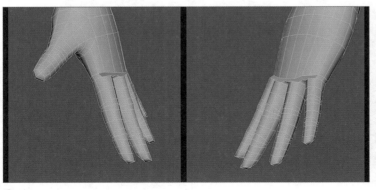
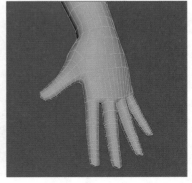

↑图7-58　将手指与手掌相连

↑图7-59　使用多切割工具填充缺失的拓扑结构

步骤 22 减少多边形计数。将两个相邻的点合并到穿过手指间隙线的点，如图7-60所示。

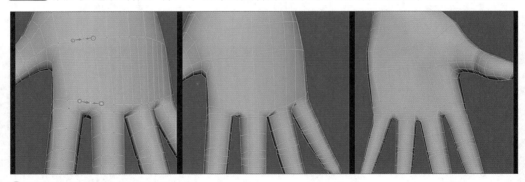

↑图7-60　减少手掌上的多边形计数

步骤 23 清理三角形。删除在上一步中生成的三角形形状的中线，并将底部点向下拖动。使用多切割工具新添加一个循环边，该循环边穿过前面三角形的中间并且有一条线连接到手指之间的中间线。如图7-61所示。

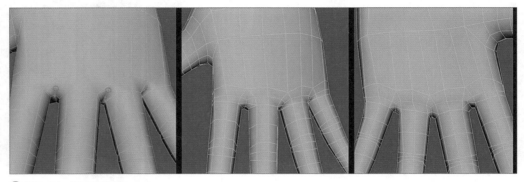

↑图7-61　清理三角形

步骤 24 修复N-gons。使用多切割工具将不与底部结构相交的线条横向重定向。这些线可以相交并相互抵消，而不需要在手臂上额外增加线条。手指和手掌之间的大间隙也增加了一个边缘环。图7-62突出显示了添加的所有新线条。

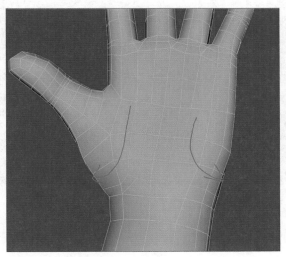

⬆ 图7-62　修复手掌的N-gons

步骤 25 镜像身体部分。选择身体中间的所有边，沿X轴进行缩放以展平它们。按住X键并沿着X轴拖动它们以捕捉到网格的中心。切换到对象模式，按住Shift+鼠标右键，执行"镜像"命令。在弹出的面板中将"合并阈值"的值设置为0.01，如图7-63所示。

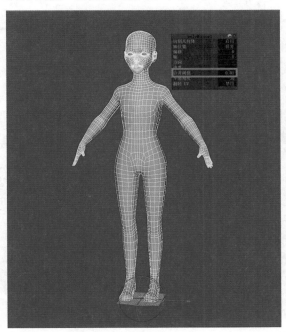

⬆ 图7-63　镜像身体部分

步骤 26 调整角色的整体形状。身体创建完成后是调整角色整体形状和比例的好时机。按住W+鼠标左键并向上拖动鼠标，打开对称性功能，允许对称地调整模型。可以使用自己认为合适的工具调整模型，如下页图7-64所示。

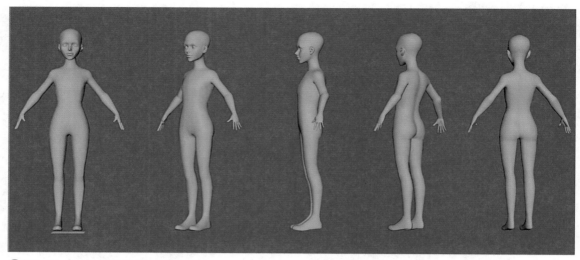

⬆ 图7-64　调整角色的身体

7.16　创建头发模型

下面创建头发模型，具体步骤如下。

步骤01 雕刻角色发型。创建一个立方体，将其移动并缩放到头顶的大致位置，执行4次平滑操作（执行网格>平滑命令），这样我们可以使用更多的多边形。执行平滑操作后立方体有可能会缩小，需要适时将其再次放大。在快捷菜单中执行雕刻工具>抓取命令来修整头发的形状。我们目前只关注头发的形状，拓扑结构将稍后提供。头发效果如图7-65所示。

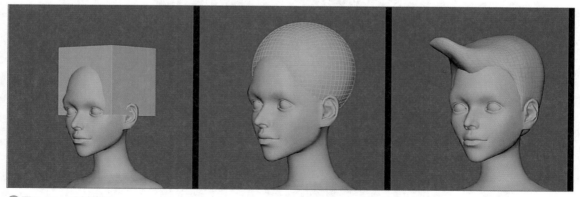

⬆ 图7-65　雕刻发型

步骤02 自动重新拓扑。选择头发，执行网格>重新拓扑命令，Maya会自动为我们创建一个拓扑结构。完成后，再适时调整发型使其更贴合角色。

步骤03 添加头发细节。对头发执行两次平滑操作，然后使用雕刻工具调整和添加更多的细节。在下页图7-66中，使用笔刷给头发添加一些基本的细节。

步骤 04 最终的头发拓扑结构。选择发型，在视图区域的顶部单击磁性图标。在没有选择对象的情况下，按住Shift+鼠标右键，选择"四边形绘制工具"命令。单击并拖动头发以创建新的点，按Shift键填充任意点之间的四边形。此时开始对头发重新拓扑并确保循环边和头发的方向一致，如图7-67所示。

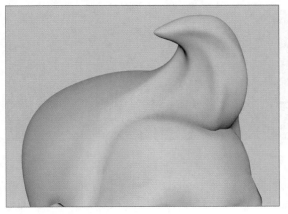

⬆图7-66 雕刻的头发形状

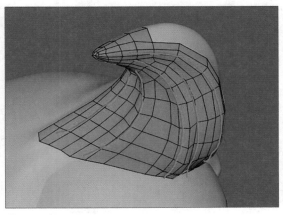

⬆图7-67 开始重新拓扑

提示和技巧

Maya不是雕刻的最佳工具。如果想创建更生动的头发，可以考虑使用ZBrush。

步骤 05 完成头发的拓扑结构。继续执行重新拓扑操作，注意头发的方向，如图7-68所示。

步骤 06 创建眉毛。选择模型并使其生效，再次使用四边形绘制工具修饰眉毛的几何形状。挤压眉毛的所在位置使其变厚。在眉毛上添加一些循环边，拖动顶点使其更加圆润。然后给头发和眉毛涂上更深的颜色，如图7-69所示。

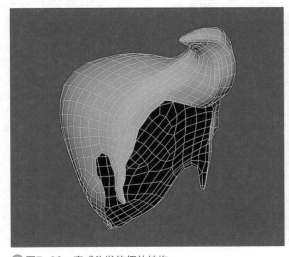

⬆图7-68 完成头发的拓扑结构

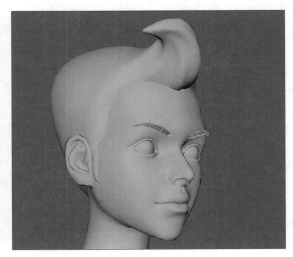

⬆图7-69 创建眉毛

提示和技巧

在为游戏创建拓扑结构时，用一些三角形节省多边形计数是可以接受的。不过，还是尽量避免产生过多的三角形，毕竟产生三角形的原因是多边形计数不匹配。

步骤07 创建睫毛。我们可以使用同样的方法绘制睫毛，但需要执行多次拖拽操作使形状突出，如图7-70所示。

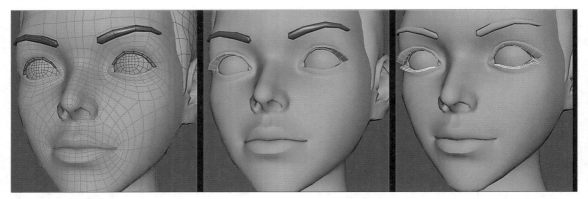

⬆图7-70　创建睫毛

步骤08 为角色创建毛衣。复制模型并重命名为Ellen_sweater_geo。删除不属于毛衣的面，对拓扑结构进行调整，使毛衣与角色贴合。选择毛衣模型的所有顶点，按住W+鼠标右键，执行轴>法线命令，使毛衣自然贴合角色，如图7-71所示。

步骤09 添加毛衣领子和卷袖。从衣领的上边缘向内挤压，然后向下挤压，模仿高领毛衣的厚度。在中间添加循环边，拖拽衣领的表面，然后进行额外的调整以增加毛衣的细节和缝隙。在适当的位置增加毛衣的厚度，如图7-72所示。

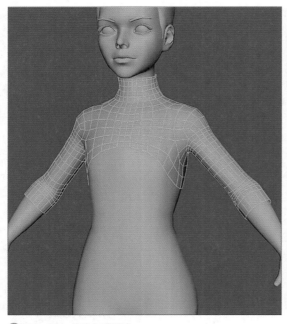

⬆图7-71　创建打底毛衣

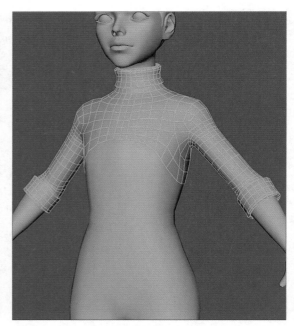

⬆图7-72　添加衣领和卷袖

步骤10 创建外层服饰。复制Ellen_body_geo并重命名为Ellen_outfit_geo。删除胸部以上的面。再次激活Ellen_body_geo，选择Ellen_outfit_geo，按住Shift+鼠标右键，选择四边形绘制工具。使用重建拓扑工具创建服装缺失的上半部分并完善已经存在的形状。调整形状，使其高于毛衣，再通过向内挤压两次服装边缘增加服饰厚度，如图7-73所示。

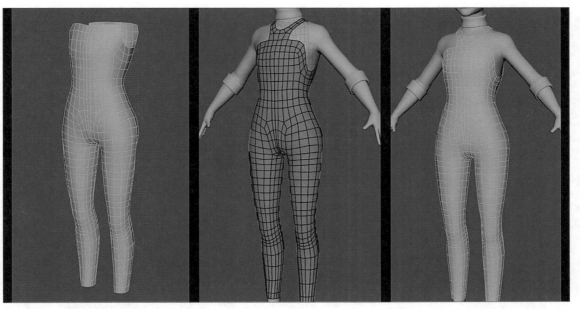

⬆ 图7-73　创建外层服饰

步骤11 预览材质。在不同的模型上按住鼠标右键，选择指定新材质命令。在弹出的指定新材质对话框中选择Lambert。切换到属性编辑器面板，根据参考更改材质的颜色。指定不同的颜色可以帮助我们裁剪几何体并更好地可视化模型，如图7-74所示。

步骤12 创建腰带。复制Ellen_outfit_geo模型，删除除了腰带周围循环边的其他内容。对循环边执行挤出操作，制作成腰带。挤出腰带中间的两个循环边，制作成皮带扣并为其指定新的lambert材质，重命名为Ellen_belt_geo，该材质颜色会更深。选择腰带以下的所有面，为它们分配新的lambert材质，并将颜色更改为裤子的颜色，如图7-75所示。

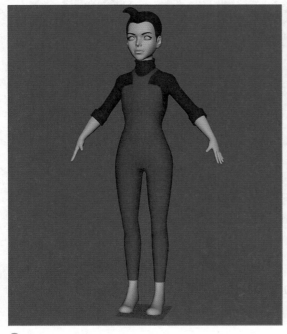

⬆ 图7-74　为衣服指定不同的颜色

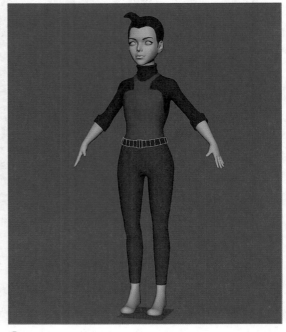

⬆ 图7-75　创建腰带

步骤 13 创建靴子的图案。选择Ellen_body_geo并激活，使用四边形绘制工具绘制靴子的图案。然后关闭激活对象，调整靴子的形状以匹配角色，并将模型命名为Ellen_boots_geo，如图7-76所示。

步骤 14 制作靴子底部。再次复制Ellen_body_geo，并删除除了脚底以外的所有内容。调整其边缘，与靴子底部的形状相匹配。挤压所有的面以创建厚度，选择底部的面并再次挤压以创建鞋跟。

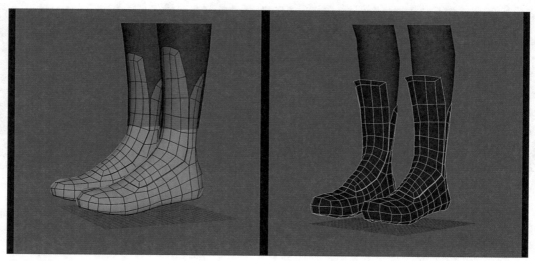

↑图7-76　创建靴子的图案

选择模型上下边缘的边，按住Shift+鼠标右键，选择倒角边命令。在弹出的对话框中，降低分段的值以使倒角变小。修复倒角命令生成的N-gon，如图7-77所示。

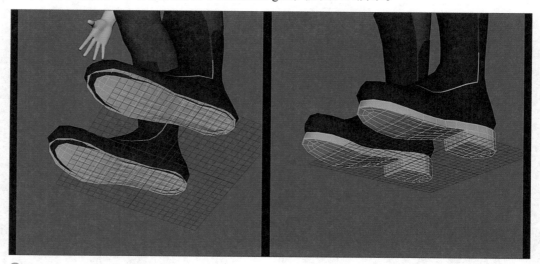

↑图7-77　制作靴子的底部

步骤 15 增加图案的厚度。选择靴子图案的轮廓边缘，挤出厚度。桥接接缝线的边缘，选择轮廓的其余部分，然后再次挤出厚度，效果如下页图7-78所示。

步骤 16 添加靴子皮带。选择Ellen_body_geo使其激活。使用四边形绘制工具将上面的皮带绘制出来，并挤出厚度。然后复制并向下移动底部的皮带，如下页图7-79所示。

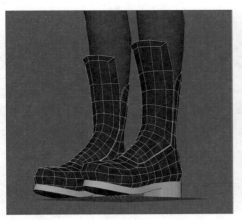
⬆ 图7-78　增加图案的厚度

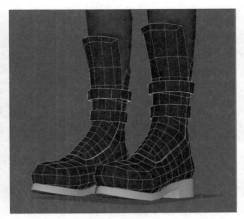
⬆ 图7-79　在靴子上添加皮带

步骤17　创建手套的基本形状。复制Ellen_body_geo，选择希望成为手套的所有面，按Ctrl+Shift+I组合键反转选择，然后删除其他的面。选择手部的所有点，按住W+鼠标右键，选择轴>法线命令，然后将点移出，如图7-80所示。

步骤18　为手套添加细节。在手套的手腕部分添加更多的循环边，放大或缩小它们以模仿分层效果。在手套的开口处挤出更多的循环边并缩放它们。最后，通过挤压所有开口处的循环边增加手套的厚度，如图7-81所示。

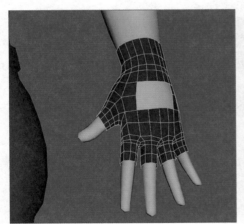
⬆ 图7-80　创建手套的基本形状

⬆ 图7-81　为手套添加细节

步骤19　制作手套带子。使用与步骤18相同的方法创建手套的带子，如图7-82所示。

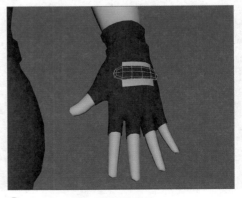
⬆ 图7-82　制作手套上的带子

步骤 20 观察并按照图7-83中的步骤创建手表。

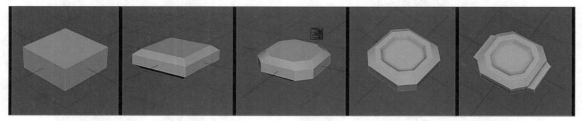

⬆ 图7-83　创建手表的步骤

从一个立方体开始，然后在立方体中间添加循环边，在中心扩展循环边。对四个角所在的循环边执行倒角操作以创建手表的基本形状。向内和向下挤压顶部，创建手表表面的区域。不要忘记使用多切割工具将N-gon固定在中心。从手表侧面进行挤压以添加表带的连接处。选择手表的主要转动边缘并倒角。完成后将手表移动到右手。

步骤 21 创建表带。我们可以使用与前面步骤中同样的方式创建表带，如图7-84所示。

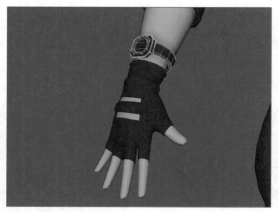

⬆ 图7-84　创建表带

步骤 22 进行最后的身体调整。我们需要花费一些时间对角色的身体进行调整。如果是团队合作建模，可以和团队成员交流想法。角色调整后的效果如图7-85所示。另外还在腰带上添加了几个口袋。

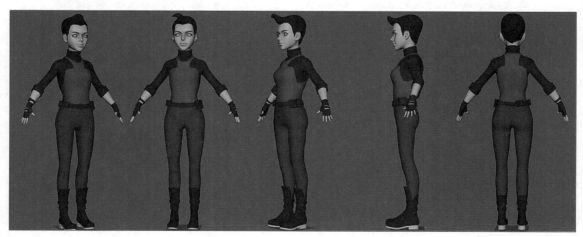

⬆ 图7-85　最终的模型效果

7.17 创建武器模型

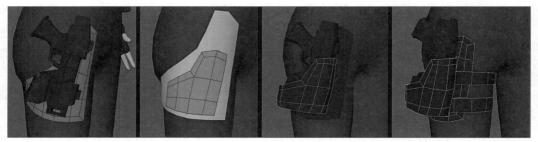

⬆ 图7-88　制作枪套

提示和技巧

在制作武器时，确保武器的大小与角色匹配是至关重要的。拉长枪的手柄，确保与角色的手匹配。

7.18　最后的整理操作

下面进行最后的整理操作，步骤如下。

步骤01 删除隐藏的几何体。复制Ellen_body_geo，重命名为"Ellen_full_body_ref"，按Ctrl+H组合键隐藏它。选择Ellen_body_geo和隐藏在衣服下的面然后删除它们，如图7-89所示。

步骤02 分离和重命名。选择Ellen_body_geo，执行网格>分离命令，此时模型会分离出多个模型。将手和手臂结合在一起，并将新模型命名为Ellen_hands_geo。选择头部并将其命名为Ellend_head_geo。按Alt+Shift+D组合键删除历史记录。选择生成的组Ellen_body_geo，然后执行编辑>解组命令将其取消分组。模型大纲如图7-90所示。

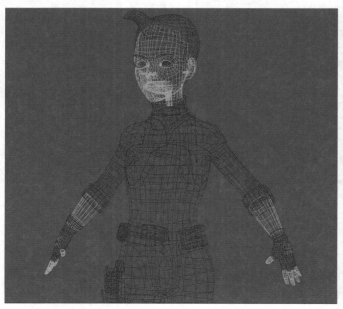

⬆ 图7-89　删除隐藏在衣服下的面

imagePlane1
imagePlane2
Ellen_l_eye_geo
Ellen_r_eye_geo
Ellen_full_body_ref
Ellen_hair_geo
Ellen_eyebrow_geo
Ellen_eyelashes_geo
Ellen_sweater_geo
Ellen_outfit_geo
Ellen_belt_geo
Ellen_boots_geo
Ellen_boots_btm_geo
Ellen_boots_straps_geo
Ellen_glove_geo
Ellen_glove_belt_geo
Ellen_watch_body_geo
Ellen_watch_geo
Ellen_belt_pocket_geo
Ellen_gun_geo
Ellen_gun_holster_geo
Ellen_hands_geo
Ellen_head_geo
defaultLightSet
defaultObjectSet

⬆ 图7-90　模型大纲

为什么?

我们需要创建一份完整的角色副本并将其隐藏作为备份,以防需要更改或添加某些内容。

提示和技巧

角色面部表情的控制需要一种叫融合变形器的工具。在简单模型上使用融合变形器更容易。使用融合变形器时,将模型的头部和身体分开后再使用效果会更好。

7.19 总结

在本章中,我们成功创建了一个游戏角色并可以对其进行纹理设置、添加动画等操作。角色的多边形计数为29,250 Tris,比预测的要少一些。整个角色的设计和建模在一周内完成。不过,在角色建模方面,还有很多我们没有涉及的领域,比如ZBrush雕刻和Marvelous Designer。如果想在角色建模方面拥有更多的知识储备,可以尝试使用ZBrush,它是一款超级有趣的软件。在继续下一章之前,我们可以对角色进行适当调整。一个好看的角色应该具有合适的拓扑结构,这是很重要的。最终的模型效果如图7-91所示。

下一章中我们将讨论角色的UV贴图。UV是纹理的基础,可以为我们的角色带来生命力。

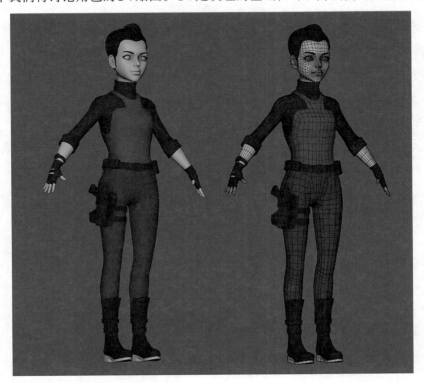

⬆ 图7-91 最终模型效果

第 8 章

UV 贴图

对于角色来说，UV非常重要。UV是纹理贴图的基础，是为角色增添色彩和细节的主要方式。使用适当的纹理集，可以明显提升模型的质感。

与前几年相比，建模越来越重要。这里还是要再次提醒大家，在继续操作之前先检查自己的模型，确保无论是个人还是团体都是满意的。一旦我们继续操作，那么改变角色的形状就需要更改UV，以避免拉伸纹理。

8.1 角色UV贴图

经过多年的发展，UV贴图算法得到了改进。因此，建模师需要做的就是正确定义接缝并以有效的方式对UV进行排布。另外还有其他相关工具，比如展开3D，这是专用于UV贴图的。不过Maya的UV工具已经非常出色了，我们将坚持使用Maya，不需要将模型再导入到其他程序或软件中。

本教程将介绍关于角色的UV贴图。我们将对模型进行基本的错误检查，定义UV壳的接缝，并进行展开、排布、组织UV并分配着色组。在此过程中，会有一些关于建模的问题，我们需要动手解决它。

8.2 网格检查和整理

以我们目前的建模经验来说，模型中可能存在许多问题。下面将回顾一些常见的问题，以防它们出现在自己的模型中。

步骤01 翻转面。在视图顶部的菜单栏中，选择照明选项卡，勾选双面照明复选框。如果模型中的任意面显示为黑色，请选择这些面，执行网格显示>反向命令。

步骤02 检查N-gons。选择要检查的模型，执行网格>清理命令。在打开的清理选项对话框中，将操作更改为选择匹配多边形，并在通过细分修正选项区域中勾选边数大于4的面复选框，然后单击应用按钮。被选中的面就是N-gons。

步骤03 修复N-gons。N-gons基本上是由不匹配的多边形计数引起的。想要修复N-gons，要么在模型的一侧增加更多的循环边，要么在另一侧删除循环边。下页图8-1显示了修复五边形的两种选择。除非有特殊原因需要添加新的循环边，否则删除循环边是更好的选择。另一种选择方式是使用多切割工具将N-gons切割成三角形和四边形。

步骤04 出现重叠的面。模型中可能有两个面叠在一起共享相同的边。我们可以选择模型，按数字3键平滑预览模型，检查线框的流动。问题会出现在一些不规则的地方，如图8-2所示。建议将这些有问题的面删掉并重做，以确保没有错误。

步骤05 中线问题。选择要检查的模型，在快捷菜单中选择边命令。双击选择中心的垂直环。如果没有一直选择到另一边，则要检查断点并进行修复。出现这种情况可能因为这些点没有合并。我们可以挤出一个面或使用更多的线在那里重叠，如图8-3所示。如果不清楚是什么问题，建议直接删除有问题的区域。

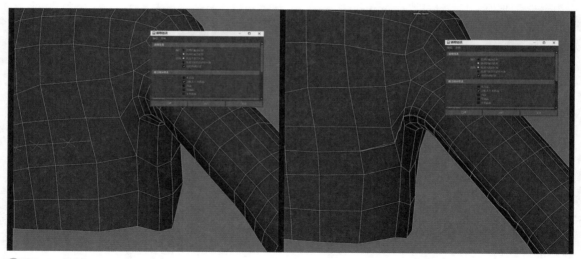

⬆ 图8-1　修复N-gons的两种方式

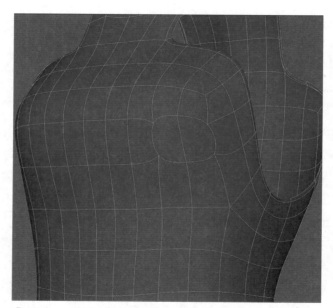

⬆ 图8-2　在平滑预览中，重叠的面会导致边的流动出现问题

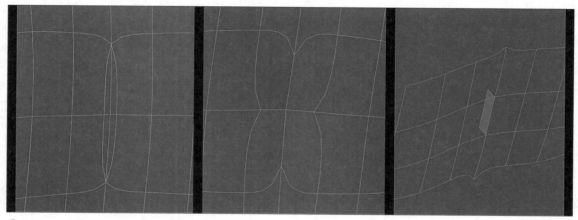

⬆ 图8-3　可能发生在模型中的潜在拓扑错误

步骤06 清理历史记录并冻结变换。选择模型，按Alt+Shift+D组合键删除其历史记录。执行修改>冻结变换命令，冻结模型的变换。

为什么？

出现拓扑错误是常有的事情，即使是行业资深人士也会出现这种问题。在继续进行下一步之前，重要的是先修复这些问题，避免重做索具、UV等操作。

我们已经对游戏环境进行了UV贴图，将在这里使用的操作技术与之前没有什么不同。在笔者看来，有时对有机形状进行UV处理更容易，因为有机形状没有明显的硬边。大多数时候，我们只考虑三件事：隐藏接缝、避免拉伸和纹理密度。

8.3 角色身体的UV贴图

下面进行角色身体的UV贴图，具体步骤如下。

步骤01 设置工作区。在Maya主界面的右上角，将工作区改为UV编辑。将光标移动到UV编辑器，按数字5键启用着色显示模式。此视图模式为每个不同的UV壳提供不同的纯色。

步骤02 投影UV。选择Ellen_head_geo，将视图切换到3/4视图，执行UV>平面命令，在打开的平面映射选项对话框中，将投影源设置为摄像机。单击应用按钮，从我们当前正在查看的透视摄像机投影UV，如图8-4所示。

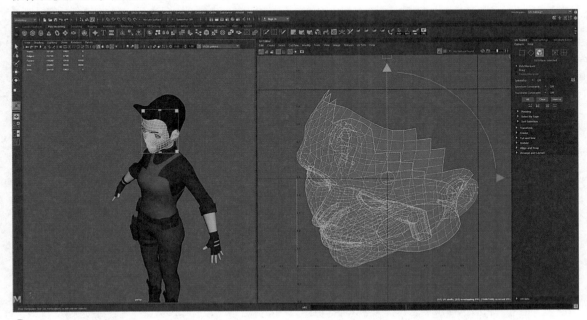

⬆ 图8-4 投影UV

步骤 03 切割耳朵模型。切换到对象模式，按住W键，再次按住鼠标左键并向上拖动鼠标打开对称性。执行UV>3D切割和缝合UV工具命令，单击并拖动耳朵模型周围的线条，直到将其切断。当它变成不同的颜色时，就会被完全切断。双击耳孔的循环边对其进行切割以避免拉伸。不要忘记双击耳孔的一个内部循环边，并将其像圆柱体一样切开，如图8-5所示。

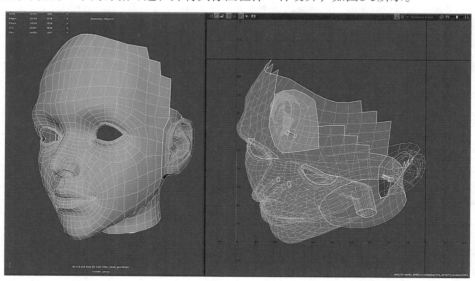

⬆ 图8-5　切割耳朵模型的UV

提示和技巧

　　当使用3D切割和缝合UV工具时，单击并拖动光标下的线条。双击将切割整个循环边。在执行上述操作时按住Ctrl键可以将线条重新缝在一起。

步骤 04 切割嘴巴和鼻孔模型。双击模型并切割循环边，即上下唇之间内侧的接触循环边，这会对口腔进行切割。双击模型将口腔上部的中心环切开。用同样的方法，我们可以切割鼻孔的内部部分，如图8-6所示。

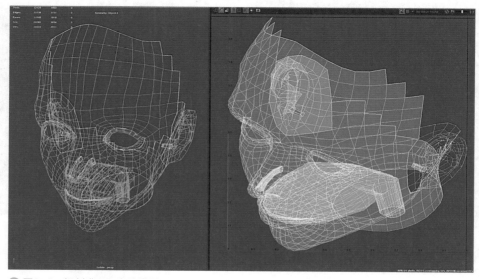

⬆ 图8-6　切割嘴巴和鼻孔模型

步骤 05 切割下巴和颈部。切割下颌线下方和颈部后的循环边，如图8-7所示。

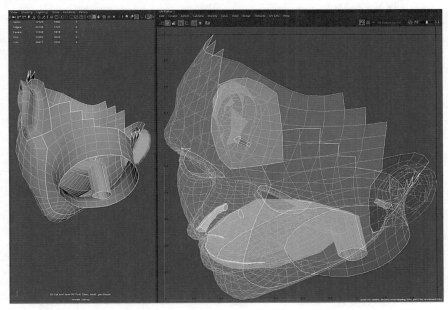

⬆ 图8-7 切割下巴和颈部

步骤 06 切割手臂和手。执行UV>平面命令，以相同的方式投影Ellen_hands_geo的UV。手臂基本上是一个圆柱体。执行UV>3D切割和缝合UV工具命令，双击手臂的底部循环边将其切割。然后切割手指侧面的中线，将它们分成上壳和底壳，如图8-8所示。

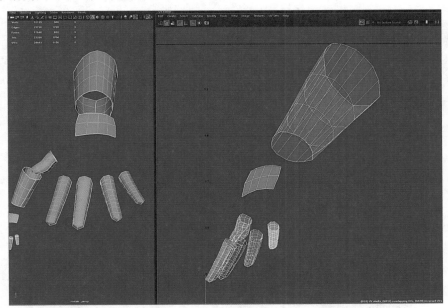

⬆ 图8-8 切割手臂和手

步骤 07 展开并优化UV。关闭对称性，进入对象模式，同时选择Ellen_hands_geo和Ellen_head_geo模型。在UV编辑器中，按住鼠标右键选择UV，然后拖动鼠标并选择所有UV点。按住Shift+鼠标右键，执行展开>展开命令。在展开UV选项对话框中，将方法设置为Unfold3D，然后单击应用按钮。此时壳应该可以顺利地展开了。

按住Shift+鼠标右键，执行优化命令。在优化选项选项区域中，将迭代次数的值设置为30，效果如图8-9所示。我们可以多次进行优化以进一步减少拉伸。

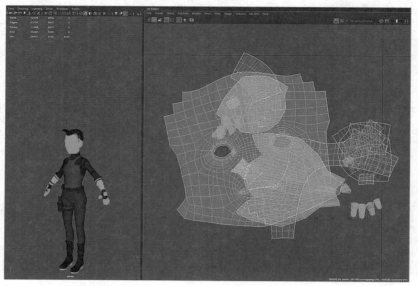

↑图8-9　展开并优化UV

提示和技巧

使用优化命令减少拉伸时，可能会导致某些UV相互重叠。我们需要确保在使用优化命令后检查重叠的UV。

步骤08 排布UV。在UV编辑器中选中所有的UV后，按住Shift+鼠标右键，执行排布>排布命令。在保压设置选项区域，将保压分辨率的值设为4096。在布局设置选项区域，将纹理贴图大小的值设为4096，将壳填充的值设为30，将平铺填充的值设为30，然后单击应用按钮。此时会自动排布UV，如图8-10所示。

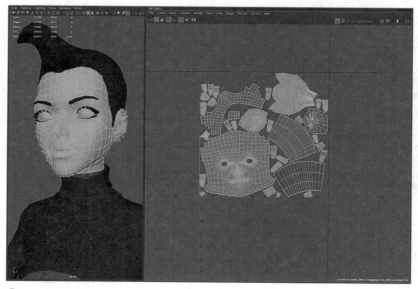

↑图8-10　排布UV

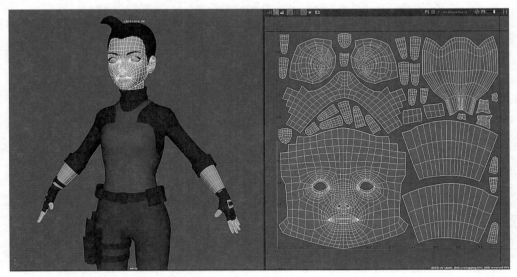

步骤 09 手动调整UV排布。自动排布UV的效果虽好，但还有可以提升的地方。我们可以看到一些未利用的空间和倾斜的壳。双击UV壳的任意UV点，选择整个壳。在UV编辑器中，执行修改>定向壳命令，使壳变直。按住J键的同时旋转壳，将其捕捉到正确的方向。将所有UV放大，移动并旋转壳以获得最大的UV空间利用率。避免壳体重叠，并将所有壳体保持在UV空间内，如图8-11所示。

⬆ 图8-11 手动调整角色的UV排布

为什么？

我们希望尽可能地提高性能和质量，这意味着应尽量充分地利用UV空间，也表明手动调节UV的必要性。

8.4 角色眼睛的UV贴图

下面进行角色眼睛的UV贴图，具体步骤如下。

步骤 01 眼球的UV贴图。选择Ellen_l_eye_geo，执行UV>平面命令，将其投影到UV空间。执行UV>3D切割和缝合UV工具命令，然后双击，在眼球中间切割垂直环。选择所有的UV点，按住Shift+鼠标右键，执行展开命令。双击壳的任意UV点以选择整个外壳，按住Shift+鼠标右键，执行排布命令。将外壳缩小一点以避免它接触边缘。选择模型后面的壳将其缩小，然后移动到任意角落，如下页图8-12所示。

步骤 02 复制UV到另一个眼球。选择Ellen_l_eye_geo，添加选择Ellen_r_eye_geo。在菜单栏中执行网格>传递属性命令，打开传递属性选项对话框。在属性设置选项区域将采样空间设置为组件，然后单击应用按钮。按Alt+Shift+D组合键删除历史记录。操作之后，两个眼球应该有相同的UV排布。

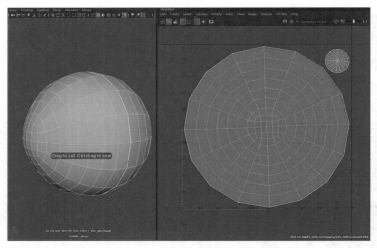

⬆ 图8-12　眼球的UV

为什么？

　　我们永远看不到眼球的背面，所以不必在此浪费UV空间。这就是为什么要将眼球模型后面的壳缩小并移到角落。

 角色头发的UV贴图

　　下面进行角色头发的UV贴图，具体步骤如下。

　　步骤01 创建头发的UV。将头发的UV投影到UV编辑器中，就像之前对身体和眼球进行的操作一样。切换到3D切割和缝合UV工具，找到一个相对隐蔽的循环边，切割模型正面的头发。把后面的头发切割开也对我们很有帮助。选择头发的所有UV点，执行展开命令和优化命令，展开并移动这些点，使其很好地排布在UV空间中，如图8-13所示。

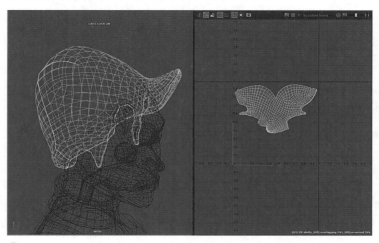

⬆ 图8-13　创建头发的UV

步骤02 创建眉毛的UV。选择Ellen_eyebrow_geo，并进行规划投影。切换到3D切割和缝合UV工具，切割背面和底部边缘并打开它。选择眉毛的所有UV点，执行展开、优化和排布命令，效果如图8-14所示。

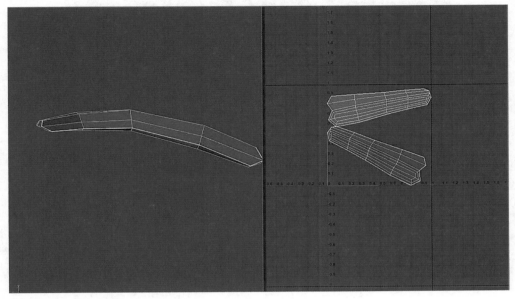

⬆ 图8-14 创建眉毛的UV

步骤03 创建睫毛的UV。按照步骤02中的方式创建睫毛的UV，效果如图8-15所示。

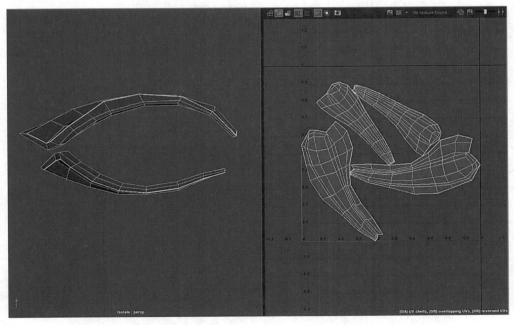

⬆ 图8-15 创建睫毛的UV

步骤04 组合眉毛、睫毛和头发的UV。选择Ellen_hair_geo、Ellen_eyebrow_geo和Ellen_eyelashes_geo。在UV编辑器中，选择所有的UV点，执行排布命令。选择所有眉毛和睫毛的UV，对其进行缩放、旋转和移动操作，以占据所有UV空间，如下页图8-16所示。

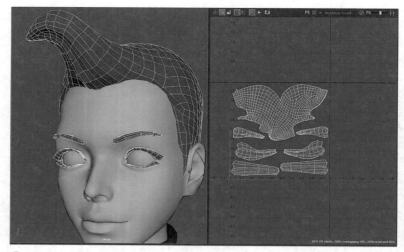

⬆ 图8-16　组合眉毛、睫毛和头发的UV

为什么？

　　把眉毛和睫毛放大虽然会导致UV分布不均匀，但可以提升眉毛和睫毛的分辨率。这样做可以为模型添加更多细节。

8.6　角色服装的UV贴图

　　下面进行角色服装的UV贴图，具体步骤如下。

　　步骤 01 投影模型其余的部分。选择其余的模型，执行UV>平面命令，一次性投影其余模型，如图8-17所示。

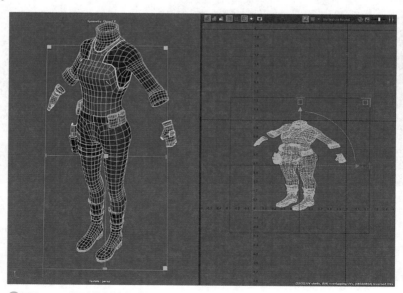

⬆ 图8-17　投影模型其余的部分

步骤02 切割毛衣的UV。选择Ellen_sweater_geo，使用3D切割和缝合UV工具切割毛衣。切割模型的两条胳膊和两条卷起的袖子，然后把领子裁剪掉。这些部件基本上都是圆柱体，只要找到一个相对隐蔽的环就可以把它们切开。将身体的其余部分切割成中间的前后两部分，如图8-18所示。

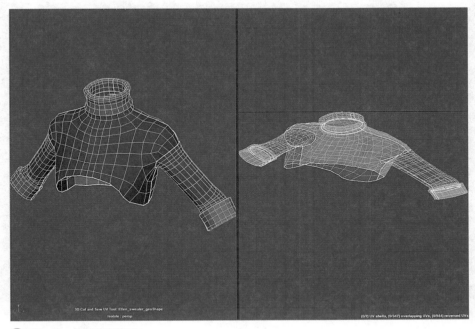

⬆ 图8-18 切割毛衣的UV

步骤03 切割衣服的UV。选择Ellen_outfit_geo，通过模型的中间和腿部，将模型切割为前后部分。通过腰部的循环边，将裤子的颜色与模型上部分分离，如图8-19所示。

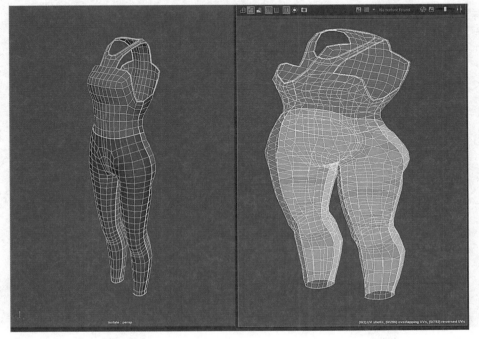

⬆ 图8-19 切割衣服的UV

步骤 04 切割皮带的UV。选择Ellen_belt_geo，切割皮带底部内侧的环和背面中心的垂直环，然后切割皮带，如图8-20所示。

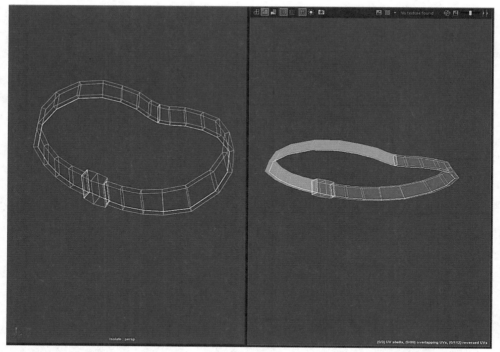

⬆ 图8-20　切割皮带的UV

　　步骤 05 切割口袋的UV。口袋基本上是一个立方体。注意看立方体的默认UV就能知道切割口袋的方式，像打开披萨盒一样，如图8-21所示。

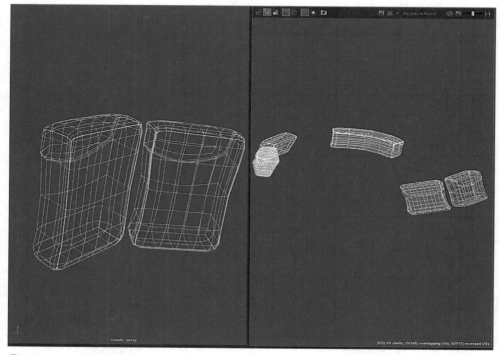

⬆ 图8-21　切割口袋的UV

步骤 06 切割枪的UV。枪处理起来有些复杂，但就像之前的操作一样，我们可以一一处理单个零件。切割选择如图8-22所示。

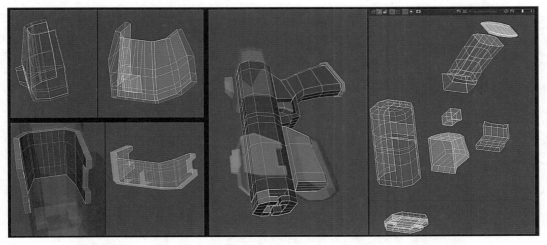

⬆ 图8-22　切割枪的UV

提示和技巧

当我们想要找出需要进行切割UV操作的位置时，需要考虑以下三点。

（1）拉伸。找到模型的主要转弯部分并在那里进行切割。如果没有，则极有可能出现拉伸。

（2）隐藏接缝。切割掉那些很难看到的地方，同时尽量减少执行切割操作。

（3）纹理密度。确保三维模型上纹理的分辨率是一致的。

一些切割规则的确定也取决于建模师的纹理习惯和工具的性质。使用Photoshop进行纹理处理需要较少的接缝，而Substance Painter中的纹理几乎没有接缝问题，或者至少很容易修复接缝问题。

步骤 07 切割模型的其余部分。使用与之前类似的方法，切割模型的其余部分。图8-23显示了我们的所有切割选择。

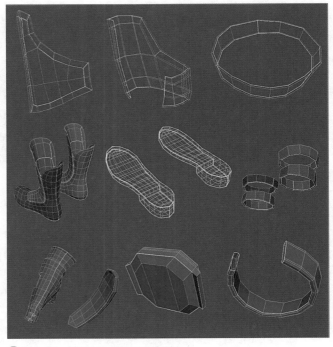

⬆ 图8-23　模型其余部分的切割选择

步骤 08 展开、优化和布局。切割我们投影的所有服装模型。选择所有的UV点，执行展开、优化和布局命令，如图8-24所示。

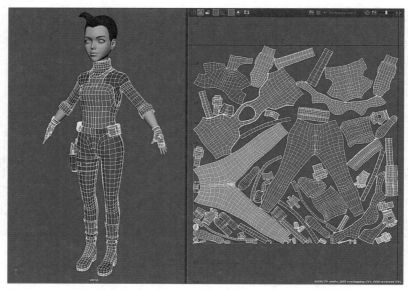

⬆ 图8-24　展开、优化和布局所有UV

步骤 09 分离UV。我们可以将所有服装的UV分成四个UV集。

◉ 上半身　　　　　　　　　　◉ 裤子、鞋子和皮带

◉ 手套和手表　　　　　　　　◉ 枪

先将所有UV从U1V1空间移开。然后选择上半身，包括毛衣和服装的上半部分。执行"排布"命令将所选的UV排布到U1V1空间。之后不要忘记进行一些手动安排。

切换到UV编辑器右侧的UV工具包面板，单击变换折叠按钮，将移动设置的值改为1。单击直角箭头，将UV集移动到右侧的下一个UV空间。再单击六次以将其移动到右侧的第七个UV平铺。继续执行此操作，直到创建所有平铺，如图8-25所示。

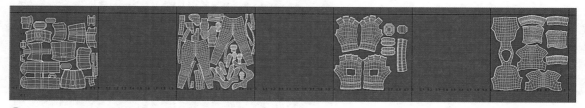

⬆ 图8-25　将UV分离并放到不同的UV平铺中

为什么？

我们特意将UV排列在四个平铺中，以获取更高的分辨率。手套、手表和枪也有更高的分辨率，因为它们在游戏中离观众很近。我们可以通过在UV编辑器的纹理菜单中查看贴图选项来查看相对分辨率。方格图案越小，分辨率越高。

提示和技巧

在排布UV组时，可以根据材质类型进行排布。织物、金属和皮革应放入单独的UV集中。

步骤10 分配服装材质。我们将为创建的每个UV组提供不同的材质。先在UV编辑器中选择枪的所有面，在透视视图中按住鼠标右键，选择指定新材质命令。在弹出的对话框中，选择Lambert选项。在属性编辑器面板中，将材质命名为Gun_mtl。然后向下拖动材质的颜色属性滑块，使颜色变暗以将其与其他材质区分开。对其他三个平铺进行相同的操作。然后将它们分别命名为Lower_body_mtl、Glove_and_watch_mtl、Upper_body_mtl和Gun_mtl。分配材质后，获取每个UV集的UV。然后在UV工具包面板的变换折叠按钮下，单击移动按钮将UV全部移回U1V1空间。

步骤11 分配其他材质。选择Ellen_hands_geo和Ellen_head_geo，为它们指定一个Lambert材质，并命名为Body_mtl。选择两个眼球，为它们指定一个Lambert材质，并命名为Eye_mtl。最后，选择头发、眉毛和睫毛模型，为它们指定一个Lambert材质，并命名为Hair_mtl。最终的材质分布情况如图8-26所示。

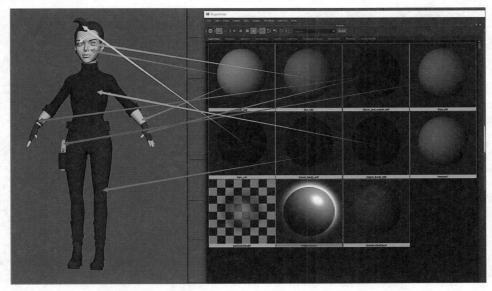

图8-26 角色的最终材质分布

为什么？

这个角色用到了七种材质，使用的材质很多，我们也将得到质量很好的模型。使用多少材质取决于引擎和目标平台，但是对于自己制作的桌面游戏，可以尽量满足各种要求。

8.7 总结

在本章中，我们展示了UV贴图的过程，操作起来需要一些时间但并不困难。我们在本章需要做的就是投影、切割接缝、展开和排布。不过，这些UV排布和包装还需要一些时间认真思考。

第 9 章

角色纹理

角色纹理与我们在第3章中所做的集合纹理非常相似，不过可能需要很复杂的过程才能获得漂亮的皮肤和更多细节。这也是制作三维模型的有趣之处。

9.1 角色纹理操作准备

由于很多建模工具之前已经介绍过了，我们直接开始进行纹理操作。

步骤01 导出。选择所有模型（隐藏的部分除外），执行文件>导出当前选择命令，在打开的导出当前选择选项对话框中，将文件类型设置为FBX export，单击导出当前选择按钮。将文件名设置为Ellen_Texturing_to_SP.fbx，选择当前项目列表框中的sourceimages选项。单击对话框右上角的黄色文件夹图标新建一个文件夹，并将其命名为ellen_texturing。双击该文件夹，单击导出当前选择按钮导出模型。

步骤02 将模型导入到Substance Painter。打开Substance Painter，使用与导入环境资产时相同的设置导入模型。

步骤03 烘焙。在Substance Painter主界面的右侧找到纹理集设置面板。单击烘焙网格贴图按钮，将输出大小的值设置为4096。查看使用低多边形网格作为高多边形网格选项，并将抗锯齿更改为采样8×8。单击烘焙所有纹理集按钮开始烘焙。我们设定了最佳质量，等待几分钟即可完成烘焙任务，如图9-1所示。

步骤04 检查烘焙错误。环顾模型周围以检查是否存在烘焙错误。如果我们使用使用低多边形网格作为高多边形网格选项烘焙模型，则很少有错误。放大头部模型，眼球可能会出现一些烘焙伪影。眼球上的伪影是重叠的UV造成的——两个眼球使用相同的UV贴图。按Ctrl+Alt组合键并右键单击其中一个眼球选择Eye_mtl。切换到纹理集设置，在网格贴图部分，单击列表中所有贴图上的×按钮，去掉烘焙贴图。

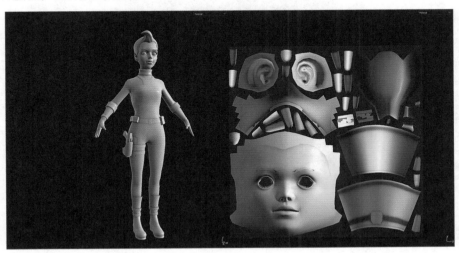

⬆ 图9-1　角色的烘焙结果

为什么？

眼球可以环顾四周，烘焙环境遮蔽贴图和其他贴图都没有多大意义。另外还有其他活动的部分，比如嘴巴，我们应该在烘焙时将其打开，这样在上下唇相交的部分就不会烘焙出深色的环境遮蔽。

9.2 角色皮肤纹理

下面绘制皮肤纹理，具体步骤如下。

步骤01 添加基本肤色。按住Ctrl+Alt组合键并右击面部切换到Body_Mtl。在"图层"面板中单击桶图标，添加一个填充图层。双击新添加的"填充图层1"，将其重命名为"Skin_Base"。在"属性"面板中，将"Base color"改成基本的皮肤颜色，将"Roughness"值调高，使皮肤光泽度降低，如图9-2所示。

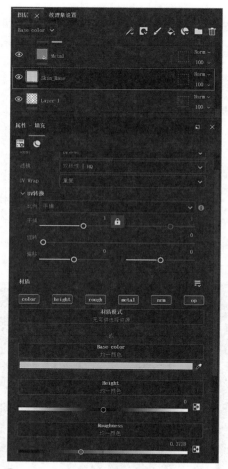

⬆ 图9-2　通过填充图层添加基本肤色

步骤02 绘制皮肤红色调底色。新创建一个填充图层，重命名为"Red_Tint"，将"Base color"改成纯红色。在材质选项区域，单击"height""rough""metal"和"nrm"并关闭这些通道。右击"Red_Tint"图层，选择"添加黑色遮罩"命令。右击黑色遮罩，选择添加填充命令。在这个填充图层的右侧，将可见度百分比值设置为80。在"grayscale"面板中，单击"grayscale"按钮，在搜索栏中输入关键字"cloud"，然后在搜索结果中选择"clouds 1"。将映射设置为Tri-planar三面映射，将比例值设置为"16"，如下页图9-3所示。

📌 图9-3　添加一个带有红色噪点的填充图层

为什么？

　　完成步骤02之后，效果看起来会有些奇怪。不过，我们将多个纹理层叠在一起就可以获得最终的皮肤效果。通过这种方式，能得到非常丰富的颜色变化。三面映射会从模型的正面、侧面和俯视图映射纹理，这样可以避免出现接缝问题。

　　步骤 03 绘制红色分布区域。在Red_Tint的遮罩上右击，选择添加绘图命令。按数字1键可以切换到画笔工具。在资源面板中单击笔刷图标，在搜索框中输入Dirt 1并在搜索结果中选择该笔刷。启用对称后，在较红的区域上绘制。比如脸颊、鼻尖、嘴唇、耳朵和任何血液流通较多的地方，通常是肌肉和面部凸起的区域，如图9-4所示。

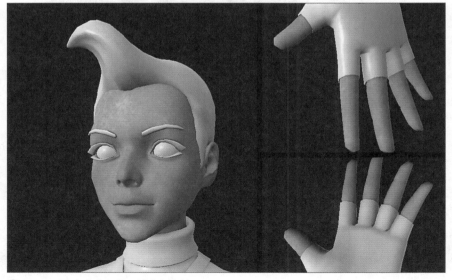

📌 图9-4　在角色较红的区域进行绘制

步骤 04 绘制蓝色分布区域。选择Red_Tint图层，按Ctrl+C组合键，然后按Ctrl+V组合键复制图层。将新图层命名为Blue_Tint，并将图层的颜色改为纯蓝色。单击该图层的遮罩，选择Clouds 1。在属性面板中单击grayscale Clouds 1按钮，将Clouds 1切换到Clouds 3，这样蓝色区域就使用了不同的噪点。

单击绘画图层右侧的×按钮将其删除。创建一个新的绘画图层并绘制蓝色区域的变化。角色脸上蓝色偏多的地方是眼窝、下巴等，通常是面部凹陷区域或坑洞。面部的一些区域，比如脸颊和鼻子等，可能需要的蓝色调较少。按X键将画笔的颜色更改为黑色，并擦除这些区域的蓝色，如图9-5所示。

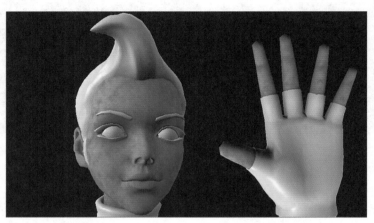

⬆图9-5　绘制蓝色区域

步骤 05 绘制黄色分布区域。复制Blue_Tint图层，将新图层命名为Yellow_Tint，然后将颜色改为稍微变灰的暖黄色，即比较接近骨头的颜色，但更饱和一些。单击图层的遮罩，选择Clouds 3，将其可见度的值设置为30。在属性面板中，将比例的值更改为3。删除并重新创建绘画图层，绘制黄色的变化区域。黄色多出现在骨骼区，如图9-6所示。

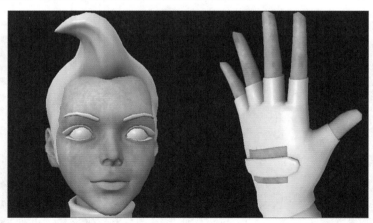

⬆图9-6　绘制黄色分布区域

提示和技巧

人脸的颜色变化是复杂的。不过我们可以遵循将高凸区域绘制为红色，凹陷区域绘制成蓝色，骨骼区域绘制成黄色的规则。

步骤06 添加一个白色的叠加图层。复制Yellow_Tint图层，将新图层命名为White_Cover，将Cloud 3更改为Fractal Sum 1，将不透明度的值降低为50。这样做是为了添加一个整体的白色图层平衡颜色变化，如图9-7所示。

步骤07 平衡皮肤变化。选择Red_Tint图层，按住Shift键，单击White_Cover图层，选择所有的颜色图层。按Ctrl+G组合键创建一个组，将组命名为Color_Variation。向此组添加黑色遮罩，并向遮罩添加填充图层。在属性面板中，将灰度值更改为0.15。向遮罩添加绘画图层，使用画笔进行绘制，使颜色在脸颊、鼻子和眼窝上更明显，如图9-8所示。

⬆ 图9-7　添加一个白色覆盖图层

⬆ 图9-8　平衡皮肤的变化

步骤08 整体调整。在Color_Variation文件夹的顶部添加一个新的绘画图层，将名称改为Overall_Adjust。在该图层的右上角，将混合模式从Norm改为Passthrough。对该图层的任何调整都应该影响下面所有使用Passthrough混合模式的图层。

右击Overall_Adjust图层，选择添加滤镜命令，添加到它的滤镜图层。在属性面板中，关闭height、rough、metal和nrm通道。单击滤镜按钮，选择HSL Perceptive。此时可以在属性面板中调整纹理的色调、饱和度和亮度。将Hue的值设为0.51，Saturation的值设为0.53，Lightness的值设为0.51。新添加一个调整图层，选择Blur作为滤镜，将Blur Intensity的值设置为2。Blue_Tint图层的可见度也降低到了80，如图9-9所示。

⬆ 图9-9　添加调整后的皮肤外观

为什么？

这里所做的混合和最终模糊操作似乎在浪费时间，但这样做可以对所有嘈杂的混合方式产生重大影响。正是因为这种艺术风格，我们模糊了纹理，使模型看起来很干净。

步骤 09 绘制嘴唇颜色。创建一个新的填充图层并命名为Lip，颜色设置为深红色，粗糙度的值设置为0.2。为该图层添加一个黑色遮罩，并在遮罩上添加一个绘画图层。在选择画笔时，要选择Basic Soft笔刷并在嘴唇上涂上红色。

将Lip图层的可见度值降到50，以便更好地进行混合。为遮罩添加一个滤镜。在属性面板中，将滤镜更改为Blur，并将Blur Intensity的值设置为1.5。效果如图9-10所示。

步骤 10 绘制指甲颜色。创建一个新的填充图层，命名为Fingernails。将该图层的颜色设置为白色，粗糙度的值设置为0.3。为图层添加一个黑色遮罩，并在遮罩上添加一个绘画图层。在选择画笔时，要选择Basic Hard笔刷，然后在指甲上进行绘制。最后，将Fingernails图层的可见度值降到40，以获得更好的混合效果，如图9-11所示。

 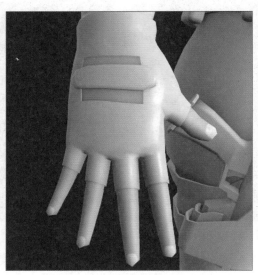

⬆ 图9-10　为嘴唇绘制颜色　　　　　　　⬆ 图9-11　绘制指甲颜色

提示和技巧

与其试图弄清楚嘴唇的颜色，不如先添加纯红色，然后降低可见度来确定颜色，这样更容易把控颜色。毕竟，嘴唇看起很红的原因是它有很多血管。

9.3 角色头发纹理

下面绘制角色头发的纹理，具体步骤如下。

步骤 01 添加头发底色。按住Ctrl+鼠标右键，将头发切换到Hair_mtl。新建一个填充图层，命名为Hair_Base，将该图层的底色设置为暗红色，粗糙度的值设置为0.45。

步骤 02 染头发。复制Hair_Base图层，并将副本命名为Hair_bottom，使头发颜色更深，并将其高度值更改为-0.5。右击该图层，为它添加一个黑色遮罩，然后给遮罩添加一个绘画图层。按住D键保持平稳绘制。平稳的绘制可以让头发线条更流畅。效果如下页图9-12所示。

⬆ 图9-12　绘制线条模仿头发的边缘

提示和技巧

在绘制一束头发时，要确保其线条流畅。当一条线与另一条线相遇时，确保其方向在相遇时逐渐与另一条线对齐，而不是直接切入另一条线。

步骤 03 处理模糊效果。右击Hair_Bottom的遮罩，选择添加滤镜命令。单击该滤镜图层，在属性面板中，将滤镜改为Blur，将模糊值改为1.5，效果如图9-13所示。

复制Hair_Bottom图层，将新图层重命名为Hair_Bottom_Sharp，将该图层遮罩的模糊滤镜的模糊值改为0.5。复制Hair_Bottom_Sharp图层，将该遮罩的模糊滤镜的模糊值改为3。效果如图9-14所示。

⬆ 图9-13　对头发进行模糊处理

⬆ 图9-14　添加更多的图层改善头发的弧度

为什么?

我们使用了三个图层添加高度信息，并使用不同的模糊值控制头发的弧度。如果只使用一个图层，很难获得目前的效果。

步骤 04 为头发添加亮色。复制并粘贴Hair_bottom图层，将新图层命名为Hair_Top，将颜色改为更亮的颜色，并将高度值改为1。右击遮罩中的绘画图层，选择添加滤镜命令，将新的滤镜图层命名为Bevel。将该滤镜图层的距离值设置为1。在Bevel图层的顶部新添加一个滤镜图层，并将该图层命名为Invert。将Hair_Top图层的可见度设置为10。此时头发的高处会有一些明亮的色调，如图9-15所示。

步骤 05 添加眉毛和睫毛的颜色。在Hair_Top图层的遮罩上创建另一个绘画图层，在眉毛和睫毛处涂上黑色，使它们变黑。

⬆图9-15　在头发的高处添加明亮的色调

9.4　角色眼睛纹理

下面绘制眼睛的纹理，具体步骤如下。

步骤 01 设置眼白。切换到Eye_mtl，创建一个新的填充图层并命名为Eye_White。将该图层的颜色改为红色，为其添加一个黑色遮罩，并在遮罩上添加一个填充图层。在属性面板中，单击grayscale按钮，在搜索框中输入polygon 2并在搜索结果中选择它。打开反转选项，将直方图位置的值设置为0.65。在属性面板的图案选项区域，将Sides的值设置为32。这样眼角的眼白处就会有一些红色色调。

步骤 02 设置虹膜组。单击"图层"（LAYERS）面板下的文件夹图标，创建一个文件夹并将其命名为"Iris"。创建一个新的填充图层，将其拖动到Iris文件夹中，然后将其重命名为"Iris_Base"，将Iris_Base的颜色更改为深棕色。右击该文件夹添加黑色遮罩，为黑色遮罩指定填充图层，并为其指定"polygon 2"。将"直方图位置"（Histogram Position）的值设置为0.28，"直方图对比度"（Histogram Contrast）的值设置为0.96，"边"（Sides）的值设置为32。遮罩约束了在"polygon 2"定义的圆形区域内的"Iris"组中的所有内容，如下页图9-16所示。

步骤 03 制作虹膜轮廓。复制并粘贴"Iris_Base"，将其命名为"Iris_Contour"。将该图层的颜色设置得更深，并为其添加一个黑色遮罩。右击Iris文件夹的蒙版并复制。右击"Iris_Contour"图层，选择粘贴到蒙版中。将Iris组中的"polygon 2"复制到"Iris_Contour"，为"Iris_Contour"添加另一个填充图层。再次选择"polygon 2"，并将填充图层"混合模式"（Blend type）更改为"Subtract"。在"属性"（PROPERTIES）面板中，将"直方图位置"（Histogram Position）的值设置为0.23，"直方图对比度"（Histogram Contrast）的值设置为0.9，"侧边"（Sides）的值设置为32，效果如下页图9-17所示。我们便通过多边形纹理成功制作了虹膜的轮廓。

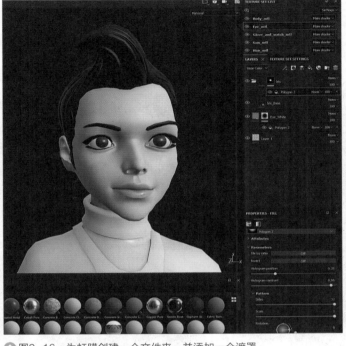

图9-16　为虹膜创建一个文件夹，并添加一个遮罩

为什么？

　　我们选择polygon 2作为遮罩，而不是自己用画笔进行绘制。因为使用polygon 2会更灵活，也会让模型更干净，这也是之前提过的过程纹理。

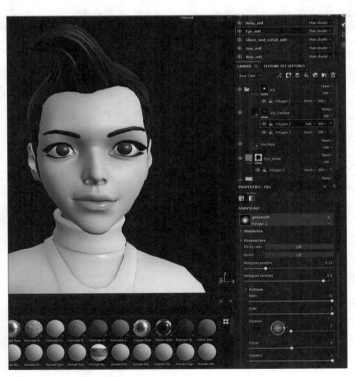

图9-17　添加虹膜轮廓

步骤 04 添加瞳孔。复制并粘贴"Iris_Base",将新图层命名为"Pupil",将该图层的颜色调深。为该图层添加一个黑色遮罩,在遮罩上添加一个"polygon 2"的填充图层。在"属性"(PROPERTIES)面板中,将"直方图位置"(Histogram Position)的值设置为0.1,"直方图对比度"(Histogram Contrast)的值设置为0.85,"侧边"(Sides)的值设置为32,如图9-18所示。

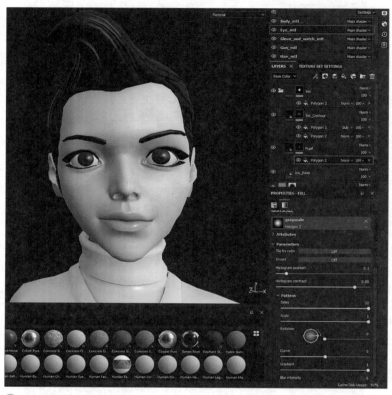

↑ 图9-18 为眼睛添加瞳孔

步骤 05 添加虹膜顶部的阴影。复制"Iris_Base",并将新图层命名为"Iris_Dark",将该图层的颜色调深。为新图层添加一个黑色遮罩,并在遮罩上添加一个填充图层。在"属性"(PROPERTIES)面板中,单击"grayscale"按钮,搜索并在结果中选择"Gradient Linear 1"。单击"参数"(Parameters)折叠按钮,将"Balance"的值设置为0.475,"对比度"(Contrast)的值设置为0.9,效果如图9-19所示。

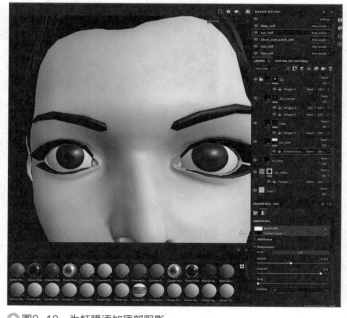

↑ 图9-19 为虹膜添加顶部阴影

步骤 06 添加虹膜底部的光照。复制"Iris_Base",将新图层命名为"Iris_Bright",然后将该图层的颜色调亮。单击并拖动该图层,将其移动到"Iris_Dark"图层上面。为"Iris_Bright"图层添加一个黑色遮罩,并为该遮罩添加一个绘画图层。我们使用"Basic Soft"笔刷绘制虹膜的底部,模拟从虹膜中发出的光线效果,如图9-20所示。

⬆ 图9-20　在虹膜底部添加一个更亮的图层

　　在"Iris_Bright"图层的遮罩上添加一个滤镜,并将滤镜更改为"Blur",以达到模糊遮罩的效果,如图9-21所示。

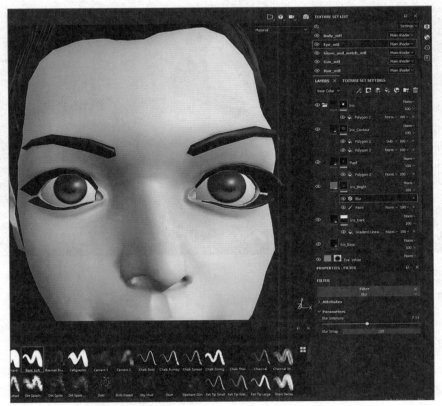

⬆ 图9-21　模糊虹膜底部较亮的颜色

为什么?

理论上，虹膜上面的黑色部分是由阴影引起的，虹膜底部较亮的部分是因为光线向外延伸形成的。不过我们的模型过于简单，无法支持如此精确的着色，所以使用纹理达到这种效果。

步骤 07 添加虹膜纤维。在"Iris_Bright"上面创建一个新的填充图层，将其命名为"Iris_Fiber"并将颜色改为深棕色，将高度值设置为0.3。为该图层添加一个黑色遮罩，并在黑色遮罩上添加一个填充图层。在"属性"（PROPERTIES）面板中，单击"grayscale"按钮，搜索并在结果中选择"Circular Stick"。在"参数"（Parameters）折叠按钮中，将"Number"的值设置为64，将"Offset"的值设置为0，将"Bar Length"的值设置为1，将"Bar Width"的值设置为0.005。现在虹膜上有一层致密的纤维。为遮罩添加模糊滤镜，使其更柔和，如图9-22所示。

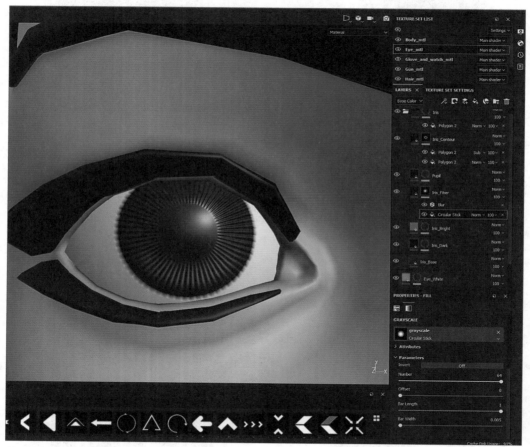

图9-22 添加虹膜纤维

步骤 08 修复高度错误。选择"Iris_Contour"图层，将"图层"（LAYERS）面板正下方的"Base Color"改为"Height"。将"Iris_Contour"的混合模式改为"Normal"，使深色轮廓遮挡其下方的高度信息。

选择"Iris_Contour"图层遮罩的"Polygon 2"，将"直方图位置"（Histogram Position）的值设置为0.3，"直方图对比度"（Histogram Contrast）的值设置为1，覆盖虹膜的外边缘，如下页图9-23所示。

图9-23　让虹膜的轮廓挡住纤维的高度

步骤09 调整眼睛的粗糙度。在图层面板的顶部创建一个新的填充图层，将其命名为Roughness。在属性面板中，关闭color、height、metal和nrm通道。将粗糙度的值设置为0.25来减弱高光，效果如图9-24所示。

图9-24　调整虹膜的粗糙度

9.5 角色上半身纹理

下面绘制上半身的纹理，具体步骤如下。

步骤01 添加毛衣底色。切换到"Upper_body_mtl"，添加一个新的填充图层，将其命名为"Sweater Base"并将颜色改为深灰色，将粗糙度的值设置为0.8。按Ctrl+G组合键将其分组在一个文件夹中，将该文件夹命名为"Sweater"。添加一个黑色遮罩到该文件夹，并为遮罩添加一个绘画图层。按数字4键切换到多边形填充工具。在属性面板中，勾选复选框切换到UV壳选择模式，将颜色更改为"1"。切换到二维视图，单击毛衣的UV，如图9-25所示。此时毛衣的遮罩应该是白色的。

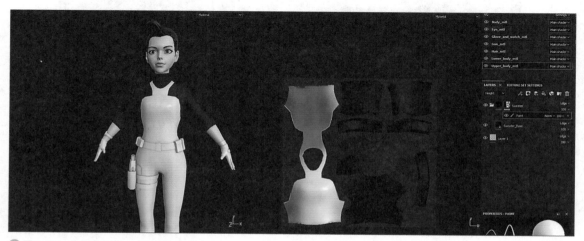

⬆ 图9-25 为毛衣创建一个图层和文件夹

步骤02 添加毛衣图案。切换到材质部分，搜索并在结果中选择Scarf wool材质，将其拖到Sweater_Base上面，重命名为Sweater_Pattern。在属性面板中，将颜色更改为深灰色。在技术参数中，将高度范围的值更改为0.25，如图9-26所示。

⬆ 图9-26 将Scarf wool材质加到毛衣里

步骤 03 修复左袖的图案方向。为"Sweater_Pattern"添加一个白色遮罩，并为遮罩添加一个绘画图层。单击数字4键切换到多边形填充工具，将颜色改为黑色，然后单击袖子和衣领。图案应该从这些部件中被删除了。

复制"Sweater_Pattern"图层，将新图层命名为"Sweater_Pattern_Sleeve_L"，删除该图层遮罩的绘画图层，再添加一个新的绘画图层。单击数字4键，将颜色改为黑色，然后单击左边袖子以外的UV壳进行掩盖。单击新图层的图标，在属性面板中改变旋转方向，使其方向与左袖对齐。再创建两个重复的图层，修复右袖和衣领的图案方向，如图9-27所示。

⬆ 图9-27　使用新图层修复图案的方向

步骤 04 给衣服添加漂亮的材质。切换到资源面板，单击智能材质图标，搜索并选择"Fabric UCP"，将其拖动到图层面板并移动到"Sweater"图层下面。展开名为"Fabric UCP"的文件夹，找到"Fabric UCP"图层，然后切换到"属性"（PROPERTIES）面板中。将"Color 01""Color 02"和"Color 03"改为三种不同的蓝色，如图9-28所示。

⬆ 图9-28　将"Fabric UCP"作为服装的材质

步骤 05 添加边缘变化。复制"Fabric UCP",将副本重命名为"Fabric UCP_Edge"。右击该图层并选择添加色阶命令。选择新添加的色阶,调整色阶中的颜色使其更亮。为"Fabric UCP_Edge"图层创建一个新的黑色遮罩。切换到资源的智能遮罩,将"Fabric Edge Damage"拖动到"Fabric UCP_Edge"图层的遮罩上。此时服装的边缘应该变得更亮,以模仿现实生活中的磨损效果,如图9-29所示。

⬆ 图9-29　为服装添加细微的边缘磨损效果

步骤 06 增加肩带的高度。在"Fabric UCP_Edge"图层下添加一个填充图层,将其命名为"Top_Strap Height"。关闭该图层的color、rough、metal和nrm通道,将高度值改为0.75。

　为"Strap_Height"创建一个黑色遮罩,并为遮罩添加一个绘画图层。使用"Basic Hard"笔刷和白色来绘制属于肩带图层的区域,如图9-30所示。

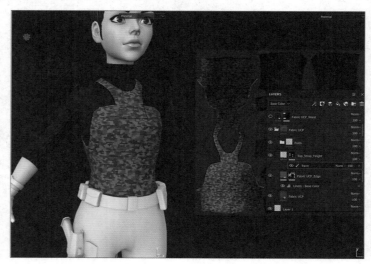

⬆ 图9-30　增加肩带的高度

提示和技巧

不要担心在毛衣上进行绘制，我们可以将Sweater文件夹的混合模式由"height"改为"normal"来覆盖绘画的效果。

步骤07 添加缝合线。复制Top_Strap_Height，将其命名为Sewing_Sams并将高度值设置为1，删除该图层的绘画图层，并为遮罩重新创建一个绘画图层。按住Shift键的同时进行单击并创建缝合线，如图9-31所示。

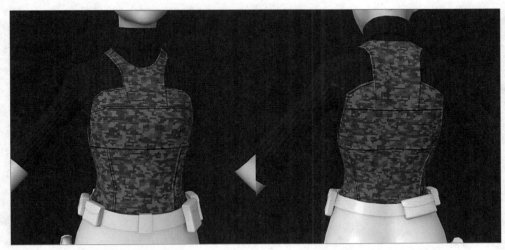

⬆ 图9-31 在衣服上添加缝合线

为什么？

绘制干净的线条还是比较困难的，我们可以通过按住Shift键并单击来绘制直线，而不是试图创建流畅的弧线。

步骤08 增加腰部贴片颜色的变化。复制Fabrick UCP并将副本命名为Fabrick UCP_Waist，使新图层的颜色更深、更饱和。为新图层添加黑色遮罩，并为遮罩添加绘画图层。使用Brush Hard笔刷在步骤06中绘制的中间水平接缝的上下区域进行绘画，如图9-32所示。

⬆ 图9-32 为腰部贴片添加颜色的变化

步骤 09 腰侧贴片。在"Fabric UCP_Edge"图层上方添加一个填充图层，将其命名为"Waist_Side Patch"。在属性面板中，将Scale的值设为25。单击Height均一颜色按钮，在搜索栏中输入Circles并在结果中选择它。将"Waist_Side_Patch"图层的混合模式由"Height"改为"Normal"。为图层添加一个黑色遮罩，并在遮罩上添加一个绘画图层。使用白色的Basic Hard笔刷在衣服的侧面进行绘制，如图9-33所示。

⬆ 图9-33　在衣服的侧面贴片上添加圆形图案

提示和技巧

　　每当我们需要绘制一些干净的内容时，可以按住Shift键并单击鼠标左键，通过绘制直线标记该区域的轮廓，然后填充中间区域。

9.6　角色裤子纹理

下面绘制裤子的纹理，具体步骤如下。

步骤 01 调整裤子底色。切换到Lower_body_mtl，在资源面板中单击材质图标按钮，搜索Fabric Baseball Hat并将其拖到图层面板中。将新图层命名为Pants_Base，然后将图层的Scale值改为3，调整旋转值，以便图案中线条的方向变为垂直。最后，将颜色更改为较深的灰蓝色，如下页图9-34所示。

步骤 02 为裤子添加渐变效果。复制Pants_Base，将新图层命名为Pants_Darker并将颜色调整得更深。为该图层添加一个黑色遮罩。在属性面板中为遮罩添加一个生成器，并将生成器命名为Mask Editor。在属性面板中，设置曲率不透明度的值为0，位置梯度不透明度的值为1。展开位置渐变部分，打开反转设置，将对比度的值设为0.7。调整平衡值，使颜色亮度的过渡从膝盖周围开始，如图9-35所示。

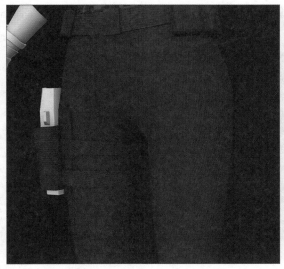

⬆ 图9-34　添加裤子的材质　　　　　　　⬆ 图9-35　为裤子的颜色添加渐变效果

提示和技巧

　　渐变效果在自然界中随处可见，在建模的过程中非常适合把这种效果添加进去。

步骤 03 绘制裤子的门襟。在Pants_Darker图层上面新建一个填充图层，将其命名为Pants_Height_High。关闭该图层的color、rough、metal和nrm通道，并将高度值改为1，使其变得更突出。添加一个黑色遮罩，并为遮罩添加绘画图层。

　　在裤子前面绘制一个长方形，以描绘门襟的更多细节。在Pants_Height_High图层上新建一个填充图层并命名为Pants_Height_Low，将其高度改为-1，为该图层添加一个黑色遮罩，并为遮罩添加一个绘画图层。将笔刷变小，在门襟的一侧画出一条垂直线，如图9-36所示。

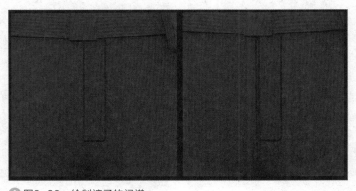

⬆ 图9-36　绘制裤子的门襟

步骤 04 绘制口袋。为Pants_Height_High图层添加一个新的绘画图层，将其命名为Pocket_Height，然后将该图层拖到上一个绘画图层的下方。打开对称性，使用Basic Hard笔刷在口袋区域进行绘制。确保笔刷的大小足够覆盖周围的区域。

在Pocket_Height图层和绘画图层下面添加一个模糊滤镜，将模糊强度的值设置为7。

为蒙版添加一个绘画图层，将其命名为Pocket_Opening。将笔刷尺寸调小，按X键将颜色从白色翻转为黑色。在口袋的开口处进行绘制，将接缝剪开，然后在口袋开口处后面的所有凸出区域进行绘制，如图9-37所示。

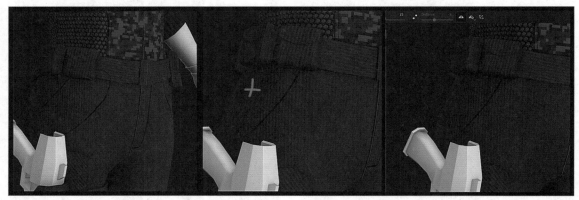

⬆ 图9-37　绘制口袋的形状

提示和技巧

　　当我们需要绘制更复杂的形状时，可以将其分解为多个步骤，就像在步骤03中做的那样。我们用粗糙的笔刷和模糊滤镜的组合创建了柔和的凹凸区域，然后我们将其中的一半涂掉，以模仿口袋的开口。

步骤 05 绘制接缝。切换到Pants_Height_Low遮罩的绘画图层，使用小刷子在裤子侧面绘制接缝，如图9-38所示。

步骤 06 创建裤子后面的口袋。使用创建门襟和口袋的方法可以轻松地制作出裤子后面的口袋。不要担心会绘制到其他部分，因为我们会在这些效果上面覆盖材质，如图9-39所示。

⬆ 图9-38　给裤子绘制接缝

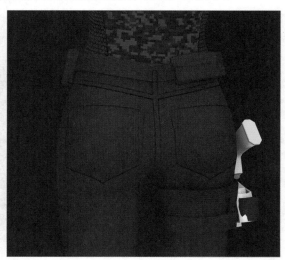

⬆ 图9-39　创建裤子后面的口袋

步骤07 缝合。在"图层"面板的最上面创建一个新图层，将其命名为Stitches。在属性面板中，关闭metal和nrm通道，将基本颜色设置为白色，将高度和粗糙度的值设置为1。为该图层创建一个黑色遮罩，并为遮罩创建一个绘画图层。切换到笔刷，搜索并在结果中选择Stitches 1。将笔刷大小的值减少到0.9，通过按住Shift键并单击的方式在裤子的缝线处画出缝线，如图9-40所示。

步骤08 组织文件结构。选择到目前为止创建的所有图层，按Ctrl+G组合键将它们分在一个文件夹中，并将该文件夹命名为Pants。

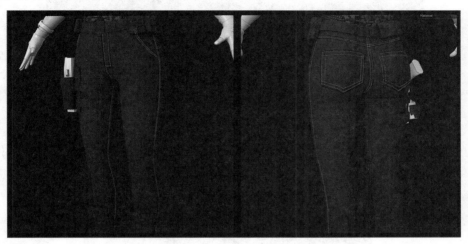

⬆ 图9-40　为裤子绘制缝线

9.7 添加皮革材质纹理

下面绘制带子、皮带、口袋、皮套和靴子的纹理，具体步骤如下。

步骤01 添加皮革材质。单击智能材质图标，搜索并在结果中选择Leather Stylized，将其拖到Pants文件夹上方，然后为Leather Stylized图层创建带有绘画图层的黑色遮罩。按数字4键，切换到多边形填充工具。在属性面板中，单击checker box按钮切换到UV壳模式，将颜色设置为白色。选择带子、皮带、口袋、皮套和靴子，使皮革材质显示在这些部件上。打开Leather styized文件夹，选择Base Color，将颜色改为较深的棕色，如图9-41所示。

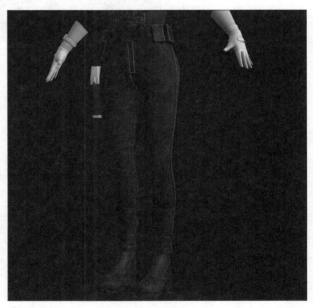

⬆ 图9-41　添加皮革材质

步骤 02 细化弧度。在Curvature图层添加一个带有绘画图层的遮罩。在笔刷部分选择Basic Soft，将笔刷的颜色改为黑色，并将口袋和皮套处的边缘磨损涂掉，如图9-42所示。

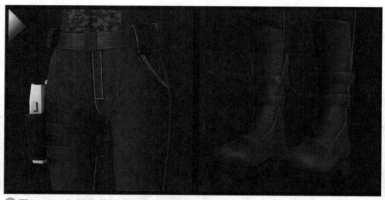

⬆ 图9-42　细化皮革材质的边缘磨损效果

步骤 03 设置靴子的底部。切换到智能材质，搜索并在结果中选择Rubber Dry，将其拖到图层的顶部，并命名为Boots Bottom，然后为其添加一个黑色遮罩和绘画图层。使用具有UV壳选择模式的多边形填充工具将橡胶材质添加到鞋的底部，如图9-43所示。

⬆ 图9-43　将"Rubber Dry"材质添加到靴子的底部

9.8 角色手套纹理

下面设置手套的纹理，具体步骤如下。

步骤 01 设置手套底色。切换到Glove_and_watch_mtl，将Leather Stylized拖到图层列表中。效果如下页图9-44所示。

我们可以在模型中看到很多效果不好的三角形结构，造成这种情况的原因是将低分辨率的几何形状用作了高分辨率的几何形状。不过要是纹理依赖曲率贴图的程度不严重，那就没问题。打开烘焙的曲率图，可以看到模型上的烘焙贴图，如下页图9-45所示。

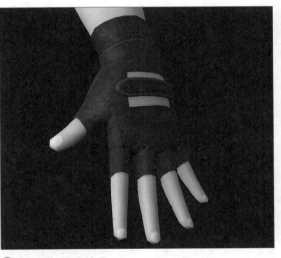

图9-44 手套材质

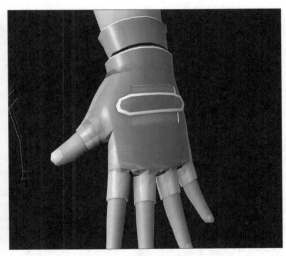

图9-45 烘焙的手套

这里有两个解决方案。

（1）切换到纹理集设置面板，在网格贴图中选择曲率，将算法设置为Per Vertex。这样就可以有一个更干净的曲率贴图，如图9-46所示。

（2）在Maya中选择手套模型，执行网格>平滑命令，平滑手套模型两次，如图9-47所示。

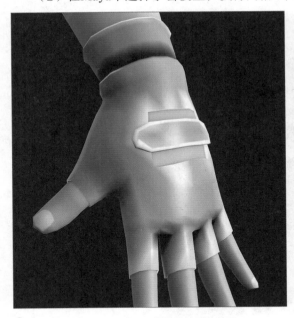

图9-46 使用Per Vertex算法烘焙后的效果

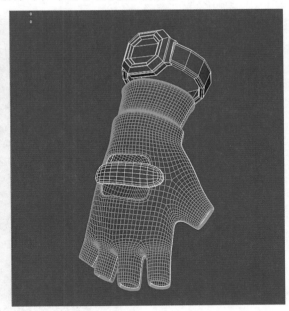

图9-47 平滑手套模型

我们可以使用这个平滑模型作为高分辨率模型。选择手套和手表，将它们导出为fbx格式的文件。回到Substance Painter，在纹理集设置面板中，单击烘焙网格模型。在常用设置中，勾选使用低多边形网格作为高多边形网格复选框。在高清网格列表的一侧，单击文件夹图标加载从Maya导出的文件，然后再次烘焙，如下页图9-48所示。

为了获取更好的曲率贴图，我们使用第二种方案，手套上的皮革材质如下页图9-49所示。

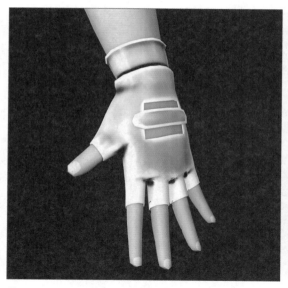

图9-48 以平滑网格作为高分辨率模型的烘焙结果

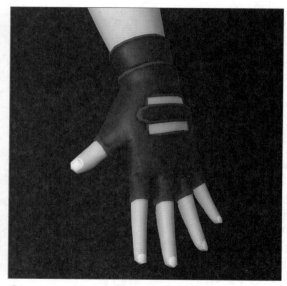

图9-49 新的皮革材质外观与新的曲率贴图

步骤02 细化边缘磨损量。打开Leather Stylized文件夹，选择Curvature图层的遮罩编辑器。在属性面板中，将全局平衡的值更改为0.35，将全局对比度的值更改为0.83。切换到Darker Touch图层的遮罩，选择它的色阶图层。在属性面板中，将色阶图顶部的3个滑块按钮向右拖动，细化边缘磨损量。切换到Base color图层，将其改为较深的颜色，如图9-50所示。

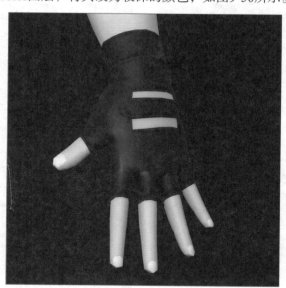

图9-50 细化边缘磨损量

步骤03 增加手套的高度。在Base Color图层上面新建一个填充图层，将其命名为Glove_Extra_Height。在属性面板中，关闭color、rough、metal和nrm通道，并将Height值更改为1。为该图层添加一个黑色遮罩，并为遮罩添加一个绘画图层。使用Basic Hard在手指和手掌周围进行绘制。在绘画图层上方添加一个模糊滤镜以模糊高度的斜率，如下页图9-51所示。

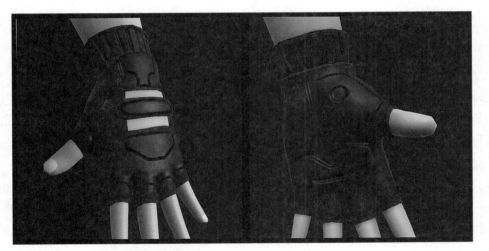

⬆ 图9-51　为手套增加额外的高度细节

提示和技巧

使用长按Shift键加单击的技巧创建干净利落的直线。按X键并擦除以创建山谷。我们先使用Hard笔刷绘制所选区域，然后使用模糊滤镜模糊它。这个工作流程能够灵活地调整我们想要的模糊程度。

步骤04 对新的贴片绘制额外的划痕。复制Curvature图层，将新图层命名为Extra_Curvature，将高度值设置为-0.05。删除遮罩下的遮罩编辑器，添加一个生成器。在属性面板中，添加曲率作为生成器。将全局平衡的值设置为0.7，将全局对比度的值设置为0.45，以获取边缘和突出区域的基础颜色变化。

右击Glove_Extra_Height遮罩，选择添加锚定点命令（之前已经覆盖了锚定点）。切换到Extra_Curvature的Curvature遮罩，在属性面板中，展开Use Micro Detail。在图像输入中单击Micro Height，切换到ANCHOR POINTS，选择Glove_Extra_Height遮罩。在Micro Detail部分，将曲率强度的值改为5，将高度细节强度的值设置为1.8，如图9-52所示。

步骤05 细化边缘磨损。在Extra_Curvature图层下的Curvature上添加一个绘画图层。使用Dirt1笔刷绘制其余边缘的划痕和缺陷，细化模型细节，如图9-53所示。

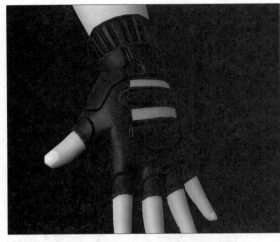

⬆ 图9-52　使用锚定点高度贴图创建边缘磨损效果

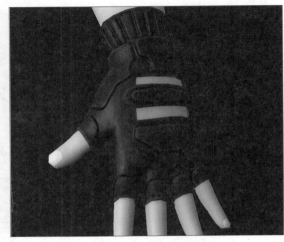

⬆ 图9-53　在手套边缘磨损处绘制更多细节

9.9 角色手表纹理

下面绘制角色手表的纹理，具体步骤如下。

步骤 01 为手表添加基础材质。搜索并选择Plastic Fake Leather材质，将其拖到Leather Stylized图层的顶部。为Plastic Fake Leather添加一个黑色遮罩，并为遮罩添加绘画图层。按数字4键，使用多边形填充工具。然后将多边形填充工具的模式更改为UV壳模式。将颜色设置为白色，然后将材质分配给手表，如图9-54所示。

步骤 02 为手表表盘添加材质。创建一个新的填充图层并将其命名为Watch_Monitor。将该图层的基础颜色改为深灰色，将高度值改为-0.35，将粗糙度的值改为0.01，并将混合模式由Height改为Normal。为Watch_Monitor添加一个黑色遮罩，使用多边形填充工具使材质只显示在手表表盘上，如图9-55所示。

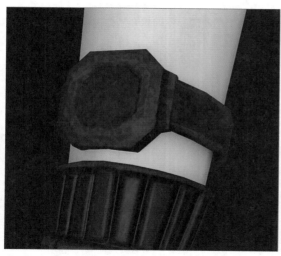

⬆ 图9-54 使用Plastic Fake Leather材质作为手表的基础材质

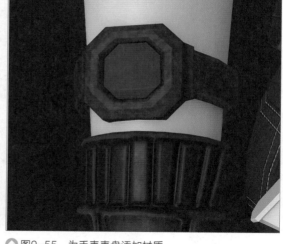

⬆ 图9-55 为手表表盘添加材质

步骤 03 增加手表的高度。创建一个新的填充图层，将其命名为Watch_Extra_Height，并将高度值向下调整至1。为该图层添加一个黑色遮罩，并为遮罩添加绘画图层，然后在手表上绘制更多细节。完成绘制后，将Watch_Monitor和Watch_Extra_Height拖到Plastic Fake Leather文件夹中，并将文件夹重命名为Watch，如图9-56所示。

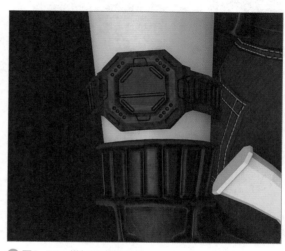

⬆ 图9-56 增加手表的高度

9.10 枪的纹理

下面绘制枪的纹理，具体步骤如下。

步骤01 重新烘焙枪。切换到手枪模型，按Alt+Q组合键使其隔离。由于烘焙的环境遮蔽，枪套内部的部分颜色较暗。打开Maya加载模型，选择Ellen_gun_geo，执行文件>导出当前选择命令，选择FBX文件格式，将文件命名为Gun_High并导出。回到Substance Painter，在纹理集设置面板中，选择基础网格贴图，勾选使用低多边形网格作为高多边形网格复选框，在高清网格中加载Gun_High文件，然后单击Bake Gun_mtl Mesh Maps按钮，再次烘焙手枪的网格贴图。

步骤02 制作枪的纹理。制作手枪纹理的方式与制作环境纹理的方式相同。继续完成手枪纹理的制作。图9-57显示的是制作的效果。

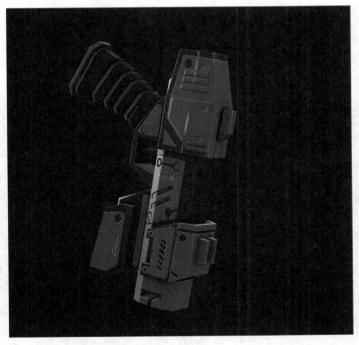

⬆ 图9-57 手枪的纹理效果

9.11 其他细节

下面绘制其他细节的纹理，具体步骤如下。

步骤01 绘制角色胸前的标志。切换到Upper_body_mtl，在Fabric UCP上面创建一个新的填充图层，将其命名为Chest_Logo并将颜色改为深灰色，将高度值设为1。为该图层创建一个黑色遮罩，并为遮罩创建一个绘画图层。使用Basic Hard笔刷绘制标志的圆圈。将笔刷缩小，按X键反转颜色，绘制圆的中间部分，形成标志的外圈。

将视图上方的Stroke opacity的值改为50，按X键将颜色变回白色。缩小笔刷，在圆圈的中间画一个图9-58中的圆形图案。将Stroke opacity的值改为100，使用长按Shift+鼠标左键的方式绘制字母A。最后再次按X键切换回黑色。缩小笔刷，在外圈上绘制圆点。

🔺 图9-58　绘制胸部标志

步骤02 添加金属螺栓。切换到Lower_body_mtl，搜索并在结果中选择Nickel Pure材质，将其拖到图层面板的顶部并命名为Bolts。将该图层的混合模式由Height改为Replace。切换到height通道，并将height值设为0.5，将颜色改为深棕色，将粗糙度的值增加到0.3。

为Bolts图层添加一个黑色遮罩，并为遮罩添加绘画图层。按数字1键切换到绘画笔刷，使用Basic Soft笔刷，按住Ctrl键和鼠标右键并拖动鼠标，使笔刷变得锋利。此时可以通过单击操作来添加螺栓或给金属区域上色，对手套也执行同样的操作，如图9-59所示。

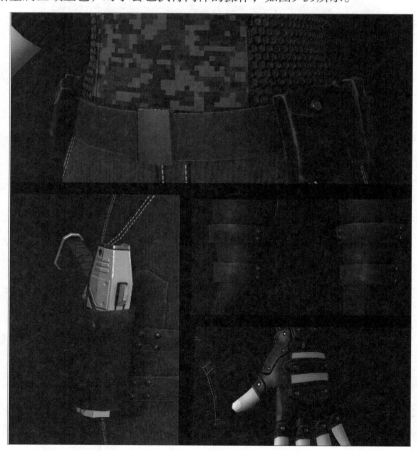

🔺 图9-59　添加金属螺栓

9.12 导出纹理

下面进行导出纹理的操作，具体步骤如下。

步骤01 导出纹理。执行文件>导出纹理命令，打开导出纹理对话框。在配置部分选择与第4章中相同的配置。在导出设置中，将格式从png改为targa。然后导出到Maya项目的sourceimages文件夹中。在该文件夹中新建一个文件夹，将其命名为Ellen_Textures。然后将Eye_mtl和Hair_mtl的分辨率值更改为1024，以节省一些计算机性能。之后导出所有贴图即可。

步骤02 在Maya中测试纹理。在Maya中打开我们的角色场景，选择Ellen_head_geo，按Ctrl+A组合键打开属性编辑器。选择Body_mtl并单击颜色后面的复选框图标，打开创建渲染节点对话框。在列表中选择指定文件，然后单击属性编辑器中的文件夹图标，选择Ellend_Body_mtl_BaseColor.tga文件将其打开。按数字6键显示纹理。

在模型上按鼠标右键，选择材质属性并回到材质中。在属性编辑器中勾选复选框，将文件节点分配给凹凸贴图。Maya会自动创建一个bump2d节点。在属性编辑器中将使用方式改为正切空间法。单击左侧边缘带有正方形和箭头的按钮切换到文件节点。加载Ellen_Body_mtl_Normal.tga，对于法线贴图，我们需要将颜色空间设置为Raw。

对剩余材质执行相同的操作，如图9-60所示。

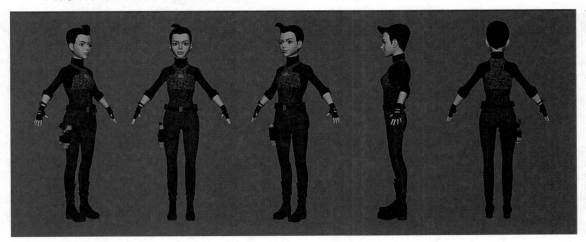

图9-60 在Maya中测试纹理

步骤03 将枪移到原点。我们放置枪是为了确保枪与比例、配色协调。不过对于索具和游戏机制来说，枪应该放在原点。选择Ellen_gun_geo，然后切换到移动工具，按住D键，单击枪管的侧面，将枢轴移动到侧面。执行修改>烘焙枢轴命令，Maya会根据枢轴的当前位置和方向生成转换值。

切换到通道框面板，将所有的平移和旋转值归零，此时枪不会倾斜。执行修改>中心枢轴命令，按住D键并拖动Y轴和Z轴，将枢轴移动到手柄处。再次执行烘焙枢轴命令，将平移和旋转值归零。如果枪被翻转，就将其旋转回来，执行修改>冻结变换命令，如图9-61所示。

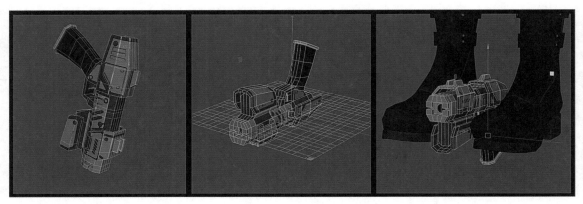

↑图9-61　把枪移到原点

为什么?

烘焙枢轴会计算相对于原点的位置和旋转值并以此覆盖平移值。即使我们已经对模型进行了冻结变换，也可以使用它获取倾斜模型的旋转值。

9.13　总结

在本章中，我们完成了角色纹理的制作。总的来说，使用Substance Painter绘制纹理是一件令人愉快的事。借助智能遮罩、生成器、高度贴图和PBR，可以完成很多操作。要注意的是，我们有7个纹理集或材质，每个纹理集或材质都有2k图像，以实现这种清晰和高分辨率的效果。这是一个要求较高的设置，不建议在低性能平台上使用。不过我们也可以像现在在做的那样，在一款PC游戏中尽情享受。

下一章我们将学习比较有难度的操作——绑定。

第 10 章

绑定

　　我们已经创建了三维模型、UV贴图以及纹理，现在可以开始学习角色绑定了。绑定本质上是在角色内部放置关节，以便建模师可以活动这些关节，使角色栩栩如生。每个关节都会影响周围的多边形顶点，导致该多边形的变形。一旦有足够多的关节影响到足够多的顶点，角色就会动起来。下面让我们先了解一下关节在Maya中的作用。

IO.I 关节的作用

创建一个新的Maya文件，切换到侧视图。在"文件"选项卡的下方将"建模"切换为"绑定"，然后执行"骨架">"创建关节"命令。在侧视图中单击，然后将光标移动到上方的新区域并单击。再次执行此操作并按Enter键。这样就创建了一个具有3个关节的链，如图10-1所示。

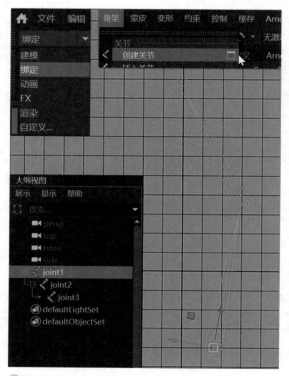

⬆ 图10-1　具有3个关节的链

注意观察大纲就会发现，我们单击时会在层次结构中创建关节。上面的关节是我们创建的第一个关节。查看第一个关节，注意它的方向指向下一个关节。在创建关节时，它们会自动定向到下一个关节的方向。我们可以通过很多方法在关节结构中添加或删除关节，不过，目前要做的事情是按Enter键完成自己的关节链。以下是需要注意的几点。

- ⦿ 创建关节的最佳视图是顶视图、侧视图或前视图。
- ⦿ 如果在创建关节时按住Shift键，那么关节将在一条直线上进行创建。
- ⦿ 我们可以轻松更改"大纲视图"中关节的层次结构。比如，选择"joint3"并按住Shift+P组合键。此时已经取消了"joint3"的父级结构，它现在是独立存在的关节，我们可以在视图中直观地观察到这一点。如果要将其添加到"joint1"的层次结构，请在大纲视图中选择"joint3"，然后按鼠标中键并将其拖到"joint2"下面即可。这样就恢复到了之前的层次结构。
- ⦿ 我们可以在视图中平移关节使其处于所需位置，但通常并不旋转关节。随着本书教程的深入，我们将进一步讨论这个问题，但理想情况下，更希望关节旋转为0,0,0。这么做会使动画过程更加顺利。

为了适应关节的创建过程，需要创建一些新的关节链并在大纲视图中改变它们的结构。一旦我们熟悉了创建关节和移动它们位置的操作，就应该准备为游戏角色创建一个骨骼关节结构了。

10.2 创建髋、脊柱、颈部和头部关节

下面将从创建根、脊髓、颈部和头部的关节开始本节内容的学习。我们将会使用创建关节的工具。

教程 为角色创建联合链

下面为角色创建联合键，具体步骤如下。

步骤 01 模型中的引用。创建一个新的Maya文件。然后执行"文件">"创建引用"命令，指向在前几章中创建的三维角色（Maya文件）。

为什么？

引用是行业标准流程。我们将角色、环境、装备引用到场景中，以便在更新角色、环境或装备时，正在制作的文件能自动获取这些更新。这样可以确保模型和角色绑定都是最新的。

步骤 02 切换到侧视图。

为什么？

在侧视图中创建关节，关节会直接创建在角色的中心。这是特别重要的一点，因为我们需要将左臂和左腿关节镜像到右侧，以节省时间。

步骤 03 制作脊柱关节链。在视图的菜单栏中，执行"着色">"X射线显示关节"命令，通过模型查看关节。单击臀部中间区域创建根关节，完成创建后，按住Shift键再添加3个关节，然后按Enter键。现在我们创建了有4个关节的链，如下页图10-2所示。

步骤 04 重命名关节。在继续操作之前，先为关节进行命名，从"joint1"开始。双击"大纲视图"中的"joint1"，输入"hip"。其余关节依次命名为"spine_01""spine_02"和"chest"。

步骤 05 使关节均匀分布。让"spine_01""spine_02"和"chest"关节之间的分布距离相等。通过在"通道盒"中调整平移实现这一点。选择"spine_01""spine_02"和"chest"关节后，将"平移X"值设为8。该值可以根据自己角色的大小进行调整。调整关节的目的是让"chest"关节的位置最终稍微低于三维角色的胸部区域。

完成后，我们可以移动到颈部和头部区域。不过，需要通过创建一个新的关节链实现这一点。

步骤06 制作脖子的关节链。从颈部的底部开始创建关节，将下一个关节置于w线的正下方，然后按Shift键，使最后一个关节位于头的顶部，如图10-3所示。

步骤07 为关节命名。将这些关节分别命名为"neck""head"和"head_end"。

步骤08 将颈部关节放到脊柱上。我们已经创建了关节链，之后会通过动画的形式让角色的颈部和头部动起来。接下来要做的就是将这个链添加到现有的"hip"关节层次结构中。切换到"大纲视图"中，按鼠标中键并将关节链拖到"chest"关节上。此时的关节层次结构如图10-4所示。

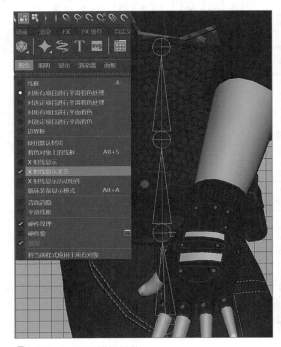

⬆ 图10-2　根和脊柱关节

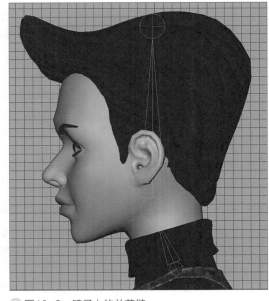

⬆ 图10-3　脖子上的关节链

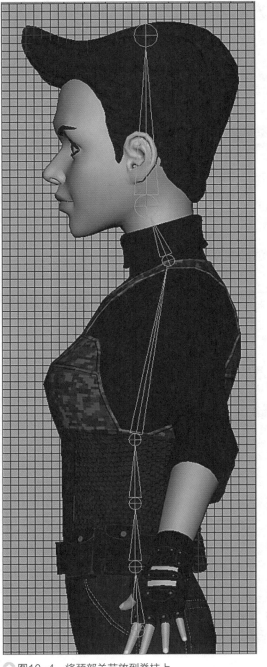

⬆ 图10-4　将颈部关节放到脊柱上

在继续操作之前有几件事需要注意。到目前为止，我们只是在旋转关节，还应仔细检查所有关节的"旋转"是否有值。

为什么？

这是为动画设置绑定最简洁的方式。通过将"旋转"值保持为零，建模师可以轻松地将关节重置到原始位置。

10.3 世界关节

我们需要为根关节添加一个父关节，这是一个在原点处的世界关节。下面开始进行创建。

切换到前视图，在原点中添加一个新的关节并将其重命名为"root_motion"。要是"旋转"值不为零，就将其全部归零，如图10-5所示。将"hip"关节置于"root_motion"关节中。

平移 X	0
平移 Y	0
平移 Z	0
旋转 X	0
旋转 Y	0
旋转 Z	0
缩放 X	1
缩放 Y	1
缩放 Z	1
可见性	启用

⬆图10-5　在原点创建世界关节

10.4 创建左臂关节

现在开始创建左臂的关节结构。我们的目标是创建一个左臂结构和一个简单的手指关节，然后镜像相同的设置到右臂。

步骤01 创建锁骨关节。使用"创建关节"工具在前视图中单击肩部和颈部区域之间的锁骨区域。

步骤02 创建手臂关节。按住Shift键的同时，添加肩关节、肘关节和腕关节，它们此时应形成水平关节链，如下页图10-6所示。

步骤03 重命名关节。将关节依次命名为"left_clavicle""left_shoulder""left_elbow"和"left_wrist"。

现在需要旋转关节使其在正确的方向。不过我们并不希望使用常规的方式旋转。而是通过

"关节方向"来实现。一旦选择了一个关节，就可以在"属性编辑器"中找到它的"关节方向"，如图10-7所示。

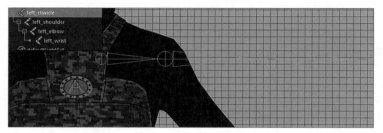
⬆ 图10-6　创建手臂关节

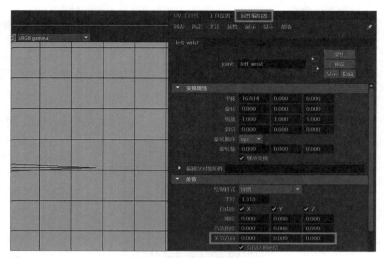
⬆ 图10-7　"left_wrist"关节的"属性编辑器"面板

为什么？

使用关节方向能让我们在保持原始关节方向清晰的情况下旋转关节。

步骤 04 将手臂关节定位到正确的位置。如果锁骨的位置发生偏移，请先调整锁骨位置。接下来，选择"left_shoulder"关节，切换到"属性编辑器"面板。按住Ctrl键的同时，按住鼠标中键并拖动"关节方向"中的值，该值与旋转关节所需的方向对应。在我们的例子中，需要旋转"关节方向"的Z值和Y值，使肩膀的方向与手臂正确对齐。一旦关节的方向正确，我们就可以更改子关节（left_elbow）平移的X值，以更改肩关节的长度，如图10-8所示。

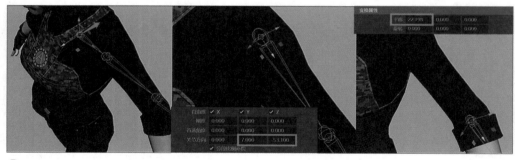
⬆ 图10-8　定位锁骨和肩关节

步骤 05 重复我们对肩关节所做的操作，应用到肘部和腕关节，直到手臂关节都定位到正确的位置，如图10-9所示。

步骤 06 将"left_clavicle"置于"chest"关节下方，如图10-10所示。接下来要制作的是手指关节。我们只对手指使用基本设置，该设置由每个手指的3个可活动关节组成。

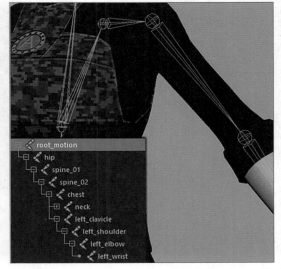

⬆ 图10-9　完成手臂关节的制作　　　　⬆ 图10-10　将"left_clavicle"置于"chest"关节下方

提示和技巧

根据以往的教学经验，有超过一半的人不会遵守以下这条规则，所以这里将规则强调三遍。

不要旋转关节，改变关节方向！

不要旋转关节，改变关节方向！

不要旋转关节，改变关节方向！

步骤 07 打开"捕捉到投影中心"选项。在菜单栏下面一行的磁铁图标中可以找到"捕捉到投影中心"选项。该功能允许我们在透视视图中创建关节，并自动将关节放置在手部网格中，如图10-11所示。

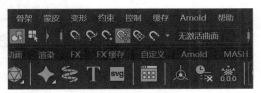

⬆ 图10-11　打开"捕捉到投影中心"选项

步骤 08 创建食指关节。在指关节底部创建第一个关节，然后在手指下面添加3个关节，最后一个在指尖处。

步骤 09 命名手指关节。现在依次将手指关节命名为"left_hand_index_01""left_hand_index_02""left_hand_index_03""left_hand_index_04"，如下页图10-12所示。创建关节之后的关节方向或许会偏斜。这里将"left_hand_index_02""left_hand_index_03""left_hand_index_04"的方向值归零。

步骤 10 将食指复制到其余手指。选择"left_hand_index_01",按住Ctrl+D组合键,将副本移到中指处并调整关节方向。需要记住的是,只需平移关节,并使用"关节方向"将关节旋转到指定的位置。我们可以选择从头开始创建拇指,或直接从食指复制。

对其余手指执行同样的操作,并对其进行命名,如图10-13所示。

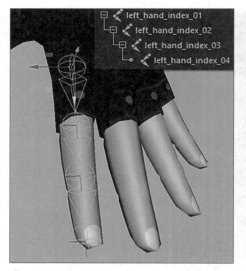 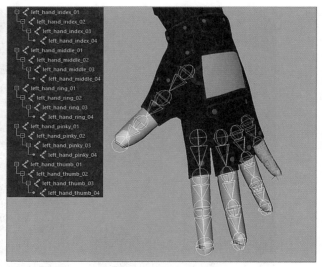

图10-12 食指的关节   图10-13 所有手指的关节结构

为什么?

此时的大纲结构比较清晰,手指的方向是直的,我们需要在"属性编辑器"中更改"关节方向"的值来调整正确的方向。就像调整手臂关节那样。

现在我们已经清理好了所有内容,可以通过复制并使用相同的关节设置处理其余的手指。

步骤 11 将手指关节放在手腕关节上。切换到大纲视图,选择所有的手指关节,按鼠标中键并将它们拖到"wrist"关节下面,如图10-14所示。

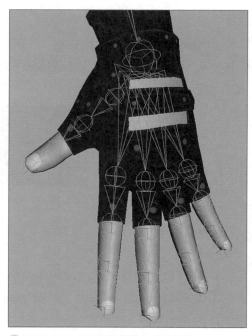

提示和技巧

执行上述操作时,请确保关节方向保持一致,确保所有的手指都以相同的方向旋转,以便在制作动画时可以选择所有手指,并在一个轴上对它们进行动画处理。

图10-14 将手指关节放在手腕关节处

10.5 创建右臂关节

在制作右臂时，可以把整个过程再重复一遍，但这次有更便捷的方式。我们可以通过镜像关节将关节复制到另一侧，这样会节省很多时间。

要镜像关节，首先选择"left_clavicle"，在绑定模式中，执行"骨架">"镜像关节"命令，打开"镜像关节选项"对话框。将"镜像平面"设置为"YZ"，以便关节可以在Y和Z平面上镜像。我们要做的另一件事是重新标记所有的新关节，要从右开始，而不是从左开始。在"搜索"文本框中输入"left"，在"替换"文本框中输入"right"。如果正确标记了所有左侧关节，则所有新的镜像关节都应正确标记为右侧，如图10-15所示。

单击"应用"按钮完成右臂关节的创建。

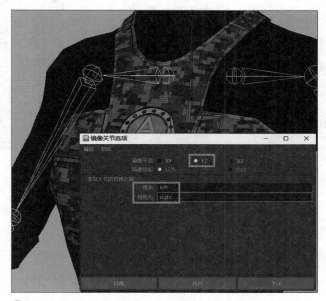

⬆ 图10-15　在"镜像关节选项"对话框中进行设置

10.6 创建腿部关节

创建腿部关节可能会使用逆向运动学（IK）中的方法来制作动画效果。不过这里需要创建的是一个基本的关节结构。需要注意的是，我们要在侧视图中创建腿部关节，不要直接创建关节结构，而是从大腿到膝盖再到脚踝做一个轻微的弯曲效果。

步骤 01 创建腿部关节。切换到侧视图，在臀部区域的中心创建一个新关节，并将其命名为"left_thigh"。在膝盖和脚踝处创建另一个关节，并对其进行命名，如下页图10-16所示。

步骤02 创建脚部关节。为脚掌和脚趾再添加两个关节并对其进行命名，创建后将"ball"关节作为"ankle"关节的父关节，如图10-17所示。

完成结构的创建后，需要切换到角色的前视图，移动"left_thigh"，使"leg"关节与左腿相匹配，并使其与"hip"关节相匹配，如图10-18所示。

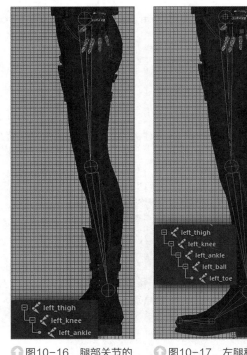

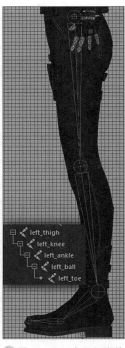

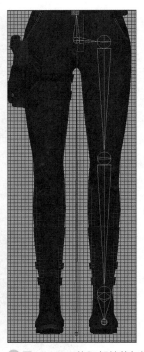

⬆图10-16　腿部关节的命名和层次结构　　⬆图10-17　左腿和脚的关节链　　⬆图10-18　将腿部关节与模型匹配，并将其与臀部匹配

步骤03 镜像腿部关节。下一步是用同样的方法镜像这条腿，就像我们镜像锁骨一样。

步骤04 将髋关节（大腿）的关节置于"hip"关节下方。

完成后，我们就创建了完整的左腿关节结构。现在可以为腿部创建一个所谓的逆向运动链。逆向运动学和我们一直用的正向运动学有些不同。逆向运动学允许移动一个点或一个目标，并让连接的关节自动旋转以指向目标。当我们创建一个关节时，这一点会更有用，所以这里选择逆向运动学为左腿创建关节。

步骤05 执行"骨架">"创建IK控制柄"命令，单击"重置工具"按钮。我们只需要这个工具处于默认设置。

步骤06 将IK控制柄应用于腿部。单击左髋关节的中心，然后单击左踝关节，此时IK控制柄就已经创建完成了。要想了解IK控制柄的工作原理，请选择大纲视图中的"ikHandle1"，然后对其进行转换。现在腿部的运动是基于逆向运动学而不是正向运动学了。继续操作，然后将这个IK控制柄命名为"left_leg_ankle_IK"。

步骤07 为脚部关节创建IK链。创建另一个从"ankle"关节到"ball"关节的IK控制柄，并命名为"left_leg_ball_IK"。创建一个从"ball"关节到"toe"关节的IK控制柄，将其命名为"left_leg_toe_IK"。此时有3条IK链。看到它们就可以在视图的菜单栏中执行"着色">"X射线显示"命令，如下页图10-19所示。

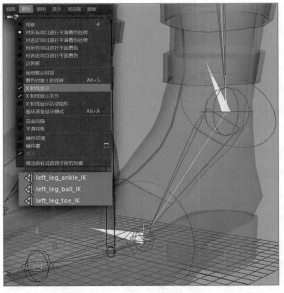

↑ 图10-19　新的关节链

步骤08 设置IK控制柄的粘滞属性。设置IK链的最后一步就是启用它们的粘滞属性。在大纲视图中选择一个IK控制柄，然后切换到"属性编辑器"面板。展开"IK控制柄属性"的折叠按钮，将"粘滞"值由"禁用"改为"粘滞"，以启用粘滞属性。我们要为每一个IK控制柄都执行此操作，如图10-20所示。

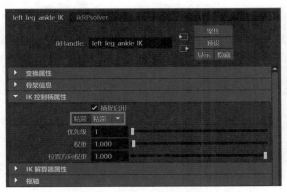

↑ 图10-20　设置IK控制柄的粘滞属性

10.7 脚环绑定

接下来要做的就是为脚创建控制器，我们将在稍后对此进行介绍（不是通过IK链实现）。

步骤01 为左脚趾创建控制器。执行"创建">"NURBS基本体">"圆形"命令，这会在原点处创建一个NURBS圆，将其命名为"left_toe_ctrl"。NURBS模型是数学构造，非常适合创建控制器。

步骤 02 将控制器进行分组。选择NURBS圆并按Ctrl+G组合键对其进行分组，将分好的组命名为"left_toe_ctrl_group"。通过该组可以将曲线定位到需要的位置，使NURBS曲线属性保持干净。

为什么？

稍后将使用NURBS曲线制作动画，我们需要这些曲线上没有任何值，使操作更轻松。可以将值设为0，轻松地将控制器重置回默认值。

步骤 03 将组置于脚趾关节处。选择"left_toe_ctrl_group"，添加"选择left_toe关节"。在菜单栏中执行"修改">"匹配变换">"匹配所有变换"命令。此时"left_toe_ctrl_group"应该被移动到了"left_toe"关节处。

要是没有看到控制器，就按Ctrl+1组合键隔离组。此时可以看到控制器的尺寸太小，要使其变大，就在曲线上按住鼠标右键并选择"控制顶点"命令，缩放并旋转所有顶点，如图10-21所示。

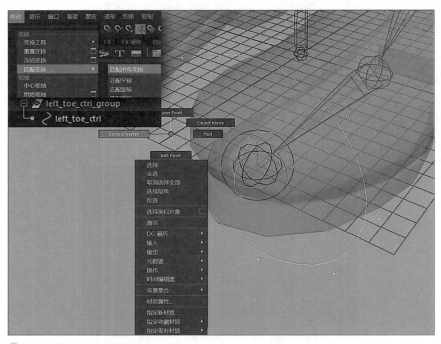

🔺 图10-21　定位并重新塑造控制器

为什么？

我们可以很容易地缩放控制器，但这会在通道盒中引入比例值，导致动画和绑定出现问题。要记住的是，控制器的平移*X*、*Y*、*Z*值和旋转*X*、*Y*、*Z*值应保持为0，缩放*X*、*Y*、*Z*值应保持为1。我们可以再次按Ctrl+1组合键切换到隔离。

步骤 04 为"left_ball"关节创建控制器。对"left_ball"关节执行上一节步骤08到这一节步骤02的操作。

步骤 05 为鞋跟创建控制器。创建另一个控制器和组，并将其命名为"left_heel_ctrl"和"left_heel_ctrl_group"。这次不会用到"匹配变换"功能，而是要将"left_heel_ctrl_group"置于鞋跟的底部，如下页图10-22所示。

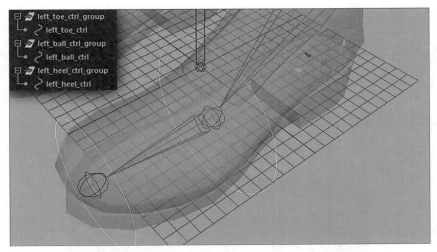
⬆ 图10-22 创建左脚的控制器

教程 创建脚的层级结构

接下来的操作就是将控制器放入正确的层次结构中，这样它们就可以控制关节。

步骤 01 控制器的父级IK。让"Left_leg_ankle_IK"作为"left_ball_ctrl"的子级。我们通过按住鼠标中键并将"Left_leg_ankle_IK"拖到"left_ball_ctrl"中实现这一操作。根据以上操作，为下面的控制器分配父级和子级。

让"left_leg_ball_IK"成为"left_toe_ctrl"的子级。让"left_ball_ctrl_group"成为"left_toe_ctrl"的子级。让"left_leg_toe_IK"成为"left_heel_ctrl"的子级。让"left_toe_ctrl_group"成为"left_heel_ctrl"的子级。

操作完成后，层级结构如图10-23所示。

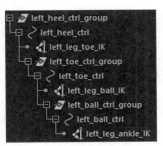
⬆ 图10-23 为左脚的绑定创建层级结构

步骤 02 为脚创建一个主控制器。创建另一个控制器和组，将控制器命名为"left_foot_ctrl"，将组命名为"left_foot_ctrl_group"。将"left_foot_ctrl_group"直接放在脚的层级下面。在曲线上按住鼠标右键，选择"控制顶点"。然后选择所有的顶点并缩放它们，使其大小与脚的底部相匹配。最后，将"left_heel_ctrl_group"设置为"left_foot_ctrl"的父级。

步骤 03 对右腿重复上节步骤04至本节步骤01中的操作。到目前为止，关节不影响任何几何形状。接下来要做的是让关节影响角色的顶点或多边形。为了做到这一点，我们需要使用名为"绑定蒙皮"的方法。

教程 绑定并绘制蒙皮权重

步骤01 选择所有的关节和模型。在大纲视图中，选择"root_motion"关节，然后在菜单栏中执行"选择">"层级"命令，选择所有的关节。按住Ctrl键，添加所有的角色网格（除了枪）。

步骤02 将模型绑定到关节。在绑定模式中，执行"蒙皮">"绑定蒙皮"命令，打开"绑定蒙皮选项"对话框。选择"编辑">"重置设置"选项，使用默认的蒙皮选项，如图10-24所示。

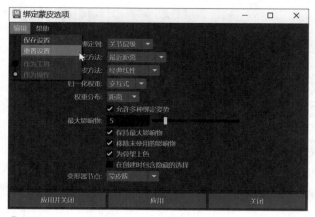

🔼图10-24 "绑定蒙皮选项"对话框

单击"应用并关闭"按钮（绑定蒙皮会将顶点绑定到最近的关节上，这样当我们旋转或平移关节时，相应的几何形状就会变形）。

现在我们的几何图形已经绑定到关节上了，接下来需要细化蒙皮权重，该过程称为绘制蒙皮权重，是将每个顶点上的强度值调整到相应关节的过程。这部分的绑定过程是最重要的，因为它使我们能够确保每个关节都能正确、平稳地变形为对应的几何形状。

10.8 绘制蒙皮权重

这里的目标是确保只有指定的几何形状与相应的绑定关节一起弯曲。接下来要做的另一件事就是把蒙皮权重从身体的一侧复制到另一侧。所以我们将绘制角色左侧的蒙皮权重，并将其复制到右侧。

为了使操作更容易，我们将在"Ellen_full_body_ref"上绘制蒙皮权重，然后将蒙皮权重转移到主要角色的几何体上。

步骤01 隐藏除"Ellen_full_body_ref"之外的所有几何体。选择轮廓线中的几何体并按Ctrl+H组合键。接下来，如果"Ellen_full_body_ref"被隐藏了，一定要取消隐藏，然后在轮廓线中选择几何体并按Shift+H组合键。

步骤02 打开"绘制蒙皮权重工具"面板。在视图中选择"Ellen_full_body_ref"，按住鼠标右键，选择"绘制蒙皮权重工具"命令。这将激活几何体和关节的蒙皮权重处理过程。

在"绘制蒙皮权重工具"面板中有一些需要注意的事项。在这里可以看到一个包含所有关节的列表，在列表中选择一个关节，会看到该关节正在影响几何体的哪个部分。受控的几何区域显示为白色，如图10-25所示。我们在这主要使用"绘制操作"中的"添加"和"平滑"选项。

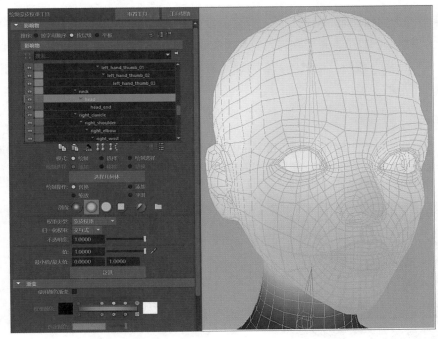

图10-25 "绘制蒙皮权重工具"面板

步骤 03 绘制头部的权重。我们将从头部关节开始绘制。在"绘制蒙皮权重工具"（Paint Skin Weights Tool）面板的"影响物"（Influence）列表中选择"head"关节，将"绘制操作"（Paint operation）设置为"添加"（Add），将"不透明度"（Opacity）的值设置为"1.0000"。此处的目标是在绘制时将头部几何体的权重值保持为1，以便在对头部关节进行动画处理时，头部几何图形会适时旋转。

将头部的整个区域涂成白色，使头部关节完全控制头部。向下移动到颈部关节，并将颈部区域涂成白色，使颈部关节控制颈部，如图10-26所示。

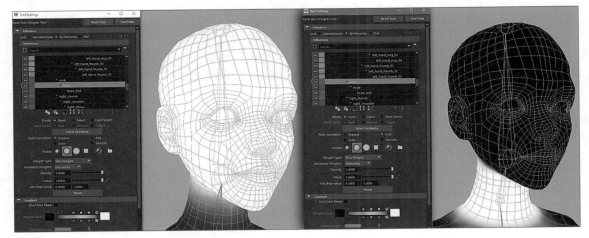

图10-26 绘制头部和颈部的权重

步骤 04 平滑头部和颈部之间的权重。我们已经完成了头部和颈部权重的绘制，接下来要做的是平滑两个关节之间的权重。首先在列表中选择头部关节，然后将"绘制操作"切换到"平滑"。之后多次单击"泛洪"按钮。此时可以看到颈部关节的融合变得更加光滑了。这将允许在绑定关节时可以实现平滑的变形。

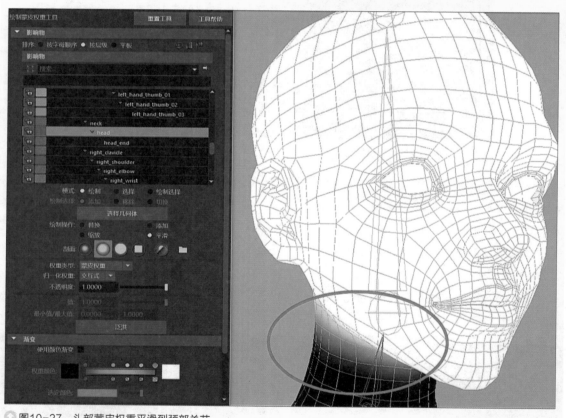

图10-27　头部蒙皮权重平滑到颈部关节

步骤 05 将权重绘制在关节链上。接下来的操作就是沿着关节链向下进行绘制。颈部绘制操作完成之后，我们来进行胸部绘制。使用之前的操作方法，完成胸部权重的绘制。然后就可以平滑过渡到下一个关节，如下页图10-28所示。

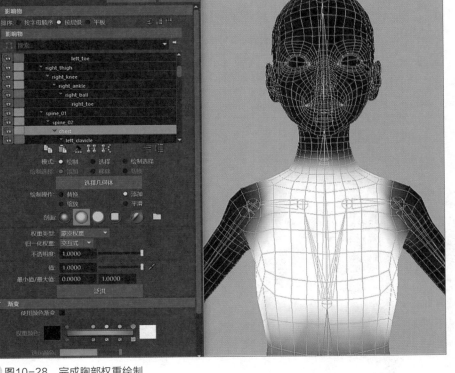

⊕ 图10-28　完成胸部权重绘制

提示和技巧

　　在绘制权重时，有时会看到一个顶点受到来自不需要的关节的影响。在这种情况下，选择顶点并切换到"组件编辑器"对话框。在对话框中选择"平滑蒙皮"选项卡，其中显示了正在影响该顶点的关节。如果不希望该关节影响顶点，可以在与该关节关联的文本框中输入0，如图10-29所示。

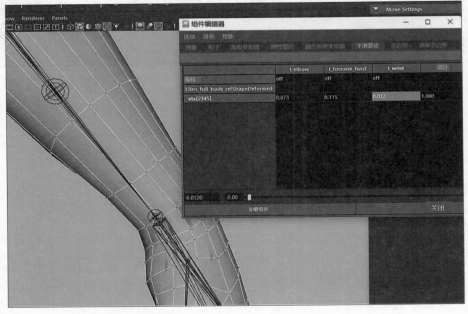

⊕ 图10-29　"组件编辑器"对话框

步骤 06 对脊柱的其余部分重复权重绘制。沿着脊柱重复之前的操作。图10-30显示了每个关节的截止点。完成脊柱的权重绘制后,接下来要操作的是手臂和腿。需要记住的是,我们只需要对这个角色模型的一侧进行操作,然后把权重复制到另一侧即可。这里绘制的是角色的左侧。

步骤 07 绘制左侧锁骨的权重。从左侧锁骨开始,通过"添加"选项重复绘制过程,然后进行平滑操作,如图10-31所示。

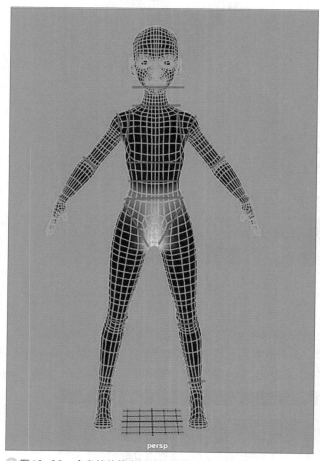

🔼 图10-30　全身关节蒙皮权重的截止区域

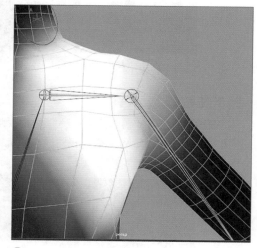

🔼 图10-31　左侧锁骨的蒙皮权重

步骤 08 完成身体其余部分的权重绘制。下一个绘制的关节是肩关节,然后是肘关节、手腕关节和手指关节。完成手臂权重的绘制后,接下来要操作的就是处理左腿,我们从臀部开始。

I0.8.I 镜像蒙皮权重

在绘制角色的权重时,不用绘制身体的右侧,因为可以将左侧的权重镜像到右侧。

镜像蒙皮权重。选择几何图形,执行"蒙皮">"镜像蒙皮权重"命令,打开"镜像蒙皮权重选项"对话框。在"镜像平面"选项区域选择"YZ"选项,在"方向"选项区域勾选"正值到负值(+X到-X)"复选框,以使其从正值到负值进行镜像,如下页图10-32所示。

将蒙皮权重从身体左侧镜像到右侧后,要仔细检查实际的镜像情况。通过动画或旋转关节进行测试。之后一定要将它们设置回"0,0,0"。

⬆ 图10-32 "镜像蒙皮权重选项"对话框设置

10.8.2 复制蒙皮权重

我们已经成功绘制了"Ellen_full_body_ref"的蒙皮权重，现在可以将这个模型的蒙皮权重复制到其他模型上。过程很简单，只需要几分钟就可以完成。

步骤 01 取消隐藏模型。取消隐藏之前的几何形状，在大纲视图中选择所有的几何形状并按Shift+H组合键。

步骤 02 复制毛衣的蒙皮权重。选择"Ellen_full_body_ref"，按住Shift键并选择"Ellen_sweater_geo"。执行"蒙皮" > "复制蒙皮权重"命令。这里的选择顺序很重要，我们需要先选择源模型，再选择目标模型。一旦执行了"复制蒙皮权重"命令，之前的蒙皮权重就会被复制到"Ellen_sweater_geo"中。然后我们通过动画测试关节。

步骤 03 对所有的Ellens模型重复相同的操作。复制完所有蒙皮权重，我们接下来要做的是测试变形。虽然成功复制了蒙皮权重，但是它的效果不会是100%的匹配，所以一定要测试并通过之前做过的蒙皮权重绘制过程进行相应地调整。

调整好蒙皮权重后，接下来可以开始为手臂创建控制器了。

教程 创建手臂控制器

下面创建手臂控制器。

步骤 01 复制左臂关节。选择left_shoulder关节并按Ctrl+D组合键进行复制。此时会生成一个新的关节链，包括left_shoulder1、left_elbow和left_wrist。我们在这并不需要手指关节，所以需要在大纲视图中将其删除。

步骤 02 取消新关节链的父节点。选择left_shoulder关节并按Shift+P组合键，取消创建新关节链。因为我们希望它与变形关节系统分开运行。

步骤 03 重命名新关节。将重复的关节重命名为left_drv_shoulder、left_drv_elbow和left _drv_wrist。把这些关节置于一个组中，将组命名为left_drv_arm_group，如图10-33所示。

图10-33 创建新的手臂关节

我们创建的新关节链通常会成为驱动关节链。它接收控制器的输入并驱动原始关节，我们也称原始关节为绑定关节。现在要做的就是通过创建控制器控制驱动关节链。

步骤 04 创建控制器。在菜单栏中执行"创建">"NURBS基本体">"圆形"命令。该操作会在原点处创建一个NURBS圆。如果没有看到这个圆，请切换到透视图进行查看。

步骤 05 删除历史记录。选择NURBS圆，执行"编辑">"按类型删除">"历史"命令，删除历史记录。

步骤 06 将控制器重命名为left_fk_shoulder_ctrl。

步骤 07 对控制器进行分组。选中控制器后，按Ctrl+G组合键在控制器上创建一个组，将该组重命名为left_fk_shoulder_ctrl_grp。

步骤 08 将组与肩关节相匹配。选择组，然后按住Shift键并选择左肩关节。在菜单栏中执行"修改">"匹配变换">"匹配所有变换"命令。该操作会将组和控制器置于选定对象的确切位置和方向上。

步骤 09 绘制控制器的形状。如果控制器的尺寸不合适，就需要调整它的大小。我们可以操纵控制顶点来改变它的大小和形状，如图10-34所示。

步骤 10 复制控制器组。选择left_fk_shoulder_ctrl_grp并按Ctrl+D组合键复制它。该操作会创建另一个组，将该组重命名为left_fk_elbow_ctrl_grp。打开这个新组并将其下的控制器重命名为left_fk_elbow_ctrl。

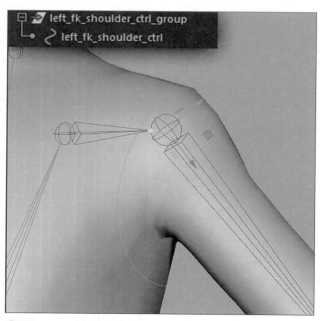

图10-34 创建手臂控制器

提示和技巧

　　在操作时保持实际控件的整洁且值为零非常重要。我们使用组将它们移动到适当的位置，通过调整控制顶点来将其旋转或缩放成所需的大小和形状。

　　步骤11 将left_fk_elbow_ctrl_grp与elbow关节匹配。选择left_fk_elbow_ctrl_grp，为其添加肘关节并匹配所有转换。然后通过操纵控件顶点来调整控制器的大小。

　　步骤12 对wrist关节重复步骤10和步骤11的操作。

　　步骤13 将控制器放入正确的层级结构中。控制器设置的最后一步是组的层次结构及其控件。在执行此操作后，接下来的一个重要步骤是移动大纲视图中控件顶部的组。层级结构应该从肩膀以下开始，先选择肘部组将其拖到肩部控制器（不是组，是组中的控制器），然后选择手腕组将其拖到肘部控制器下，如图10-35所示。

🔼 图10-35　手臂控制器的层级结构

　　步骤14 使用控制器控制驱动关节。选择left_fk_shoulder_ctrl，按住Shift键并选择left_drv_shoulder关节，然后执行"约束" > "方向"命令（确保勾选了"保持偏移"复选框）。对肘部和手腕执行同样的操作。最后应该有三个方向约束，且每个关节上一个。如果操作正确，就能旋转控制器并看到关节随之旋转。这些就是关于FK手臂的设置的操作。

IO.9 约束

　　对模型执行约束操作后，所选内容中的第二个对象将开始跟随所选内容的第一个对象。方向约束使对象仅跟随旋转操作。在约束设置中还可以有父级和点，父级约束使对象同时遵循平移和旋转的操作，点约束使对象仅遵循平移操作。

教程 创建IK手臂

　　下面开始创建IK手臂控制器。

　　步骤01 为手腕创建IK控制器。复制left_fk_wrist_ctrl_grp并取消新副本的父级，将新组名称中的fk替换为IK，其下控制器的名称也替换为IK。

　　步骤02 重新塑造新的IK控制器。右击打开标记菜单，选择"顶点"命令，重塑新控制器的形状。我们要做的就是让它看起来不同于left_fk_wrist_ctrl，如下页图10-36所示。

　　步骤03 为肘部创建IK控制器。复制left_IK_wrist_ctrl_grp，并将名称中的wrist替换为elbow。选择新组，执行"修改" > "匹配变换" > "匹配所有变换"命令，将其匹配到肘关节。选择新组并将其平移回来，使其位于肘部后面，然后修改控制器的形状，如图10-37所示。

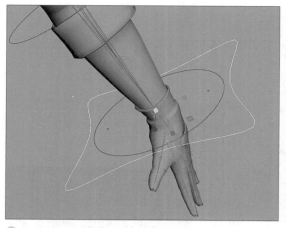

图10-36 重塑新的IK控制器

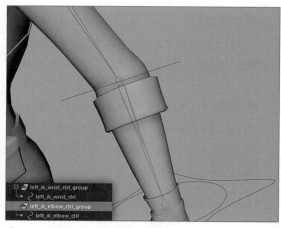

图10-37 创建IK肘部控制器

接下来，为手臂创建IK控制系统。

步骤 04 创建IK控制柄。切换到绑定模式，执行"骨架">"创建IK控制柄"命令。保持默认设置，单击left_drv_shoulder，然后再单击left_drv_wrist（将它们隔离，这样可以轻松单击它们）。之后就会创建一个IK控制柄，将其命名为left_wrist_IK。

步骤 05 将IK控制柄设为IK手腕控制器的父级。在大纲视图中选择left_wrist_IK，按住鼠标中键并将left_wrist_IK拖动到left_IK_wrist_ctrl。此时left_IK_wrist_ctrl应该在驱动IK系统。

步骤 06 设置IK肘部控制器。选择大纲视图中的left_IK_elbow_ctrl，按住Ctrl键并选择left_wrist_IK。执行"约束">"极向量"命令，此时可以控制IK肘部的位置。

步骤 07 应用手腕旋转控制器。我们需要做的最后一件事是在left_IK_wrist_ctrl和left_drv_wrist关节之间添加一个方向约束。选择left_IK_wrist_ctrl，按住Shift键选择left_drv_wrist关节，执行"约束">"方向约束"命令。

现在我们已经创建了IK，最后一件事是将新的复制手臂驱动关节约束到原始绑定关节。接下来我们要做的就是将绑定关节设为驱动关节的父级约束。

步骤 08 将绑定关节约束到驱动关节上。选择新的left_drv_shoulder关节，按住Shift键选择left_shoulder绑定关节，执行"约束">"父子约束"命令，在绑定关节上应用父约束。然后继续对肘关节和手腕关节执行同样的操作。

现在我们已经完成了手臂绑定，接下来需要清理大纲视图中的组。

步骤 09 将所有控制器分组。选择left_fk_shoulder_ctrl_group、left_IK_wrist_ctrl_group和left_IK_elbow_ctrl_group，将它们分为一组，并将新组命名为left_arm_ctrl_group。

步骤 10 将控制器和驱动器关节进行分组。选择left_arm_ctrl_group和left_drv_arm_group，将它们分为一组，并将新组命名为left_arm_rig_group，如图10-38所示。

图10-38 左手臂最终的层级结构

教程 手指控制器

目前我们已经完成了手臂控制器的创建，接下来需要为每个手指关节创建控制器。

步骤 01 创建fk控制器。使用为手臂创建控制器的方式为手指创建fk控制器。我们可以将手指想象成迷你手臂。不要忘记将控制器添加到正确的层级结构中，就像手臂控制器的层级结构那样（不要创建IK控制器）。

步骤 02 父约束关节。一旦我们创建了所有手指的控制器，需要对每个对应的手指控制器进行父约束。这和我们对其他控制器组所做的操作是一样的。此时手指关节应该随着控制器的旋转而旋转。

步骤 03 对控制器进行分组。把所有手指所在的组都划分在同一个组中，将其命名为left_hand_group。该组包含了所有的手指关节和它们各自的组，如图10-39所示。

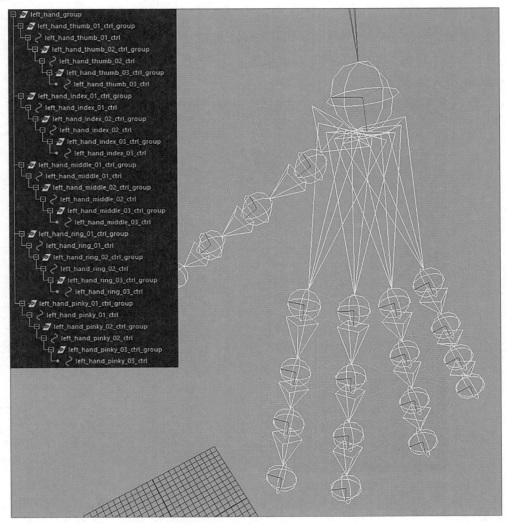

⬆ 图10-39 手指控制器的最终层级结构

步骤 04 将手约束到手腕。通过父约束，将left_hand_grp约束到left_drv_wrist关节，确保整个组中的对象会随着手臂的移动而移动。

教程 锁骨和身体的控制器

既然手臂有驱动关节和绑定关节，那么我们需要为锁骨也创建一个类似的设置。

步骤01 创建驱动器关节。我们需要先复制"left_clavicle"关节，包括该关节的子级。这里只需要锁骨和肩膀，所以就将其他部分删掉。将复制的关节重命名为"left_drv_clavicle"和"left_drv_shoulder"。为"left_drv_clavicle"创建组，将组命名为"left_drv_clavicle_group"，然后取消组的父级，如图10-40所示。

🔼 图10-40 创建左侧锁骨和肩关节的层级结构

步骤02 创建锁骨控制器。使用与之前同样的方法为锁骨创建控制器。创建一个NURBS圆，并将其进行分组。通过匹配所有变换，将组移动到锁骨关节的位置。按照上面的命名规则对控制器和组进行命名。最后，对控制器和驱动器关节最顶部的组重新进行分组，将其分到一个名为"left_clavicle_rig_group"的新组，如图10-41所示。

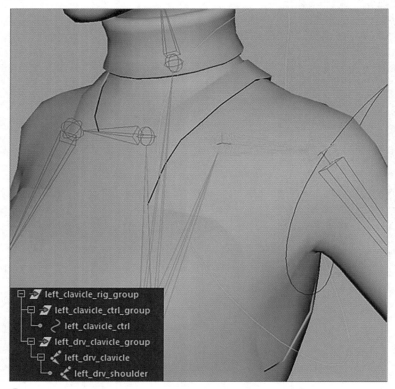

🔼 图10-41 锁骨的层级结构

步骤03 创建IK控制柄。当手臂处于IK模式时，创建一个IK控制柄控制锁骨。执行"骨架">"创建IK控制柄"命令，在"工具设置"面板中，将"当前解算器"改为"单链解算器"。单击"left_drv_clavicle"，然后单击"left_drv_shoulder"创建IK控制柄，将其命名为"left_clavicle_IK"，如下页图10-42所示。

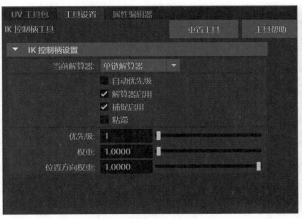
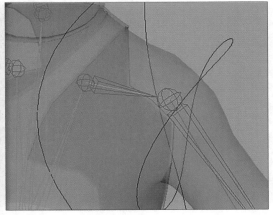

⬆ 图10-42 锁骨IK和关节设置

步骤 04 将"left_clavicle_IK"设为"left_clavicle"控制器的子级,如图10-43所示。

⬆ 图10-43 左侧锁骨IK和控制器的层级结构

步骤 05 约束原始关节。将驱动器关节驱动到绑定关节。选择"left_drv_clavicle"关节,按住Shift键并选择"left_clavicle"关节,执行"约束" > "父子约束"命令。

步骤 06 约束肩膀驱动器关节。选择锁骨驱动器关节的"left_drv_shoulder",然后选择"left_drv_arm_group",执行"父子约束"命令。该设置会关联手臂上的驱动器关节和锁骨。

步骤 07 约束肩膀的FK控制器。选择锁骨驱动器关节的"left_drv_shoulder",然后选择"left_fk_shoulder_ctrl_group",执行"父子约束"命令。

步骤 08 使锁骨关联胸部。这里要让锁骨跟随胸部的控制。选择chest关节,按住Shift键并选择"left_clavicle_rig_group",执行"父子约束"命令。

现在我们完成了左侧锁骨的相关操作,然后要为右侧锁骨进行同样的操作。

此时可以创建根控制器和主干控制器了。需要记住的是,控制器都需要组。

步骤 09 创建臀部控制器(NURBS圆),然后进行命名、分组并重新命名组的操作。

步骤 10 选择组并将所有转换匹配到髋关节。

步骤 11 父约束髋关节到髋关节控制器。

步骤 12 对连接到头部的关节重复同样的过程,如下页图10-44所示。图10-44中显示了身体的控制器设置。

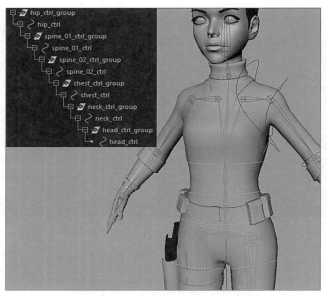

⬆ 图10-44　创建身体控制器

10.10　为武器（枪）创建关节

现在需要为最后一个对象添加关节，那就是游戏中的武器——枪。

步骤01 执行"骨架">"创建关节"命令。在原点创建一个关节，将其转换到枪中，并将该关节重命名为"gun_joint"。

步骤02 将枪的几何形状绑定到"gun_joint"。选择枪的几何形状，添加"选择gun_joint"，执行"蒙皮">"绑定蒙皮"命令。

步骤03 绘制枪的权重，使"gun_joint"关节可以完全控制枪。

10.11　最终的层级结构

我们已经创建了所有对象的控制器，现在只需要在大纲视图中对它们进行整理即可，确保它们以正确的顺序置于对应的组中。

步骤01 创建世界控制器。在原点处创建一个新的控制器，将其重命名为"world_ctrl"。把世界控制器进行分组，将其重命名为"Ellen_rig_grp"。

步骤02 将世界控制器设为其他控制器和驱动器关节的父级。世界控制器应该是整个层级的根，其他父级控制器和驱动器关节都在世界控制器的下面，层级结构如下页图10-45所示。

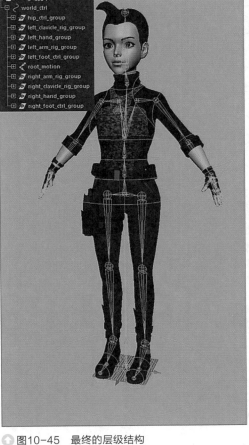

🔼 图10-45　最终的层级结构

10.12 总结

在本章中，我们完成了绑定操作，但要记住的是，这种设置是最低限度的绑定，我们尽可能地简化了操作以方便大家学习。如果想尝试更多高级的绑定效果，有很多自动绑定功能可供选择。像高级骨架、快速绑定这样的插件可以在几分钟内完成创建所有的控制器。Maya有自己的自动绑定功能，可以通过菜单栏中的"控制"＞"创建控制绑定"实现。

关于绑定还有很多内容值得探索。比如，我们没有进行任何面部表情控制，甚至不能移动眼睛或张开嘴巴，也没有设置任何拉伸。但即使在这种情况下，也不要过度使用绑定功能。如果不需要面部表情，那么不对面部执行任何绑定操作是完全合理的。

在学习绑定操作时，可能会有很多地方令人疑惑。因此，如果我们不明白某些步骤，可以尝试多次阅读相关内容。如果完全不想执行绑定操作，本书也准备了已经绑定好的相关模型文件，我们可以在下一章中使用它们制作动画。

让我们下一章再见。

Maya 中的 FPS 动画

本章我们将对如何在Maya中进行FPS动画创建展开详细介绍，其中包括FPS动画概述、引用角色绑定、文件的保存、显示层、配置摄影机、创建游戏动画等。

UNREAL ENGINE
SUBSTANCE PAINTE
MAYA

II.I FPS动画

第一人称射击（FPS）动画通常用于玩家沉浸感很强的游戏中，就好像玩家站在角色的立场上，成为了那个角色。玩家通常只会在游戏需要时才会看到角色的手和武器。因为只能看到角色的一小部分，所以创造FPS动画通常比创造在全景视图中看到的角色（比如非玩家角色）动画更简单。在动画创作阶段，我们的工作就是创造可信的人物动作。在开始制作FPS动画之前，我们需要考虑一些技术方面的问题。一旦设置好了这些问题，角色就会变得更加鲜活。在继续操作之前，如果想加快工作流程，可以跳到下一章。那里展示了如何使用动作捕捉数据代替手动捕捉作为动画基础。

II.I.I 引用角色绑定

我们可以选择在新的Maya文件中引用角色绑定，而不是像往常一样打开"Ellen_rig"。在绑定中引用将允许对角色的实例进行动画处理，同时保持原始文件不变。

在一个新的Maya文件中执行"文件" > "创建引用"命令，打开"引用"对话框。切换到"Ellen_rig"所在的位置，单击"引用"按钮以引入该文件的实例版本。这就是我们将要操作的文件。

为什么？

当我们开始制作动画时，要是需要对模型或绑定进行调整，可以跳转到原始绑定文件"Ellen_rig"进行相应的更改。当我们切换到当前文件后，所做的调整也会反映到模型上，并不影响动画效果。如果没有实时看到更改，执行"文件" > "引用编辑器"命令，在打开的对话框中右击绑定名称，执行"重新加载引用"命令，将这些更改引入动画文件中。

除了可以轻松地从动画数据中单独更新模型和绑定之外，引用还使得在动画制作时无法更改绑定。我们无法意外删除模型的任何控件或任何部分。

提示和技巧

引用角色绑定是可选的，对于动画来说不是必需的。我们始终可以在原始绑定文件中进行动画处理。无论决定使用哪种方法，都要以增量方式保存文件。例如，我们一直在名为"AnimationFile_1"的Maya场景中工作。在指定的时间（比如10分钟）之后，建议创建一个名为"AnimationFile_2"的新迭代，因为在操作的过程中，动画文件可能会崩溃。如果"AnimationFile_2"在意外崩溃中损坏，我们仍然可以使用"AnimationFile_1"作为备份文件。

II.I.2 保存文件

每个武器集的动画都会被存放在各自的Maya文件中。在保存Maya文件时，将其命名为"Ellen_gun_animations"，以区别于其他文件。

II.I.3 显示层

在制作动画时，能够无遮挡地看到角色是很重要的。显示层可以在不需要时用于隐藏模型或绑定的某些方面，同时无需在每次要隐藏这些角色部分时都在大纲视图中进行操作。

步骤 01 按住Shift键并选择创建FPS动画时不需要看到的几何体的所有部分。在Maya主界面右侧打开"通道盒/层编辑器"面板，切换到面板下方的"显示"选项卡，执行"层">"创建空层"命令，此时成功创建了一个名为"layer1"的层。双击"layer1"，打开"编辑层"对话框。在"名称"文本框中输入"RestOfBodyMesh"，然后单击"保存"按钮保存并退出该对话框。

显示层名称左侧的方框列允许快速控制显示层。其中包含字母V的第一列，用于控制对象的可见性。如果要关闭"RestOfBodyMesh"显示层，可以单击字母V，使框中的字母消失即可。角色Ellen的上半身和手臂应该是视图中唯一可见的几何部分。

步骤 02 对FPS动画不需要的控件重复此过程，并将层命名为"NotNeededControls"。

步骤 03 为Ellen网格的可见部分创建显示层，并使用显示层的不同功能。单击显示层左侧的第三列框，显示字母R（表示引用），这将导致几何图形不可被选择。

为什么？

在动画过程中，我们只需要移动在绑定过程中创建的控件，而不是角色几何体。通过将Ellen的上半身、手臂和武器几何体放在它们自己的显示层上，激活并引用选项，我们将不必担心设置超出控制的关键帧。图11-1显示了到目前为止创建的各种显示层的示例。

⬆ 图11-1　显示层列表

提示和技巧

在制作动画时，我们需要在没有控件的情况下快速预览动画。在视图区域的菜单栏中单击"显示"选项卡，会出现很多可以隐藏和取消隐藏的组件，如图11-2所示。我们可以勾选"NURBS曲线"复选框或按Alt+1组合键显示该组件。

显示	隔离选择	▶
	全部	
	无	
	控制器	
	NURBS 曲线	Alt+1
	NURBS 曲面	
	NURBS CV	
	NURBS 壳线	
✓	多边形	Alt+2
	细分曲面	
	平面	
	灯光	
	摄影机	
	图像平面	Alt+4
	关节	
	IK 控制柄	
	变形器	
	动力学	
	粒子实例化器	
	流体	
	头发系统	
	毛囊	
	nCloth	
	nParticle	
	nRigid	
	动态约束	
	定位器	
	尺度	
	枢轴	
	控制柄	
	纹理放置	
✓	笔划	
	运动轨迹	
	插件形状	
	片段重影	
	GPU 缓存	
✓	操纵器	
	栅格	
✓	HUD	
	透底	
✓	选择亮显	
	播放预览显示	▶

⬆ 图11-2 显示或隐藏NURBS曲线

取消勾选"NURBS曲线"的复选框，会使组件在场景中暂时消失，就像关闭显示层的可见性功能一样。如果想长时间隐藏角色模型的一部分，建议使用显示层可见性功能。在设置动画的过程中执行"显示" > "NURBS曲线"命令，可以快速检查运动轨迹的清晰度。

$II.I.4$ 摄像机配置

下面介绍摄像机配置。

步骤 01 单击大纲视图正上方的"前/透视"快速布局按钮，会出现两个视图区域。在视图菜单栏执行"面板">"透视">"新建"命令，会在左侧视图创建一个专用的FPS摄像机，将其命名为"FPS_Cam"。在同一视图中单击图11-3中的图标，启用"分辨率门"功能，同时单击该图标右侧的"门遮罩"图标，这样门周围就会出现一个浅灰色的阴影区域。

步骤 02 切换到右侧视图区域，移动"FPS_Cam"摄像机，使其模仿玩家的视线。如果没有看到浮动的绿色摄像机，请在视图菜单栏执行"显示">"摄像机"命令，检查是否启用了摄像机的可见性功能。选择"FPS_Cam"摄像机并移动它，使其靠近Ellen的眼睛，如图11-4所示。我们可以暂时打开"RestofBodyMesh"显示层的可见性，这样就可以通过Ellen头部的几何形状定位摄像机。

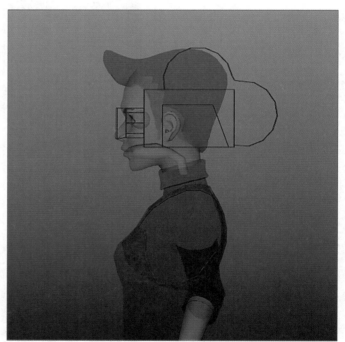

⬆ 图11-3 "分辨率门"图标　　⬆ 图11-4 将"FPS_Cam"摄像机和Ellen的眼睛对齐

为什么？

该视图设置允许我们同时查看FPS摄像机视图和工作区域。由于分辨率门和门遮罩在左侧视图可见，因此我们可以专注于玩家会在游戏中看到的内容。在右侧视图选择空间会更容易，因为我们可以自由地在游戏场景中移动。

步骤 03 现在我们有了专用的FPS摄像机，可以根据该摄像机的位置创建自己的准星。在顶部的菜单栏执行"创建">"定位器"命令，创建一个定位器。定位器有多种用途，比如在连接绑定的不同部分时充当中间人。我们将使用定位器作为Maya中的准星。按住Shift键并选择"FPS_Cam"，执行"修改">"匹配变换">"匹配平移"命令，定位器会捕捉到"FPS_Cam"的位置。沿着Z轴平移定位器，使其置于摄像机正前方。我们可以在左侧视图的中间看到定位器，如图11-5所示。将定位器置于引用的显示层中，可以使定位器不可选择。我们还可以切换到"通道盒编辑器"，选择所有通道属性，右击并选择"锁定选定项"命令，锁定定位器，如图11-6所示。

⬆ 图11-5　创建准星

为什么?

　　在FPS游戏中，准星是一个小图标，就像十字图标或圆点一样，它居于屏幕中央，用于帮助玩家瞄准目标。游戏引擎中会有一个不同的准星，但是我们的定位器准星仍然是有用的。当角色摆动姿势时可以参考定位器准星，并确保武器指向准星。

⬆ 图11-6　右击通道属性以锁定定位器的移动

11.2 游戏动画

下面将开始制作角色在游戏中的姿势。游戏角色会有一组动画，这些动画将会根据情况在游戏中播放，最重要的动画之一是空闲。在玩家没有输入任何命令时，将播放空闲动画。这样做是为了让角色保持活力，即使他们没有执行任何特定的动作。在集合中先创建空闲动画，因为它是大多数动画的返回点。当Ellen完成走路动画或结束射击后，将会回到空闲动画。

Ellen唯一不会回到空闲状态的时候是她被摄像头捕捉到并且游戏结束的时候。Ellen需要的其他动画包括攻击、行走、被抓住以及重新加载。

11.2.1 创建姿势

动画是一种基于时间的艺术形式，当一系列的姿势一个接一个地播放时，会让人产生运动的错觉。在创建一个姿势时，需要告诉Maya我们想让它在特定的时间播放。屏幕底部的时间滑块可以调整播放时间。

灰色突出显示的是当前的时间指示器，可以通过在时间滑块上左右单击进行更改。动画的长度可以通过在时间滑块的两侧输入相关值进行调整。

我们可以通过平移或旋转在绑定阶段设置的角色控件来创建姿势。当准备保存姿势时，选择所有控件并按S键设置关键帧。此时时间滑块上选中的帧号处将出现一个红色记号。我们可以通过按住Shift键选择关键点并单击将其拖动到新时间来调整关键点的计时。要是不喜欢某个姿势，可以选择所有角色控件，在不需要的关键帧上右击并按Delete键删除该姿势。当有多个关键帧需要调整时，在按住Shift键的同时单击并拖动这些帧上的记号。此时会创建一个红色高亮的显示区域，我们可以移动或删除它们。

一旦放置了第一个关键帧，就不要害怕以后要修改它最初的时间。掌握正确的时间设置是制作动画过程中必不可少的一部分。

11.2.2 简化武器移动

我们还需要考虑的一件事是角色如何握住自己的武器：Ellen是用一只手还是两只手握住她的武器？在将武器附加到角色之前，最好先创建空闲姿势。如果她用一只手握住武器，请按照步骤01直接跳到"帧速率"章节（第301页）。如果她用两只手握住武器，请直接进入步骤02，并继续进行下一节的操作。

步骤 01 移动Ellen的右臂，保持直立姿势。我们提供的绑定文件还有一个功能没有在绑定章节中介绍。它有"IK FK"混合滑块，位于手臂的外侧（看起来像一根棒棒糖）。如果使用的是第10章中完成的绑定对象，那么角色的手臂不会随着FK控制器一起移动。我们还需要做两件事才能使FK工作。第一件事是找到"left_ik_wrist_ctrl"，选择其下的父对象"left_wrist_IK"。在

"通道盒"中将"IK混合"的值设为0，切换到FK（将值设为1，切换到IK）。第二件事是关于手腕，选择"left_drv_wrist"，在"通道盒"中将"Left Fk Wrist Ctrl W0"的值设为1，将"Left Ik Wrist Ctrl W1"的值设为0，以切换到FK。如果上下拖动对象，那么在绑定时提供的"棒棒糖滑块"会自动完成这两项操作。在提供的绑定文件中，控制器的名称可能不同。由于名称长度的限制，在绑定章节中删除了这个"棒棒糖"控制器。如果有这个"棒棒糖"控制器，那么动画章节和绑定章节将并行开发。选择肩部控件"ac_r_fk_shoulder"，按E键打开旋转工具旋转手臂，使其几乎与地面平行。旋转肘部和手腕控件"ac_r_fk_shoulder"和"ac_r_fk_wrist"，让手臂姿势看起来更自然。平移枪模型组"Gun_grp"，这样枪就放在Ellen的右手掌上。旋转手指控件，使手指缠绕在枪柄上，如图11-7所示。

⬆ 图11-7　创建单手握枪姿势

确定手指姿势后，选择"ac_r_fk_wrist"，在大纲视图中按住Shift键选择"Gun_grp"。将"绑定"设置为激活状态。在菜单栏中执行"约束">"父约束"命令，在手腕控件和枪组之间创建父约束连接。现在，只要移动右臂，枪也会跟着移动。

选择所有的手臂控件并按S键，将该姿态保存在第0帧。下面直接进入后面"帧速率"章节的步骤01。

（步骤 02）为了让Ellen用双手握住武器，我们必须将手臂运动方法从正向运动学（FK）切换到逆向运动学（IK）。向下拖动手臂两侧的"棒棒糖滑块"以切换到IK（如果使用的是绑定章节中的文件，请使用在步骤04中提到的方法）。

使用"ac_r_ik_wrist"和"ac_l_ik_wrist"控件将Ellen的手向上移动，以便她可以使用枪瞄准目标。当选择其中一个控件时，按W键打开移动工具。当手臂处于IK模式时，可以通过平移和旋转的操作来移动它们。使用肘部控件"ac_r_ik_drv_elbow"和"ac_l_ik_drv_elbow"可以让角色姿势更加自然。将手臂大致定位在"FPS_Cam"视图的右下角，平移"Gun_grp"，使手柄位于Ellen的双手之间。我们暂时不会将其永久地附加到角色身上。使用枪模型作为调整双手和移动Ellen手指的参考框架。旋转手指控件，使手指缠绕在枪柄上，左手手指缠绕在右手手指上，如图11-8所示。

选择所有被移动的控件，然后按S键将姿态保存在第0帧。接下来继续执行下节的步骤01。

⬆ 图11-8　左手手指缠绕在右手手指上

提示和技巧

当我们在透视视图中摆出角色的姿势时，务必检查"FPS_Cam"视图。枪和手应该在屏幕的右下方，而不是挡住准星。

11.2.3 双手握住武器设置

如果决定让角色双手握住武器，则需要创造一种同时移动双手和武器的方法。如果不使用定位器和父约束将它们捆绑在一起，那么尝试同步移动手和武器会很困难。我们的目标是创建一个单一的NURBS曲线，将手和武器一起移动。本章将介绍手枪的这种设置，这种设置还可以应用在管道和榴弹发射器中。

步骤 01 创建一个名为"gun_CTRL"的新NURBS圆并对其进行平移，使其位于枪的中心周围。放大圆，使其略大于枪网格，如下页图11-9所示。该NURBS圆负责驱动手和手枪的移动，要确保这个圆在视图中易于捕捉。按住D键的同时平移"gun_CTRL"的操纵器，使枢轴点位于枪柄处，如下页图11-10所示。

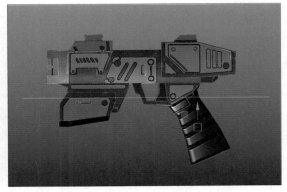

▲ 图11-9　为枪创建控制器　　▲ 图11-10　改变"gun_CTRL"的枢轴点

　　现在我们需要把枪连接到新的控制器上。切换到大纲视图，先选择"gun_CTRL"，按住Shift键并选择"Gun_grp"。在"绑定"状态下，执行"约束">"父子约束"命令，在两个对象之间创建父约束连接。完成设置后，移动"gun_CTRL"，枪就会随之移动。

　　步骤 02 为了完成双手握住武器的设定，需要将双手连接到"gun_CTRL"，创建一个名为"rightHand_locator"的定位器，按住Shift键选择"ac_r_ik_wrist"，然后执行"修改">"匹配变换">"匹配平移"和"匹配旋转"命令，匹配IK控件的位置。按住Shift键选择"rightHand_locator"定位器，在"大纲视图"中选择"ac_r_ik_wrist_grp"，创建父约束，使定位器可以移动右手，同时允许我们自由移动"ac_r_ik_wrist"。选择"gun_CTRL"，按住Shift键，选择"rightHand_locator"定位器，再创建一个父约束。此时右手会跟随"gun_CTRL"移动。现在可以暂时隐藏"rightHand_locator"定位器。对左手执行同样的操作。在动画制作过程中，我们主要使用"gun_CTRL"。

II.3 帧速率

　　为电影和电视制作的动画通常以每秒24帧的速度进行制作。视频游戏的标准播放速率是30fps和60fps。在开始制作动画之前，务必仔细检查Maya中的帧速率。

　　通过时间滑块右侧下方的下拉列表将帧速率从每秒24帧更改为每秒30帧，如图11-11所示。单击右下方的"动画首选项"图标，打开"首选项"对话框。在左侧的"类别"列表框中选择"时间滑块"选项，在右侧的"播放"选项区域，将"播放速度"设置为"30 fps×1"，如图11-12所示。

▲ 图11-11　标准的游戏动画帧速率　　▲ 图11-12　将"播放速度"设置为"30 fps×1"

11.4 空闲动画

我们将为Ellen创建一个呼吸空闲动画。当然也可能创建一些其他动画来打破空闲动画，在玩家没有输入指令时就会播放这些动画，通常这种动画的表现形式呈现出多样性。这里主要创建一种简单的吸气和呼气的空闲动画，然后为移动附加权重。

步骤01 因为大多数游戏动画都是连续循环的，所以它们需要有相同的开始和结束姿势。选择所有控件，右击时间滑块上的第0帧，其中应该包含当我们将枪附加到手上时创建的姿势，然后进行复制。将时间滑块拖到第60帧，右击时间滑块进行粘贴操作。此时，第0帧的姿势应该在第60帧。最后，将相同的姿势粘贴到第120帧上。第0帧、第60帧和第120帧是空闲动画的吸气画面。让枪在第30帧向下移动，按住S键为所有控件设置关键帧，并在第90帧上执行相同的操作。时间滑块如图11-13所示。

⬆ 图11-13　时间滑块与空闲键姿势

播放和暂停动画可以按Alt+V组合键。尝试播放动画，确保姿势流畅并且整体动画是有意义的。

提示和技巧

在动画的开始阶段，创建一个主要姿势时，在所有控件上设置一个键是明智的选择，这样，调整时间也会更容易。因为每个主要姿势都考虑到了所有控件。

步骤02 添加权重转移来增加呼吸的变化。在第60帧的位置让手和枪向右移动一点。从第0帧到第60帧，Ellen将向右进行权重转移。从第60帧到第120帧，向左进行权重转移并回到空闲姿势。

11.4.1 清理奇怪的抖动

我们在制作动画时，即使没有设置任何特定的键定义抖动，也有可能会出现小故障。右击时间轴，执行"切线">"自动"命令，可以消除这些小问题。

11.4.2 缓入和缓出

我们已经为空闲动画设置了主要姿势，但角色的动作可能会有一种飘浮感，此时动画会呈现不自然的状态。我们可以插入其他关键帧辅助显示缓入和缓出效果，这在动画中是非常重要的，因为大多数动作都需要时间来启动并自然停止。如果我们在现实生活中深呼吸，上半身会在呼气前保持几秒钟的静止，这就像是缓入。当我们呼气时，会逐渐从吸气的"姿势"中放松下来，就像是缓出。

11.4.3 曲线图编辑器

动画师必须熟悉曲线图编辑器才能微调动画效果。所有关键帧在图形上表示为可调整的绘制点，每个关键帧之间的插值表示为曲线。通过对曲线的基本了解，曲线图编辑器可用于创建快速缓入和缓出效果。

提示和技巧

执行"Windows" > "动画编辑器" > "曲线图编辑器"命令打开曲线图编辑器。如果有两个显示器，建议其中一个显示器将曲线图编辑器最大化显示。如果只有一个显示器，在视图的菜单栏执行"面板" > "面板" > "曲线图编辑器"命令，使其在视图区域显示。

如果只对一只手臂进行动画处理，就选择"ac_r_fk_shoulder"。如果要对握住武器的双手进行动画处理，就选择"gun_CTRL"。打开曲线图编辑器，在左侧面板选择负责向上和向下运动的主要通道。对于单手武器设置，选择"旋转Y"。对于双手武器设置，选择"平移Y"。该特殊通道是唯一可见的，如图11-14所示。如果看不清绿色曲线，可以按F键将其快速放大。

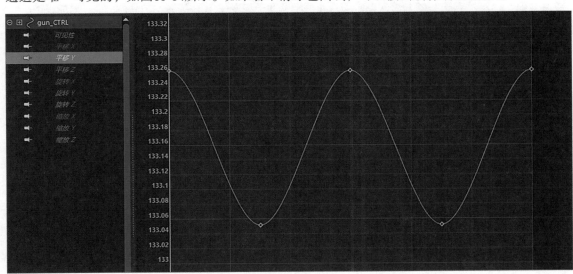

⬆ 图11-14   曲线图编辑器中的"gun_CTRL"的平移Y曲线

类似于在时间滑块中滑动，我们可以在曲线图编辑器中左右拖动黄色时间标记调整时间。选择曲线图编辑器中的插入关键帧工具，单击曲线，在第13帧、第25帧、第35帧、第46帧、第73帧、第85帧、第95帧和第106帧处插入关键帧。按W键，单击第13帧，然后按住鼠标中键并向上拖动第13帧到第0帧附近。选择第25帧和第35帧，单击鼠标中键并将这些关键帧拖到第30帧处。对于刚添加的其他关键帧继续执行此操作。参考图11-15了解曲线的情况。即使与图中的曲线不完全一样也没有关系。每次角色吸气时，动画会有一些轻微的移动是正常的。

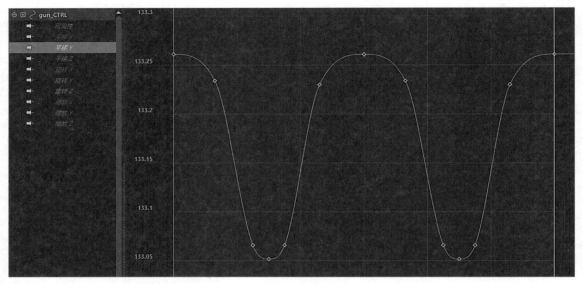

⬆ 图11-15 添加关键帧并创建缓入和缓出

为什么?

　　理解曲线形状所代表的含义比简单地复制更重要。从第0帧到第13帧的曲线形状是缓出的，平缓的斜坡表示长时间的小动作。第13帧到第25帧的曲线形状变化比较陡，因为在短时间内展现了一个较大的数值变化。第25帧到第35帧为缓入期。缓入和缓出有助于改变每个主要姿势之间的间距，增加权重。

$II.4.4$ 关键字旁白

　　计时指代对象的速度，而间距是对象从A点移动到B点的方式。间距将有助于确定加速的时刻和静止的时刻。

提示和技巧

　　在添加缓入和缓出时，不必选择所有控件并按S键。在动画制作阶段，我们可以有选择性地放置关键帧。

$II.5$ 攻击动画

　　接下来制作攻击动画。枪的射击应该迅速而有力，当玩家按下按钮攻击敌人时，我们希望玩家看到并感受到枪的即时反应。快速计时和仔细考虑间距的结合有助于实现这一目标。

　　步骤 01 选择所有控件，复制空闲动画的第一帧，将其粘贴到第200帧和第212帧处。第200帧是攻击动画的开始处，第212帧是攻击动画的结束处。在第204帧处，将枪移回靠近Ellen的地方，旋转枪使其指向上方，以创建后坐力姿势。此时Maya应该显示第200帧和第204帧之间的初始移动，但是动作很缓慢。为了呈现快速打枪的声音，在第201帧处将枪向后移动到Ellen的位置。

步骤02 对攻击动画进行润色。在第208帧处设置主要移动控件。打开曲线图编辑器，使用新添加的关键帧创建缓入。查看左侧面板中所有的平移和旋转通道，检查是否有移动曲线可以添加缓入。图11-16和图11-17展示了如何在第208帧处实现缓入。如果曲线图编辑器中是水平线而不是趋势曲线，那就意味着没有移动，因此我们无需为这些特定通道添加缓入。一旦完成了这一步，动画会更自然地停止。

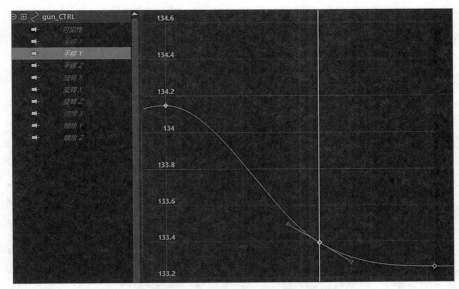

⬆图11-16　在"gun_CTRL"的"平移*Y*"曲线上添加缓入效果

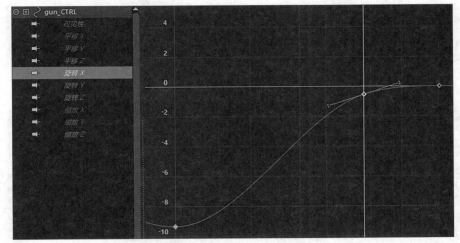

⬆图11-17　在"gun_CTRL"的"旋转*X*"曲线上添加缓入效果

11.5.1 行走动画

　　一个基本的行走动画包括的主要姿势为触碰、向下、传递、向上并回到触碰姿势重复循环。与全身动画相比，这个动画作为第一人称射击动画更容易制作，但我们仍然可以根据主要姿势移动手臂和武器。

步骤 01 通过设定触碰姿势开始进入行走循环。选择所有控件，从第0帧复制空闲姿势，并在第300帧和第331帧上粘贴一个关键帧。稍微旋转枪，使其指向第315帧的左侧。在触碰姿势中，上半身左右扭动的幅度最大。

步骤 02 设置传递姿势，这是每个触碰姿势之间的中点。在第307帧处把角色移到左边。在第323帧处把角色移到右边。角色的重心在传递姿势时向左或向右移动得最多。

步骤 03 设置向下和向上姿势，完善行走姿势。角色应该在第303帧和第318帧处向下平移，在第312帧和第327帧处向上平移。此时枪也应该随之上下旋转，但我们可以在旋转的时间中添加偏移量，这样移动效果看起来就会更自然。在第308帧和第324帧处向下旋转枪，在第316帧处向上旋转枪。

步骤 04 最后添加缓入和缓出效果，使动画效果更自然。图11-18和图11-19展示了如何在曲线图编辑器中将缓入和缓出效果与触碰和传递联系起来。

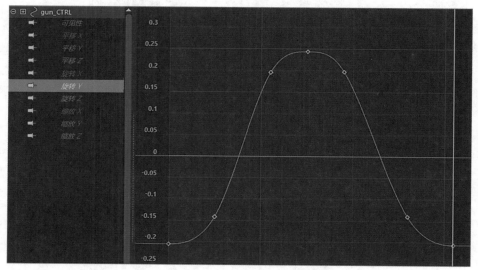

⬆ 图11-18　在触碰姿势中加入缓入和缓出效果

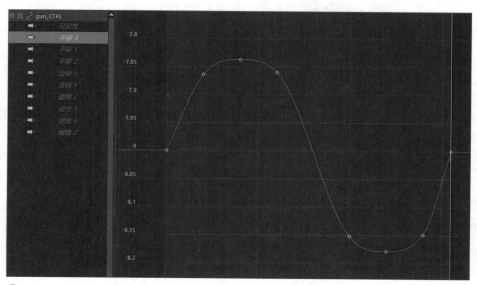

⬆ 图11-19　附加关键帧，赋予传递姿势更多权重

11.5.2 关于"被抓住"动画

当Ellen被抓住时，她会震惊地举起双手。如果设定的是Ellen双手拿武器，那么我们需要将其中一只手从枪柄上分离。这个动画对玩家来说表示"游戏结束"，因此不一定要循环播放动画。

步骤01 选择所有控件，复制空闲姿势并将其粘贴到第400帧。如果要让角色用双手握住武器的设定制作动画，选择"leftHand_locator"并确保它的关键帧也位于第400帧。如果定位器事先未放置任何关键帧，在通道盒中会出现"混合Locatorleftparent 1"属性。在第400帧处，将该属性的盾设置为1。如果要将左手从枪柄上分离，那么在第401帧处将该属性值设置为0。在制作"被抓住"动画时隐藏"leftHand_locator"。这样做就可以独立于"gun_CTRL"来移动"ac_I_ik_drv_wrist"了。

提示和技巧

如果希望左手再次握住枪柄，选择"leftHand_locator"并将"Locatorleftparent 1"的值改为1。

步骤02 在第426帧上创建动画的最后一个姿势。握着枪的右手将向后并向屏幕右侧移动。将左手移向屏幕的左侧边缘并将手指展开，如上页图11-19所示。

11.5.3 关键字旁白

根据动作的移动速度，我们需要添加一个补间动画，让观众有更多时间观察刚刚发生的事情。补间动画会越过刚刚创建的最后一个姿势并且以更慢的速度切换到最后一个姿势。

步骤01 在第413帧处为双手添加一个补间动画。选择所有控件，复制第426帧，然后将其粘贴到第413帧处，这是补间动画的起点。左手的最后一个姿势最终靠近屏幕的左侧，因此补间动画是该动作的微小延续。将左手稍微向左平移和旋转，并对右手执行相同的操作，但方向是朝向屏幕右侧。左手手指也可以是补间动画的一部分，将手指向左旋转一些角度，如下页图11-20所示。

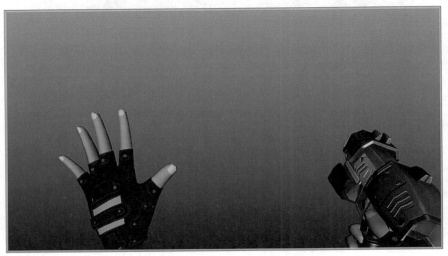

↑图11-20 "被抓住"姿势

步骤 02 通过检查双手的运动轨迹来创造更流畅的动画。切换到"动画"模式，在顶部的菜单栏执行"可视化">"创建可编辑的运动轨迹"命令。此时会出现代表左手动作路径的曲线，如下页图11-21所示。向该控件添加关键帧时，运动轨迹应该会更新。在第402帧处向下移动手，使其在移动到第406帧的主姿势之前倾斜。切换到透视视图，放大第413帧至第426帧处的运动轨迹。添加其他关键帧，在运动轨迹中创建更圆润的形状，如下页图11-22所示。对比下页图11-21至图11-23，运动轨迹具有更明显的弧线。删除大纲视图中的"motionTrail1Handle"。对另一只手重复整个操作步骤。

⬆ 图11-21　代表左手动作路径的运动轨迹

⬆ 图11-22　添加更多的关键帧来完善运动轨迹

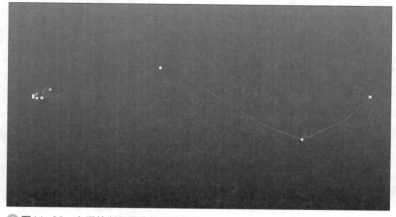

⬆ 图11-23　左手控制器最终的运动轨迹

为什么?

大多数生物以弧线轨迹运动，而机械则倾向于以线性方式运动。夸大物体运动轨迹的弧线是为动画添加流动性的快速方法。

步骤 03 使用曲线图编辑器创建一个自然的结束动画。在第416帧处添加缓入效果。

II.5.4 重新加载动画

最后我们还需要重新加载动画，并为Ellen添加一个需要与之进行交互的对象。如果设定人物双手握枪，则需要将左手与枪柄暂时分离。难点是我们必须让角色回到空闲的姿势，这与"被抓住"动画中不需要循环的情况不同。在这个动画中，Ellen会先将空弹匣从枪里抖出来。她的左手将暂时离开屏幕，抓取新弹匣。一旦左手回到玩家的视野，Ellen就会重新装弹，左手应该回到原来的空闲姿势。

步骤 01 我们将创建一个系统，其中弹匣可以连接到枪或左手。创建一个名为"gunClip_CTRL_group"的空组，将组的变换匹配到"Gun_clip_grp"。创建名为"gunClip_Locator"的定位器，将其变换匹配到"Gun_clip_grp"，使其成为"gunClip_CTRL_group"的子项。选择"gun_CTRL"，按住Shift键并选择"gunClip_CTRL_group"，创建父约束。这样弹匣会遵循主枪支的控制。选择左侧面板的控件，按住Shift键并选择"gunClip_Locator"，创建一个父约束，这样可以让弹匣跟随左手的移动而移动。

重新加载动画的开始处，我们想让弹匣由枪支管制。然后暂时关闭"gunClip_Locator"的约束。选择定位器后，将"Blend Parent 1"的值改为0。

步骤 02 复制空闲姿势并将其粘贴到第500帧的开始动画。在第510帧处，让左手完全离开屏幕，举起右手查看是否抖动。在第515帧的抖动中创造右手的最低点并使其稍微上升，以适应第526帧的主要姿势。使用"gunClip_Locator"将弹匣从第512帧平移到第522帧处。选择"gunClip_Locator"，在第500帧和第512帧处设置一个键，确保"Blend Parent 1"在这两帧处的值为0。将第529帧的"Blend Parent 1"的值改为1，使弹匣附着在左手上。

在第538帧处，将右手转向摄像机。把左手抬起来，将弹匣放在枪柄的底部。我们也可以旋转手指，这样可以更好地抓住弹匣，如下页图11-24所示。

步骤 03 继续加载动画的后半部分。在第545帧处，将左手向上和向右移动，以便弹匣可以重新装填到枪中。此时右手也应该随着左手的移动而轻微移动。弹匣需要从左手切换到枪支控制器。确保"gunClip_Locator"的"Blend Parent 1"在第538帧处的值被设置为1。在第541帧处将"Blend Parent 1"的值改为0。如果弹匣在第539和第540帧的旋转角度很奇怪，可以继续通过旋转弹匣进行调整。然后将空闲姿势粘贴到第564帧处。

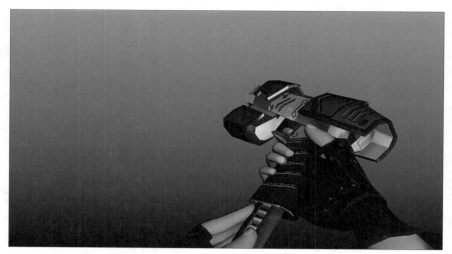

⬆ 图11-24　在重新上膛前摆好姿势

步骤 04 为动画添加最后的润色效果。跟踪每只手的运动轨迹，查看是否可以完成弧线轨迹。使用缓入和缓出为第526帧和第538帧处的关键姿势创建移动保持效果。最后，让枪自然稳定下来，逐渐放松并进入最后一个姿势。

11.6 总结

　　完成第一个动画集的创建后，制作榴弹发射器和管道的动画将会更容易。虽然其他武器的动作与手枪不同，但多数的主要姿势相同。每种武器在使用方面会有差异，榴弹发射器和管道的计时较慢，因为它们比手枪重。管道不会有自己的重新加载动画，因为它是近战武器。榴弹发射器一次只能容纳一枚手榴弹，所以不需要制作Ellen抖掉空弹壳的动画。

　　动画制作很容易上手，但从技术和艺术的角度来看，仍然存在一些障碍需要克服。不过我们先不用想这么多，希望大家玩得开心，不断挑战自我，创造高质量的动画。

第 12 章

虚幻角色资产创建

通过学习前面章节的内容，我们创建了角色模型、纹理、绑定和动画。塑造一个有意义的角色需要付出很多努力。在本章中我们需要重新回到虚幻引擎项目，并导入角色资产。

我们将在导入模型到虚幻引擎中后，创建材质，导入动画。在获取自己的资产后，会介绍如何将运动捕获数据应用到我们的角色中。有了这个运动捕获数据，我们就不必从头开始制作所有的动画。

12.1 导入资产

如果想使用我们为本书设计的角色，请在本书提供的相关文件中获取。不过，还是强烈建议大家使用自己创建的模型角色。想要知道自己做得好不好，最好的方法就是将自己的模型放到下一个步骤中对其进行测试。

教程 导入角色资产

下面介绍导入角色资产的操作，步骤如下。

步骤 01 取消模型和关节的父级。使用Maya打开绑定文件（Ellen_rig.mb）。查看关节结构并找到根关节，按Shift+P组合键取消父级关节。选择角色的所有模型（不包括枪），取消它们的父级。

为什么？

如果不取消父级，Maya可能会导出它们的父组和"world_ctrl"控制器。这些额外的节点是没有用的，它们只会让资产变得更大更复杂。我们也忽略了枪模型，因为枪是一个独立的对象，接下来会在游戏引擎中将它连接到角色的手上。

步骤 02 导出骨架网格。选择我们在步骤01中操作的模型和关节，执行"文件">"游戏导出器"命令，在打开的"游戏导出器"对话框中，将"导出全部"改为"导出当前选择"。单击"路径"文本框右侧的文件夹图标，选择"assets"文件夹，然后单击"选择"按钮。在"路径"下面的文本框中输入"Ellen_Skeletal_Mesh"作为文件名。最后单击"导出"按钮，如图12-1所示。

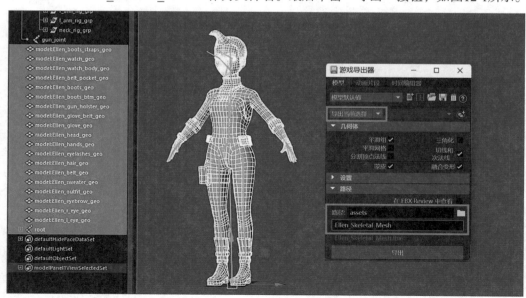

⬆图12-1　网格的导出设置

步骤 03 准备基础材质实例。切换到游戏项目，创建一个名为"Blueprints"的文件夹。在该文件夹中新建一个名为"Characters"的文件夹。打开"Characters"文件夹，创建一个名为"Ellen"的新文件夹。然后创建一个基于"Substance_Base_Mtl"的材质实例并将其放入"Ellen"文件夹，将这个新的材质实例命名为"Ellen_Base_Mtl_Int"。

"Blueprints"文件夹是角色和其他对象的主文件夹。我们会在接下来的章节中解释蓝图是什么。

步骤 04 将Ellen导入到虚幻引擎。在虚幻编辑器的内容浏览器中，单击"导入"按钮，找到在步骤02中导出的"Ellen_Skeletal_Mesh"文件，双击该文件将其导入。在弹出的"FBX导入选项"（FBX Import Options）对话框中，单击"重置默认设置"（Reset to Default）按钮。确保"导入动画"（Import Animations）复选框是取消勾选的状态。单击"材质"（Material）折叠按钮，将"材质导入方法"（Material Import Method）设置为"创建新的材质实例"（Creat New Instanced Materials），将"基础材质名称"（Basic Material Name）设置为"Ellen_Base_Mtl_Inst"。接下来重载属性列表。Maya中的所有纹理和材质设置都与虚幻引擎不兼容，我们只需随机选择即可重载所有属性。如果不这么做，虚幻引擎会创建材质而不是材质实例。单击"导出所有"（Import All）按钮，如图12-2所示。

步骤 05 导出并分配纹理。选择从"Ellen_Skeletal_Mesh"导入的所有纹理，然后直接删除它们。切换到Substance Painter文件，使用与环境模型相同的设置导出纹理。将这些纹理导入到游戏项目中，然后将它们附加到各种材质实例上。

步骤 06 重组资产。目前"Ellen"文件夹中存放着很多资产。创建一个名为"Material"的文件夹并将所有纹理和材质实例都移动到该文件夹中。此时只有一个材质文件夹和另外三个资产在"Ellen"文件夹中。下面介绍这三种资产。

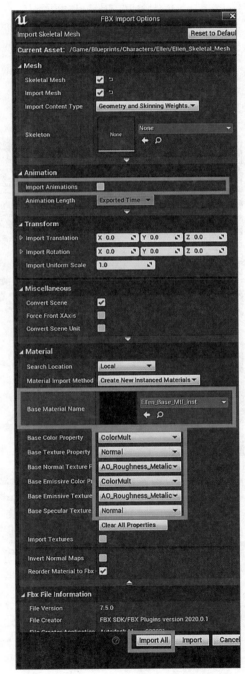

⬆ 图12-2 "Ellen_Skeletal_Mesh"的导入选项设置

12.2 骨骼网格体、骨架和物理资产

　　骨骼网格体是带关节的网格，带有紫色条。双击将其打开，可以在"资产详情"（Asset Details）面板中看到分配给它的所有材质。切换到"资产详情"（Asset Details）面板右侧的"骨骼树"（Skeleton Tree）面板，可以看到其中列出的所有关节，如图12-3所示。我们可以为这些关节导入动画或在此处对其进行动画处理。使用"Ellen_Skeletal_Mesh"创建另外两个资产。"Ellen_Skeletal_Mesh_PhysicsAsset"是定义模型碰撞和物理材质的资产。"Ellen_Skeletal_Mesh_Skeleton"是Ellen的骨架结构。由于多个资产可以共享同一个骨架，因此虚幻引擎会将骨架和网格体解耦。

⬆ 图12-3　角色的所有骨骼都在"骨骼树"面板中列出

　　步骤 01 皮肤材质。虚幻引擎提供了一个专用的皮肤着色模型。切换到"Substance_Base_Mtl"的共享文件夹，选择"Substance_Base_Mtl"并按Ctrl+W组合键复制它。将复制的材质命名为"Substance_Skin_Base_Mtl"，然后双击打开它。在打开的材质编辑器中，切换到"细节"（Details）面板。单击"材质"（Material）折叠按钮，将"着色模型"（Shading Model）设置为"次表面轮廓"（Subsurface Profile）。创建一个新的缩放器参数，命名为"SubsurfaceScattering"，将其连接到"Substance_Skin_Base_Mtl"节点的"Opacity"输入引脚，如下页图12-4所示。然后单击"保存"（Save）按钮。

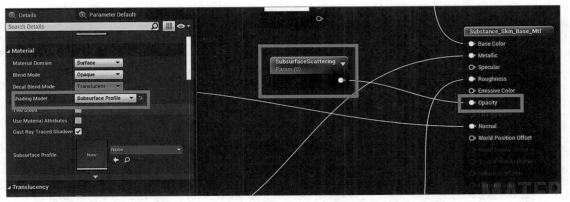

⬆ 图12-4　创建一个皮肤材质

步骤02 设置皮肤材质的轮廓。打开Ellen的"Body_Mtl"，将其父级设置为"Substance_Skin_Base_Mtl"。检查"SubsurfaceScattering"的参数并将其值设置为1。单击"材质属性重载"（Material Properties Overrides）折叠按钮，勾选"次表面轮廓"（Subsurface Profile）复选框。在"资产另存为"对话框中，指定路径到"Content/ Blueprints/Characters/Ellen/Material"，在文本框中输入"EllenSkinSubsurfaceProfile"作为文件名，然后保存即可，如图12-5所示。

将实例"Ellen_Skeletal_Mesh"拖到游戏场景中，查看角色皮肤呈现出的质感，如图12-6所示。

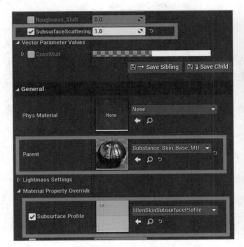

⬆ 图12-5　设置皮肤材质的轮廓

⬆ 图12-6　关卡中Ellen的皮肤质感

12.3 次表面散射

当光线照射到皮肤、蜡、树叶或塑料等表面时，少量光线会穿透表面并在内部散射。一些散射的光线可能会从表面反射回来，使得物体的表面看起来模糊。这种现象称为次表面散射。光散射的程度和颜色由次表面散射定义。

步骤 01 调整次表面散射。双击打开"EllenSkinSubsurfaceProfile",次表面有两种类型,分别为"Burley Normalized"和"USubsurface Profile"。其中"Burley Normalized"比"USubsurface Profile"更精确。勾选"启用Burley"(Enable Burley)复选框启用该功能。"平均自由程距离"(Mean Free Path Distance)控制光线在物体内部散射的距离,我们可以调整该值避免过于模糊。查看其他设置项,观察其值是否适合人体皮肤。我们可以将光标悬停在这些设置上查看它们的作用。相关设置如图12-7所示。

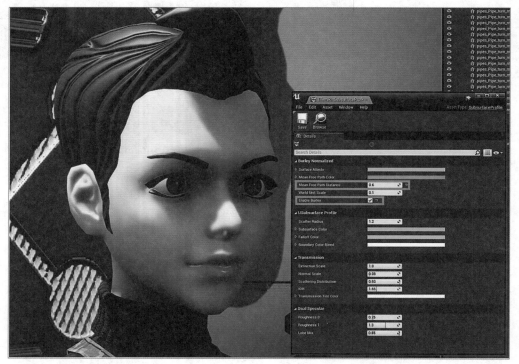

⬆ 图12-7　调整次表面散射

步骤 02 导出FPS骨骼网格体。FPS骨骼网格体是没有头部和身体底部的模型,在游戏引擎中使用一些技巧可以隐藏某些部分,比如将头部关节缩小到零以隐藏头部。继续导出FPS骨骼网格体,就像导出全身网格体一样。这里唯一的区别就是不会选择不想看到的模型。图12-8显示了所选模型。这里将FPS骨骼网格体命名为"Ellen_FPS_Skeletal_Mesh"。

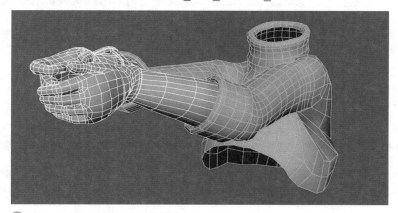

⬆ 图12-8　FPS骨骼网格体的模型选择

步骤 03 导入FPS骨骼网格体。单击内容浏览器中的导入按钮，选择"Ellen_FPS_Skeletal_ Mesh"文件。在弹出的"FBX导入选项"（FBX Import Options）对话框中，将"骨骼"（Skeleton）设置为"Ellen_Skeletal_Mesh_Skeleton"。勾选"导入动画"（Import Animations）复选框，并将"材质导入方式"（Material Import Method）设置为"不创建材质"（Do Not Create Material），单击"导入所有"（Import All）按钮，如图12-9所示。

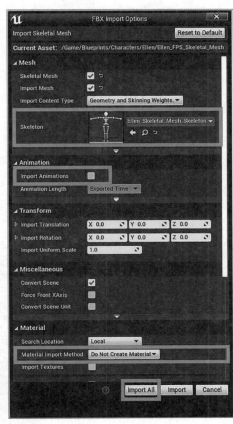

⬆ 图12-9 "Ellen_FPS_Skeletal_Mesh"的导入设置

导入"Ellen_FPS_Skeletal_Mesh"和"Ellen_FPS_Skeletal_Mesh_PhysicsAsset"两个资产，材质应该是自动连接的并且共享相同的骨骼。然而，如果为FPS角色创建了一个完全不同的模型，就要将其作为一个新模型导入。图12-10显示了导入骨骼网格体后"Ellen"文件夹中的内容。

⬆ 图12-10 导入骨骼网格体后"Ellen"文件夹中的资产

现在我们已经完成了视觉效果的制作，下面开始制作动画。

12.4 烘焙动画

游戏引擎了解蒙皮，但不了解iks、控制器和约束。我们需要将动画烘焙到关节，以便引擎可以了解它。

教程 导出FPS动画

接下来烘焙动画。在Maya中打开枪模型的动画文件（Ellen_gun_animations.ma），选择根关节，执行"选择">"层级"命令，选择根关节下的所有关节。执行"编辑">"关键帧">"烘焙模拟"命令，打开"烘焙模拟选项"对话框。我们需要确认"时间范围"的选择是要导出的动画的范围。在这个例子中，时间范围应该是时间滑块上显示的范围，因此保持默认选项"时间滑块"。如果时间范围与时间滑块上的显示范围不同，则将"时间范围"的选项值设为"开始/结束"并指定烘焙的开始和结束时间。然后单击"烘焙"按钮烘焙动画。

步骤 01 导出动画。在视图和根关节中取消模型的父级（这里同样不包括枪）。选择模型和关节后，执行"文件">"游戏导出器"命令，打开"游戏导出器"对话框。单击"动画片段"选项卡，将"导出全部"设置为"导出当前选择"。单击"动画片段"折叠按钮，然后单击"+"按钮添加新的动画片段。创建名为"Idle"的动画片段，将开始值设为0，结束值设为120，0到120是空闲动画的帧范围。创建名为"Attack"的动画片段，将其时间范围设置为200～212。创建名为"Walk"的动画片段，将其时间范围设置为300～330。按照同样的方式，创建名为"Caught"和"Reload"的动画片段并为其设置时间范围（所有动画的时间范围都基于我们所做的动画）。单击"路径"折叠按钮，然后单击"路径"文本框右侧的文件夹图标，选择"assets"文件夹，最后输入"Ellen_FPS_Gun_"作为动画片段的前缀，然后单击"导出"按钮，如图12-11所示。继续以同样的方式导出其他动画，包括管道和榴弹发射器。

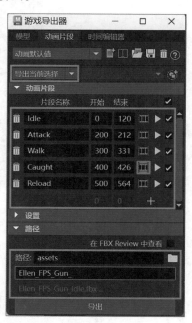

↑图12-11　导出设置

步骤 02 导入动画到虚幻引擎项目。切换到虚幻引擎，将Maya项目的"assets"文件夹中的动画文件拖到"Ellen"文件夹中。在弹出的"FBX导入选项"（FBX Import Options）中，确保"骨骼"（Skeleton）为"Skeletal_Mesh_Skeleton"。由于已经有了网格，所以这里勾选"导入网格"（Import Mesh）复选框。单击"导入所有"（Import All）按钮导入所有动画，如下页图12-12所示。

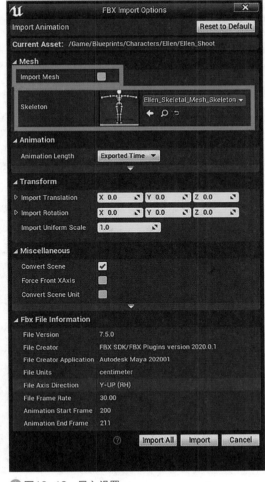

↑图12-12 导入设置

提示和技巧

因为我们的FPS网格体和全身网格体使用的是相同的骨架和材质，所以不需要再创建新的材质和骨架。如果我们可以跨多个资产共享相同的骨架，也就可以共享相同的骨骼动画。

步骤 03 将文件组织到文件夹中。创建一个名为"Animations"的新文件夹，将所有动画移动到该文件夹中。然后将其他资产移动到名为"MeshAssets"的新文件夹中。

提示和技巧

管理并组织文件是很重要的一点，可以避免在创建模型时出现混乱和错误。工作中的错误有时就是文件混乱造成的。

现在我们有了FPS动画，接下来介绍动作捕捉数据和动画重定向。我们会使用名为"Adobe Mixamo"的免费在线动作捕捉库，里面有很多动画可供使用。

教程 动作捕捉数据

下面介绍动作捕捉数据。

步骤01 准备模型。再次使用Maya打开绑定文件，选择角色身体模型（不包括枪），按Ctrl+D组合键进行复制。然后按Ctrl+G组合键将复制的模型进行分组，按Shift+P组合键取消父级，将组命名为"Model_to_Mocap"。选中分组后，执行"文件"＞"导出当前选择"命令，打开"导出当前选择"对话框。将文件名设置为"Ellen_NPC"，"文件类型"改为"FBX"。在"选项"选项区域，勾选"嵌入的媒体"复选框（如果不勾选，则纹理文件上传时间过长），然后将文件导出到"assets"文件夹。

步骤02 上传到Mixamo。打开网页浏览器，搜索Adobe Mixamo。进入网站后，如果有Adobe账户就直接登录。如果没有，就免费注册。登录后，在页面右上角选择"UPLOAD CHARACTER"（上传角色）选项，在弹出的页面中单击"Select character File"（选择角色文件）链接，找到并打开在步骤01中导出的"Ellen_NPC.fbx"文件，角色文件上传需要一些时间。上传完成后，会看到角色出现在网页窗口中。按照指示继续下一步操作，将身体对应的标记放置在角色上。接着就是等待装配完成，如图12-13所示。

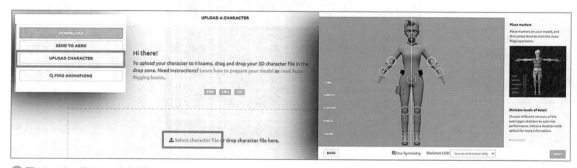

⬆ 图12-13 将Ellen上传到Mixamo

步骤03 搜索和预览动画。单击网页左上角的"Animation（动画）"选项卡，然后在搜索栏中搜索手枪相关的内容。在搜索结果中找到并单击"Pistol Walk"。此时可以在网页右侧预览效果。但是我们并不希望角色向前移动，所以需要勾选"In Place"复选框，将其锁定在原点，如图12-14所示。

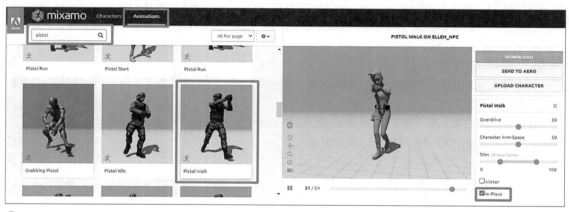

⬆ 图12-14 搜索并预览动画

为什么?

为什么希望角色固定在适当的位置呢?因为角色的动作应该通过游戏编程来处理,而不是由动画驱动。我们并不希望动画来告诉我们角色移动的速度应该有多快。

步骤04 下载动画。单击"DOWNLOAD(下载)"按钮,在弹出的"DOWNLOAD SETTINGS(下载设置)"窗口中,将"每秒帧数"(Frames per Second)的值设置为60,然后下载动画,如图12-15所示。继续以同样的方式下载"Shooting""Pistol Idle"和"Death From The Back"。在"assets"文件夹中创建一个名为"MixamoAnimations"的新文件夹,将下载的4个动画存储在这里。

⬆ 图12-15 下载动画

步骤05 导入骨骼网格体。回到虚幻引擎项目,在"Animations"文件夹中创建一个名为"Mixamo"的文件夹。导入下载的"Pistol Walk",设置如图12-16所示。

步骤06 导入Mixamo动画的其余部分。导入其余动画,勾选"导入网格体"(Import Mesh)复选框,如图12-17所示。

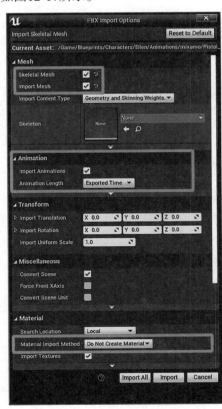

⬆ 图12-16 导入Pistol Walk的设置

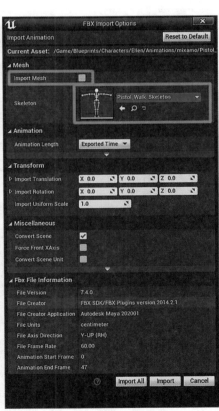

⬆ 图12-17 导入其余动画的设置

为什么？

虚幻引擎需要骨骼网格体导入动画，所以我们必须在步骤05中进行创建。对于其余动画来说，它们可以使用相同的骨骼网格体。这也是为什么我们在步骤06中勾选"导入网格体"（Import Mesh）复选框。

我们将在NPC中使用这些动画，不过有一个问题，这些动画适用于Mixamo完成的骨骼。双击打开"Pistol_Walk_Skeleton"，可以看到骨骼树与"Ellen_Skeletal_Mesh_Skeleton"不一样，如前页图12-3所示。由于这种差异，它们不能使用彼此的动画。除非有充分的理由，否则让同一个模型使用不同的骨架和不同的动画并不是明智的选择。下面将使用Unreal Engine的动画重定向功能，将这些动画转移到"Ellen_Skeletal_Mesh_Skeleton"中。

教程 动画重定向

下面进行动画重定向。

步骤01 设置绑定操作。打开"Pistol_Walk_Skeleton"，单击"重定向管理器"（Retarget Manager）按钮，此时在编辑器左侧会显示"重定向源"（Retarget Manager）面板。在"设置绑定"（Set up Rig）部分单击"选择绑定"（Select Rig）下拉按钮，在下拉列表中选择"Humanoid Rig"。此时骨骼名称的完整列表会显示在UI底部。切换到视图，执行"角色"（Character）>"骨骼"（Bones）命令，勾选"骨骼命名"（Bone Names）复选框，将"骨骼绘制"（Bone Drawing）设置为"所有层级"（All Hierarchy），此时可以看到骨骼的所有关节。按照图12-18中的指示设置列表中的所有对象。

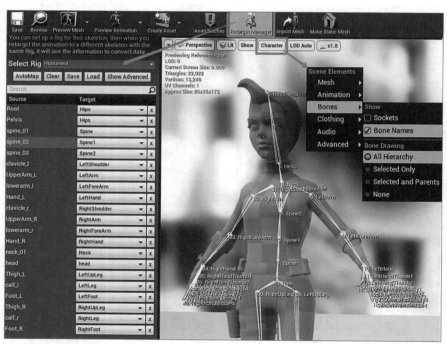

⬆ 图12-18　设置目标

步骤02 设置高级部位。单击显示高级按钮切换到高级目标。该部分包括手指和关节这样的小部位。下页的图12-19显示了指定的列表，这里只需要设置选定的部分。

步骤 03 设置预览网格体。单击"预览网格体"（Preview Mesh）按钮，选择"Pistol_Walk"作为预览网格体。查看屏幕右下角，可以看到一个通知。单击"应用资产"（Apply To Asset）按钮永久设置预览网格体，如图12-20所示。我们需要设置此预览网格体才能使重定向正常工作。

Source	Target
index_01_l	LeftHandIndex1
index_02_l	LeftHandIndex2
index_03_l	LeftHandIndex3
middle_01_l	LeftHandMiddle1
middle_02_l	LeftHandMiddle2
middle_03_l	LeftHandMiddle3
pinky_01_l	LeftHandPinky1
pinky_02_l	LeftHandPinky2
pinky_03_l	LeftHandPinky3
ring_01_l	LeftHandRing1
ring_02_l	LeftHandRing2
ring_03_l	LeftHandRing3
thumb_01_l	LeftHandThumb1
thumb_02_l	LeftHandThumb2
thumb_03_l	LeftHandThumb3
lowerarm_twist_01_l	None
upperarm_twist_01_l	None
index_01_r	RightHandIndex1
index_02_r	RightHandIndex2
index_03_r	RightHandIndex3
middle_01_r	RightHandMiddle1
middle_02_r	RightHandMiddle2
middle_03_r	RightHandMiddle3
pinky_01_r	RightHandPinky1
pinky_02_r	RightHandPinky2
pinky_03_r	RightHandPinky3
ring_01_r	RightHandRing1
ring_02_r	RightHandRing2
ring_03_r	RightHandRing3
thumb_01_r	RightHandThumb1
thumb_02_r	RightHandThumb2
thumb_03_r	RightHandThumb3
lowerarm_twist_01_r	None
upperarm_twist_01_r	None
calf_twist_01_l	None
ball_l	LeftToeBase
thigh_twist_01_l	None
calf_twist_01_r	None
ball_r	RightToeBase

⬆ 图12-19　设置高级部位

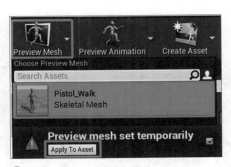

⬆ 图12-20　设置预览网格体

步骤 04 设置"Ellen_Skeletal_Mesh_Skeleton"。切换到"Blueprints/Characters/Ellen/MeshAsset"路径，找到"Ellen_Skeletal_Mesh_Skeleton"，然后重复执行步骤01至步骤03的操作。最终设置结果如下页图12-21所示。

现在我们的两个骨架都指向同一个源层级结构，它们之间可以通过"目标—源映射"相互复制动画。

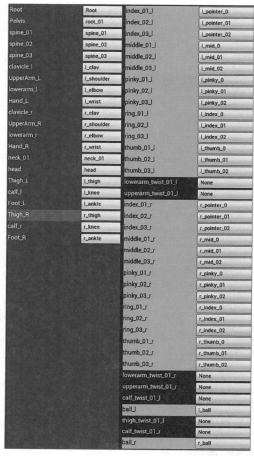

Root	Root	index_01_l	l_pointer_0
Pelvis	root_01	index_02_l	l_pointer_01
spine_01	spine_01	index_03_l	l_pointer_02
spine_02	spine_02	middle_01_l	l_mid_0
spine_03	spine_03	middle_02_l	l_mid_01
clavicle_l	l_clav	middle_03_l	l_mid_02
UpperArm_L	l_shoulder	pinky_01_l	l_pinky_0
lowerarm_l	l_elbow	pinky_02_l	l_pinky_01
Hand_L	l_wrist	pinky_03_l	l_pinky_02
clavicle_r	r_clav	ring_01_l	l_index_0
UpperArm_R	r_shoulder	ring_02_l	l_index_01
lowerarm_r	r_elbow	ring_03_l	l_index_02
Hand_R	r_wrist	thumb_01_l	l_thumb_0
neck_01	neck_01	thumb_02_l	l_thumb_01
head	head	thumb_03_l	l_thumb_02
Thigh_L	l_thigh	lowerarm_twist_01_l	None
calf_l	l_knee	upperarm_twist_01_l	None
Foot_L	l_ankle	index_01_r	r_pointer_0
Thigh_R	r_thigh	index_02_r	r_pointer_01
calf_r	r_knee	index_03_r	r_pointer_02
Foot_R	r_ankle	middle_01_r	r_mid_0
		middle_02_r	r_mid_01
		middle_03_r	r_mid_02
		pinky_01_r	r_pinky_0
		pinky_02_r	r_pinky_01
		pinky_03_r	r_pinky_02
		ring_01_r	r_index_0
		ring_02_r	r_index_01
		ring_03_r	r_index_02
		thumb_01_r	r_thumb_0
		thumb_02_r	r_thumb_01
		thumb_03_r	r_thumb_02
		lowerarm_twist_01_r	None
		upperarm_twist_01_r	None
		calf_twist_01_l	None
		ball_l	l_ball
		thigh_twist_01_l	None
		calf_twist_01_r	None
		ball_r	r_ball

⬆ 图12-21 "Ellen_Skeletal_Mesh_Skeleton"的设置结果

步骤 05 平移动画。切换到"mixamo"文件夹,右击"Pistol_Idle",执行"重定向动画资产"(Retarget Anim Assets)>"复制动画资产和重定向"(Duplicate Anim Assets and Retarget)命令。在弹出的"选择骨架"(Select Skeleton)对话框中,选择"Ellen_Skeletal_Mesh_Skeleton"并单击"重定向"(Retarget)按钮,如图12-22所示。在内容浏览器的根目录中创建一个与"Pistol_Idle"同名的新动画,现在这个新动画正在与"Ellen_Skeletal_Mesh_Skeleton"搭配使用。

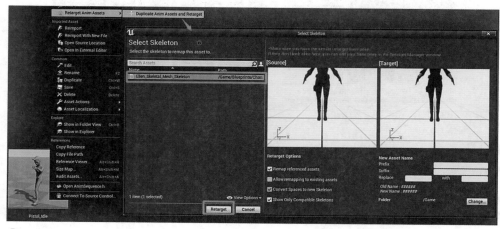

⬆ 图12-22 复制并重定向"Pistol_Idle"到"Ellen_Skeletal_Mesh_Skeleton"

如果得到的结果不好，则需要检查目标的分配，不然很容易选择错误的关节。

步骤06 重新定位其余的动画。选择其他三个动画并重复步骤05的操作。选择所有重定向的动画并将它们移动到 "Animations" 文件夹中。

步骤07 修复重定向问题。打开 "Pistol _Walk" 动画，放大并仔细查看，可以看到手臂和腿离得太远。这是因为两个骨架的位置不一样。切换到 "骨骼树"（Skeleton Tree），检查显示重定向的选项，此时会出现一个名为 "Translation Retargeting" 的列。这基本上说明关节的平移与骨架相同，而不是跟随动画（旋转仍然如此）。之后将 "Root" 和 "Root 01" 设置为 "Animation"，如图12-23所示。

此时我们有了满足需求的动画，图12-24展示了动画库。

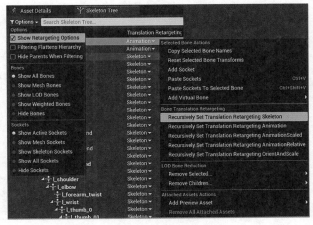

⬆图12-23　修复了重定向选项的重定向问题

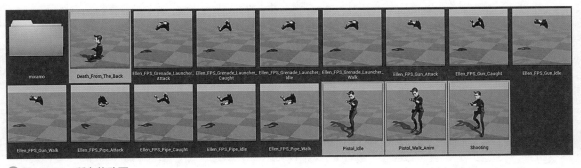

⬆图12-24　所有的动画

总结

在本章中，我们设置好了所有的角色资产并准备就绪。同时完成了角色的创建过程。角色建模是游戏和动画行业中最具挑战性的工作之一。建模、纹理、材质、绑定、动画等协同工作，才能使角色栩栩如生。在此过程中，模型会经手多人。如果其中任何一个过程搞砸了，都需要大量的返工才能修复它。

此时我们达到了一个重要的里程碑，因为我们已经正式完成了资产的制作。下面请准备好执行一个完全不同的任务——编程。之前的过程并不算多么曲折，因为真正的曲折之路就要开始了。

第 13 章

编程基础

没有交互的游戏将失去其乐趣，而编程是实现互动的工具。编程是一项艰巨的任务，并不是因为编程语言难，而是因为必须实现的逻辑和算法很复杂。这里有一个关于编程的笑话：

编程就是教世界上最愚蠢的东西去做事。

这个笑话里提到的"最愚蠢的东西"就是计算机。计算机执行指令的速度很快，但只是盲目地执行。计算机只会严格遵照指令执行我们让它做的事情。

13.1 编程语言

如果让一台计算机启动自毁程序，那么它会毫不犹豫地自毁，而且不会有任何自我保护意识。当计算机在执行程序时，它们没有任何智慧，也不会理解我们真实的意图。

话虽如此，但是作为程序员，要对发生的事情负全部责任。作为人类，我们会犯错误。我们可能会忘记一些事情，也可能会误解一个问题。程序员（甚至是专业程序员）必须多次编写和重写一段代码才能彻底理解任务的情况并不少见。了解如何有效地执行任务甚至需要花费更多的时间，最难的是了解如何正确地处理错误。

对于像虚幻引擎或Unity这样的游戏引擎，以及我们一直在使用的所有软件，基础或低级编程都是使用C++完成的。C++或CPP是很多现代语言的基础，可以在所有硬件上运行，并且能充分利用计算机的性能。同时C++也是最难掌握的语言。Scott Meyers（全球著名的C++技术权威）在他的著作《Effective C++：改善程序与设计的55个具体做法》中将C++描述为5种语言或编程风格的结合。由于它的复杂性，程序员们想出了著名的笑话：没有人真正了解C++。

C++可以直接访问硬件，理论上，如果使用得当，通过C++可以生成性能最好的软件。C++通常是高性能需求软件的首选。

13.1.1 C#

C#（发音为C Sharp）是一种高级编程语言，它简化了C++大多数的复杂方面，并提供了更快的开发速度。我们也可以将"#"看成是4个"+"叠加在一起，就是C++++。虽然Unity是使用C++开发的，但是Unity用户将C#作为游戏开发的编程语言。

13.1.2 Python

Python是现代编程语言中的超级明星，它注重开发人员的编程体验，并降低了人们的编程门槛。Python具有干净优雅的编码语法，并在许多细节上更加灵活。很多游戏引擎使用C++开发，旨在与Python一起使用。

13.2 蓝图

蓝图是由Epic Games开发的一种可视化脚本语言，旨在帮助人们加快开发速度。蓝图通过线条连接节点，以编写游戏逻辑。它在底层与C++绑定，可以与C++无缝通信。虚幻引擎同时支持

C++和蓝图。在大多数情况下，蓝图可以转换为C++以提高性能。使用虚幻引擎的最佳做法是同时使用C++和蓝图。但是为了简化学习路线，我们不会涉及很多关于C++的内容，而是更专注于蓝图。

下面我们通过创建用户界面学习关于蓝图的基础知识。

教程 创建用户界面

下面创建用户界面。

步骤01 创建用户界面控件。切换到内容编辑器中的"Level"文件夹，右击并选择"关卡"命令，将这个新关卡命名为"StartMenuLevel"，然后双击将其打开。此时关卡应该是漆黑一片。切换到"Blueprints"文件夹，创建一个名为"WBP"的新文件夹。WBP表示控件蓝图。小控件是可以放在屏幕上的UI或UI元素。右击"WBP"文件夹，执行"用户界面">"控件蓝图"命令，将新的控件蓝图命名为"WBP_StartMenu"。

步骤02 添加一个按钮。双击"WBP_StartMenu"，通过控件编辑器将其打开。切换到左上角的"控制板"面板，能看到一些可以使用的UI控件。在"通用"折叠按钮中拖动一个按钮到视图中心，如图13-1所示。

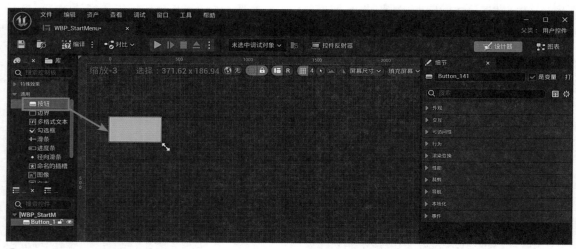

⬆ 图13-1　为UI添加一个按钮

步骤03 为按钮添加文本。在"控制板"面板中，找到并拖动一个"文本"控件到创建的按钮上，以便为按钮添加文本。此时可以看到文本与按钮结合在一起。在"层级"面板下，还可以看到文本位于按钮内部。这个层级结构与我们熟悉的Maya大纲视图是一样的。此时文本位于按钮中，如下页图13-2所示。

步骤04 为按钮和文本命名。右击"层级"面板中的"Button_141"（按钮名也可能是不同的编号）并选择重命名，将该按钮重命名为"StartButton"。在视图区域单击并拖动按钮的边缘，使其变大。确保文本没有超出按钮的边缘。选择"层级"面板中的"[文本]'文本块'"，切换到右侧的"细节"面板。在"内容"折叠按钮下，将"文本"设置为"Start Game"，然后单击"保存"按钮保存更改设置。

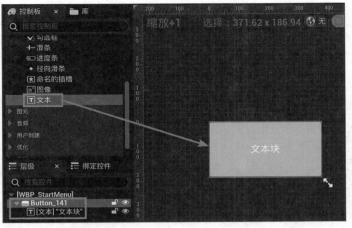

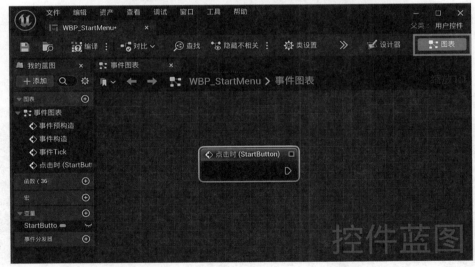

⬆ 图13-2　为按钮添加文本

步骤 05 绑定按钮的单击功能。在"层级"面板中选择"StartButton",然后切换到"细节"面板中。在"事件"折叠按钮下,单击"点击时"右侧的"+"按钮。此时会切换到"事件图表"界面,并且视图中间区域显示了一个名为"点击时(StartButton)"的节点,如图13-3所示。

⬆ 图13-3　为按钮创建事件

13.2.1 事件图表

事件图表是我们创建蓝图代码的地方,很多资产都有允许编写代码的事件图表。事件图表的界面与材质编辑器相似。

编写第一段代码。右击事件图表中的任意位置,搜索并选择"打印字符串",按Enter键创建"打印字符串"节点。单击并拖动"点击时(StartButton)"节点的三角形引脚到"打印字符串"节点左侧的三角形引脚,如图13-4所示。单击"编译"(稍后将解释编译的含义)和"保存"按钮保存更改。

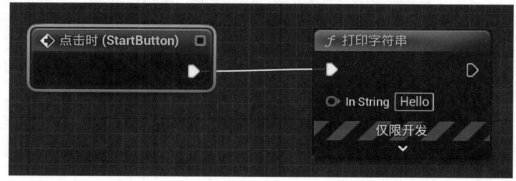

⬆ 图13-4 创建"打印字符串"节点

| 13.2.2 | 执行引脚和执行顺序

我们在上节连接的三角形引脚称为执行引脚,这些引脚显示了程序的流程。在编程时,会写下一系列指令告诉计算机该做什么。三角形引脚的方向和连接到节点的线表明了要执行的指令顺序,或者称之为执行顺序。在这种情况下,程序从左到右执行,可以理解为:

单击该按钮,然后执行"打印字符串"指令。

节点左侧的执行引脚称为输入执行引脚,节点右侧的执行引脚称为输出执行引脚。

创建"GameMode"关卡。在"Blueprints"文件夹中创建一个名为"GameModes"的新文件夹。然后打开"世界场景设置"面板,单击"游戏模式"折叠按钮,单击"游戏模式重载"右侧的"+"按钮,打开"创建新游戏模式"对话框。定位到"GameModes"文件夹,在"命名"文本框中输入"GM_StartMenuLevel",然后单击"确定"按钮,如图13-5所示。

⬆ 图13-5 创建"GameMode"关卡

13.3 GameMode

GameMode是虚幻引擎在默认设置下适应框架的一部分。GameMode控制游戏的主要组件，比如游戏中的玩家数量、玩家控制的角色以及平视显示器（HUD）等。GameMode还控制着游戏规则，比如输赢条件、关卡转换等。虚幻引擎拥有完整而成熟的框架，通过了很多游戏的实战考验。我们会坚持使用虚幻框架。但如果愿意的话，也可以从头开始编写所有程序。

使用GameMode将UI添加到视图。切换到"GameMode"文件夹，双击打开"GM_StartMenuLevel"，单击"事件图表"选项卡，切换到事件图表中。在空白区域任意右击，在搜索框中输入并在结果中选择"创建控件"以创建节点。单击该节点的"Class"下拉按钮，选择"WBP_StartMenu"。将"事件开始运行"节点的输出执行引脚连接到新创建节点的输入执行引脚。

创建一个"获取玩家控制器"节点（与之前创建节点的方式相同）。将该节点的"Return Value"输出引脚连接到"创建WBP Start Menu控件"节点的"Owning Player"输入引脚。创建"Add to Viewport"节点，并将"创建WBP Start Menu控件"节点的输出执行引脚连接到"Add to Viewport"节点的输入执行引脚。将"创建WBP Start Menu控件"节点的"Return Value"输出引脚连接到"Add to Viewport"节点的"Target"输入引脚，如图13-6所示。

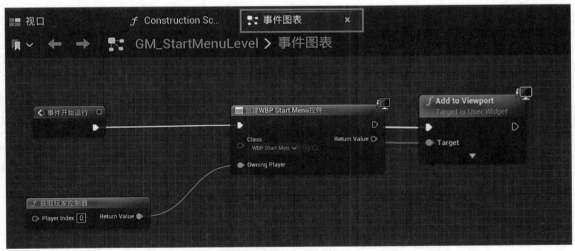

⬆ 图13-6 使用GameMode创建UI并将其添加到玩家屏幕的相关代码

现在可以开始运行程序，此时屏幕左上角会有hello的字样。

提示和技巧

当我们想要创建节点时，右击空白区域，在弹出的搜索框中输入关键字就可以搜索想要创建的节点。在输入节点全名之前，节点有可能就已经出现在搜索结果中了。我们可以按向上和向下键在列表框中移动并选择所需的节点，然后按Enter键创建该节点。

13.4 函数

创建控件、Add to Viewport和获取玩家控制器节点都是函数。函数负责执行某些任务，有时会接受输入并输出结果。函数也被视为可重复使用的代码片段，可以多次使用。输入称为函数的实参，输出称为返回值。在蓝图中，实参也是参数。无论参数怎么被调用，它们都是函数执行任务所需的信息。我们通过连接函数的输入执行引脚调用函数。如果函数没有连接任何输入执行引脚，那么函数就不会运行。大多数时候，我们会调用一系列函数实现游戏逻辑，而执行的顺序是基于执行引脚的连接流程。

创建控件是一个典型的函数，它的功能是创建一个控件的实例。创建控件函数有两个输入引脚，分别是Class和Owning Player。Class输入引脚决定要创建什么样的小控件。Owning Player输入引脚决定哪个控制器拥有这个新控件。创建控件需要这两个输入引脚才能知道要创建的内容以及谁拥有所有权。Return value输出引脚是新创建的控件。

Add to Viewport也是一个将控件添加到视图的函数，它的Target输入引脚决定了将哪个控件添加到视图中。

获取玩家控制器是一个纯蓝图函数。纯蓝图函数没有执行引脚，并且将在其他函数接收其返回值时运行。获取玩家控制器会提供玩家控制器，并代表玩家。Player Index的值设置为0意味着我们正在获取player1的玩家控制器。

事件开始运行是一个事件。在底层，事件是一个简化的函数。事件不会输出输出引脚，它支持一些蓝图特性（稍后会进行探讨）。该事件将在游戏开始时自动运行。在虚幻引擎中，函数和事件在大多数情况下是可以互换的。在底层，对于C++来说，它们是一样的。

事件图表中的代码可以翻译成：当游戏开始时，为player1创建一个WBP_StartMenu，并将其添加到player1的视图中。

13.5 机器代码、源代码和编译

计算机使用的是二进制系统，在其内部，所有指令都会被转化为0和1。这些带有0和1的序列就是机器代码。计算机可以理解和执行机器代码，但不易于人类阅读和理解，而且编写机器代码更困难。由程序员编写的代码，比如我们正在编写的蓝图代码，称为源代码。源代码是生成机器代码的来源。源代码可以被人类读取，但计算机无法理解它。

将源代码转换为机器代码，使计算机能够理解代码的过程就是编译，而进行转换的工具称为编译器。当我们完成代码的编写后，单击"编译"按钮，可以将蓝图代码转换为机器代码，以便它可以在计算机中运行。

让按钮加载"Level_01_Awaken"。双击"WBP_StartMenu",在打开的编辑器界面单击右上角的"图表"按钮切换到"事件图表"。删除"打印字符串"节点,创建一个"打开关卡(按名称)"节点,然后在"Level Name"处输入关卡名称"Level_01_Awaken"。将"点击时(StartButton)"节点的输出执行引脚连接到"打开关卡(按名称)"节点的输入执行引脚,如图13-7所示。执行程序并单击按钮,此时"Level_01_Awaken"被打开了,游戏开始运行。

图13-7　设置按钮单击事件,打开第一个关卡

到目前为止一切正常,但是我们的编码风格存在两个设计缺陷。

问题1:UI应该只负责接受玩家的输入,而不是处理像打开关卡这样的直接任务。如果我们设定了一些条件或规则阻止另一个关卡的加载怎么办?就像玩家没有完成所有需要的任务一样?UI会处理这些吗?如果让UI处理这些,那要是想创建一个新的UI怎么办?是否需要在新的UI中重写代码?我们现在所做的操作,就像要求公司的接待员做经理的工作一样。

问题2:我们在打开关卡函数的Level Name处输入了Level_01_Awaken,到这里为止并没有任何问题。但是想象一下,我们必须在其他地方加载Level_01_Awaken,然后还需要另一个关卡名称中带有Level_01_Awaken的打开关卡。如果将Level_01_Awaken重命名为Level_01_Escape,就必须找到所有的打开关卡函数,将它们的关卡名称改为Level_01_Escape。如果可以只在一处进行修改就好了。

问题1和问题2与我们所说的设计模式有关。我们可以在任何地方编写任何代码,但最好保持代码有组织、有条理、易于理解和更改,并且易于与其他代码进行通信。调整和组织代码的过程称为重构。

下面来重构我们的代码结构,然后学习一些蓝图和编程的相关概念。

教程 重构负载关卡机制

下面重构负载关卡机制。

步骤01 将"打开关卡"函数移动到GameMode。打开GM_StartMenuLevel,然后切换到事件图表。右击并搜索"自定义事件",然后添加自定义事件。"自定义事件"函数就像我们可以在其他地方调用的函数一样。将此自定义事件命名为"LoadTheFirstLevel"(选择该自定义事件,并按F2键进行重命名)。创建一个"打开关卡(按名称)"节点,然后将"LoadTheFirstLevel"的输出执行引脚连接到"打开关卡(按名称)"节点的输入执行引脚,如下页图13-8所示。

步骤02 使用一个变量表示第一个关卡的名称。切换到界面左下角的"我的蓝图"面板,单击"变量"折叠按钮右侧的+按钮,就会添加一个新变量NewVar。

333

⬆ 图13-8　创建一个自定义函数加载关卡

13.6 变量

变量是存储数据的容器，它们存储的数据可以在其他地方进行更改或使用。变量有以下3个基本方面。

⊙ 变量的名称。

⊙ 变量类型。它可以是数字、字母或自定义类型。

⊙ 变量的值。

变量可以被传递，代码的任何其他部分都可以使用变量的值。

|*13.6.1*| 变量类型

变量类型在蓝图和很多其他编程语言中的要求很严格。一种类型的变量不应该作为其他类型的变量使用。图13-9显示了蓝图中的基本变量类型。这些变量的每种类型都有对应的颜色。如果两个变量具有相同的颜色，那么它们就是同一种类型的变量。

⬆ 图13-9　变量类型

下面解释这些基本变量类型的含义。

布尔	布尔类型，有两个可能的值：true（真）或 false（假）。主要用于决定执行的条件
整数	整数类型，表示该值是一个整数，不是小数
浮点	浮点类型，表示该值是一个小数，或者分数
字符串	字符串类型，表示该值可以包含字母、姓名、句子或者密码等内容
命名	命名类型，与"字符串"相比，"命名"是一种只表示名称的专用类型
向量	向量类型，表示数字的集合。对象的平移包含三个：平移 X、平移 Y 和平移 Z。向量可以表示平移，但不限于此

我们会在使用变量时解释变量的类型。对于"NewVar"变量，我们将其重命名为"FirstLevelName"。在"我的蓝图"面板中选择"NewVar"变量，然后切换到"细节"面板，在"变量命名"文本框中输入"FirstLevelName"即可。

该变量的变量类型应该为"Name"，因为我们会使用它作为"打开关卡"函数的输入引脚。该函数输入引脚的"Level Name"类型为"Name"。在"细节"面板中，单击"变量类型"右侧的下拉按钮，在下拉列表中选择"命名"。

该变量的值应该为"Level_01_Awaken"，要想更改该值，需要先单击"编译"按钮提交所做的更改。然后切换到"细节"面板，在"默认值"折叠按钮下将"FirstLevelName"设置为"Level_01_Awaken"，如图13-10所示。

↑图13-10 设置"FirstLevelName"变量的步骤

步骤01 使用"FirstLevelName"变量作为"打开关卡"节点的输入。将该变量拖到"打开关卡"节点的"Level Name"输入引脚上，如下页图13-11所示。单击编译按钮并保存，提交更改设置。

步骤02 让UI调用LoadTheFirstLevel事件。切换到WBP_StartMenu并删除打开关卡节点。创建一个"获取游戏模式"节点和"类型转换为GM_StartMenuLevel"节点。将"获取游戏模式"节点的"Return Value"连接到"类型转换为GM_StartMenuLevel"节点的"Object"输入引脚。将"类型转换为GM_StartMenuLevel"节点的"As GM Start Menu Level"输出引脚拖到空白区域，在弹出的搜索框中搜索并在结果中选择"LoadTheFirstLevel"，创建对"LoadTheFirstLevel"事件的调用。此时"类型转换为GM_StartMenuLevel"节点和"LoadTheFirstLevel"节点的执行引脚自动连接，其中"As GM Start Menu Level"输出引脚与"目标"输入引脚相连。最后将"点击时（StartButton）"节点的输出引脚连接到"类型转换为GM_StartMenuLevel"节点的输入引脚，如图13-12所示。

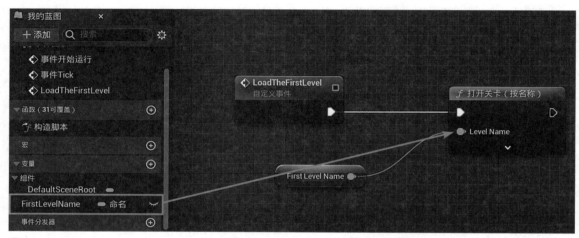

⬆ 图13-11 使用"FirstLevelName"变量作为"打开关卡"函数的"Level Name"输入

⬆ 图13-12 让UI调用"LoadTheFirstLevel"事件

以上代码的含义就是：获取这个关卡使用的"GameMode"，调用它的"LoadTheFirstLevel"事件。再次运行游戏，就会发现游戏的运行结果与之前一样。"获取游戏模式"和"获取玩家控制器"都是纯蓝图函数。

提示和技巧

有人可能好奇"类型转换为GM_StartMenuLevel"到底是什么。要解释这个函数需要涉及很多其他的编程知识。在深入探讨"类"这个概念之后会介绍它。

调整之后，功能没有更改，但是对于代码的整洁和易于管理是非常有必要的。有了"FirstLevelName"变量，我们可以在任何地方使用它。如果关卡名称发生改变，只需要改变变量即可。如果有其他条件加载第一个关卡，可以将它们添加到"LoadTheFirstLevel"事件中。每当我们需要一个新的UI或者需要在其他地方加载第一个关卡时，都可以获取游戏模式并调用"LoadTheFirstLevel"事件。之前提及的接待员和经理此时可以有如下理解。

接待员现在要求经理完成其要求的工作。

我们已经完成了一段程序的编写。首先使用了一种简单的方法让按钮加载"Level_01_Awaken",然后对程序进行了一些调整使其更好,这个过程称为重构。通常至少需要这两个步骤才能完成一个程序。有时还需要对这两个步骤进行多次迭代才能使代码达到良好的状态。

我们调用的所有函数和事件都是虚幻引擎框架的内置函数,除了LoadTheFirstLevel事件是自己实现的。

在继续编写程序之前,我们还需要了解一些重要的概念。

在编程时有两种不同的变量类别,分别是内置变量类型和自定义变量类型,这两个类别的使用方式相同。内置变量类型是编程语言已经定义好的类型,自定义变量类型是程序员为其特定项目创建的类型。

13.6.2 内置变量类型

布尔类型、整数类型和浮点类型是内置变量类型的示例,这是每个人在开始编程时都需要知道的基本数据类型。而且大多数编程语言都有这几种变量类型。

13.6.3 自定义变量类型

命名变量类型不是虚幻引擎使用的底层语言的内置变量类型,它是开发者为虚幻引擎创建的自定义变量类型。自定义变量类型多于内置变量类型。其实我们在第4章创建的BP_ceiling_light_01、BP_ceiling_light_02和BP_lights_floor_light都属于自定义变量类型。我们设置可以在变量类型的下拉列表中找到它们(就像为FirstLevelName变量指定变量类型时那样)。我们创建的WBP_StartMenu和GM_StartMenuLevel也是自定义变量类型。

自定义变量类型有一个正式名称,称为类。

类

类是用于描述对象的功能,如上所述,它们也称为自定义变量类型。在现实生活中,有许多不同类型的事物,比如动物、人类、汽车、公司。我们可以将关于不同类型事物的数据存储在内置变量类型的各种变量中。就以人类为例,通常人类有以下两个特性:

(1)姓名。

(2)年龄。

其中,姓名可以使用字符串类型的变量表示,年龄可以使用整数类型的变量表示。如果在游戏中有两个人,一个是玩家,另一个是敌人,那么我们可以创建四个变量。

(1)一个名为PlayerName的字符串类型变量,其值为Ellen。

(2)一个名为PlayerAge的整数类型变量,其值为26。

(3)一个名为EnemyName的字符串类型变量,其值为EvilEllen。

(4)一个名为EnemyAge的整数类型变量,其值为26。

目前这样定义变量是没有问题的。不过，如果我们有更多的东西需要通过变量来表示呢？比如玩家和敌人的生命值、移动速度、技能、装备或者其他东西。假设游戏中有1名玩家和20个敌人，我们需要记录这些人的姓名、年龄、生命值、速度、技能和装备。每一个人都有6个变量，总共21个人，所以需要21乘以6，也就是126个变量。使用126个变量并不是一个好主意，原因如下：

（1）如果忘记创建其中一个变量怎么办？

（2）如果其中一个敌人被消灭了怎么办？还需要保留他的变量吗？

（3）如果玩家使用某些技能来恢复生命值，该如何防止它超过最大允许值？我们可能需要一个函数来解决这些问题，就像在GM_StartMenuLevel中创建的LoadTheFirstLevel函数一样。

这样的例子不胜枚举，要把一个对象的所有方面都作为内置变量类型和潜在函数的独立变量来管理实在是太麻烦了。如果我们能够将代表玩家或敌人的所有变量和功能打包在一起，那就比较容易管理了。

根据上面列出的原因，出现了"类"。它可以将变量和函数打包在一起，以描述一种新的自定义变量类型。类本质上是描述程序所需的新变量类型的变量和函数的集合。其实我们已经创建了5个类，在第4章中创建了3个灯（BP_ceiling_light_01、BP_ceiling_light_02和BP_lights_floor_light），以及GM_StartMenuLevel和WBP_StartMenu，这些都是类。我们可以观察它们是如何将变量和函数组合在一起的。

对于这3个灯，它们中的每一个都由一个静态网格体和一个特定类型的光源组成。静态网格体和光源是光这个类的变量。类的变量也称为该类的成员变量。在这种情况下，静态网格体的变量类型和光源是只有蓝图中才有的自定义变量类型，我们可以考虑使用静态网格体，光源是蓝图的内置变量类型，但不是C++的内置变量类型。

对于GM_StartMenuLevel，我们有一个名为FirstLevelName的变量和一个名为LoadTheFirst-Level的事件。类的事件或函数称为成员函数（我们可以认为事件和函数在蓝图中是相同级别的，在C++中也是相同的）。

对于WBP_StarMenu，按钮和文本是成员变量，点击时（StartButton）是成员函数。

这里需要明确的一点是，类表示变量类型，而不是实际变量，它们是不同类型变量的蓝图。就像在现实世界中一样，"人"这个词是把所有的人都归结为一类，而不是单独的一个人。一个真正的人是"人类"这个类的一个实例。与之类似的是，类的变量称为该类的实例。比如我们为游戏模式创建的FirstLevelName变量是命名类的一个实例。类的变量也可以称为对象。

了解了类的基本概念后，我们创建另一组类，以便将来探索类的其他特性。运行游戏后，玩家应该从起始房间开始游戏，然而根据目前的设定，人物出不了房间，因为门是锁着的。下面我们创建一个能够描述自动滑动的"门"类。

教程 制作一个滑动门类

　　创建一个触发器类。切换到Level_01_Awaken关卡，在Blueprints文件夹中创建一个名为Triggerables的文件夹。在该文件夹中右击并创建"蓝图类"，我们在编辑器中创建的任何类都是蓝图类。在弹出的"选取父类"对话框中选择"Actor"。此时会在Triggerables文件夹中创建一个新的蓝图类，将其重命名为"BP_Triggerable"，如图13-13所示。

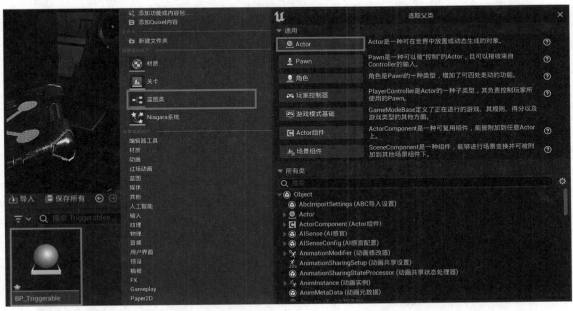

⬆ 图13-13　创建一个名为"BP_Triggerable"的蓝图类

13.7 父类

　　在创建一个类时，我们可以选择给它一个父类（或者不给）。具有父类的类自动拥有其父类的所有变量和函数，换句话说，它们可以做其父类能做的任何事情。

　　子类可以像父类一样被传递和使用，但反之则不行。比如，假设我们有一个Human类，并创建了一个名为Programmer的子类（Human类的子类）。Programmer（程序员）可以是Human（人），但是人不一定是程序员。

　　我们创建的所有类都有其父类，并且很多繁重的工作都是在底层使用它们的父类完成的。Actor类的对象可以放置在关卡中，我们的可触发类需要这个功能。这就是我们选择Actor作为它的父类的原因。为这个类指定一个父类称为继承，这个类就是父类的子类（子类会继承父类的特性）。

　　步骤01 向BP_Triggerable添加触发器。双击BP_Triggerable打开蓝图类。如果看到图13-14中的画面，只需要单击"Open Full Blueprint Editor"链接，使用完整的编辑器打开蓝图类即可。单击界面左侧的添加按钮，在搜索框中搜索并在结果中选择Box Collision，将这个新组件重命名为Trigger。

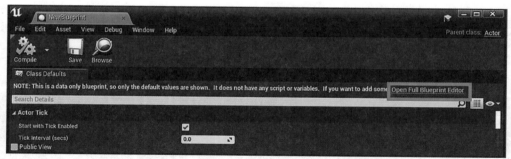

⬆图13-14　单击"Open Full Blueprint Editor"链接打开蓝图类

步骤 02 添加组件开始重叠事件。选择"Trigger"组件，切换到"细节"面板，在"事件"折叠按钮下，单击"组件开始重叠时"右侧的"+"号按钮添加该事件。此时在"事件图表"中会创建一个名为"组件开始重叠时（Trigger）"的新事件，如图13-15所示。

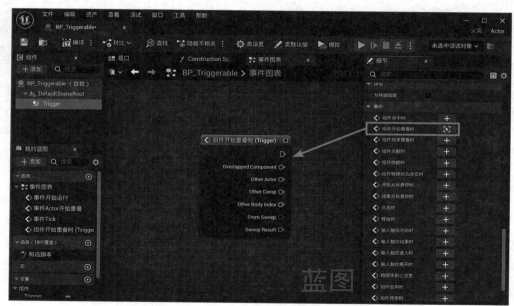

⬆图13-15　添加组件开始重叠事件

步骤 03 添加组件结束重叠事件。再次选择Trigger，切换到"细节"面板中，在"事件"折叠按钮下，单击"组件结束重叠时"右侧的+号按钮添加该事件。此时会创建一个名为"组件结束重叠时（Trigger）"的新事件。

当其他Actor开始重叠时会调用"组件开始重叠时（Trigger）"事件，如果其他Actor停止重叠，会调用"组件结束重叠时（Trigger）"事件。

步骤 04 创建自定义事件。右击空白处搜索"自定义事件"，并在结果中选择"添加自定义事件"，将这个新的自定义事件命名为"Overlapped"。选择该自定义事件，切换到"细节"面板，然后单击"输入"折叠按钮右侧的"+"按钮，创建新参数。使用"Other Actor"作为新参数的名称。单击"布尔"右侧的下拉按钮，在下拉列表中搜索"Actor"，选择"Actor">"对象引用"命令。这个参数现在是"Overlapped"事件的输入引脚,属于Actor类。创建"打印字符串"节点,将"Overlapped"事件的输出执行引脚连接到"打印字符串"节点的输入执行引脚。将"Overlapped"节点的"Other Actor"输出引脚与"打印字符串"节点的"In String"输入引脚相连。虚幻引擎会在这两个节点之间自动创建一个"获取显示命名"节点,获取"Other Actor"输入的名称,并将其传递给"打印字符串"节点的"In String"。创建另一个自定义事件,将其命名为"UnOverlapped",设置该事件的方法与设置"Overlapped"事件的方法相同,如图13-16所示。

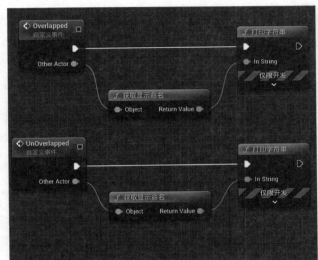
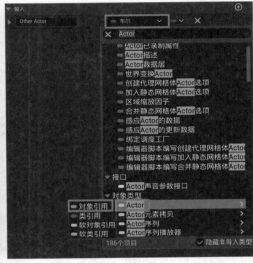

⬆ 图13-16 创建"Overlapped"和"UnOverlapped"自定义事件

步骤05 为自定义事件添加调用函数。右击空白区域,搜索并创建一个"Overlapped"节点和一个"UnOverlapped"节点。这两个新节点是对步骤04中"Overlapped"和"UnOverlapped"事件的函数调用。将"组件开始重叠时(Trigger)"节点的输出执行引脚连接到"Overlapped"节点的输入执行引脚。将"组件开始重叠时(Trigger)"节点的"Other Actor"输出引脚连接到"Overlapped"节点的"Other Actor"输入引脚。"组件结束重叠时(Trigger)"节点和"UnOver-lapped"节点的连接方式相同,如图13-17所示。

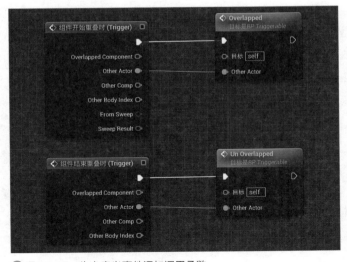

⬆ 图13-17 为自定义事件添加调用函数

回到内容浏览器中，将"BP_Triggerable"拖到关卡中创建"BP_Triggerable"的实例，记住该实例的位置。此时可以看到"FirstPersonCharacter"的名称已经打印在UI的左上角。我们编写的以上代码可以翻译成如下含义：

当一个Actor与触发器重叠并停止重叠时，打印该Actor的名称。

仔细阅读这句话时就会发现一个潜在的问题。任何Actor都可以触发事件。但是我们只想要玩家和敌人能够触发。可以通过检查触发它的Actor类的类型来解决这个问题。

步骤06 检查Actor类的类型。首先切换到"FirstPersonBP/Blueprints"文件夹，然后双击打开"FirstPersonCharacter"类，单击"类设置"按钮，可以看到这个"FirstPersonCharacter"的父类是"角色"，如图13-18所示。

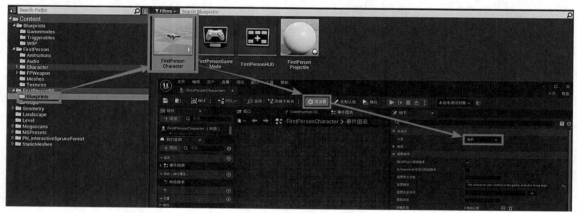

⬆图13-18　检查"FirstPersonCharacter"的父类

13.8 角色

角色可以在关卡中移动，玩家或AI都可以拥有角色。在大多数情况下，我们会将角色作为玩家角色或AI控制的敌人的父类。在这种情况下，要是我们想确保只有玩家或敌人可以触发它，只需要检查重叠Actor的父类是否为角色。

切换到BP_Triggerable类的事件图表，将"组件开始重叠时（Trigger）"节点的"Other Actor"输出引脚拖到空白区域，在弹出的列表中搜索并在结果中选择"获取类"，创建"获取类"函数。该函数用于返回"Other Actor"的类。拖出"获取类"函数的"Return Value"输出引脚，在弹出的列表中搜索并在结果中选择"类的父项为"，创建"类的父项为"函数，然后将该函数的"Parent Class"的父类设为"角色"。

"类的父项为"函数的"Return Value"输出引脚是红色的，而红色的变量是布尔类型。布尔变量有两个可能的值：true（真）或false（假）。在这种情况下，如果"Test Class"是父类的子类，则返回值为true；否则，返回值为false。

按住B键并单击任意位置创建"分支"节点。将"类的父项为"节点的"Return Value"输出引脚连接到"分支"节点的"Condition"输入引脚。将"组件开始重叠时（Trigger）"的输出执行引脚连接到"分支"节点的输入执行引脚。该分支节点不是一个函数，而是一个流控制语句。如果"分支"节点中的"Condition"为true，则继续执行"true"输出执行引脚。否则，将执行"False"输出执行引脚。

将"分支"节点的"true"输出执行引脚连接到"Overlapped"节点的输入执行引脚。

这部分可以通过以下语句概括：

如果"Other Actor"的类是"角色"类的子类，则调用"Overlapped"函数。

在"组件结束重叠时（Trigger）"节点中进行同样的操作，如图13-19所示。

在游戏中，触发器会按照预期起作用。现在只有"角色"类的对象或它的子类才能触发它。

⬆ 图13-19　为"Other Actor"添加父类检查，以确定是否应该激活触发器

步骤01 创建一个继承BP_Triggerable的滑动门类。切换到Triggerables文件夹，右击BP_Triggerable类，选择创建子蓝图类，将其命名为BP_SlidingDoor。双击将其打开，在组件面板中可以看到有一个Trigger组件，它就是从BP_Triggerable类中继承的。组件与成员变量相同，之所以称为组件，只是为了在概念上更有意义。就像之前提到的，子类自动获取（继承）父类具有的所有成员的变量和函数。

步骤02 将门网格体作为静态网格体添加到类中。切换到内容浏览器中的"StaticMeshes/door"文件夹，选择文件夹中的"door_door_frame""door_door_l"和"door_door_r"网格体，将它们拖到"BP_SlidingDoor"的组件列表中，将三个网格体作为静态网格体组件添加到"BP_SlidingDoor"类中。此时可以在类的视图中看到门，如下页图13-20所示。

步骤03 添加变量用于存储门的打开位置。单击视图中左侧的门，按W键切换到移动工具，移动门并打开它。切换到"细节"面板，在"变换"折叠按钮下，右击"位置"，选择"拷贝"命令。单击"变量"右侧的"+"按钮添加一个变量，将其命名为"l_door_open_pos"。切换到"细节"面板，将"变量类型"更改为"向量"。单击"编译"按钮和"保存"按钮提交更改。切换到"细节"面板，在"默认值"折叠按钮下，将之前复制的位置信息粘贴到此处。此时"l_door_open_pos"变量存储的是左侧门的打开位置。创建另一个名为"r_door_open_pos"的变量，存储右侧门的打开位置，如下页图13-21所示。然后，不要忘记之后将门恢复到关闭的状态。

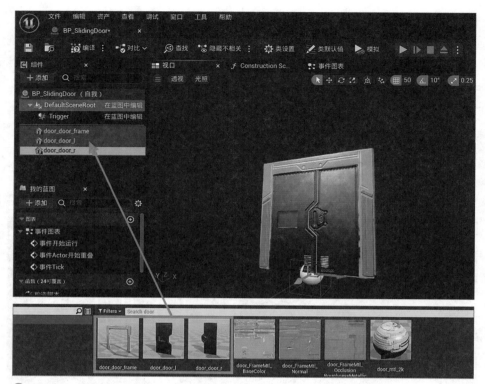

⬆ 图13-20 将门网格体作为组件添加到"BP_SlidingDoor"类中

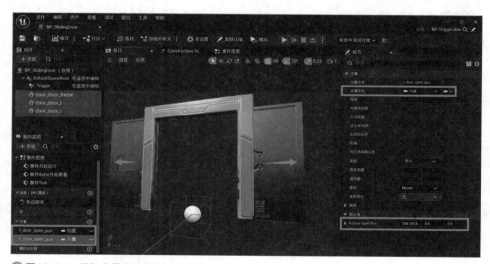

⬆ 图13-21 添加变量存储门的打开位置

步骤 04 创建函数重载。子类会继承父类的所有函数。所以BP_SlidingDoor拥有BP_Triggerable类的Overlapped和UnOverlapped函数。当触发门时，我们想让门有不同的行为。子类可以重载从父类继承过来的函数，重新定义该函数在子类中的作用。切换到"我的蓝图"面板，找到"函数"折叠按钮，单击"重载"下拉按钮，在下拉列表中选择"Overlapped"，创建"Overlapped"函数的重载。此时会在"事件图表"中创建"事件Overlapped"节点。该节点看起来像常规的自定义事件，但其实是父类事件的重载。继续创建"UnOverlapped"的重载，如下页图13-22所示。

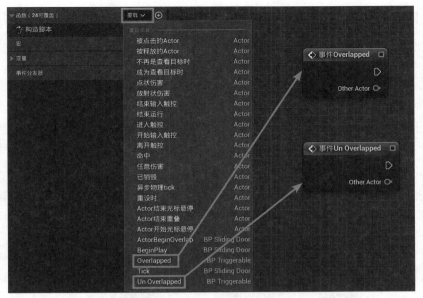

⬆ 图13-22 向"Overlapped"和"UnOverlapped"事件添加重载

步骤 05 测试重载事件。添加两个"打印字符串"节点，其中一个调用"事件Overlapped"，在"In String"后的文本框中输入"door overlapped"。另一个调用"事件UnOverlapped"，在"In String"后的文本框中输入"door unoverlapped"，如图13-23所示。切换到内容浏览器，将"BP_SlidingDoor"拖到关卡中，将其与之前放置的"BP_Triggerable"并排放置。在游戏时，可以看到当我们接近门时，会打印"door overlapped"。当接近"BP_Triggerable"时，会打印"FirstPersonCharacter"。

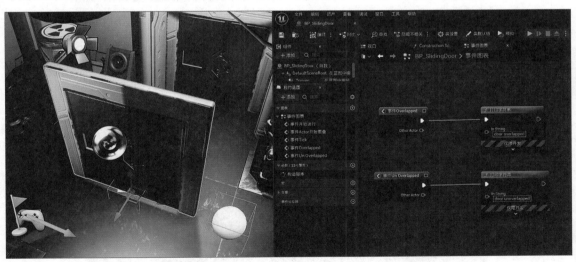

⬆ 图13-23 为两个事件添加"打印字符串"节点

提示和技巧

虽然打印字符串对于创建游戏玩法不是很有用，但它是一个不错的测试工具。我们可以使用它输出信息，验证代码是否按预期运行。

就像我们所看到的，重写从父类继承的函数完全重新定义了该函数在子类中执行的操作。

为什么？

那为什么我们要这么麻烦地创建父类和子类呢？游戏中可能有其他对象可以被触发。假设需要创建一个自动灯，玩家靠近则会被触发。如果没有父类，必须从头开始创建所有内容，包括box collision组件和重载事件。使用BP_Triggerable父类，可以从中继承Overlapped和UnOverlapped函数。

步骤 06 创建时间轴。删除两个打印字符串节点，右击并搜索添加时间轴，创建一个时间轴节点，将其重命名为"DoorOpenAmount"。双击该时间轴将其打开，此时里面什么内容也没有。单击"+轨道"按钮，选择添加浮点型轨道命令。这个浮点型轨道与之前动画章节中介绍的图形编辑器相同，我们将会在这里创建一个动画曲线。将该轨道重命名为"DoorOpenAmount"，如图13-24所示。

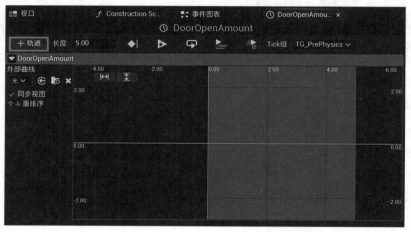

⬆ 图13-24　为时间轴添加一个浮点型轨道并重命名为"DoorOpenAmount"

步骤 07 为动画添加关键帧。右击坐标中的任意位置，选择"添加关键帧到CurveFloat_0"，为动画曲线添加一个关键帧。一个菱形点就被添加到了动画曲线上，这个点就是一个关键帧。选择这个关键帧后，将时间轴顶部的"时间"和"值"的值都设置0，此时这个新建的关键帧会移动到（0,0）坐标。添加另一个关键帧，将其"时间"和"值"的值都设置1。同时将顶部浮动轨道的"长度"值设为1，如图13-25所示。我们可以使用与事件图表相同的方式导航时间轴。

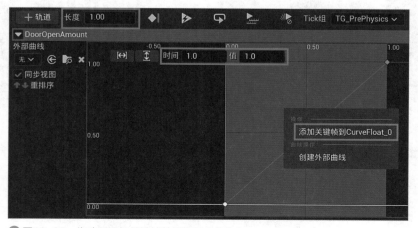

⬆ 图13-25　为动画添加关键帧并设置长度值为1

步骤 08 使用时间轴来驱动门的移动。切换到"事件图表",右击搜索并创建"插值(向量)"节点。将"DoorOpenAmount"时间轴节点的"Door Open Amount"输出引脚连接到"插值(向量)"节点的"Alpha"输入引脚。切换到"我的蓝图"面板,在"变量"折叠列表中,将"l_door_open_position"拖到"插值(向量)"节点的"B"输入引脚。保持"A"输入引脚的值不变。

将"door_door_I"静态网格体组件从"组件"面板拖到图表中,为其创建引用。拖出"Door Door L"输出引脚,搜索并创建"设置相对位置"节点。将"插值(向量)"节点的"Return Value"输出引脚连接到"设置相对位置"节点的"New Location"输入引脚。

最后,将"事件Overlapped"节点的输出执行引脚连接到"DoorOpenAmount"节点的"Play"输入执行引脚。将"事件UnOverlapped"节点的输出执行引脚连接到"DoorOpenAmount"节点的"Reverse"输入执行引脚。将"DoorOpenAmount"节点的"Update"输出执行引脚连接到"设置相对位置"节点的输入执行引脚,如图13-26所示。

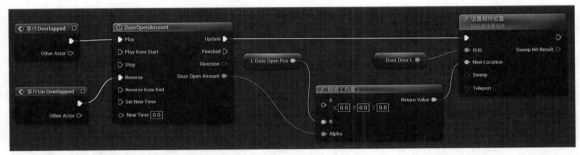

⬆ 图13-26　设置时间轴驱动左侧门的移动

以上所做的一切可以简单概括为以下内容:

重载时,在时间轴中播放动画并更新左侧门的相对位置。门的相对位置在动画开始时为(0,0,0),在动画结束时变为"I_door_open_position"。当停止重载时,保留当前动画。

为什么?

根据在时间轴中设置的动画曲线,开始时,时间轴的"Door Open Amount"输出引脚值在1秒内从0逐渐变为1。"Door Open Amount"的值将输入到插值(向量)节点的Alpha输入引脚中。对于任意类型的插值节点,输入引脚A、B、Alpha和输出引脚"Return Value"满足以下等式:

$$Return\ Value = A \times (1-Alpha) + B \times Alpha$$

或者换句话说,插值节点的Return Value值是基于A、B和Alpha输入引脚的混合。Alpha的取值范围从0到1,Alpha的值越接近1,"Return Value"的值就越接近B输入引脚。

步骤 09 设置右侧的门。设置右侧门的方式与设置左侧门的方式相同。区别在于右侧门的"设置相对位置"节点在左侧门的"设置相对位置"节点之后。此外,它们还共享相同的时间轴节点,如下页图13-27所示。

接下来运行游戏,当我们走向门的时候,门就会自动打开。

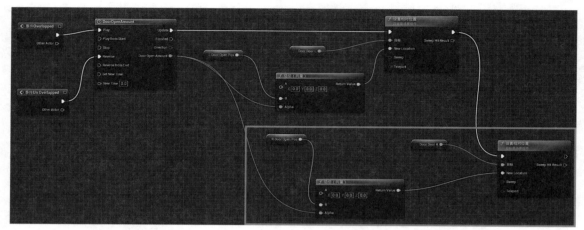

⬆ 图13-27　以同样的方式设置右侧的门

步骤⑩ 缩放触发器。现在的触发器对于滑动门来说太小了。切换到"BP_SlidingDoor"蓝图视图，选择触发器，将其按比例放大，如图13-28所示。回到关卡，可以看到放置在关卡"BP_SlidingDoor"中的触发器也更大了。

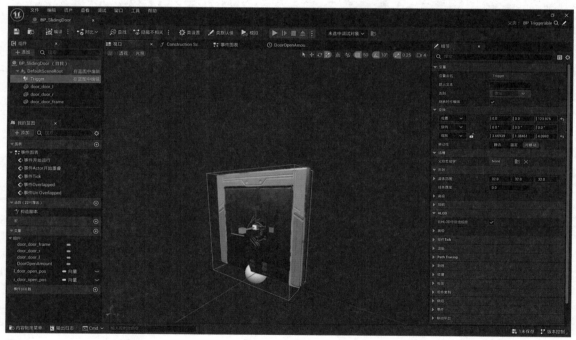

⬆ 图13-28　缩放触发器

再次运行游戏，会注意到我们无法按照预期打开门。这是门框的碰撞设置导致的。

步骤⑪ 检查门框碰撞。切换到"StaticMeshes/door"文件夹，双击打开"door_door_frame"静态网格体。单击资产编辑器顶部的"碰撞"按钮，选择"简化碰撞"。此时可以看到视图中有一个绿色的框，这就是这个模型的碰撞形状，如下页图13-29所示。

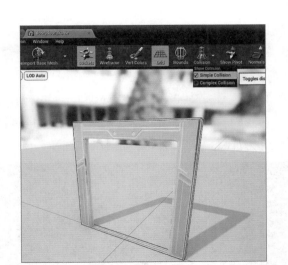

图13-29 检查 "door_door_frame" 静态网格体资产的碰撞

13.9 碰撞

为了简化碰撞的计算，虚幻引擎不使用实际模型来计算碰撞。导入资产时，虚幻引擎会根据模型的形状生成凸起的基本体，并将其用作计算碰撞的形状。我们看到的绿色框是生成的门框碰撞形状。

步骤 01 修复门框碰撞。单击门框绿色碰撞基本体的任意边缘将其选中，使用平移工具缩放和移动它，使其覆盖列的一侧。按住Alt键并拖动，创建基本体的副本，将其拖动以覆盖列的另一侧。拖出另一个副本并调整它，使其覆盖门的上梁，如图13-30所示。

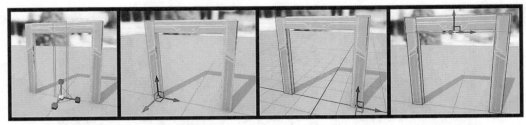

图13-30 修复门框的步骤

保存资产并再次运行游戏。这次我们可以从这扇门进去。

很多初级程序员会认为创建滑动门的工作到此就完成了，在某些情况下确实是这样。

但是，大家还记得之前讨论过的编程的一般过程吗？这里是否缺少了什么？

答案是重构。

打开 "BP_Triggerable" 并切换到 "事件图表"，这里编写的代码看起还不错，比较整洁。但是导入部分并没有说明代码的用途。"获取类"和"类的父项为"函数在游戏中有什么作用呢？作为代码的创建者，我们可以非常肯定地说，这段代码确保只有玩家和敌人才能触发它。其他程序员能正确地理解这段代码目的的可能性很高，这是比较简单的。

但是，即使是代码中最简单的东西，也有可能会导致无法检测到的错误。因此，明确任意一段代码的目的是非常重要的。这里通过函数包装明确代码的意图。

步骤 02 创建函数，检查其他Actor是否应该激活触发器。切换到"我的蓝图"面板，单击"函数"折叠按钮右侧的"+"按钮，创建新函数，并重命名为"ShouldTriggerReactToActor"。此时"事件图表"选项卡右侧新增了一个选项卡，如图13-31所示。

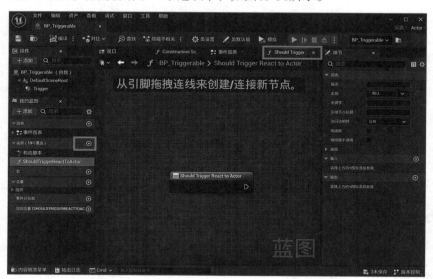

⬆ 图13-31　创建一个新函数

步骤 03 添加输入和输出引脚。就像之前向"Overlapped"和"UnOverlapped"添加输入引脚一样，同样也可以向我们的函数添加输入引脚。切换到"细节"面板，单击"输入"右侧的"+"按钮添加新的引脚，将其重命名为"ActorToCheck"，将类型设置为"Actor"。单击"输出"右侧的"+"按钮添加新的引脚，并重命名为"ShouldReact"，将其类型设置为"布尔"，如图13-32所示。

⬆ 图13-32　为函数添加输入和输出引脚

如果向函数添加输出引脚，则会添加一个"返回"节点，并将输出引脚作为输入引脚，以便指定输出的值。此时函数有两个节点，"Should Trigger React to Actor"节点是函数的开头，"返回"节点是函数的结尾。在这两个节点之间放置的任何内容都是函数的主体，并且会根据执行顺序运行。

步骤 04 实现函数功能。创建"获取类"节点和"类的父项为"节点，将"Should Trigger React to Actor"节点的"Actor to Check"输出引脚连接到"获取类"节点的"Object"输入引脚。将"获取类"节点的"Return Value"输出引脚连接到"类的父项为"节点的"Test Class"输入引脚。将"类的父项为"节点的"Return Value"输出引脚连接到"返回节点"节点的"Should React"输入引脚。将"类的父项为"节点中的"Parent Class"参数设置为"角色"，如图13-33所示。

⬆ 图13-33　实现函数功能

步骤 05 使用该函数。切换到"事件图表"，对于"组件开始重叠时（Trigger）"节点，删除"获取类"和"类的父项为"节点。右击搜索并创建"Should Trigger React to Actor"节点。将"组件开始重叠时（Trigger）"节点的输出执行引脚连接到"Should Trigger React to Actor"节点的输入执行引脚。将"组件开始重叠时（Trigger）"节点的"Other Actor"输出引脚连接到"Should Trigger React to Actor"节点的"Actor to Check"输入引脚。将"Should Trigger React to Actor"节点的输入执行引脚连接到"分支"节点的输入执行引脚。最后将"Should Trigger React to Actor"节点的"Should React"输出执行引脚连接到"分支"节点的"Condition"输入引脚。对"组件结束重叠时（Trigger）"节点执行相同的操作。执行之后的结果如图13-34所示。

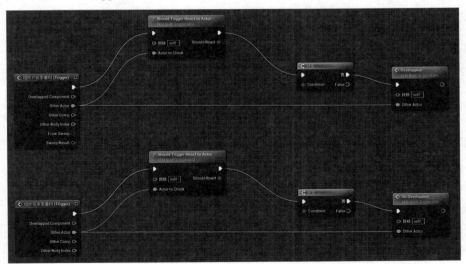

⬆ 图13-34　使用"Should Trigger React to Actor"

再次运行游戏，门的动作保持不变。但有两个主要的改进。

（1）"Should Trigger React to Actor"是自解释性的，目的很明确。

（2）如果我们需要更改条件，只需要更改函数的主体，这样，两个事件都应该能立即起作用。

步骤 06 更换其他的门。我们已经成功创建了一个滑动门，下面继续更换关卡中的门。现在可以体验一下在游戏中行走的感觉。在进入下一章之前，我们再认识一个重要的概念吧。

13.10 类型转换

还记得之前在UI中使用但没有解释的"类型转换为GM_StartMenuLevel"函数吗？下面将对其进行解释。"GM_StartMenuLevel"是另一个类"GameModeBase"的子类。如果不重载类，这个类是默认的游戏模式。"GetGameMode"函数仅返回"GameModeBase"类型的实例。游戏引擎并不知道我们将创建"GameModeBase"的哪个子类作为在关卡中使用的游戏模式。因此，"GetGameMode"仅返回一个"GameModeBase"。

还记得之前讨论过子类可以像它的父类一样被使用和传递吗？返回值实际上是一个"GM_StartMenuLevel"，但它采用的是父类的形式。然而，我们需要将其转换为"GM_StartMenuLevel"，以使用其"LoadFirstLevel"函数。"类型转换为GM_StartMenuLevel"正是这样做的。

类型转换非常灵活，我们可以尝试不同类型之间的转换，只要数据结构与尝试类型转换的数据匹配。但是如果数据结构不兼容，则可能会失败。比如将字符串转换为整数可能会失败。我们不想转换并不相关的类型，因为结果是不可预测的。

13.11 总结

我们已经讨论了函数、事件、变量和类，使用了一些有用的蓝图类，比如GameMode、角色、Actor和控件。但这也只触及到了编程的皮毛，而且学习编程是一个艰巨的过程。在学习编程的过程中，为了理解一个概念，可能需要理解很多其他概念。

函数对象是任何定义了函数调用运算符的对象。

这个描述来自cppreference.com、C++的在线文档。要想理解函数对象是什么，必须理解什么是函数，还需要理解什么是运算符，什么是函数运算符。可能我们甚至会觉得自己在阅读一门外星语言。

初学者普遍会遇到这种似懂非懂的描述，非常打击学习的积极性。我们给出的建议是抱着接受自己无知的心态继续学习。我们应该尽可能地理解，而不要被一两个难懂的概念冲昏头脑。如果对编程感兴趣并不断学习，将来会理解更多内容。要记住的是，提升编程能力的方法就是不断练习。我们将在下一章中探索虚幻引擎框架，并设置玩家角色。

第 14 章

玩家角色

　　玩家角色是游戏的重要组成部分之一。到目前为止，我们正在使用第一人称射击游戏模板，因此可以在构建场景的同时进行探索。现在是时候创建自己的玩家角色了。毕竟，我们花费了很多时间制作自己的角色。

14.1 创建角色

虚幻引擎提供了一组类来帮助快速创建玩家角色。它提供了一个功能强大的框架，允许我们组织类和数据。我们将涵盖该框架的许多方面并在其上构建系统。尽管可以从头开始构建所有内容，但这非常耗时。除非想自己练习，否则这几乎没有任何优点。由于本书篇幅有限，所以这里尽可能选择使用预构建的系统。

教程 创建第一人称射击角色

下面创建第一人称射击角色。

步骤 01 为所有角色创建基类。切换到"Character"文件夹，右击选择"蓝图类"。在弹出的"选取父类"对话框中选择"角色"，然后将新角色命名为"BP_Character_Base"。双击将其打开，在"组件"面板中选择"网格体"组件。切换到"细节"面板，在"网格体"折叠按钮下，将"骨骼网格体资产"设置为"Ellen_Skeletal_Mesh"。此时Ellen的身体会出现在视图中。将其向下移动，使她的脚在地面上并旋转-90°，使她的脸朝向蓝色箭头的方向，如图14-1所示。然后单击"编译"按钮和"保存"按钮。

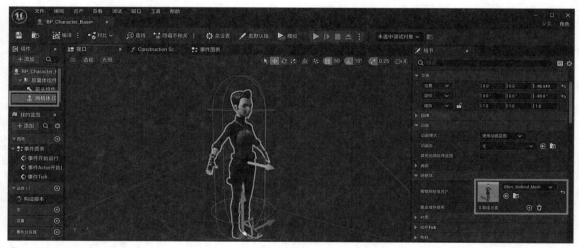

⬆ 图14-1 设置角色基类

步骤 02 创建FPS角色。右击"BP_Character_Base"，选择"创建子蓝图类"，将子类命名为"BP_Ellen_FPS"。双击打开它，在"组件"面板中选择"网格体"。切换到"细节"面板，将"骨骼网格体资产"设置为"Ellen_FPS_Skeletal_Mesh"。然后单击"编译"按钮和"保存"按钮。

步骤 03 制作游戏模式。切换到"Blueprints/Gamemodes"文件夹中，右击空白区域，选择"蓝图类"。在弹出的"选取父类"对话框中，选择"游戏模式基础"，将其重命名为"GM_Ellen_FPS"。双击将其打开，切换到"细节"面板，在"类"折叠按钮中，将"默认pawn类"设置为"BP_Ellen_FPS"，如图14-2所示。

⬆图14-2　创建新的游戏模式，将"默认pawn类"设置为"BP_Ellen_FPS"

14.2 Pawn和角色

　　Pawn是角色的父类。我们在第13章中提到了角色类，角色可以由玩家或AI控制，它有一个骨骼网格体组件可以直观地表示，而且可以像人一样移动。角色是"FirstPersonCharacter"的父类，即当我们单击播放按钮时，机械手臂会握着枪。

　　就像角色一样，Pawn也可以被控制，但是它没有网格体组件，不能移除盒子。当我们想要比人更简单的对象时，可以使用Pawn类。游戏模式的默认Pawn类决定了玩家在游戏开始时拥有的Pawn类。在我们的例子中，我们想让它成为"BP_Ellen_FPS"。

　　我们可以使用"BP_Ellen_FPS"作为默认Pawn类，因为它是角色的子类，而角色是Pawn的子类。任何子类都可以像其父类一样被使用。

　　步骤01 设置默认游戏模式。执行"编辑">"项目设置"命令，打开"项目设置"面板。在面板右侧单击"地图和模式"，然后在"默认模式"的折叠按钮下，将"默认游戏模式"设置为"GM_Ellen_FPS"，如图14-3所示。

　　运行游戏会发现我们不再控制握枪的机械臂。相反，我们看不到自己的身体，也无法移动。

　　我们可以按F8功能键取消角色设置。F8功能键会触发虚幻引擎的调试功能，允许取消当前的角色，并在编辑关卡时以相同的方式进行导航。移开视角并回头看，可以看到Ellen的FPS身体，这意味着我们已经成功切换了玩家角色。

　　任何不重载其游戏模式的关卡都将使用"项目设置"面板中指定的"默认游戏模式"。如果还记得的话，其实我们已经重载了"StartMenuLevel"的游戏模式。方法是切换到"世界场景设置"面板，将"游戏模式重载"设置为"GM_StartMenuLevel"。"StartMenuLevel"仍然使用

"GM_StartMenuLevel"作为其游戏模式。

步骤02 设置摄像机。我们可以在角色中添加一个摄像机作为玩家的眼睛。打开"BP_Ellen_FPS",在"组件"面板中单击"+添加"按钮,在搜索框中搜索并选择"摄像机"以创建摄像机组件,将摄像机重命名为"PlayerEye"。切换到"视图",可以看到成功添加了一个摄像机。选择摄像机并将其向上移动,使其位于颈部上方,如图14-4所示。

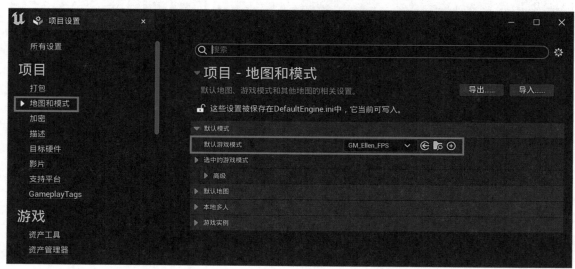

● 图14-3 设置默认游戏模式

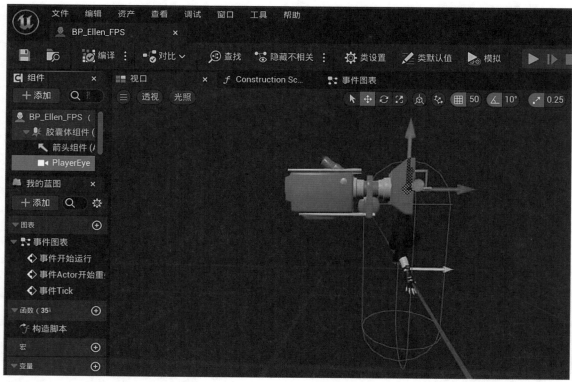

● 图14-4 添加一个摄像机作为玩家的眼睛

运行游戏，此时可以通过"PlayerEye"摄像机的视角进行查看。我们可以移动摄像机查看身体各个部分。要注意的是，测试后不要忘记把摄像机移回原位。

如果"细节"面板中摄像机的"自动启用"复选框处于勾选状态，那么虚幻引擎会找到一个摄像机组件作为玩家的视角，这是新摄像机的默认设置。如果没有摄像机组件，虚幻引擎会将视角设置在Pawn的"Base Eye Height"成员变量定义的高度上。

步骤 03 检查输入设置。执行"编辑" > "项目设置"命令，打开"项目设置"面板。单击面板左侧的"输入"，在"绑定"折叠按钮下可以看到两类输入绑定，分别是操作映射和轴映射。单击"操作映射"折叠按钮可以看到其下包含的内容。我们可以看到一些已经被定义好的输入。第一个是名为"Jump"的输入，能看到与它绑定的键和控制器列表，如图14-5所示。这些键的绑定来自模板。

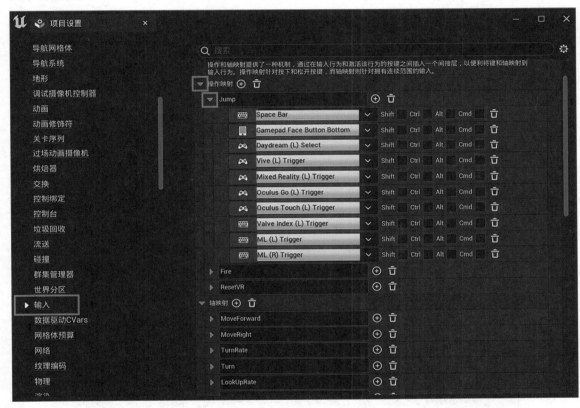

⬆图14-5　当前绑定的键

对于Jump键绑定来说，我们不仅可以在列表中看到空格键，还可以看到Gamepad、Vive、Daydream、Oculus Go和一些其他设备。Jump接收来自不同设备的输入，每当按下空格键或者使用列表中的不同设备时，都会触发一个名为"InputAction Jump"的全局事件。我们可以更改Jump键绑定的名称，这表示事件的名称是任意指定的。

步骤 04 实现跳跃事件。打开"BP_Ellen_FPS"并切换到"事件图表"。在空白区域右击，在搜索框中输入"jump"，选择"输入"折叠按钮下的操作事件"Jump"，创建"输入操作Jump"事件。拖动该事件的"Pressed"输出执行引脚，在弹出的搜索框中搜索并创建"跳跃"函数。单击"编译"按钮和"保存"按钮提交更改，如图14-6所示。

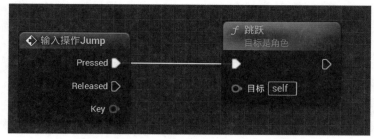

↑图14-6 实现"输入操作Jump"事件

再次运行游戏并按空格键，此时我们可以跳跃了。

跳跃是普通游戏中的标准动作，通过虚幻引擎我们已经实现了该功能。"跳跃"函数是"角色"类的一个函数，它可以让游戏中的角色实现跳跃功能。当按下空格键时，就会触发"输入操作Jump"事件，而该事件则会调用"跳跃"函数。

在"轴映射"折叠按钮下，有一个"MoveForward"的键绑定，将其展开，可以看到更多绑定的键。W键和S键是其中绑定的两个键，按下它们，会触发"输入轴MoveForward"事件。

步骤 05 实现"MoveForward"事件。在"BP_Ellen_FPS"的"事件图表"中，创建"输入轴MoveForward"事件和"添加移动输入"函数。将"输入轴MoveForward"事件的输出执行引脚连接到"添加移动输入"函数的输入执行引脚。将"输入轴MoveForward"事件的"Axis Value"输出引脚连接到"添加移动输入"函数的"Scale Value"输入引脚。由于我们尝试将角色向前移动，所以"World Direction"输入引脚的值应该就是角色前进的方向。搜索并创建一个"获取Actor向前向量"节点，将该节点的"Return Value"与"添加移动输入"函数的"World Direction"输入引脚相连，如图14-7所示。

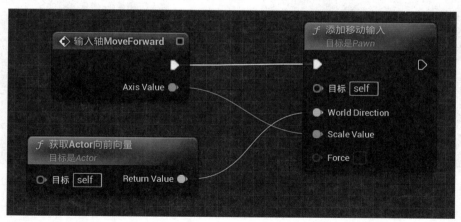

↑图14-7 实现"MoveForward"事件

单击"编译"按钮和"保存"按钮。运行游戏后，按W键前进，按S键后退。"添加移动输入"是虚幻引擎中"角色"类的一个函数，它已经为我们实现了在指定的"World Direction"上移动角色。"获取Actor向前向量"节点提供了角色的前进方向。角色是Pawn的子类，而Pawn是Actor的子类。这个"获取Actor向前向量"是Actor类的成员函数。

为什么?

为什么按S键可以向后移动呢?在"项目设置"中,仔细查看"MoveForward"的键绑定,可以看到S键的"缩放"值为-1。这个"缩放"值是"输入轴MoveForward"事件的"Axis Value"输出引脚。当按W键时,"Axis Value"的值为1。当按下S键时,"Axis Value"值为-1。当按住S键时,-1会被传递给"添加移动输入"函数的"Scale Value"输入引脚,这会导致角色向前移动-1个单位(向后移动1个单位)。

我们可以尝试使用键盘上的向上和向下键分别向前和向后移动,因为这些键也在与"输入轴MoveForward"事件的键绑定列表中。我们可以单击"MoveForward"右侧的"+"按钮向列表中添加新的键绑定,也可以按X键删除列表中的键绑定或整个键绑定。如果想向"映射"中添加新的键绑定,只需要单击"映射"右侧的"+"按钮即可。

每次按下或释放按键都会触发一次"操作映射"。"轴映射"总是处于活动或被触发的状态中,或者它们会在每次游戏更新时被触发。当没有按键按下时,"Axis Value"的值为0。当按下按键时,"Axis Value"的值就是该按键的"缩放"值。注意,"Gamepad Thumbstick"可以提供一个介于-1到1之间的"缩放"值,因为我们可以在一定程度上推拉操纵杆。

步骤06 实现"MoveRight"事件。使用与之前类似的方法快速实现"输入轴MoveRight"事件。这里的不同之处在于我们使用的是"获取Actor向右向量"而不是"获取Actor向前向量",如图14-8所示。

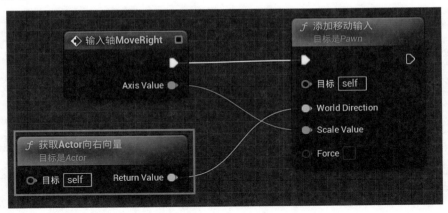

🔼图14-8 实现"MoveRight"事件

步骤07 实现"Turn"事件。在"轴映射"中有一个"Turn绑定",将其打开后可以看到"Mouse X"与其绑定在一起。"Mouse X"表示鼠标的左右移动(Y表示上下移动)。切换到"BP_Ellen_FPS"的"事件图表"中,创建"输入轴Turn"事件和"添加控制器Yaw输入"节点。将"输入轴Turn"事件的输出执行引脚连接到"添加控制器Yaw输入"节点的输入执行引脚。将"输入轴Turn"事件的"Axis Value"引脚连接到"添加控制器Yaw输入"节点的"Val"输入引脚,如下页图14-9所示。

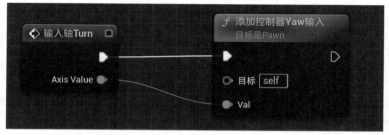

再次运行游戏，现在我们可以通过左右移动鼠标进行查看。

14.3 Roll、Yaw、Pitch

我们可以将Roll、Yaw、Pitch视为局部旋转X、Y和Z的不同名称。Roll表示围绕对象的Z轴旋转，Yaw表示围绕对象的Y轴旋转，Pitch表示围绕对象的X轴旋转。换句话说，执行Roll操作就像左右倾斜头，执行Yaw操作就像说"no"一样摆动头，执行Pitch操作就像说"yes"一样上下点头。

14.4 控制器

我们注意到"添加控制器Yaw输入"函数的名称有些奇怪，为什么叫"添加控制器Yaw输入"而不是"添加Yaw输入"呢？因为它将输入引脚添加到了角色的控制器而不是角色本身。控制器是一个类，可以拥有一个角色类。虚幻引擎中有两个控制器子类。

14.4.1 玩家控制器

当玩家进入游戏后，游戏模式会在"玩家控制器"类的成员变量中创建一个指定的控制器类实例。这个玩家控制器是玩家的代表，只要玩家停留在游戏中，玩家控制器也会停留在游戏中。另一方面，玩家通过玩家控制器拥有的角色可能会死亡，或者玩家可能需要切换到不同的角色。在这两种情况下，玩家控制器不会改变，唯一改变的是角色会被占有。

I4.4.2 AI控制器

AI控制器可以拥有任何角色，就像玩家控制器一样。区别在于AI控制器并不代表人类玩家，它是一个机器人。

步骤01 实现"LookUp"事件。使用"添加控制器Pitch输入"函数实现"输入轴LookUp"事件，如图14-10所示。

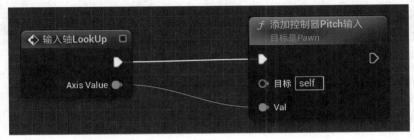

⬆ 图14-10 实现"LookUp"事件

再次运行游戏，这一次并不能像预期那样向上或向下看。在默认设置中，角色使用控制器的yaw输入，而不是pitch输入。单击"类默认值"按钮，切换到"细节"面板。在"Pawn"折叠按钮下，可以看到"使用控制器旋转Yaw"复选框处于勾选状态，"使用控制器旋转Pitch"复选框没有被勾选，如图14-11所示。

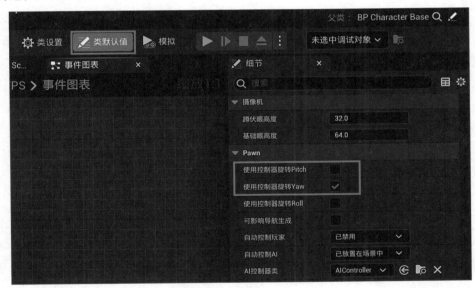

⬆ 图14-11 检查Roll、Yaw、Pitch的类默认值

左右转动身体是合理的，但是上下倾斜身体并不合理。毕竟现实生活中并不会常见到像迈克尔·杰克逊那样身体倾斜45°的人。

如果我们想向上或向下看，最好的办法是调整摄像机而不是整个角色。

步骤02 让"PlayerEye"摄像机跟随控制器的pitch输入。在"组件"面板中选择"PlayerEye"，然后切换到"细节"面板。在"摄像机选项"下，勾选"使用Pawn控制旋转"复选框，如下页图14-12所示。

●图14-12 勾选"使用Pawn控制旋转"复选框

再次运行游戏，现在我们可以移动鼠标向上和向下看了。向下看甚至可以看到身体部位。

因为我们做的是FPS游戏，所以并不想看到角色的身体。最简单的解决方法是让网格体跟随摄像机。

步骤03 让身体的网格体跟随"PlayerEye"。在"BP_Ellen_FPS"的"事件图表"中可以看到"事件开始运行"事件。它已经调用了另一个名为"父类：BeginPlay"的事件。这个"事件开始运行"是父类（BP_Character_Base）事件的重载。"父类：BeginPlay"是对父类的"事件开始运行"的函数调用。可以通过以下简单的话进行概括：

当游戏开始时，先执行父类在其"事件开始运行"中执行的操作。

通过添加"父类：BeginPlay"这一操作，表明我们其实并不想完全忽略父类中发生的事情。先执行父类中的操作，然后再添加新的成员。我们可以在子类中重载的任何函数中添加对父类被重载函数的调用。

拖动"父类：BeginPlay"节点的输出执行引脚，在搜索框中搜索并创建"将组件附加到组件（Mesh）"节点。此时"网格体"会自动与该节点的"目标"输入引脚相连。将"PlayerEye"从"组件"面板中直接拖到"将组件附加到组件（Mesh）"节点的"Parent"输入引脚。将该节点中"Location Rule""Rotation Rule"和"Scale Rule"设为"保持场景"，以便在连接时身体不会捕捉到摄像机的位置，但仍会遵循摄像机的偏移。

在这里设置的内容可以简单概括为以下内容：

当游戏开始时，将身体的网格体连接到摄像机上。

再次运行游戏并向下看，此时不会再看到身体，因为它现在跟随着摄像机的角度。不过，如果角色走在灯光下，然后向下看，仍然会看到身体的影子。如果不想看到影子，可以在"组件"面板中选择"网格体"，然后切换到"细节"面板，在"光照"折叠按钮下，勾选"投射阴影"复选框，以禁用身体网格体的阴影。

现在我们成功创建了"BP_Ellen_FPS"的基本运动控制，但还没有动画。下面将继续设置动画。

14.5 动画蓝图

动画蓝图是一种特殊类型的类，用于控制pawn的动画。它有以下两个主要组成部分。

14.5.1 事件图表

动画蓝图中的事件图表与其他蓝图相同，我们可以在这里编写任何程序。

14.5.2 动画图表

动画图表控制播放的动画类型。下面将创建一个基本的空闲行走动画。

在事件图表中收集移动信息。双击打开"AnimBP_Ellen"并切换到"事件图表"。我们可以看到里面已经有了两个节点。每次游戏更新都会调用"事件蓝图更新动画"。"尝试获取Pawn拥有者"的"Return Value"使用此蓝图的Pawn。拖动"Return Value"，在弹出的搜索框中搜索并创建"获取速度"节点。该节点会返回一个向量数据类型。

教程 设置动画

创建动画蓝图。切换到内容浏览器中的"Blueprints/Characters/Ellen/Animations"文件夹，右击选择"动画">"动画蓝图"命令。在弹出的"创建动画蓝图"（Create Animation Blueprint）对话框中，选择"Ellen_Skeletal_Mesh_Skeleton"作为目标骨架，然后单击"确定"（OK）按钮，如图14-13所示。将新资产命名为"AnimBP_Ellen"。

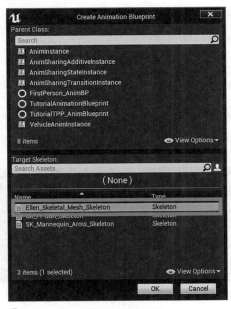

⬆ 图14-13 创建新的动画蓝图

363

14.6 向量

我们使用向量已经有一段时间了，Location、Rotation和Scale值都是向量数据类型。向量是浮点值的集合，它可以表示位置、旋转、缩放或任何需要多个浮点数表示的内容。在本例中，它表示速度，即使用此动画蓝图的Pawn，在X、Y和Z方向上的速度。

蓝图中的向量类有三个浮点成员变量：X、Y和Z。向量也可以看作是具有方向和长度的箭头。如果我们将箭头的起点放在原点，那么箭头的尖端则位于X、Y和Z的坐标处。箭头的长度就是从原点到坐标X、Y和Z的距离，如图14-14所示。

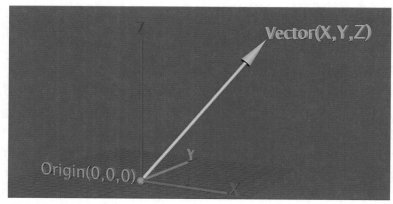

⬆图14-14 视为箭头的向量

我们想检查玩家是否在移动。在速度方面，向量的长度决定了速度。拖动"获取速度"节点的"Return Value"引脚，在弹出的搜索框中搜索并创建"向量长度"节点。拖动"向量长度"节点的"Return Value"引脚，在搜索框中输入">"，选择并创建"大于"节点。如果第一个输入值大于第二个输入值，则该节点会返回true。

这里要检查的是Pawn速度的长度（速度）是否大于0。拖动比较节点的输出引脚，单击搜索框下方的"提升为变量"选项。虚幻引擎会自动添加一个变量到蓝图类中，该变量的数据类型与拖动引脚的类型一样（本例中为布尔类型），并创建一个"SET"节点，设置新变量的值。切换到"细节"面板，将变量名称更改为"is_Moving"。

将"事件蓝图更新动画"的输出执行引脚连接到"SET"节点的输入执行引脚，如下页图14-15所示。

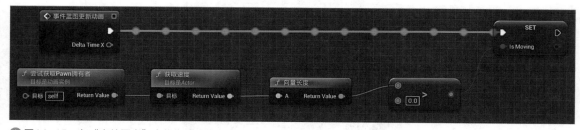

⬆图14-15 在"事件图表"中收集移动信息

步骤01 设置"IdleAnim"和"WalkAnim"变量。我们可以在界面左下角的"变量"折叠按钮下看到添加的"is_Moving"变量。我们在此处添加两个变量（通过单击"变量"右侧的"+"按钮）。然后在"细节"面板中更改"变量类型"，在搜索框中搜索并选择"动画序列">"对象引用"。单击"编译"按钮和"保存"按钮。在"变量"折叠按钮下选择"IdleAnim"，然后切换到"细节"面板，将"默认值"折叠按钮下的"IdleAnim"设置为"Ellen_FPS_Gun_Idle"。然后将"WalkAnim"变量的默认值设为"Ellen_FPS_Gun_Walk"，如图14-16所示。

⬆ 图14-16　创建"IdleAnim"和"WalkAnim"变量

步骤02 在"动画图表"中测试动画。切换到左下角"我的蓝图"面板，在"动画图表"折叠按钮下，双击"AnimGraph"将其打开。"AnimGraph"是我们定义使用这个动画蓝图的角色要播放什么放动画的地方。目前，只有一个"输出姿势"节点。连接到该节点"Result"输出引脚的任何对象都将成为最终动画。

这个"输出姿势"节点中只有一个"Result"输入引脚，并且有一个小人图，这是一个动画姿势引脚。我们将这种引脚称为姿势引脚。

右击空白区域并输入"播放"，然后向上滚动到搜索列表的顶部，我们可以在此处查看所有的动画。选择其中任何一个创建"播放动画序列"节点。选择该节点，切换到"细节"（Details）面板，勾选"序列"（Sequence）复选框，显示作为输入引脚正在播放的序列。将"IdleAnim"变量从"变量"（Variables）面板中拖出到"播放动画序列"（Play Animation Sequence）节点的"序列"（Sequence）输入引脚。将"播放动画序列"（Play Animation Sequence）节点的输出姿势引脚连接到"输出姿势"（Output Pose）节点的"Result"输入引脚。单击"编译"和"保存"按钮，可以看到右上角视图中的角色正在播放空闲动画，如下页图14-17所示。

图中显示的可能是整个身体或者FPS视角身体，但这并不重要，因为它们共享相同的骨架。我们可以通过单击视图上方工具栏中的"预览网格体"（Preview Mesh）按钮更改它（下页图14-17显示了该按钮的位置）。

步骤03 为空闲和走动动画设置状态机。删除步骤02中创建的两个节点。右击空白处搜索并创建状态机节点。在"细节"面板中，将节点名"New State Machine"改为"IdleWalk"。将"IdleWalk"节点的输出姿势引脚连接到"输出姿势"节点的"Result"输入引脚，如下页图14-18所示。

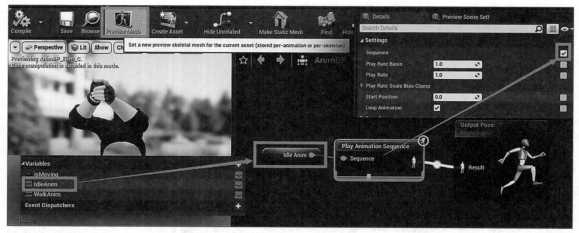

⬆ 图14-17　设置"IdleWalk"作为动画播放

⬆ 图14-18　创建一个新的状态机，命名为"IdleWalk"并将其用作最终姿势

14.7 状态机

运行游戏时，角色会进入不同的状态，比如空闲、行走和射击等。状态机允许我们定义不同的状态以及在不同状态之间转换的规则。下面我们来了解它是如何为我们的动画工作的。

双击打开"IdleWalk"状态机，拖动"Entry"节点的输出引脚，在搜索框中选择"添加状态"，创建一个新的状态。选择这个新状态，按F2键将其重命名为"Idle"。每个状态节点都有一个灰色边缘，从"Idle"状态的边缘拖出，选择"添加状态"，再次添加一个状态，将新状态命名为"Walk"。从"Walk"状态拖出箭头连接"Idle"状态的边缘，创建另一个返回"Idle"状态的箭头，如下页图14-19所示。

每个转换都有一个规则来决定是否应该进行转换。双击从"Idle"状态到"Walk"状态箭头上方的圆形图表，打开规则图表。我们可以看到带有"Can Enter Transition"输入引脚的"结果"节点。

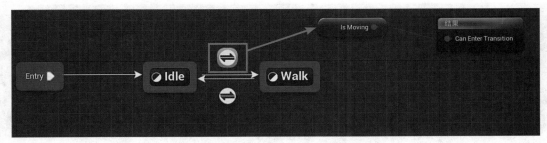

⬆ 图14-19　创建状态及其转换的步骤

　　输入引脚的颜色为红色，这表示它的数据类型为布尔型。当输入为真时，转换开始发生。将"is_Moving"变量拖动到"结果"节点的"Can Enter Transition"输入引脚。

　　我们希望当玩家开始移动时可以从空闲状态过渡到行走状态。在步骤02中，我们创建了一个名为"is_Moving"的变量，它会指示玩家是否在移动。将该变量拖动到"Can Enter Transition"输入引脚建立连接，如图14-20所示。

⬆ 图14-20　使用"is_Moving"变量作为从"Idle"到"Walk"的过渡规则

　　以上操作可以概括为以下内容：

　　当玩家开始移动时，将状态从空闲状态转换到行走状态。

　　在图表顶部有一个导航栏，它就像一个文件夹结构一样，显示了当前图表在整个动画图表中的层级结构位置，如图14-21所示。

AnimBP_Ellen ＞ AnimGraph ＞ IdleWalk ＞ Idle到Walk(规则)

⬆ 图14-21　动画图表的导航栏

367

单击"IdleWalk"返回到"IdleWalk"状态机，其中包含两个状态和转换。下面进入从"Walk"到"Idle"的规则图表并进行设置。

对于从"Walk"状态到"Idle"状态的转换，我们需要相反的规则。按住Ctrl键将"is_Moving"变量拖动到图表中，为它创建一个引用。拖动"Is Moving"节点的输出引脚，在搜索框中输入"NOT"，选择"NOT布尔"，创建一个"NOT"节点。然后将"NOT"节点与"结果"节点相连，如图14-22所示。

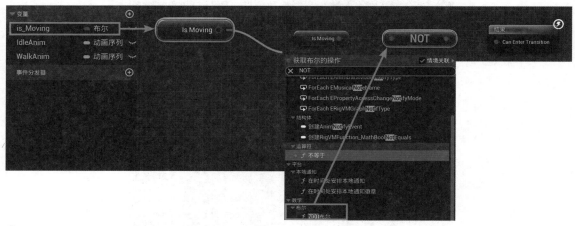

🔼图14-22　设置从"Walk"到"Idle"的转换规则

"NOT"节点可以将输入的值转换为输出的值，以上操作可以概括为以下内容：

当玩家不移动时，切换回"Idle"状态。

步骤01 定义状态。双击打开"Idle"状态，可以在图表中看到"输出动画姿势"（Output Animation Pose）节点。连接到该节点的任何内容都将成为"Idle"状态的动画。重复上节步骤02中的操作，使用"IdleAnim"变量作为"输出动画姿势"（Output Animation Pose）的动画。返回并设置"Walk"状态以使用"WalkAnim"，如图14-23所示。之后编译并保存蓝图。

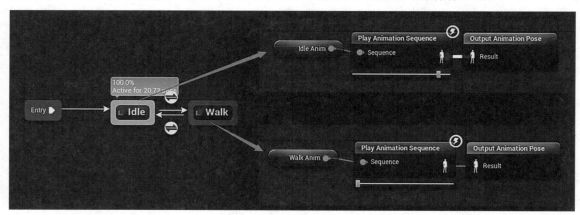

🔼图14-23　设置状态

步骤02 在玩家角色中使用动画蓝图。打开"BP_Character_Base"并在"组件"面板中选择"网格体"。在"细节"面板中，将"动画类"设置为"AnimBP_Ellen"，如下页图14-24所示。

↑ 图14-24 设置用于角色的动画类

运行游戏，我们可以看到正在播放 "Ellen_FPS_Gun_Idle" 动画。开始移动角色，此时动画会平滑地过渡到 "Ellen_FPS_Gun_Walk"。停止走动，动画也会过渡回来。

我们已经用动画蓝图完成了一些动画设置。正如所看到的，动画蓝图有以下两个主要组成部分：

（1）事件图表：允许与玩家角色交流。

（2）动画图表：用于确定要播放的动画。

这两个组件允许动画蓝图知道玩家正在做什么并播放相应的动画。

 ## 14.8 虚幻引擎框架

下面回顾一下已经涵盖的虚幻引擎框架。到目前为止，我们已经讨论了以下主要组成部分。

游戏模式

游戏模式决定了角色的主要职业和游戏规则，它定义了玩家角色类、玩家控制器类、HUD以及框架中尚未探索的许多其他类。

玩家控制器/控制器/AI控制器

我们只是简单提到了它们。每当开始运行游戏时，都会创建一个玩家控制器来代表玩家自己。然后，它拥有在游戏模式中定义的默认Pawn，我们可以通过玩家控制器拥有它。玩家控制器是控制器的子类。控制器可以拥有Pawn并且与Pawn捆绑在一起，可以对Pawn发生的很多事情做出反应。控制器有一个名为 "AI控制器" 的子类，它代表AI而不是人类玩家。

Actor

我们可以放置在关卡中的任何东西都是Actor，它是许多其他类的父类，比如Pawn和角色。它也是不一定需要物理表示的类的父类。游戏模式也是Actor的子类。

Pawn

Pawn是控制器可以拥有的任何内容的基类。Pawn是控制器的物理表示，控制器是Pawn的灵魂。

角色

角色是Pawn的子类，它有许多内置的功能，比如移动、代表身体的网格体和代表碰撞的胶囊。

骨骼网格体

骨骼网格体是一个类，它表示可以使用不同动画资产的关节的绑定模型。

动画蓝图

动画蓝图是一个类，旨在与Pawn通信，并通过动画图表控制骨骼网格体的动画。

控件蓝图

控件蓝图是一个基本的UI类，它可以被生成，由玩家控制器拥有，并且可以添加到视图中。

正如我们所看到的，每个类都定义了特定类型的对象并负责自己的事情。类还可以相互交流，将它们绑定成一个工作游戏的框架。如何设计这些类对于游戏和游戏引擎至关重要，需要大量的经验和测试才能完善并创造出最佳的设计。

14.9 总结

我们可以从虚幻引擎的框架中学到一件事：定义的类应该有特定的用途，可以添加、更改和替换。如果考虑从头开始制作游戏，我们可能会创建一个内置了许多内容的玩家角色类，可能不会想到玩家控制器类。但随后就会意识到，假设玩家和玩家所扮演的角色是一体的，则会存在一个问题。

如果玩家控制的角色死了，但是玩家却作为观察者留在游戏中，怎么办？如果想将玩家控制的东西从人类角色变成坦克，怎么办？那么让玩家成为不同于角色的实体就很有意义了。

没有关于游戏结构的最佳实践方式，因为所有游戏都是不同的。但是，一般的经验法则是使我们的系统易于使用，并且在需要进行更改或添加新功能时可以进行最少的调整。将游戏的不同部分分成更小且逻辑上不同的模块，是实现这一目标的好方法。

我们将在下一章中创建武器并且以同样理想的方式设计武器。

第15章

武器

在戒备森严的游戏场景中空手走来走去，对于玩家来说是不利的。本章将会为玩家创造一些武器，赋予玩家一些力量。请做好心理准备，这一章比前几章的内容要长得多，难度也有了进一步的升级（涉及了很多内容）。

15.1 武器介绍

在继续操作之前，还要注意我们现在使用的虚幻引擎版本。如果版本有所不同，则UI布局也会略有不同。此外，本书还提供了将要创建的3种武器的模型文件。它们位于"Weapons"文件夹中。我们可以将它们导入到项目中并为其设置材质。

本章将会创建以下3种武器。

（1）可以击倒敌人的管道。

（2）可以射出子弹并对敌人造成伤害的枪。

（3）可以发射手榴弹并造成伤害的榴弹发射器。

下面分析一下这3种武器的哪些部分可以进行抽象。换句话说，3种武器的哪些部分可以放在父类中。

（1）视觉。武器都需要物理表示或模型。

（2）UI和图标。大多数武器都需要一个UI和一个图标。我们可以在游戏界面右下角添加每种武器的图标，向玩家展示他们所拥有的武器。对UI来说，我们需要瞄准枪和榴弹发射器。

（3）玩家可以以这样或那样的方式进行攻击。这是一个可以概括的抽象概念。

（4）攻击伤害。并不是所有的武器都需要它，但是大多数武器都有它。

（5）重新加载。管道无法重新加载，但是发射照明球的电棍可能需要充电。重新加载也是一个抽象的概念。我们假设大多数武器都需要在某一时刻补充能量，为了游戏的可扩展性，这里选择将其包含在内。

（6）动画。需要指定行走、空闲、攻击和重新加载所需的所有动画。

（7）附件。定义玩家应该如何持有这些武器。

（8）热键。为每种武器设置键盘或游戏手柄的快捷方式。

正如上面所提到的，我们会需要很多东西。它们都可以被概括成一个基类，就像我们为任何可以被触发的东西创建的"BP_Triggerable"一样。可以列出自己想要的武器清单，有时候只需要着手去做，就知道自己需要什么了。我们无法预测所需的一切。在开发的过程中修改这个清单是很常见的，因为我们还未将清单和想法相结合。

与此同时，我们还必须在开发武器的同时开发玩家角色，以便拾取武器、重新装填、攻击和切换武器。

15.2 基础武器类

下面我们从创建一个基础武器类开始，所有其他武器都将继承这个类。我们将使用管道建立一个基类，如果使用的是自己的项目文件，那么本书提供的文件中会包含管道的资产。

教程 创建一个基础武器类

下面创建一个基础武器类。

步骤 01 创建一个蓝图类。在"Blueprints"文件夹中创建一个名为"Weapons"的新文件夹。然后在该文件夹中创建一个新的蓝图类，选择Actor作为它的父类，将其命名为"BP_Weapon_Base"。

步骤 02 向类中添加可视化表示形式。打开"BP_Weapon_Base"，添加一个静态网格体组件，将该组件命名为"Mesh"。在"细节"面板，将"静态网格体"设置为"weapon_pipe"，如下页图15-1所示。

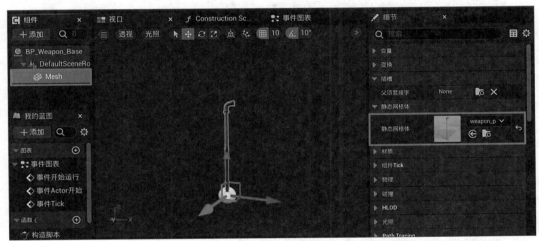

⬆ 图15-1　向基类添加视觉效果

我们选择管道只是为了可以看到一些东西。子类将通过改变静态网格定义不同的视觉效果。

为了能够将其握在角色手中，我们需要定义将它固定在玩家角色手中的精确位置。可以通过在玩家角色的骨骼网格体中定义一个插槽来实现这一点。

步骤 03 设置管道的插槽。切换到"Blueprints/Characters/Ellen/MeshAssets"，双击打开"Ellen_Skeletal_Mesh_Skeleton"。在UI顶部的工具栏中单击"预览动画"，然后选择"FPS_Pipe_Idle"，此时网格体会播放该动画。如果在视图中看到的是全身网格体或者FPS网格体，可以更改预览网格体。我们可以单击播放窗口底部的"暂停"按钮暂停播放动画。

在骨骼树列表中，找到"r_wrist"并右击，选择添加插槽。此时会在列表中添加一个名为"r_wristSocket"的插槽，双击并将其重命名为"PipeHandSocket"。

15.3 插槽

很多时候我们需要在角色上附加一些东西，并且可以将任何东西附加到骨骼网格体的任何关节上。添加的这个东西最好是与关节所在位置有所偏移。我们可以将插槽添加为框架层次结构中的预定义位置，以便向其附加任何内容。此时任何关节也可以表现得像插槽一样。

右击"PipeHandSocket"，选择"添加预览资产"（Add Preview Asset），在搜索框中搜索并在结果中选择"weapon_pipe"。切换到视图区域，移动并旋转管道，使管道可以很好地与角色的手贴合，如下页图15-2所示。之后单击"保存"按钮即可。

步骤01 添加附件变量。切换到"BP_Weapon_Base"。添加一个新的变量并将其命名为"EquipSocketName"，将变量类型设置为"命名"，然后单击"编译"按钮。在"细节"面板中，将"默认值"设置为"PipeHandSocket"。添加该变量，这样武器可以通过它找到正确的附件。如下页图15-3所示。

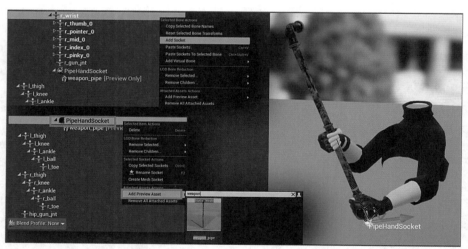

⬆ 图15-2　为手部添加插槽

⬆ 图15-3　添加变量存储器应该连接的插槽名称

现在武器知道自己应该附着在哪个位置了，我们让角色握住它。

步骤02 为角色创建一个函数来获取新武器。切换到"BP_Character_Base"，添加一个新的自定义事件（右击并搜索以添加自定义事件），将其命名为"AcquireNewWeapon"。切换到"细节"面板，右击"输入"折叠按钮右侧的"+"按钮添加输入参数，并命名为"WeaponClass"，将其类型更改为"BP_Weapon_Base"，并确保选择"类引用"，如图15-4所示。

⬆图15-4　添加一个新的自定义事件，使角色获得新武器

选择"类引用"则接收的是一个类，而不是一个类的对象。现在我们可以使用这个类生成武器。

创建一个"生成Actor"节点（右击并搜索），将"AcquireNewWeapon"节点的输出执行引脚连接到"生成Actor"节点的输入执行引脚，通过"AcquireNewWeapon"节点调用"生成Actor"节点。将"AcquireNewWeapon"节点的"Weapon Class"引脚连接到"生成Actor"节点的"Class"输入引脚，如图15-5所示。

对于"Spawn Transform"来说，我们可以使用插槽变换。按住Ctrl键，在"组件"面板中将"网格体"拖到"事件图表"中。从"网格体"引脚上拖动并搜索，创建一个"获取插槽变换"节点。将"获取插槽变换"节点的"Return Value"引脚连接到"生成Actor"节点的"Spawn Transform"引脚。

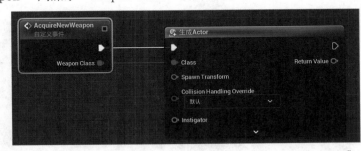

⬆图15-5　创建"生成Actor"节点，并通过"AcquireNewWeapon"调用它

对于"In Socket Name"引脚，可以新建一个节点与其连接。拖动"AcquireNewWeapon"节点的"Weapon Class"引脚，搜索并创建一个"获取类默认"节点，将该节点的"Equip Socket Name"引脚与"In Socket Name"引脚相连，如图15-6所示。

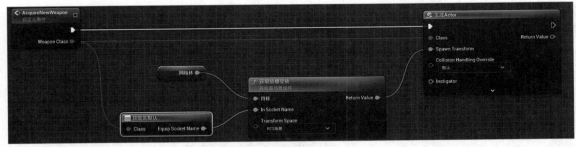

⬆图15-6　连接"Spawn Transform"引脚，获取武器装备插槽变换

这段代码会在武器的插槽中生成一个"BP_Weapon_Base"。

单击"生成Actor"节点底部的下拉箭头，可以看到为新武器指定的"Owner"（所有者）和"Instigator"（发起者）。

15.3.1 | Owner

Owner是Actor类的一个成员变量，用于存储Actor的逻辑所有者。

|15.3.2|Instigator

Instigator是Actor类的另一个成员变量，用于存储Actor造成的损坏或者其他事件的逻辑发起者。

Owner和Instigator通常是一回事。不过，以榴弹发射器的榴弹为例，从逻辑上讲，榴弹发射器是榴弹的所有者，发起者应该是拿着榴弹发射器的玩家。毕竟最终扣动扳机的是玩家。Actor没有所有者和发起者也很常见。这些是虚幻引擎中内置的抽象概念，引擎中的其他系统使用它们作为有效载荷数据的一部分。在我们的例子中，是希望"BP_Character_Base"成为新武器的所有者和发起者的。

在空白处右击并搜索"self"，选择"获得一个对自身的引用"。将这个新的"Self"节点与"生成Actor"节点的"Owner"引脚和"Instigator"引脚相连，如图15-7所示。

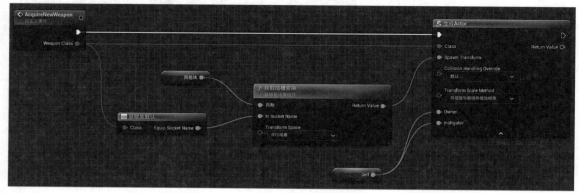

⬆ 图15-7 使用角色自身连接"生成Actor"节点的"Owner"引脚和"Instigator"引脚

最后，创建一个"将Actor附加到组件"节点。将"生成Actor"节点的输出执行引脚与该节点的输入执行引脚相连。将"生成Actor"节点的"Return Value"引脚与该节点的"目标"引脚相连。将"网格体"节点的引脚与该节点的"Parent"引脚相连。将"获取类默认"节点的"Equip Socket Name"引脚与该节点的"Socket Name"相连。将"Location Rule""Rotation Rule""Scale Rule"的值设置为"对齐到目标"。

需要注意的是，从"获取类默认"节点的"Equip Socket Name"引脚连接到"将Actor附加到组件"节点的"Socket Name"引脚的连接线太长了，这条线与中间节点重叠了。我们可以在连接的空白位置右击并搜索"reroute"，添加变更路线节点，使连线绕过其他节点，如图15-8所示。

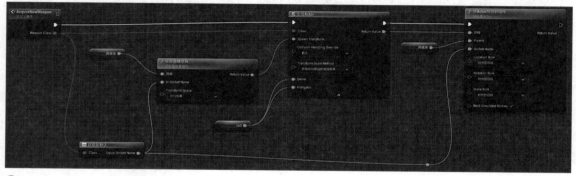

⬆ 图15-8 将新武器连接到网格体

对"AcquireNewWeapon"节点所做的操作可以概括为：创建一个新武器并将其附加到网格体的对应插槽中。

"获取类默认"节点提供了在类中设置的变量值。"将Actor附加到组件"节点将目标附加到父级。如果存在指定的插槽名称，则附件会指向插槽。否则，附件将附加到父级的根目录。

上页图15-8显示在第2节步骤02中做的所有操作。基于节点的脚本或可视化脚本会快速地变复杂，养成良好的编程习惯就变得非常重要了。

为什么？

我们在"BP_Character_Base"类中实现了这个函数或事件，而不是在"BP_Ellen_FPS"中。究其原因主要是因为游戏的可扩展性。我们也可以基于"BP_Character_Base"创建AI角色，并且AI应该能够立即获得武器。

由于我们已经熟悉了蓝图脚本，因此从现在开始，省略创建和连接节点的琐碎细节，节省阅读时间。接下来会重点介绍节点图表的基本部分。

步骤01 测试函数。缩小图表，找到"事件开始运行"事件并调用"AcquireNewWeapon"函数。运行游戏，可以看到角色此时手握管道，如图15-9所示。

⬆图15-9　测试函数

这里存在两个缺陷。首先我们尝试四处走动，会发现角色很难前进。这是因为管道与角色相撞。其次，动画是针对枪而不是管道的。下面解决这两个问题。

步骤02 修复武器碰撞。打开"BP_Weapon_Base"，在"组件"面板中选择"网格体"。切换到"细节"面板，在"碰撞"折叠按钮下，找到"碰撞预设"，将其值设为"NoCollision"。再次运行游戏，此时就可以自由移动角色了。

步骤03 为武器类添加动画变量。向"BP_Weapon_Base"添加另外两个变量，将它们的变量类型设置为"动画序列">"对象引用"。将第一个变量命名为"IdleAnim"并将其默认值设为"Ellen_FPS_Pipe_ldle"。将第二个变量命名为"WalkAnim"并将其默认值设为"Ellen_FPS_Pipe_Walk"。

只添加这两个变量是没有用的，还需要让动画蓝图知道并使用它们。此外，我们将实现武器的切换和拾取功能。每次拿起新武器或切换到另一种武器时，动画蓝图中的动画都应该更新。下面创建一个变量存储当前的有效武器，并实现一个可以输出该武器的空闲动画和行走动画的函数。

步骤04 创建当前有效武器变量。切换到"BP_Character_Base"，添加一个变量。将新变量命名为"CurrentActiveWeapon"，并将变量类型设置为"BP_Weapon_Base">"对象引用"。切换到"AcquireNewWeapon"节点，断开"生成Actor"节点和"将Actor附加到组件"节点之间的连接，在两者之间插入一个"设置Current Active Weapon"节点，如下页图15-10所示。

図15-10 添加 "CurrentActiveWeapon" 变量, 并在 "AcquireNewWeapon" 进行设置

步骤05 创建一个函数来获取当前有效武器的动画。向 "BP_Character_Base" 中添加一个新的函数,将其命名为 "GetActiveWeaponAnims"。如图15-11所示。

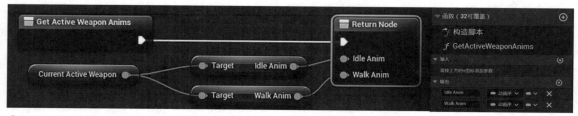

图15-11 "Get Active Weapon Anims" 函数的实现

要注意的是,我们是通过单击 "我的蓝图" 面板下 "函数" 折叠按钮右侧的 "+" 按钮来添加的函数。之前在 "BP_Triggerable" 创建了一个函数。我们创建了一个函数而不是自定义事件,因为这里需要返回值。单击函数并切换到 "细节" 面板,单击 "输出" 折叠按钮右侧的 "+" 按钮,可以添加返回值。

函数体相对简单。通过获取 "CurrentActiveWeapon" 变量,以获取它的空闲和行走动画作为函数的返回值。

步骤06 调用动画蓝图中的函数并更新动画。切换到 "Content/Blueprints/Characters/Ellen/Animations",打开 "AnimBP_Ellen"。切换到 "我的蓝图" 面板,双击 "图表" 折叠按钮下的 "事件图表",进入该对象的事件图表中。在 "SET" 节点后添加蓝图脚本,如图15-12所示。

图15-12 调用动画蓝图中的 "Get Active Weapon Anims" 函数并更新它的动画

通过使用 "尝试获取Pawn拥有者" 函数,我们可以获得此蓝图所附加的Pawn。在这个例子中,Owner(拥有者)是 "BP_Character_Base",因此需要将其进行强制转换,以访问 "Get Active Weapon Anims" 函数。然后调用该函数并使用其返回值更新 "IdleAnim" 和 "WalkAnim"。

再次运行游戏,此时可以看到管道使用了正确的空闲和行走动画。就像之前为动画蓝图设置IsMoving一样,我们现在也设置了动画。

动画蓝图通过调用 "BP_Character_Base" 的 "Get Active Weapon Anims" 函数不断更新 "IdleAnim" 和 "WalkAnim",并将它们用作状态机中的动画。

当我们停止播放动画时,会弹出一个消息日志并显示两个错误,大意是:无访问,尝试读取属性 "CurrentActiveWeapon"。该消息还会显示错误发生的位置,在本例中,位置是 "Get Active

Weapon Anims"函数的返回节点。

在游戏最开始，动画蓝图调用了"GetActiveWeapons"，但没有调用"AcquireNewWeapon"，或者还没有在设置"CurrentActiveWeapon"变量的步骤中调用，该变量的值为空或None。我们不能从空变量中提取数据，因为没有数据，这就是我们得到错误的原因。仔细想想，就会发现我们目前的设置存在以下两个设计缺陷。

（1）如果玩家还没有选择武器怎么办？我们确实希望玩家在游戏开始时没有武器，并在探索关卡时拾取新武器。

（2）我们不需要每次游戏更新时都更新动画，只需要在玩家拿起或切换到不同武器时改变它们。

在设计游戏结构时，知道自己想在游戏中看到什么是至关重要的。在这个例子中，玩家一开始没有武器。当他们拿起新武器或换到另一种武器时，先把手放下，然后将新武器附加到屏幕外的手上，并使用与该附加武器关联的正确动画举起手。下面我们先制作简单的动画，然后用它来驱动武器拾取和切换机制。

步骤 07 设置武器切换动画。保存蓝图，关闭并重新打开"Ellen_Skeletal_Mesh_Skeleton"，这样就不会使用预览动画。切换到顶部的工具栏，选择"创建资产"（Create Asset）>"创建动画"（Create Animation）>"当前姿势"（Current Pose）选项，在弹出的对话框中选择"Animations"文件夹，将动画名称设置为"Ellen_FPS_Weapon_Switch"。虚幻引擎现在创建了一个新的动画，我们可以在右下角的资产浏览器列表中看到它，如图15-13所示。此时该动画资产处于选中状态。

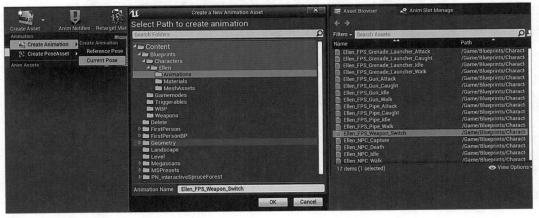

⬆ 图15-13　创建新的动画资产

Persona

图15-14显示的界面称为Persona（动画编辑工具集），它收集了骨骼网格体的所有重要部分。在界面右上方，可以看到5个主要部分：骨架（Skeleton）、网格体（Mesh）、动画（Animation）、动画蓝图（Blueprint）和物理资产（Physics）。

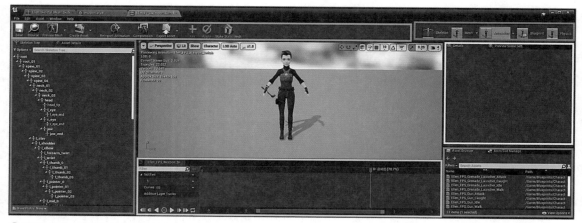

🔼 图15-14 动画编辑工具集的布局

红色框中的选项允许我们快速切换到与骨骼网格体相关的其他资产。蓝色框中的是资产浏览器，其列表中包含了所有动画。黄色框中的是时间轴，可以在里面编辑动画并添加其他游戏元素。其他部分之前已经介绍过了，不再进行陈述。

到目前为止，我们添加的新动画只有一帧，从时间轴底部可以看出来。右击时间轴上的任意位置并在开始时追加帧数，这里输入"9"作为追加的帧数，然后按Enter键。此时一共有10帧。然后单击时间轴左下角的"暂停"按钮暂停播放动画，如图15-15所示。

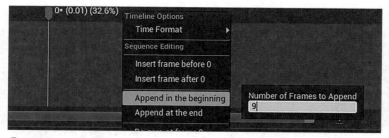

🔼 图15-15 在动画开始时追加9帧

为什么?

只有10帧的动画切换似乎太少了，但我们希望玩家可以感受到游戏的超强响应。在很多情况下，这与游戏的逼真程度无关，重要的是用户体验。

在"骨骼树"（Skeleton Tree）面板选择"spine_04"。旋转它以使其身体在视图中向前弯曲（约60°），然后按S键添加一个关键帧。在什么部分添加关键帧并不重要，因为我们只需要一个固定的向下弯曲的姿势。单击工具栏中的"应用"（Apply）按钮以提交更改操作。

切换到"资产详情"（Asset Details）面板，在"附加设置"（Additive Settings）折叠按钮下，将"附加动画类型"（Additive Anim Type）设置为"局部空间"（Local Space），该动画在使用时会附加到其他动画的顶部。将"基本姿势类型"（Base Pose Type）指定为"骨架引用"（Skeleton Reference），该设置意味着它计算这个动画中的姿势与局部空间中默认骨架姿势之间的差异，并提取增量作为附加或偏移信息，如下页图15-16所示。单击"保存"按钮保存资产。

🔼 图15-16　在动画中添加一个向下弯曲的关键帧姿势，并将其设为局部空间附加动画

创建武器切换动画蒙太奇。执行"创建资产">"动画蒙太奇"命令，输入动画名称为"Ellen_FPS_Weapon_Switch_Montage"，然后单击"确定"按钮。此时虚幻引擎为我们创建了一个动画蒙太奇。需要注意的是，它在"资产浏览器"中显示为一个蓝色图表。切换到"资产浏览器"，找到并拖动"Ellen_FPS_Weapon_Switch"到"DefaultGroup.DefaultSlot"。然后单击"保存"按钮保存资产，如图15-17所示。

🔼 图15-17　拖动"Ellen_FPS_Weapon_Switch"到"Ellen_FPS_Weapon_Switch_Montage"

切换到"资产详情"面板，在"混合选项"下，将"混合时间"的值设为0.15，这样会使动画在0.15秒内进行混合。

15.5 动画蒙太奇

有时候，我们只是想在当前动画的基础上快速播放动画，动画蒙太奇就是为此设计的。动画蒙太奇会在其他动画之上，它还有专为其分配的插槽，默认插槽为"DefaultGroup.DefaultSlot"。当我们要求引擎播放动画蒙太奇时，它会在动画蓝图的"AnimGraph"中找到插槽并在那里播放动画。下面让我们在动画图表中添加插槽。

步骤01 添加默认插槽。切换到动画蓝图，在"我的蓝图"面板中双击"AnimGraph"将其打开。创建一个"插槽'DefaultSlot'"节点，将其插入"IdleWalk"和"输出姿势"之间，如下页图15-18所示。编译并保存动画蓝图。我们可以按住Alt键并单击任意引脚删除与它的连接。

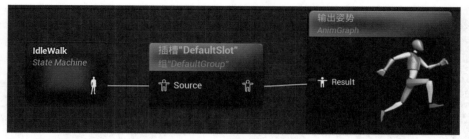

⬆图15-18　将"DefaultSlot"添加到"AnimGraph"中

步骤02 添加一个自定义事件播放动画蒙太奇。切换到"BP_Character_Base"，创建一个名为"SwitchActiveWeaponTo"的自定义事件并实现它，如图15-19所示。将"Montage to Play"引脚设置为"Ellen_FPS_Weapon_Switch_Montage"。

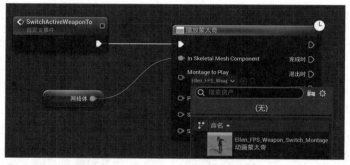

⬆图15-19　创建"SwitchActiveWeaponTo"函数

我们将在这个函数中添加更多的东西，这样它就能像名字所说的那样工作。目前，我们只是在测试动画蒙太奇。

步骤03 使用"fire"按钮测试动画蒙太奇。创建一个"InputActionFire"节点，使用该节点调用"SwitchActiveWeaponTo"事件，如图15-20所示。

⬆图15-20　使用"InputAction Fire"添加对"SwitchActiveWeaponTo"事件的调用

再次运行游戏，试着单击左键，就可以看到角色的手向下又向上运动。

我们经过很多操作才进行到这一步，下面将解释在添加这么多内容之前单击左键会发生什么。

当我们按下鼠标左键，系统会触发fire事件。该事件会调用"SwitchActiveWeaponTo"事件，并要求网格体播放"Ellen_FPS_Weapon_Switch_Montage"动画蒙太奇。"Ellen_FPS_Weapon_Switch_Montage"被分配给"DefaultGroup.DefaultSlot"，网格体会在动画蓝图的"AnimGraph"中找到该插槽，并在那里播放动画蒙太奇。蒙太奇（Ellen_FPS_Weapon_Switch）中的动画是累

加的。因此，蒙太奇在当前"Ellen_FPS_Pipe_Idle"动画的基础上添加了使身体向下弯曲的动画。然后，身体在0.15秒内平滑地向下弯曲，并在动画结束后（在0.15秒内）重新弯曲。

正如我们所看到的那样，整个系统以一种稍微复杂的方式工作，这就是虚幻引擎的本质。这不是一个简单的引擎，就像之前讨论的那样。相比简单性，虚幻引擎更看重专业性和可扩展性。我们经常可以看到虚幻引擎执行复杂的工作流程（并不能马上掌握的程度），不过，一旦理解了这些复杂的内容，就会意识到这可能是最好的解决方法（尽管有时候方法可能会很奇怪）。

现在我们来思考一下，在获取或切换新武器时应该做些什么。因为我们所做的是一款FPS游戏，所以当切换装备或武器时，不需要把武器放在其他地方。每得到一件新武器，它就会一直附着在手上，但需要先让它隐形。当切换到其中一种武器时，播放动画蒙太奇让手放下来。当武器离开屏幕时，需要隐藏当前可见的内容（如果手是空的，则不会隐藏）。然后，我们需要取消隐藏要切换到的武器，更新动画，使用新武器并重新举起手。

这意味着武器有两种状态：背包和手持。处于背包中表示武器不可见，在手上表示武器可见。在"BP_Weapon_Base"类中创建两个函数，将武器更改为这两种状态。

步骤04 创建"WeaponIninventory"和"WeaponInHand"自定义事件。打开"BP_Weapon_Base"并快速创建这两个自定义事件，如图15-21所示。

⬆图15-21　实现"WeaponIninventory"和"WeaponInHand"自定义事件

在"设置可见性"函数中设置"目标"引脚的连接，确保将"DefaultSceneRoot"与"目标"引脚相连，勾选"Propagate to Children"引脚后的复选框，以便切换所有内容。

步骤05 在"AcquireNewWeapon"函数中使用"WeaponInInventory"函数。切换到"BP_Character_Base"，删除"生成Actor"和"将Actor附加到组件"之间的"SET"节点。拖动"生成Actor"节点的"Return Value"引脚，搜索并创建"Weapon in Inventory"，如图15-22所示。确保最终仍然调用"将Actor附加到组件"。

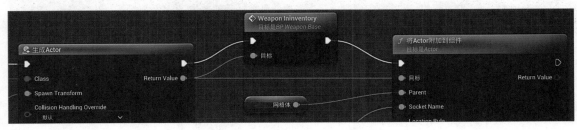

⬆图15-22　在生成武器后调用"WeaponInInventory"

这里所做的改变是，当我们获得新武器时，首先将其放入背包中（使其不可见）。完成此步骤后，必须播放武器切换动画蒙太奇，放下双手。然后使武器可见（通过调用WeaponInHand），

383

并告诉动画蓝图更新到新的动画，然后手会重新举起。我们可以将这些部分放在"SwichActive-WeaponTo"事件中。

步骤 06 优化"SwitchActiveWeaponTo"。添加一个新的输入参数到"SwitchActiveWeaponTo"，将参数命名为"NewActiveWeapon"，设置变量类型为"BP_Weapon_Base"。拖动"SwitchActiveWeaponTo"节点的"NewActiveWeapon"引脚，在搜索框中输入并在结果中选择"提升为变量"，会自动创建一个新变量并创建一个"SET"节点。这是创建新变量并设置其值的快速方法。后续不会再介绍创建"SET"节点的步骤。当看到像这样的"SET"节点和没有见过的变量名时，请假设我们使用"提升为变量"的方式创建了一个新变量。

将新变量命名为"PendingNextActiveWeapon"，此时"SET"节点会自动进行更改，具体连接如图15-23所示。

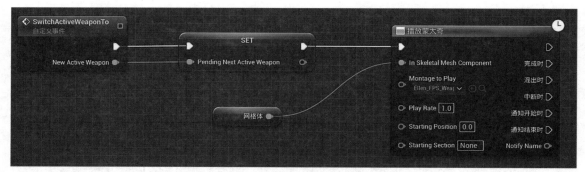

⬆ 图15-23 修改"SwitchActiveWeaponTo"自定义事件

与此同时，在"AcquireNewWeapon"末尾添加一个对"SwitchActiveWeaponTo"的调用，如图15-24所示。

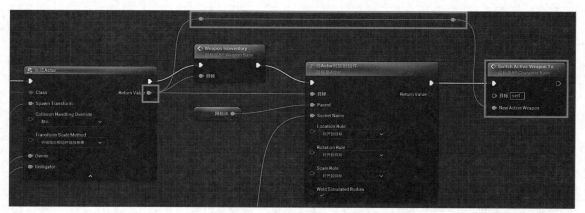

⬆ 图15-24 在"AcquireNewWeapon"事件的末尾添加对"SwitchActiveWeaponTo"的调用

注意，在"SwitchActiveWeaponTo"节点的"New Active Weapon"输入引脚和"生成Actor"节点的"Return Value"引脚之间添加了两个变更路线节点。添加变更路线节点就像添加其他节点一样（右击并搜索）。我们在这里做的是，在获取新武器后，想立即切换它。

"SwitchActiveWeaponTo"所做的只不过是设置了"PendingNextActiveWeapon"变量并播放动画蒙太奇。再次运行游戏，我们不会再看到管子或手。退出游戏甚至会产生更多错误。不过经常出现的问题是"CurrentActiveWeapon"是None。出现这种结果是有原因的，因为我们在调整代码后从未设置过它。如果想在实际将武器拿在手上时设置它,就应该是在动画蒙太奇中手部向下的时候发生。要想知道手什么时候放下,可以在动画蒙太奇中放置动画通知。

步骤07 添加动画通知。切换到 "Blueprints/ Characters/Animations",找到 "Ellen_FPS_Weapon_Switch_Montage" 并双击将其打开,然后按空格键暂停动画播放。左侧列表中列出了时间轴的多个部分。蒙太奇部分包含 "Ellen_FPS_Weapon_Switch" 动画,这是为蒙太奇填充动画资产的部分。下面的通知部分是可以添加动画通知的地方,目前有一个名为 "1" 的轨道。右击时间轴中该轨道的任意位置,然后执行 "添加通知" > "新建通知" 命令。在弹出的 "通知命名" 中输入 "WeaponSwitchHandDown" 作为其名称,然后按Enter键。此时一个带有菱形图标的 "WeaponSwitchHandDown" 出现在时间轴上。拖动它并将其重新定位在第5帧附近,如图15-25所示。

⬆ 图15-25 添加一个动画通知

播放动画蒙太奇时,到第5帧会触发一个名为 "WeaponSwitchHandDown" 的事件,这是手部在最低点放下的时间。如果想监听该事件,只需要在动画蓝图中添加调用。

步骤08 添加动画通知事件。切换到动画蓝图的事件图表(在 "我的蓝图" 面板双击它们可以切换到不同的图表中)。右击图表并搜索 "WeaponSwitchHandDown",会出现一个名为 "AnimNitofy_WeaponSwitchHandDown" 的选项,选择它并将其添加到事件图表中。在时间轴中触发通知时,该事件将会运行。我们可以使用 "打印字符串" 函数打印一条 "Hands are down" 的消息,如图15-26所示。

⬆ 图15-26 添加动画通知并打印一条消息

再次运行游戏,可以看到消息被打印出来了。每次单击左键时,消息会在第5帧后被打印出来,因为那是通知在时间轴上被触发的时候。

步骤09 创建一个函数来设置激活武器。切换到 "BP_Character_Base",创建一个名为 "WeaponSwitchHandsDownNotify" 的函数,添加一个名为 "序列" 的节点,单击 "添加引脚" 可以新增一个引脚。其余函数构造如下页图15-27所示。

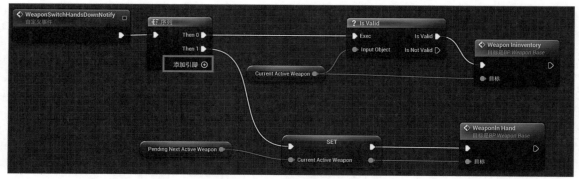

⬆ 图15-27 实现"WeaponSwitchHandsDownNotify"事件

这个"WeaponSwitchHandsDownNotify"事件会做两件事。第一件是它通过"Is Valid"节点检查是否存在"CurrentActiveWeapon",然后调用它的"WeaponInInventory"事件隐藏它。第二件是它将"CurrentActiveWeapon"变量设置为我们在"SwitchActiveWeaponTo"事件中设置的"PendingNextActiveWeapon"。这样做会将"CurrentActiveWeapon"的值设置为获得的新武器,然后它会调用"WeaponInHand"函数使新武器可见。

"序列"可以很方便地表示先执行一件事再执行下一件事。因此,它会先执行"Then O"引脚,再继续执行"Then 1"引脚。我们还可以添加更多引脚执行更多内容。使用"序列"可以使事件图表更容易理解。该节点可以像图15-28一样执行,并且必须在"WeaponInInventory"和"Is Not Valid"执行引脚之后调用"SET"节点。

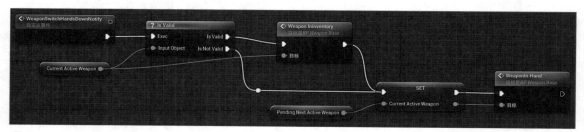

⬆ 图15-28 不使用"序列"的另一种方法

这里选择使用"序列"节点是因为它看起来比较整洁。

步骤 10 在动画蓝图中调用"WeaponSwitchHandsDownNotify"。切换到动画蓝图,删除"打印字符串"节点并重新创建"AnimNitofy_WeaponSwitchHandDown"事件,如图15-29所示。删除"事件蓝图更新动画"事件中"Set IsMoving"节点后的其他节点。

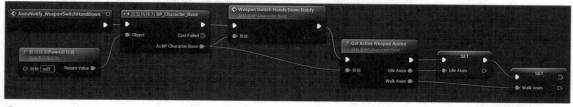

⬆ 图15-29 重新创建"AnimNitofy_WeaponSwitchHandDown"事件的结构

当动画触发fire时,调用"BP_Character_Base"中的"WeaponSwitchHandsDownNotify"事件,该函数执行武器的显示和隐藏功能并更新"CurrentActiveWeapon"变量的值。之后需要为动画蓝图收集新的动画。

为了可以看到结果，切换到"BP_Character_Base"，在"事件开始运行"节点和"Acquire New Weapon"之间插入"延迟"节点。将"延迟"节点的"Duration"引脚值设为2.0，如图15-30所示。该节点在调用"Acquire New Weapon"之前会增加两秒的延迟。

⬆ 图15-30　在调用"Acquire New Weapon"之前增加两秒的延迟

再次运行游戏，可以看到从枪空闲的动画开始播放，两秒之后，手会放下并且再次拿着管子回来，此时动画也正确切换。

步骤 11 移除枪的动画。我们不应该在游戏一开始就播放枪的动画。切换到动画蓝图，在"变量"部分选择"IdleAnim"变量，切换到"细节"面板。在"默认值"折叠按钮下，单击"Idle Anim"右侧的下拉按钮，在列表框中选择"清除"选项，使其为空。当该值为空时，会使用默认姿势。我们还可以删除"InputAction Fire"事件，它只是为测试而创建的。

再次运行游戏，此时没有从动画开始，两秒之后，玩家的角色会拔出一根管子。

如果在追溯事件时遇到困难，可以创建像图15-31这样的图表来概述一系列事件。这样的图表也可以作为规划程序的工具。

AquireNewWeapon
（1）创建一种新武器。
（2）隐藏它（使用WeaponInInventory）。
（3）附着在手上。

SwitchActiveWeaponTo
（1）将新武器存储为一个变量（PendingNextActiveWeapon）。
（2）播放"切换武器动画蒙太奇"。

播放蒙太奇
（1）播放附加动画，身体向下弯曲，第5帧之后动画中的手向下。
（2）蒙太奇触发时间轴上的通知。
（3）触发"AnimNotify_WeaponSwitchHandDown"。

> **AnimNotify_WeaponSwitchHandDown**
> （1）找到角色并调用"WeaponSwitchHandsDownNotify"。
>
> > **WeaponSwitchHandsDownNotify**
> > （1）使当前的有效武器不可见（WeaponInInventory）。
> > （2）将当前的有效武器设置为新武器（PendingNextActiveWeapon）。
> > （3）使新的当前有效武器可见（WeaponInHand）。
>
> （2）从角色中获取新的动画，并将其用作"IdleAnim"和"WalkAnim"。

（4）继续播放蒙太奇，最终融合在一起。

⬆ 图15-31　通过图表表达游戏逻辑和切换武器

我们并没有完全完成这一部分的操作，这需要有不止一件武器后再进行讨论。同时，我们继续添加攻击动画。

步骤12 创建攻击动画蒙太奇。切换到"Blueprints/Characters/Ellen/Animations"，找到"Ellen_FPS_Pipe_Attack"，该动画是管道的攻击动画。右击它并执行"创建">"创建动画蒙太奇"命令，在同一文件夹中创建动画蒙太奇。按Enter键并使用虚幻引擎为其提供的默认名称（Ellen_FPS_Pipe_Attack_Montage）。

打开"BP_Weapon_Base"，选择"WalkAnim"变量，按Ctrl+W组合键复制并将其命名为"AttackAM"，将该变量的类型改为"动画蒙太奇">"对象引用"。编译并保存蓝图，然后将"AttackAM"变量的默认值设为"Ellen_FPS_Pipe_Attack_Montage"。

步骤13 创建事件播放攻击动画蒙太奇。为"BP_Weapon_Base"创建"PlayAttackAM"事件，如图15-32所示。

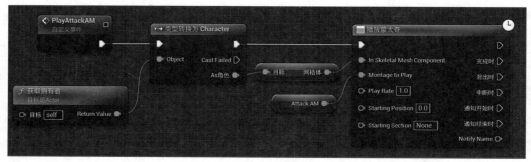

⬆ 图15-32　创建"PlayAttackAM"自定义事件

"PlayAttackAM"事件顾名思义就是播放攻击动画蒙太奇。"获取拥有者"节点返回该武器的拥有者。如果有人还记得的话，我们将其设置为在"AcquireNewWeapon"函数中获取该武器的"BP_Character_Base"，返回值是一个Actor，我们将其转换为角色，这样就可以访问它的网格体组件。然后我们要求它的网格体组件播放"AttackAM"动画蒙太奇。

步骤14 重构代码，将网格体组件转换为函数。我们需要在"BP_Weapon_Base"的其他位置获取网格体组件。选择"获取拥有者""类型转换为"Character""和"目标网格体"后，右击其中一个节点，选择"折叠到函数"命令，创建一个新的函数，其中包含所有三个节点。切换到"我的蓝图"面板，将"NewFuncntion"重命名为"GetPawnSkeletalMesh"，如图15-33所示。

⬆ 图15-33　重构该部分，获取Pawn的骨骼网格体到函数中

步骤15 设置纯函数。在"我的蓝图"面板中选择"GetPawnSkeletalMesh"函数，切换到"细节"面板，勾选"纯函数"复选框。此时该函数是一个纯函数，如下页图15-34所示。纯函数没有执行引脚，在使用它们的返回值时会被调用。

↑图15-34 将"GetPawnSkeletalMesh"设为一个纯函数

步骤 16 创建一个空的"CommitAttackAnimNotify"事件。我们想在动画的某个时刻进行真正的攻击,比如造成伤害或发射手榴弹。该事件不一定发生在动画的开头。我们可以使用动画通知,在真正想要进行攻击时通知武器。创建一个名为"CommitAttackAnimNotify"的自定义事件。

步骤 17 创建攻击事件。创建新的自定义事件,重命名为"Attack"。调用"PlayAttackAM",拖动一个大选框选择"Attack""CommitAttackAnimNotify"和"PlayAttackAM"事件的所有节点。按住C键,生成一个注释框。将该框以"Attacking"命名,如图15-35所示。

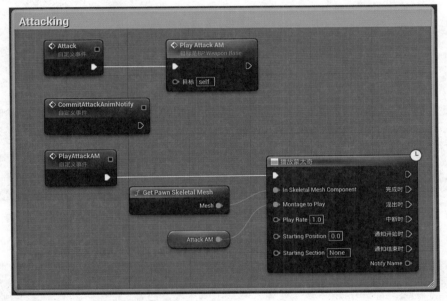

↑图15-35 实现武器攻击部分

15.6 注释框

我们可以选择任何节点并按下C键,框住所选节点。该注释框对编程没有任何作用,只是辅助整理代码。我们可以拖动框的标题移动整个注释框。

步骤 01 设置攻击输入。切换到"BP_Ellen_FPS",在这里添加"InputAction Fire"事件并实现它,如下页图15-36所示。再次运行游戏,此时可以在玩家角色得到管道后单击左键攻击。

图15-36　设置攻击输入

步骤 02 使用动画通知触发"CommitAttackAnimNotify"。打开"Ellen_FPS_Pipe_Attack_Montage",添加一个动画通知,在管道攻击动画似乎即将击中某些东西的时候,调用这个新的"CommitAttack"通知,如图15-37所示。

图15-37　添加一个"CommitAttack"动画通知到"Ellen_FPS_Pipe_Attack_Montage"

切换到动画蓝图并实现图15-38中的通知事件。

图15-38　实现"AnimNotify_CommitAttack"事件

此时,当我们单击左键,玩家角色会调用有效武器的攻击函数,然后播放动画蒙太奇。当蒙太奇触发"CommitAttack"动画通知时,会调用"CommitAttackAnimNotify"事件。这种结构与获取新武器部分的结构非常相似。我们也会看到这个结构被重新加载。

为什么?

我们已经创建了一个武器类,可以使用它进行攻击。虽然只有动画效果,但是结果已经非常好了。也许有人会觉得我们制作的东西有些复杂,认为可以让操作更简单一些,就像之前制作的进攻部分。

为什么不将"Attack"事件称为"播放蒙太奇"呢？

为什么要创建一个名为"CommitAttackAnimNotify"的空事件呢？

对于第一个问题，攻击和播放攻击动画是两回事。攻击需要播放动画蒙太奇，但是如果没有弹药怎么办？我们将这两个函数分开以便插入更多的逻辑，并针对不同的子类以不同的方式组合这些步骤。这种编码风格也称为抽象，它有助于增强游戏的可扩展性，适用于所有武器，包括现在拥有的武器和稍后会添加的武器。

对于第二个问题，"CommitAttackAnimNotify"将保持空事件状态，我们将这种称为虚函数。它之所以是空的，是因为这里没有可以概括的内容。管道和枪的攻击方式完全不同。在"BP_Weapon_Base"中，我们只是设置了该事件的调用，而子类将使用它们需要执行的任何操作重写"CommitAttackNotify"，比如应用"Damage"或者发射手榴弹。

步骤03 创建"BP_Pipe""BP_Gun"和"BP_Grenade_Launcher"类。右击"BP_Weapon_Base"并选择创建子类，将新类命名为"BP_Pipe"。然后以同样的方式创建另外两个类，分别命名为"BP_Gun"和"BP_Grenade_Launcher"。

打开"BP_Gun"，在"组件"面板中选择"网格体"。切换到"细节"面板，将"静态网格体"更改为"gun_Gun_body"。此外，枪还包括"Gun_clip"和"gun_bullets"部分。将这两个资产从内容浏览器拖到"组件"中，然后将它们的"碰撞预设"指定为"NoCollison"。打开"BP_Grenade_Launcher"，将网格体改为"Grenade_launcher"。图15-39显示了类的层次结构以及枪械和榴弹发射器的相关设置。

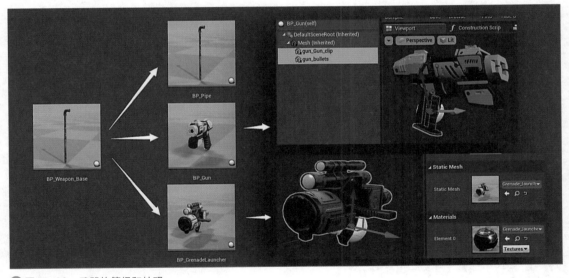

🔼 图15-39　武器的等级和外观

步骤04 设置插槽和"攻击蒙太奇"的枪。按照设置管道的方式设置枪的插槽，将其命名为"GunHandSocket"。如果管道挡住了，则右击"PipeHandSocket"删除所有附加的资产，如下页图15-40所示。

创建枪的"攻击动画蒙太奇"的方式与创建"Ellen_FPS_Pipe_Attack_Montage"的相同。但是，在创建动画通知时，可以在"添加通知"＞"骨骼通知"中找到"CommitAttack"，而不是再重新添加一个通知，如下页图15-41所示。

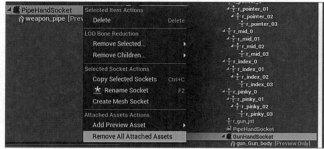

⬆ 图15-40 设置枪的插槽

⬆ 图15-41 在"Ellen_FPS_Gun_Attack_Montage"中使用已经存在的"CommitAttack"通知

（步骤 05）填充"BP_Gun"的变量。打开"BP_Gun",在"组件"面板中选择"BP_Gun（自我）"。切换到"细节"面板,将"Equip Socket Name"改为"GunHandSocket"。然后将"Idle Anim""Walk Anim""Attack AM"指定为枪的资产。

（步骤 06）设置"BP_GrenadeLauncher"。为榴弹发射器添加插槽和动画蒙太奇,使用设置"BP_Gun"的方式设置"BP_GrenadeLauncher"。

（步骤 07）测试三种武器。打开"BP_Character_Base",找到"事件开始运行"节点。将"Acquire New Weapon"节点的"Weapon Class"引脚值设为"BP_Pipe""BP_Gun"或"BP_GrenadeLauncher"。再次运行游戏,可以发现指定这三个值都可以正常运行。在创建基类之后,可以快速地创建子类,并且它们应该以最小的设置工作。当我们有一个继承父类的类时,也可以说这个类是从父类派生出来的。在这种情况下,三种武器都来自"BP_Weapon_Base"。如果需要另一个武器,则创建"BP_Weapon_Base"的另一个子类。

我们现在已经奠定了武器的基础并创建了所有武器类。下面可以深入了解武器类的更多细节。

再次运行游戏,单击鼠标左键,可以看到攻击动画一直在不断地重新播放。下面我们设置一个武器冷却机制。

教程 武器攻击冷却时间

创建武器状态枚举。切换到"Weapons"文件夹,右击并选择"蓝图">"枚举"选项,创建一个新的枚举资产,将其命名为"EWeaponState"。

15.7 枚举

在编程的过程中，有时想描述一个可能的选择或状态列表，其中每个选择或状态都可能具有三种状态：空闲、攻击和重新加载。就我们的武器而言，所有的"weaponsEnumeration"都（或简称"enum"）是一个内置的变量类型，是专为此类情况而设计的。

双击打开"EWeaponState"，单击"添加枚举器"按钮三次，创建三个枚举值。然后将"显示命名"分别改为"Idle""Attacking"和"Reloading"，如图15-42所示。

⬆ 图15-42　创建一个名为"EWeaponState"的枚举

为什么？

为什么将新建的枚举资产命名为"EWeaponState"而不是"WeaponState"呢？其实E表示这个资产是一个枚举类型，就像在蓝图类前面加上"BP_"一样，只是为了标明它是一个枚举类型。这是一种命名约定。

步骤01 将"EWeaponState"添加到"BP_Weapon_Base"。向"BP_Weapon_Base"添加"WeaponState"新变量，将变量类型设置为"EWeaponState"。编译并保存蓝图，可以看到默认值为"Idle"。单击"Idle"，能看到一个包含三个选项的列表：Idle、Attacking和Reloading。我们只能在下拉列表中选择其中一个选项，如图15-43所示。

⬆ 图15-43　enum的下拉列表

步骤02 为攻击冷却时间创建动画通知状态。在"Weapons"文件中右击空白区域，选择"蓝图类"。在弹出的"选取父类"对话框中，展开"所有类"折叠按钮，在搜索栏中搜索并在结果中选择"AnimNotifyState"，然后按Enter键创建一个动画通知状态。这就是如何创建一个类来继承其他现有类的方法。将新蓝图命名为"ANS_WeaponAttack"。

步骤 03 在动画蒙太奇中设置动画通知状态。打开"Ellen_FPS_Pipe_Attack_Montage",将光标悬停在"通知"轨道的"1"标签上。单击它可以对其重命名。我们将其重命名为"Attacking"。右击"Attacking"轨道的空白区域,选择"添加通知状态">"ANS_WeaponAttack"选项,会添加一个新的通知到轨道上,而且会同时出现两个菱形引脚。将左边的引脚拖到轨道的开始处,然后拖动另一个引脚,使两个引脚之间的范围覆盖武器处于冷却状态且不能再次攻击的时间段,如图15-44所示。

武器处于冷却状态,不能再次攻击　　　　武器已就绪,可以再次攻击

⬆图15-44　使用"ANS_WeaponAttacking"标记武器处于冷却状态的时间

继续并将"ANS_WeaponAttack"添加到枪支和榴弹发射器的攻击动画蒙太奇。

为什么?

只有当动画播放完后才能再次进行攻击。但实际上的等待时间有些久。在很多游戏中,允许玩家在攻击动画到达尾声之前再次攻击是很常见的。如果时间过长,玩家会对攻击效果失望。

步骤 04 实现"ANS_WeaponAttack"。打开"ANS_WeaponAttack",切换到"我的蓝图"面板,将光标悬停在"函数"部分,单击"重载">"已接收通知开始"按钮,如图15-45所示。此时会添加一个名为"Received_NotifyBegin"的函数。

⬆图15-45　重载"Received_NotifyBegin"函数

这个函数会在动画到达动画通知状态的左引脚时被调用,并如图15-46那样实现它。

⬆图15-46　实现"Received_NotifyBegin"函数

"Mesh Comp"引脚是当前正在播放动画的骨骼网格体。"获取拥有者"节点获取的是"Mesh Comp"的拥有者。在本例中,拥有者是"BP_Character_Base"。下面获取"CurrentActiveWeapon",将"Weapon State"设置为"Attacking"。想要创建SET节点,需要从"CurrentActiveWeapon"拖出并搜索"weapon state"。

再次切换到"函数"部分,在"重载"部分选择"已接收通知结束",创建"Received_NotifyEnd"函数并如下页图15-47那样实现它。

图15-47　实现"Received_NotifyEnd"函数

这个函数会在触发动画通知的右侧引脚时被调用。将该函数的"WeaponState"变量设置回"Idle"。当攻击动画开始时（动画通知状态的左引脚所在的位置），"WeaponState"会变为"Attacking"。当攻击动画触发动画通知状态的右引脚时，"WeaponState"将变回"Idle"。我们现在需要做的就是检查"WeaponState"是否空闲。只有当"WeaponState"为空闲时，才能再次攻击。

步骤 05 创建"CanAttack"函数。向"BP_Weapon_Base"添加一个新函数，将其命名为"CanAttack"，具体实现方式如图15-48所示。

图15-48　实现"CanAttack"函数

"WeaponState"变量连接的节点是一个"等于"节点。想要创建它，需要拖动"WeaponSate"搜索并选择"等于（枚举）"。如果"WeaponSate"为"Idle"，则该节点返回true；如果"WeaponSate"不为"Idle"，则返回false。"CanAttack"函数只有在WeaponState为"Idle"时才返回true。

步骤 06 在"Attack"事件中插入"CanAttack"调用。双击"我的蓝图"面板中的"事件图表"，修改"Attack"事件，如图15-49所示。

图15-49　修改"Attack"事件

我们所做的是判断能否进攻，只有在可以进攻的时候才能进攻。再次运行游戏，此时有了合适的武器冷却时间。三种武器都会起作用。我们可以试着观察不同武器产生攻击伤害的效果。

教程 武器伤害

管道伤害。打开"BP_Pipe"，切换到"函数"，在"重载"部分选择"Commit Attack Anim Notify"。这个函数在触发"CommitAttack"动画通知时被调用。其具体实现方式如下页图15-50所示。

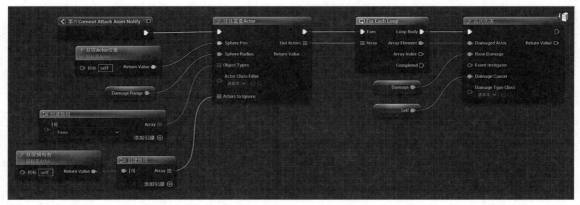

⬆ 图15-50　实现"Commit Attack Anim Notify"函数

创建一个"球体重叠Actor"函数，并使用"事件Commit Attack Anim Notify"调用它。为该函数的"Sphere Pos"输入引脚创建一个"获取Actor位置"节点，该节点返回目标的位置。"Self"表示蓝图的执行者，即管道。

从"球体重叠Actor"节点的"Sphere Radius"引脚中拖出，选择"提升为变量"，然后将新变量命名为"DamageRange"并进行编译，再将其默认值设为100。从"Object Types"引脚中拖出，搜索并创建"创建数组"节点。该节点会生成一个项目数组（列表）。现在，它只有一个项目"[0]"。将"[0]"从"静态场景"改为"Pawn"。我们只是想让其与Pawn进行叠加，忽略其他类型。

15.8 数组

假设游戏中有3种武器。从逻辑上讲，当玩家拿起所有武器时，我们可以使用3个变量存储它们：weapon_1、weapon_2和weapon_3。但是，这种方法存在问题。如果我们并不清楚游戏需要多少武器又该怎么办呢？如果在游戏中有2000种不同的武器怎么办呢？我们是否要创建2000个变量呢？

将这些武器作为项目或元素列表而不是单独的变量进行记录更有意义。数组是由相同类型的变量组成的列表。数组中的每一项或元素都有一个与之关联的索引。第一项的索引为0，第二项的索引为1。下一项索引值是上一项索引值加1。每一项都有唯一的索引，该索引用于查询该项。我们可以在数组中添加或删除项，如果两个数组包含相同类型的变量，则可以合并它们。

"球体重叠Actor"需要一个对象类型的数组，因为它需要知道我们想让它与哪种对象类型重叠，它可以是多种类型。数组输入和输出引脚是网格状而不是圆形。"Object Types"和"Actors to Ignore"引脚都是数组。

从"Actors to Ignore"引脚拖出，创建另一个"创建数组"节点。创建"获取拥有者"节点，将其连接到"创建数组"节点的"[0]"输入引脚。"球体重叠Actor"需要知道我们希望它忽略的Actor数组。我们只想忽略管道的拥有者，但如果需要，可以通过单击"添加引脚"添加更多数组。

"球体重叠Actor"节点的"Out Actors"引脚也是一个数组，因为它的图表是一个网格。从该引脚拖出并创建"For Each Loop"节点。

15.9 循环

当我们想多次执行某个操作时，可以使用循环。"For Each Loop"节点会遍历"Array"输入引脚的每个元素。如果数组有100项，则"Loop Body"输出引脚会触发100次。每次触发时，"Array Element"输出引脚都是不同的项。"Array Index"输出引脚提供与该数组元素关联的索引。

将"Loop Body"引脚与"应用伤害"节点相连。将"For Each Loop"节点的"Array Element"与"应用伤害"节点的"Damage Actor"引脚相连。从"Base Damage"输入引脚拖出，选择"提升为变量"，将变量命名为"Damage"，并将该值设为100。最后，将"Self"节点连接到"Damage Causer"，因为管道自身就会产生伤害。

这个函数的作用是在管道的位置绘制一个假想球体，然后收集与此球体重叠的所有角色并施加伤害。"应用伤害"函数是游戏引擎内置的伤害功能的一部分，任何参与者都可以因为该函数产生伤害。

步骤01 测试管道的攻击效果。打开"BP_Character_Base"，搜索并创建一个"事件任意伤害"节点，然后调用"打印字符串"节点。将"事件任意伤害"节点的"Damage"输出引脚连接到"打印字符串"节点的"In String"引脚，如图15-51所示。

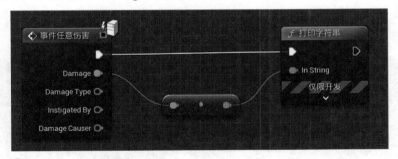

🔼 图15-51　测试管道攻击伤害

在"事件开始运行"中将"Acquire New Weapon"函数的"Weapon Class"设置为"BP_Pipe"。将"BP_Character_Base"拖到关卡并开始游戏。在获取管道后，接近"BP_Character_Base"，按鼠标左键进行攻击，此时应该可以看到打印出来的"100"。

步骤02 枪击线条追踪。打开"BP_Gun"，创建"Commit Attack Anim Notify"重载。具体实现方式如下页图15-52所示。

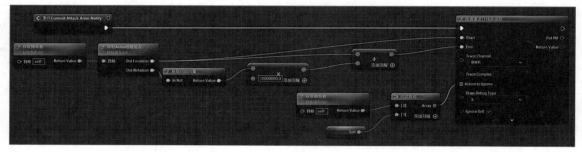

↑图15-52 实现"Commit Attack Anim Notify"

"按通道进行线条追踪"节点在"Start"引脚和"End"引脚之间追踪线条。它返回"Out Hit",其中包括追踪结果。这里的拥有者是拥有这把枪的"BP_Character_Base"。"获取Actor眼睛视点"提供了"目标"输入引脚的"眼睛"位置和旋转。这里眼睛是一个抽象的概念。如果是玩家拥有目标,会返回玩家所看到摄像机的位置和旋转。如果是AI拥有目标,将返回AI控制器的逻辑位置和旋转。

我们使用"Out Location"(眼睛的位置)作为"Start"输入引脚的值。"获取向前向量"将旋转转换为指向旋转前进方向的向量。在虚幻引擎中,这个向量是X轴。然后将向量与一个很大的浮点数相乘,使得它几乎像一个无限长的向量。从"获取向前向量"的"Return Value"拖出,在搜索栏中输入"*"创建乘法节点。我们将这个无限长的向量添加到"Out Location",作为"按通道进行线条追踪"的"End"输入引脚值,以表示想尽可能从眼睛向前追踪。同样,"+"节点可以通过拖动"Out Location"引脚进行创建。在搜索栏中输入"+"以创建"+"节点。其余的代码比较简单,可以自行连接。

最后还有一件事我们可能没注意到,就是将"Trace Channel"设置为"摄像机"。虚幻引擎中有许多预先构建的通道,拥有者可以选择以3种不同的方式响应任何通道:忽略、重叠和阻挡。线路追踪只追踪阻塞它正在追踪通道的拥有者。打开"BP_Character_Base",在"组件"面板中选择"CapsuleComponent",然后切换到"细节"面板,展开"碰撞预设"折叠按钮,查看"碰撞响应"。我们可以看到这里选择的是忽略"Visibility"通道,如图15-53所示。

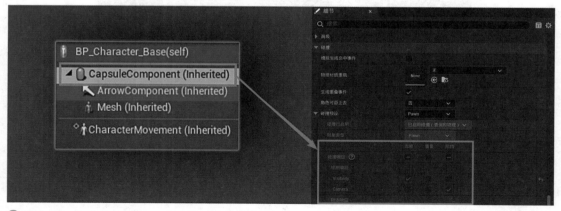

↑图15-53 查看"BP_Character_Base"的碰撞响应

我们将"按通道进行线条追踪"节点的"Trace Channel"更改为"摄像机",这样追踪就不会忽略"BP_Character_Base"了。

步骤 03 应用伤害。在"按通道进行线条追踪"节点的另一侧简单调用"应用伤害"节点。从"按通道进行线条追踪"节点的"Out Hit"引脚拖出，搜索并创建一个"中断命中结果"节点。单击该节点底部的下拉箭头可以将其展开，这里收集了大量的信息。使用"Hit Actor"连接"应用伤害"节点的"Damage Actor"输入引脚。"Damage"和"Self"节点的创建方式与管道相同，我们将Damage变量的值设为10，而不是100。具体实现方式如图15-54所示。

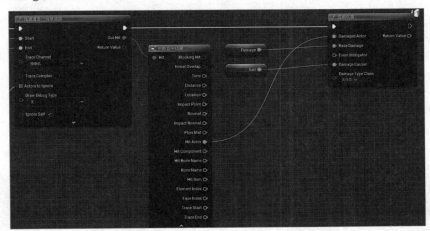

⬆ 图15-54 对命中的Actor施加伤害

步骤 04 在击中位置添加一个闪烁的视觉特效。在本书提供的支持文件中，找到VFX文件夹。将该文件夹复制到游戏项目的"内容"文件夹中。切换到编辑器，可以看到VFX文件夹被添加到内容浏览器中的"内容"文件夹中。打开VFX文件夹，可以看到里面包含一些VFX资产。这些视觉特效资产是用虚幻引擎的Niagra系统构建的。由于本书篇幅有限，不能一一介绍如何制作它们，可以在网上查询关于Niagra的教程。

继续在"应用伤害"节点之后创建一个"在位置处生成系统"节点。将"System Template"设置为"Gun_Hit"，将"中断命中结果"节点的"Location"与"在位置处生成系统"节点的"Location"相连。从"中断命中结果"节点的"Normal"引脚拖出，创建一个"利用X创建旋转"节点，然后将该节点的"Return Value"与"在位置处生成系统"节点的"Rotation"输入引脚相连，如图15-55所示。

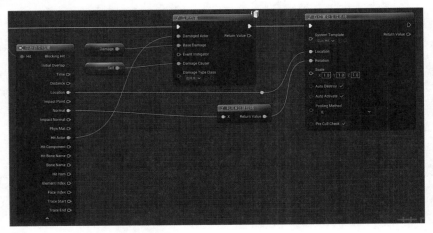

⬆ 图15-55 生成枪响的视觉特效

步骤05 榴弹发射器。对于榴弹发射器，这里需要一种不同的方法，它必须能扔出一颗手榴弹。创建一个从Actor派生的蓝图类，将其命名为"BP_Grenade"。添加一个静态网格体组件，将其设置为"Grenade_launcher_grenade"。将静态网格体向上拖动，使其与"DefaultSceneRoot"重叠，然后松开鼠标按键，将"DefaultSceneRoot"替换为"静态网格体"，如图15-56所示。

⬆ 图15-56 将"DefaultSceneRoot"替换为"静态网格体"

选择"静态网格体"，切换到"细节"面板，将"碰撞预设"改为"NoCollision"（这里并不希望它在枪管中与玩家发生碰撞）。

步骤06 实现"Ignite"事件。切换到"事件图表"，创建并实现"Ignite"自定义事件，如图15-57所示。

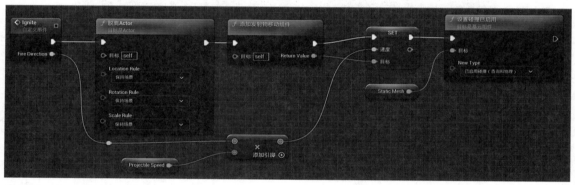

⬆ 图15-57 实现"Ignite"事件

当我们装填手榴弹时，需要将其附在榴弹发射器上。开火时，要调用手榴弹的"Ignite"函数。该函数先将自己（Target指定为Self）从它所附加的东西中分离出来，并添加一个发射物移动组件。当向角色添加发射物移动组件时，会使角色像发射物一样移动。还有一些其他的运动组件内置在虚幻引擎，以后我们将对其进行探讨。

"发射物移动组件"有一个可以设置的"Velocity"变量，该变量以向量的形式定义发射物的方向和速度。我们希望能够在调用函数时设置"Velocity"的方向，因此在"Ignite"事件中添加了一个"Fire Direction"输入引脚。然后将其与一个名为"Projectile Speed"的提升变量相乘，以确定"Velocity"的值。将"Projectile Speed"变量的值设置为2500。

黄色的"SET"节点是通过拖动"添加发射物移动组件"的"Return Value"引脚，搜索并创建"设置Velocity"。在设置"速度"引脚后，将"设置碰撞已启用"节点的"New Type"引脚指定为"已启用碰撞（查询和物理）"。

选择"添加发射物移动组件"节点，切换到"细节"面板，检查"旋转跟踪速度"和"应反弹"。这两个设置使发射物面向其速度方向，并且还可以使碰撞成为可能。具体实现方式如下页图15-58所示。

⬆图15-58　设置"添加发射物移动组件"

步骤07 被击中并造成伤害时增加爆炸效果。选择"StaticMesh"组件后，切换到"细节"面板，展开"事件"折叠按钮。单击"组件命中时"右侧的"+"按钮，创建一个"组件命中时（StaticMesh）"事件，该事件会在"StaticMesh"碰到其他对象时触发。事件的具体实现方式如图15-59所示。

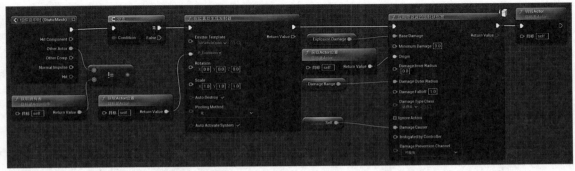

⬆图15-59　实现"组件命中时（StaticMesh）"事件

当这个命中事件触发时，先检查其他Actor（被网格击中的Actor）是否为手榴弹的拥有者。从"组件命中时（StaticMesh）"节点的"Other Actor"引脚拖出搜索"不等于"，创建"！="节点。如果"Other Actor"不是手榴弹的拥有者，则返回True，调用"在位置处生成发射器"函数，将"Emitter Template"设置为"P_Explosion"，将"Location"设置为手榴弹的位置。这样做就会在手榴弹的位置生成爆炸视觉特效。接下来调用"应用带衰减的放射状伤害"函数，该函数会应用带有衰减效果的伤害，我们将"Damage Falloff"的值设为1。该函数会将伤害应用于所有与位于原点的球体重叠的角色，并且获取"Damage Outer Radius"半径值。伤害值在原点处最强，在球体边缘处会下降为0。"Explosion Damage"和"Damage Range"是通过"提升为变量"的方式创建的，它们的值都为200。在应用伤害后，可以通过调用"销毁Actor"并通过"Self"作为目标销毁手榴弹。"销毁Actor"会将"目标"从游戏中删除。

步骤08 创建一个手榴弹发射点插槽。打开"Grenade_launcher"的静态网格体，切换到"插槽管理器"（Socket Manager）面板，单击"创建插槽"（Create Socket）创建一个新的插槽，将其命名为"GrenadeLaunchPoint"。设置手榴弹的预览静态网格体，移动并旋转它，这样做可以很好地适应枪管，如下页图15-60所示。

步骤09 预装手榴弹。打开"BP_Grenade_Launcher"，实现"LoadGrenadeOnSpawn"函数，如下页图15-61所示。在"事件开始运行"（Event BeginPlay）中调用它。"LoadGrenadeOnSpawn"与"AcquireNewWeapon"非常类似。

⬆图15-60　在榴弹发射器静态网格上设置一个榴弹发射点插槽

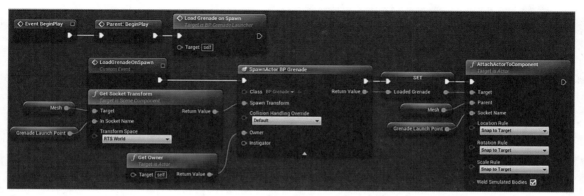

⬆图15-61　实现"LoadGrenadeOnSpawn"并在"事件开始运行"中调用它

在"GrenadeLaunchPoint"插槽上生成"BP_Grenade"对象，将"Owner"设为榴弹发射器的所有者，这应该是拥有榴弹发射器的"BP_Character_Base"对象。生成一个"Loaded Grenade"的"SET"节点，使其与"将Actor附加到组件"节点相连。"GrenadeLaunchPoint"是一个提升变量。在"事件开始运行"中调用"Loaded Grenade on Spawn"事件。因此，当我们获取榴弹发射器时，手榴弹应该已经装填完毕。

将"BP_Ellen_Base"获取的武器切换到"BP_GrenadeLauncher"。运行游戏，我们可以看到手榴弹已经装填完毕。

步骤10 发射手榴弹。切换到"BP_GrenadeLauncher"，重载"Event Commit Attack Anim Notify"，如图15-62所示。

⬆图15-62　实现"Event Commit Attack Anim Notify"

在这个事件中，先检查"Loaded Grenade"是否有效（在"LoadGrenadeOnSpawn"事件中设置它）。如果有一个上膛的手榴弹，可以通过调用"获取Actor眼睛视点"获取拥有者的视线方向，然后朝那个方向点燃装弹的手榴弹。之后，我们认为榴弹发射器不再有装弹的手榴弹。因此，将"Loaded Grenade"设置为空（如果不将任何内容连接到"SET"节点，就将其设置为空）。

再次运行游戏并尝试使用榴弹发射器射击。比较有趣的是，伤害值根据距离的不同输出不同的值。我们也有可能伤害到自己，但就游戏玩法而言并不一定是件坏事，我们也会保持这种状态。

现在枪和榴弹发射器还需要完成一件事——重新装填。在结束本章之前将会实现这一功能。

在重新装填时，我们需要有一个弹药系统追踪弹夹和背包中的弹药数量。即使榴弹发射器在重新装填后只得到一枚手榴弹，所有重新装填的逻辑都应该适用于枪支和榴弹发射器。因此这里插入"BP_Ranged_Weapon"类抽象化枪支和榴弹发射器的重新装填功能。

步骤01 创建"BP_Ranged_Weapon"类。创建名为"BP_Ranged_Weapon"派生自"BP_Weapon_Base"的新类。打开"BP_Gun"，单击工具栏中的"类设置"按钮，切换到"细节"面板，然后将"父类"设置为"BP_Ranged_Weapon"，如图15-63所示。对"BP_Grenade_Launcher"执行同样的操作。

⬆图15-63 将"BP_Gun"的父类指定为"BP_Ranged_Weapon"

此时类的层级结构发生了变化，如图15-64所示。

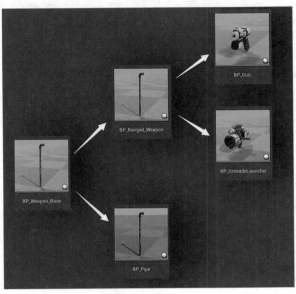

⬆图15-64 武器类的层级结构

403

有多层类是很常见的，基类负责构建标准化的东西，子类负责实现它们的特定功能。

步骤02 为弹药添加变量。向"BP_Ranged_Weapon"添加3个变量，分别是AmmoInInventory、AmmoInClip和ClipCapacity。然后将它们的变量类型设置为"整数"。

步骤03 重载"Can Attack"。在"BP_Ranged_Weapon"中，切换到"函数"部分并重载"Can Attack"函数。虚幻引擎为我们创建了一个同名的新函数，并且已经添加了对父函数的调用，如图15-65所示。

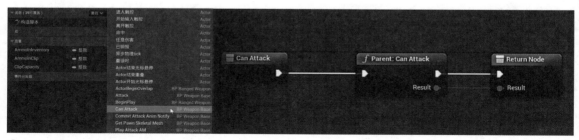

⬆图15-65 重载"Can Attack"函数

步骤04 实现"Can Attack"函数。按住Ctrl键并将"AmmoInClip"拖到"事件图表"上。从"AmmoInClip"中拖出，搜索并创建">"节点。从"Parent：Can Attack"函数的"Result"中拖出，创建一个"AND Boolean"节点。将该节点的第二个输入引脚与">"节点连接。最后，将"AND"节点的输出引脚与"Return Node"的"Result"引脚连接，如图15-66所示。

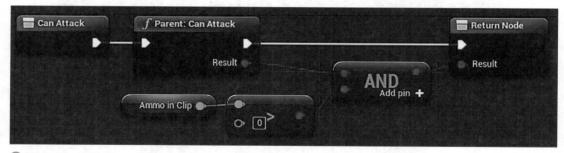

⬆图15-66 实现"Can Attack"函数

我们在这里所做的是确保两件事必须为真才能允许攻击。首先，AmmoInClip的值必须大于0，换句话说，弹夹中要有弹药。其次，确保父函数中有内容。双击打开"Parent：Can Attack"，会指向"BP_Weapon_Base"并展示该函数的内部内容。在这个例子中，该函数负责检查武器状态。

只有当所有输入都为真时，"AND"节点才返回True。其中任何一个输入值为False，或者所有输入都为False，则返回False。简而言之，武器必须处于"Idle"状态，并且弹夹中有弹药进行攻击。

步骤05 实现"DecreaseAmmoInClip"自定义事件。创建一个新的自定义事件，将其重命名为"DecreaseAmmoInClip"并实现它，如下页图15-67所示。

此处的逻辑非常简单。如果弹夹里有子弹，则取出一颗。最后一个节点是递减节点，可以从"AmmoInClip"中拖出并输入"--"（两个减号）创建该节点。递减的作用是将输入的值减1。

步骤06 重写"CommitAttackAnimNotify"。我们应该只在动画中进行攻击时减少弹药。重写"CommitAttackAnimNotify"并调用"DecreaseAmmoInClip"，如下页图15-68所示。

↑图15-67 实现"DecreaseAmmoInClip"事件

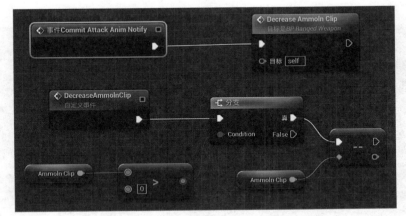

↑图15-68 重写"CommitAttackAnim Notify"并调用"DecreaseAmmoInClip"

为什么?

或许大家可能想知道为什么不把"DecreaseAmmoInClip"中的东西移到"CommitAttackAnimNotify"。减少弹药对于其他武器可能意味着不同的东西,将其放在自定义事件中可以让子类覆盖游戏逻辑的这部分,这种编码风格称为封装。除了能够重载之外,封装还目的明确。"DecreaseAmmoInClip"的名称就解释了这部分编码的作用。

步骤07 在子类中添加对"CommitAttackAnimNotify"的父类调用。打开"BP_Gun",找到"CommitAttackAnimNotify"。右击"事件CommitAttackAnimNotify",选择"将调用添加到父函数",添加了"父类:Commit Attack Anim Notify",并将其添加到"事件CommitAttackAnim-Notify"中,如图15-69所示。然后对"BP_Grenade"执行同样的操作。

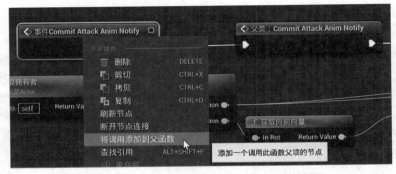

↑图15-69 增加对"CommitAttackAnimNotify"父函数的调用

再次运行游戏,我们会发现不能开火了,因为弹药默认为0。

步骤 08 创建"UpdateUI"事件。我们的游戏中还没有UI，但并不妨碍我们创建一个并实现它。在"BP_Weapon_Base"中添加一个名为"UpdateUI"的自定义事件。切换到"BP_Ranged_Weapon"，重写该事件并调用"打印字符串"节点。拖动"打印字符串"节点的"In String"引脚，创建一个"附加"节点。按住Ctrl键，将"AmmoInClip"和"AmmoInInventory"拖到"事件图表"中。将"AmmoInClip"连接到"附加"节点的A引脚，将"AmmoInInventory"连接到"附加"节点的C引脚。在B引脚中输入"/"。该操作将为我们打印"AmmoInClip/AmmoInInventory"，然后就可以快速检查弹药数量。在"DecreaseAmmoInClip"末尾添加对"UpdateUI"的调用，如图15-70所示。

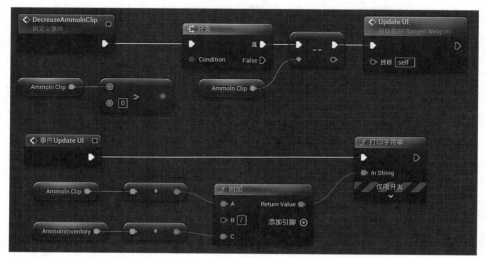

⬆ 图15-70　实现"UpdateUI"并在"DecreaseAmmoIn Clip"末尾调用它

步骤 09 设置弹药变量。先打开"BP_Gun"，单击工具栏中的"类默认值"按钮。然后将"AmmoInInventory""AmmoIn Clip"和"Clip Capacity"的值全部设置为5。对于"BP_Grenade-Launcher"，将"AmmoInInventory"的值设置为3，将"AmmoIn Clip"和"Clip Capacity"的值设置为1。

再次运行游戏并尝试射击。我们可以看到打印出来的弹药计数。如果弹夹里没有剩余的弹药，就不能再射击了。

步骤 10 创建"Reload"事件和"CanReload"函数。重载部分的事件和函数与攻击事件类似。我们需要一个"Reload"事件、一个"CanReload"函数和一个"PlayReloadAM"事件。但是我们需要更多的通知事件。打开"BP_Weapon_Base"并实现它，如图15-71所示。

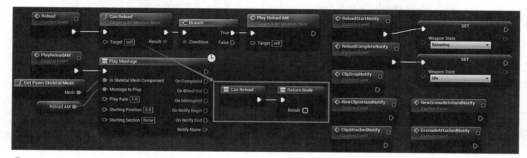

⬆ 图15-71　实现"Reload"事件和"CanReload"函数

对于"CanReload"函数,我们让它在"BP_Weapon_Base"中返回一个False(一些武器不需要重新加载)。"ReloadAM"是一个新变量,变量类型为"Anim Montage",与"AttackAM"类型相同。

对于通知事件(使用动画通知调用的事件),创建"ReloadStartNotify",并将武器状态设为"Reloading"。创建"ReloadCompleteNotice",将武器状态设为"Idle"。其他通知事件是针对特定武器的。针对枪,我们创建"ClipDropNotify""NewClipInHandNotify"和"ClipAttachedNotify"。针对榴弹发射器,我们创建"NewGrenadeInHandNotify"和"GrenadeAttachedNotify"。这些自定义事件在"BP_Weapon_Base"中都是空的。

步骤11 为枪支创建重新加载动画蒙太奇。切换到"animations"文件夹,找到"Ellen_FPS_Gun_Reload",使用它创建一个动画蒙太奇。打开新的"AnimMontage",确保角色手中的预览网格体是枪,并添加以下新通知,如图15-72所示。

(1)ReloadStart:定位在动画的开始。

(2)ClipDrop:定位在空弹夹掉落时。

(3)NewClipInHand:定位在动画向左手添加了新弹夹时。

(4)ClipAttached:当弹夹被推入枪中时定位。

(5)ReloadComplete:当角色的手停下来,认为玩家可以再次攻击时。

⬆ 图15-72 将动画通知添加到枪支重装动画蒙太奇

我们并没有引入在Maya中完成的弹夹模型,这就是为什么需要在这里重新创建它们。在理想的情况下,武器应该被操纵,可以导入动画。但是,为了简化绑定章节和此处设置的动画,我们选择对武器进行详细说明。

步骤12 添加弹夹和手榴弹的插槽。切换到"骨架",为弹夹和手榴弹再添加两个插槽,并将它们命名为"GrenadeHandSocket"和"ClipHandSocket"。我们需要这两个插槽,这样可以在重新加载时附加它们。另外不要忘记删除附加的资产,然后附加需要查看的资产,以便更好地定位插槽。同时也要切换到相应的重新加载动画,如图15-73所示。

⬆ 图15-73 添加"GrenadeHandSocket"和"ClipHandSocket"

步骤13 为榴弹发射器创建重新加载的动画蒙太奇并添加以下通知,如下页图15-74所示。

（1）ReloadStart：与枪的设置相同。

（2）NewGrenadeInHand：定位在左手离开屏幕时，左手弹出新手榴弹时。

（3）GrenadeAttached：定位在榴弹装入枪管时。

（4）ReloadComplete：与枪的设置相同。

⬆图15-74　将动画通知添加到榴弹发射器的重新加载动画蒙太奇

步骤14 在动画蓝图中实现通知功能。切换到"事件蓝图"并实现我们在动画蒙太奇中添加的所有通知。它们的实现方式都与"AnimNotify_CommitAttack"相同。获取Pawn的所有者，将其转换为"BP_Character_Base"，获取有效武器，并调用在步骤10中添加的相应事件，如图15-75所示。

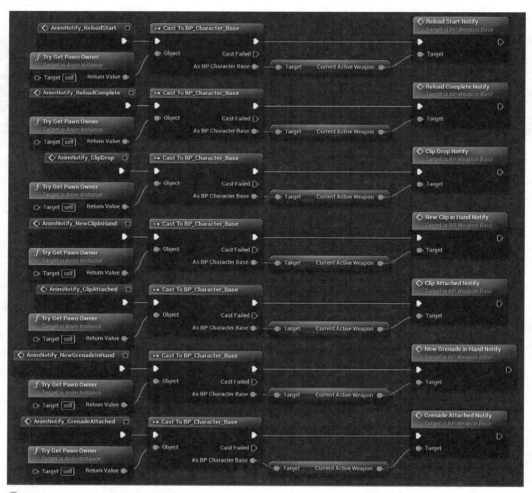

⬆图15-75　在动画蓝图中实现通知事件

如果重载这些事件，所有的武器都可以收到这些通知。虽然需要重复执行重载事件操作，但是却并不复杂，是我们可以做到的。

步骤 15 为武器指定相应的重载动画蒙太奇。在"BP_Gun"和"BP_GrenadeLauncher"中，"ReloadAM"变量仍然是空的。在"类默认值"中将刚刚创建的动画蒙太奇分配给它们。

步骤 16 设置重新加载输入并在"BP_Ellen_FPS"事件中实现该事件。切换到主界面，执行"编辑">"项目设置"命令，在左侧面板中选择"输入"。在"操作映射"（Action Mapping）中，添加一个新的绑定，将其命名为"Reload"，将其下方的按钮设为R。切换到"BP_Ellen_FPS"的事件图表，搜索并创建"InputAction Reload"，具体实现方式如图15-76所示。

⬆ 图15-76 设置"Reload"并在"BP_Ellen_FPS"中实现事件

步骤 17 实现"CanReload"事件。打开"BP_Ranged_Weapon"并重载"CanReload"函数，如图15-77所示。

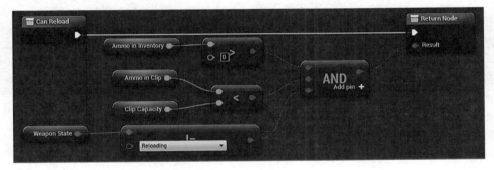

⬆ 图15-77 实现"CanReload"函数

我们需要检查三件事。第一件是背包中是否还有弹药；第二件是"AmmoInClip"必须小于"ClipCapacity"（如果弹夹已满，则不需要重新加载）；第三件是武器状态不应该被重新装填（不需要在已经装填的情况下再次装填）。这三件事的返回值都必须为真，"AND"节点才能返回真值。

再次运行游戏，此时重载事件会奏效一半。射击时，弹药会减少。如果弹夹没有装满，可以按R键重新装填。我们无法在装填弹药期间重新射击。补充完弹夹中的弹药，就可以重新射击。

步骤 18 实现"MoveAmmoToFillClip"事件。创建一个新的自定义事件到"BP_Ranged_Weapon"，将其重命名为"MoveAmmoToFillClip"，具体实现方式如图15-78所示。

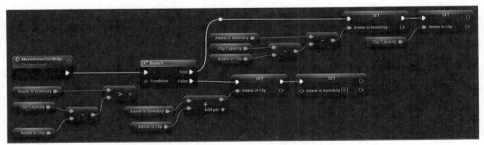

⬆ 图15-78 实现"MoveAmmoToFillClip"事件

该函数是进行数学运算的第一个函数。在继续操作之前，请尝试自己理解函数的功能，我们将会在下一章介绍它。

"ClipCapacity-AmmoInClip"提供了装填弹药所需要的数量。

如果背包中有足够的弹药填充弹夹，则"AmmoInInventory"会大于"ClipCapacity-AmmoInClip"。在此基础上，进行了以下计算。

如果背包中有足够的弹药的话（True），则我们可以通过将"AmmonInInventory"设置为"AmmonInInventory（ClipCapacity-AmmoInClip）"来从中取出所需的弹药数量。然后将"AmmoInClip"设置为"ClipCapacity"，以装满弹夹。

如果弹药不充足，则将"AmmoInInventory"中剩余的添加到"AmmoInClip"中，并将"AmmoInInventory"设置为空。

虽然这种方法不是实现目标的唯一方法，但是逻辑上更容易理解。图15-79展示了解决此问题的替代方法。

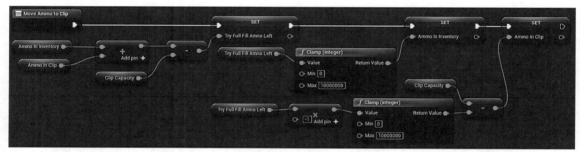

⬆ 图15-79　另一种计算方法

我们选择第一种方法是因为它在逻辑上更容易理解而且速度更快。速度更快的原因是因为没有创建新变量，而且没有调用"Clamp"函数。这导致速度大约是之前的两倍。

或许我们不是专业的软件工程师，但是应该始终注意不同算法所花费的成本。不同的算法会导致游戏运行得更快或更慢。

步骤19 在"ReloadCompleteNotify"中调用"MoveAmmoToFillClip"。先添加对其父类的调用，再调用"MoveAmmoToFillClip"。然后添加对"UpdateUI"的调用，如图15-80所示。

⬆ 图15-80　重载"Event Reload Complete Notify"

再次运行游戏，此时对枪的操作已经奏效，我们可以尝试重新装填并打印出数字。榴弹发射器重新装填并更新了数字。不过在第一颗手榴弹熄灭后，没有新的手榴弹可以发射了。

步骤20 生成新的手榴弹。打开"BP_GrenadeLauncher"，重载"GrenadeInHandNotify"事件并实现它，如下页图15-81所示。

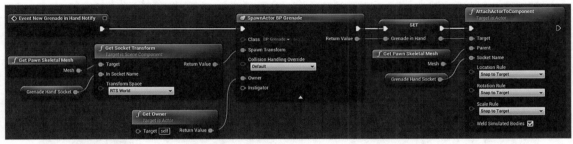

🔼 图15-81 重载并实现"GrenadeInHandNotify"事件

这里所做的就是生成一个新的"BP_Grenade",就像在"LoadGrenadeOnSpawn"中所做的那样。唯一的区别就是我们想要将它附加到骨骼网格体左侧的"GrenadeHandSocket"上,而不是"GrenadeLaunchPoint"。创建一个名为"GrenadeHandSocket"的变量,其值与名称相同。

步骤21 收到通知,将手榴弹连到"GrenadeLaunchPoint"。重载"GrenadeAttachedNotify"事件并实现它,如图15-82所示。

🔼 图15-82 重载并实现"GrenadeAttachedNotify"事件

重新加载蒙太奇触发"GrenadeAttached"动画通知时,将调用"GrenadeAttachedNotify"。这是新手榴弹连接到枪管的时间,因此将"LoadedGrenade"设置为"GrenadeInHand",使其成为新加载的手榴弹。将"LoadedGrenade"连接到"GrenadeLaunchPoint",然后移动弹药以填充弹夹。更新UI,清除"GrenadeInHand"变量的值。将"AttachActorToComponent"的"Location Rule""Rotation Rule"和"Scale Rule"设置为"保持场景"。这样避免了精确匹配"GrenadeLaunchPoint"和"GrenadeHandSocket"的麻烦。如果将值设置为"对齐到目标",那么更改附件时手榴弹会弹出。

再次运行游戏,此时榴弹发射器应该具有完全重新加载的功能。但是我们已经在父类中调用了"MoveAmmoToClip"。虽然在这里再次调用它没有坏处,但是可以在"BP_Ranged_Weapon"中删除"ReloadCompleteNotify"的重载。

步骤22 创建一个自动掉落的弹夹Actor。创建一个派生自Actor的新蓝图类,将其命名为"BP_Gun_Clip_Drop"并双击将其打开。向其添加静态网格体组件并重命名为"gun_Gun_clip"。切换到"细节"面板的"物理"折叠按钮下,勾选"模拟物理"复选框。展开"碰撞"下的"碰撞预设"部分,将其值设置为"Custom"。然后将所有响应设置为"Ignore"。切换到"事件图表",在"事件开始运行"中添加"延迟"函数,将"Duration"的值设为2。在"延迟"节点之后添加对"销毁Actor"的调用,如下页图15-83所示。该设置使其在2秒后自毁。

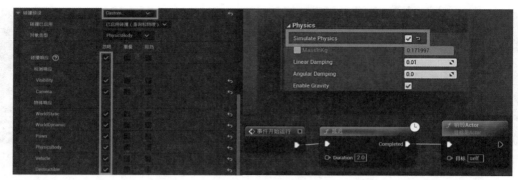

⬆图15-83　创建"BP_Gun_Clip_Drop"类，使其在2秒后自毁

步骤23 重写"ClipDropNotify"事件。切换到"BP_Gun"，然后将"组件"面板中的"gun_bullets"拖到"gun_Gun_clip"中，将其作为"gun_Gun_clip"的子级。重写"ClipDropNotify"事件并实现它，如图15-84所示。

⬆图15-84　将"gun_bullets"作为"gun_Gun_clip"的父类并重载"ClipDropNotify"事件

将"gun_Gun_clip"作为"gun_bullets"的父级，以一次性隐藏。在"ClipDropNotify"事件中，先隐藏"gun_Gun_clip"（确保在"设置可视性"节点中勾选"Propagate to Children"）。然后在"gun_Gun_Clip"的变换处生成一个"BP_Gun_Clip_Drop"实例。由于我们设置了"BP_Gun_Clip_Drop"的"物理模拟"，所以弹夹会马上下降，就像是我们隐藏的"gun_Gun_Clip"下降一样。因为将"BP_Gun_Clip_Drop"设置为在2秒后自毁，所以不必在此处执行任何操作。

步骤24 创建"BP_Gun_Clip_Full"类。创建另一个派生自Actor的蓝图类，将其命名为"BP_Gun_Clip_Full"，然后打开它。向其添加两个静态网格体组件，一个名为"gun_bullets"，另一个名为"gun_Gun_clip"。然后将两个组件的"碰撞预设"设置为"NoCollision"。我们只需要它们在动画过程中成为新弹夹的视觉效果。

步骤25 重载"NewClipInHandNotify"。在"BP_Gun"中重载"NewClipInHandNotify"事件，如图15-85所示。

⬆图15-85　重载"NewClipInHandNotify"事件

这种创建方式我们已经非常熟悉了。这里所做的是生成"BP_Gun_Clip_Full"并将其附加到"ClipHandSocket"。另外我们还将其通过"提升为变量"的方式把新变量命名为"ClipInHand"。

步骤26 重载"ClipAttachedNotify"。在"BP_Gun"中重载"ClipAttachedNotify"事件，如图15-86所示。

⬆ 图15-86 重载"ClipAttachedNotify"

我们想要实现的目的是，当附加新的弹夹的时候，取消隐藏实际的弹夹模型并且将销毁附加到"ClipHandSocket"的弹夹模型。然后移动弹药以填充弹夹并更新UI。

步骤27 重构"Reload"和"Attack"到"BP_Character_Base"。切换到"BP_Character_Base"并实现"Attack"和"Reload"自定义事件。两个事件都从"CurrentActiveWeapon"中获取值并检查值是否有效，然后执行"Attack"和"Reload"。切换到"BP_Ellen_FPS"，修改"InputAction Fire"和"InputAction Reload"，以调用我们刚刚创建的"Attack"和"Reload"事件，如图15-87所示。

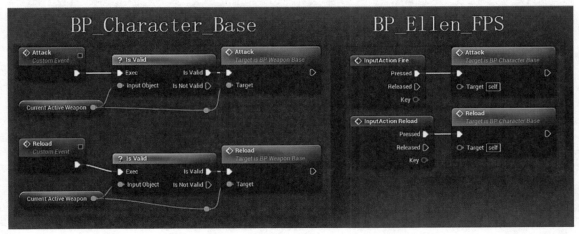

⬆ 图15-87 将"Attack"和"Reload"移动到"BP_Character_Base"，使用"BP_Ellen_FPS"中的输入引脚调用它们

这样做可以让我们的系统更具可扩展性。如果想让AI攻击，也可以调用"Attack"事件。它不再仅由"InputAction Fire"触发，也可以通过其他事件调用（将在下一步骤中执行此操作）。

步骤28 自动重新加载。如果角色在弹夹里没有弹药时不自动重新装填会很奇怪，则切换到"BP_Ranged_Weapon"，添加一个名为"AutoReloadIfClipIsEmpty"的自定义事件，具体实现方式如下页图15-88所示。

⬆ 图15-88 实现 "AutoReloadIfClipIsEmpty"

这样做可以简单地理解为：如果弹夹里没有弹药，那么拥有者将重新装填。

为什么?

为什么不调用 "Reload" 函数反而让拥有者进行装填呢? 因为从逻辑上讲，装填弹药应该由枪支的持有者操作。如果持有者在游戏中死亡怎么办呢? 如果武器在背包中怎么办呢? 有些情况我们还没有在游戏中实现。另外，通过两个或多个函数实现一个功能更容易产生错误。

步骤 29 在 "Event CommitAttackAnimNotify" 中调用 "AutoReloadIfClipIsEmpty"。在 "BP_Ranged_Weapon" 中找到 "Event CommitAttackAnimNotify"，并且在事件结束的时候添加对 "AutoReloadIfClipIsEmpty" 的调用，如图15-89所示。

⬆ 图15-89 在 "Event CommitAttackAnimNotify" 中调用 "AutoReloadIfClipIsEmpty"

或许我们想在其他地方调用 "AutoReloadIfClipIsEmpty"，但此处的调用是合乎逻辑的。

不过在当前的设置中存在一个小错误。再次运行游戏，不停地按R键和鼠标左键。在重新装填弹药时，枪的射击发生了变化。我们可以尝试自己进行修复，看看是否可以发现问题。在下一章中，将介绍解决方案。

当攻击动画即将到达 "Received_NotifyEnd" 时，有可能触发重新加载功能。由于两个动画蒙太奇是绑定在一起的，所以有可能触发两个动画蒙太奇中的动画通知。

将 "ReloadStart" 通知的武器状态改为 "Reloading"，但是由于动画是绑定在一起的，"Received_NotifyEnd" 仍然可以被触发并将其改回 "Idle" 状态。这表示可以根据 "CanAttack" 函数再次攻击。

步骤 30 在 "ANS_WeaponAttack" 中添加武器状态。打开 "ANS_WeaponAttack"，切换到 "Received_NotifyEnd" 函数，将其修改为图15-90中的样子。

⬆ 图15-90 修改 "Received_NotifyEnd"

我们在此处添加的是上页图15-90中被选中的节点。这里只是检查武器状态是否为"Reloading"。如果状态不是"Reloading"，则可以继续将其更改为"Idle"。如果状态已经是"Reloading"，则不用将其改为"Idle"。

15.10 总结

在本章中，我们创建了三种武器，它们可以实现攻击、造成伤害、重新装填和自动重新装填功能。我们精心构建了类和层次结构，以便将武器的很多常见行为归纳到基类中。

我们还使用了动画蒙太奇和动画通知驱动武器的行为、视觉效果和游戏逻辑。另外还介绍了选择不同编程方式的原因，以便让编写的系统结构更加灵活、可扩展、简洁。

此时，如果我们想在游戏中添加新武器，只需几个步骤即可根据构建的基础实现它。良好的设计模式更加重视一致性和可扩展性，并在添加新功能或进行更改时使系统的波动最小。但是如果过度重视这一点，则会产生过多的抽象概念，并且很难追踪正在发生的事情。我们应该始终清楚自己想要实现的目标是什么，并以此为基础设计程序。

接下来将进入下一章，开始构建生命值和伤害系统。

第 16 章

生命值和伤害值

本章将研究游戏的生命值和伤害系统。我们已经创建了一个武器系统，但还无法实现与伤害值相关的功能。对于武器而言，只是调用了"应用伤害"函数。就接收者而言，只是打印出了伤害的数值。如果不能实现炸毁效果，那么游戏就没有乐趣。现在我们已经有了一个比较好的界面可以插入任何生命值和伤害系统。

到目前为止，我们一直在使用类和继承这种面向对象的范例。但要创建想要的生命值系统，它可能不会像武器系统那样奏效。

本章介绍另一种实现面向对象的方法：组件和接口。

16.1 生命值组件

考虑到游戏中有很多不同的对象可能会被损坏，比如玩家、摄像头、巡逻的AI和头目。这4种对象不一定必须适合主基类，只要具有生命值功能即可。它们只有一个共同点：受到攻击都会产生伤害值。

教程 创建一个生命值组件

创建一个生命值组件类。在"Blueprints"文件夹中添加一个名为"Components"的新文件夹。在这个新文件夹中创建一个派生自"Actor组件"的新蓝图类，将新蓝图类命名为"BP_HealthComp"。

16.2 Actor组件

Actor组件是可以附加到Actor的组件，它们不能自己被放置在关卡中，并且会与绑定在一起的Actor一起消失。

步骤 01 创建一些变量。打开"BP_HealthComp"并添加两个浮点类型的变量。将第一个变量命名为"MaxHealth"，第二个变量命名为"CurrentHealth"，将它们的值都设为100。

步骤 02 创建伤害系统。在"事件图表"中创建"获取拥有者"节点。从该节点的"Return Value"中拖出，搜索并创建"绑定事件受到任意伤害时"节点。从该节点的"事件"引脚拖出，创建一个自定义事件，将其重命名为"TakeDamage"。此时该事件已经生成了一些引脚。该事件与"绑定事件受到任意伤害时"节点相连，当拥有者受到伤害时会被调用。将"事件开始运行"节点与"绑定事件受到任意伤害时"节点相连。通过"TakeDamage"自定义事件调用"打印字符串"节点，也可以尝试打印出受到伤害的拥有者的名称，如图16-1所示。

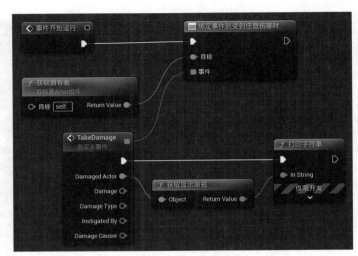

⬆ 图16-1　将事件绑定到"绑定事件受到任意伤害时"节点

步骤 03 测试绑定效果。打开"BP_Character_Base",单击"组件"面板下的"添加"按钮,搜索并添加"BP_HealthComp"。删除在上一章创建的"事件任意伤害"事件,我们不再需要它,因为已经绑定了"BP_HealthComp"。运行游戏并在关卡中射击"BP_Character_Base",可以看到"BP_Character_Base"会被打印出来。

步骤 04 计算伤害值。添加一个名为"Calculate Damage"的新事件并使用"TakeDamage"进行调用,如图16-2所示。

⬆ 图16-2 实现并调用"Calculate Damage"

接下来要做的就是从"CurrentHealth"中减去伤害值,并将其限制在0和"MaxHealth"之间。如果"限制"节点的"Value"输入引脚值大于"Max"输入引脚值,则"Return Value"为"Max"输入引脚值。如果"限制"节点的"Value"输入引脚值小于"Min"输入引脚值,则"Return Value"为"Min"输入引脚值。否则"Return Value"的值就是"Value"输入引脚的值。这确保了在执行减法操作后,"CurrentHealth"依然保持在合理的范围内。另外我们还删除了"打印字符串"节点,并在"TakeDamage"自定义事件中添加了"Calculate Damage"函数的调用。

步骤 05 添加一个生命值蓝图接口。我们想要实现的是在受伤、死亡或者需要更新用户界面时通知拥有者。但问题是我们并不知道拥有者是谁,更想要实现的是适用于所有人。我们使用名为蓝图接口的新概念解决这个问题。

右击内容浏览器中的空白处,执行"蓝图">"蓝图接口"命令,将蓝图接口重命名为"BPI_HealthComp",双击将其打开。切换到"我的蓝图"面板,将"新函数"重命名为"HealthCompNotify_TookDamage"。单击"细节"面板中的"输入"折叠按钮,添加一个名为"DamageCauser"的Actor对象引用输入。

单击"函数"右侧的"+"添加函数,并分别命名为"HealthCompNotify_Dead"和"HealthCompNotify_UpdateUI"。选择"HealthCompNotify_UpdateUI",切换到"细节"面板,在"输入"部分添加名为"HealthPercentage"的浮点类型的输入,如图16-3所示。

⬆ 图16-3 在新的"BPI_HealthComp"蓝图接口中创建3个函数

在解释这样做的原因之前，先执行下面的操作。

步骤 06 添加接口调用。首先切换到"BP_HealthComp"，然后创建"RequestUpdateUI"和"CheckDeath"自定义事件并实现它们，如图16-4所示。

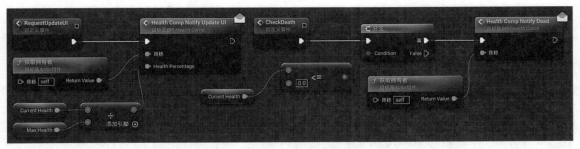

⬆ 图16-4 实现"RequestUpdateUI"和"CheckDeath"自定义事件

对于"RequestUpdateUI"，我们使用"Current Health/Max Health"的结果来计算剩余生命值的百分比。右击并搜索"除"以创建"÷"节点。这里是两个浮点类型的变量相除。为了让拥有者知道应该更新用户界面，我们使用"获取拥有者"节点并调用"HealthCompNotify_UpdateUI"接口函数。我们可以在任何对象上调用接口函数。"CheckDeath"自定义事件的调用与"RequestUpdateUI"类似。如果"Current Health"小于或等于0（通过搜索"小于等于"创建"<="节点），将通过"获取拥有者"并调用"HealthCompNotify_Dead"接口和函数。

步骤 07 在"TakeDamage"中调用"RequestUpdateUI"和"CheckDeath"。在"TakeDamage"函数的末尾添加更多调用，如图16-5所示。

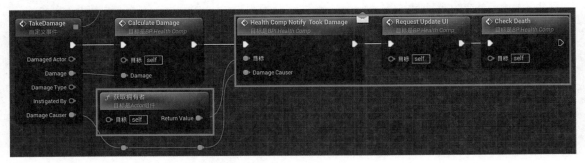

⬆ 图16-5 为"TakeDamage"函数添加更多调用

我们首先通知拥有者受到了伤害，然后调用"RequestUpdateUI"和"CheckDeath"。无论拥有者什么时候受到了伤害，都会计算其伤害值，通知拥有者受到了伤害，并要求更新用户界面。当"Current Health"的值为0时会通知拥有者已经死亡。

步骤 08 将"BPI_HealthComp"接口添加到"BP_Character_Base"。打开"BP_Character_Base"，然后单击工具栏中的"类设置"。切换到"细节"面板的"接口"部分，然后单击"添加"，搜索并添加"BPI_HealthComp"，如图16-6所示。

⬆ 图16-6 添加"BPI_HealthComp"接口到"BP_Character_Base"

步骤 09 使"BP_Character_Base"接收接口调用。添加接口后，在"我的蓝图"面板中会添加一个名为"接口"的折叠按钮部分。将其展开，可以看到在"BPI_HealthComp"中创建的所有函数。分别右击接口，选择"实现事件"并实现它们，如图16-7所示。

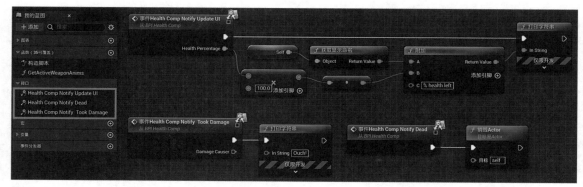

对于"HealthCompNotify_UpdateUI"，我们打印Self的名称，然后打印百分比数值和剩余的生命值百分比。将生命值百分比计为100，生命值的范围是0到1。对于"HealthCompNotify_TookDamage"，只是打印"Ouch!"进行测试。对于"HealthCompNotify_Dead"，调用了"销毁Actor"。

运行游戏，射击放置在场景中的"BP_Ellen_Base"，我们可以看到所有正确打印的信息。继续射击，最终可以击杀"BP_Ellen_Base"。

在"BP_Character_Base"中，找到"事件开始运行"的"Acquire New Weapon"函数，将"Weapon Class"切换为"BP_GrenadeLauncher"。在游戏中试着向自己脚的方向射击（向下射击），此时应该可以用手榴弹自杀。

如果想让目标对象受到伤害，只需要添加"BP_HealthComp"和"BPI_HealthComp"，然后实现这些函数。更重要的是，如果我们想让整个生命值系统以不同的方式运作，可以修改"BP_HealthComp"，这样会让每个对象都得到更新。

16.3 角色的命中和死亡

下面介绍角色的命中和死亡。

步骤 01 创建命中反应动画。就像创建武器切换动画一样，我们创建一个快速命中动画。动画只呈现一个十帧的身体向后弯曲的效果。确保动画只有一个关键帧，将其设置为"additive"。将动画命名为"Ellen_Hit"，并通过它制作一个名为"Ellen_Hit_Montage"的动画蒙太奇，如下页图16-8所示。

步骤 02 测试命中动画蒙太奇。我们可以通过切换到"Ellen_Character_Base"并且实现"事件HealthCompNotify_TookDamage"测试，如下页图16-9所示。

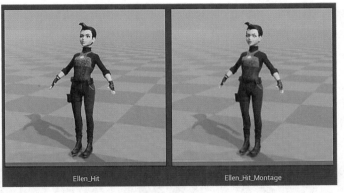

图16-8 创建一个快速命中动画

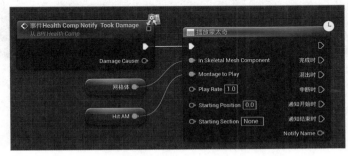

图16-9 实现"HealthCompNotify_TookDamage"

接下来要做的就是要求网格体播放动画蒙太奇。新建一个变量"HitAM",将其与"播放蒙太奇"节点的"Montage to Play"输入引脚相连。再次运行游戏,用枪击中敌人,我们会发现动画效果很好。

下面创建一个盲目向前射击的AI,测试对玩家的命中效果。

步骤 03 创建一个虚拟AI。创建一个"BP_Character_Base"的子蓝图类,将其命名为"BP_Dummy_AI"。打开它并找到"事件Tick"。每次游戏更新时都会调用这个Tick函数,并通过它调用"Attack"函数。这可以让虚拟AI尽可能快地向前射击,如图16-10所示。

图16-10 创建一个虚拟AI并在Tick中调用"Attack"函数

将关卡中的"BP_Character_Base"替换为"BP_Dummy_AI",旋转它使其面向玩家。运行游戏并面向"BP_Dummy_AI",Ellen会在拿到枪后快速向我们射击,甚至还会重装子弹。比较奇怪的是,如果玩家击打了Ellen几次,她就会停止射击。或许有人会认为这是因为她弹药用完了,但其实并非如此。因为弹药的数量是相同的,而且需要重新装填一次才能用完弹药。在继续操作之前,可以尝试找出原因,不过不必修复它。

任何新的蒙太奇都会覆盖同一组中的前一个蒙太奇,并且我们所有的蒙太奇都使用默认组。命中动画蒙太奇重载了射击蒙太奇,使得射击蒙太奇过早停止,导致"ANS_WeaponAttack"永远不会到达终点通知，从而将"WeaponState"改回空闲状态。我们可以通过将命中蒙太奇分配给不同的组和插槽来解决此问题。

步骤04 创建并分配一个新的组和插槽以命中动画蒙太奇。打开"Ellen_Hit_Montage"，切换到界面右下角的"动画插槽管理器"面板。单击"添加组"按钮，输入"Reaction"作为新组名称。此时新组会被添加到"插槽命名"列表中。选择"（组）Reaction"，单击"添加插槽"按钮，向其添加新插槽，然后输入"Hit"作为插槽名称。最后，切换到时间线的"蒙太奇"部分，单击"插槽"，选择"槽位名称" > "Reaction.Hit"选项，如图16-11所示。

⬆图16-11　为"Ellen_Hit_Montage"创建新的组和插槽

步骤05 将插槽添加到动画蓝图中。切换到动画蓝图的"AnimGraph"，添加新的默认插槽并将其插入"插槽'DefaultSlot'"和"输出姿势"之间。选择这个新插槽，切换到"细节"面板，将"插槽名称"设置为"Reaction.Hit"，如图16-12所示。

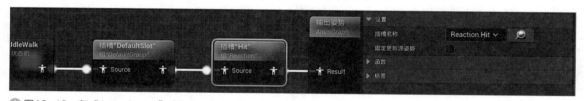

⬆图16-12　在"AnimGraph"中插入"Reaction.Hit"插槽

再次运行游戏，可以看到命中动画蒙太奇不会再覆盖其他动画。不同组的动画蒙太奇不会相互抵消各自的作用。

步骤06 创建死亡动画蒙太奇。找到"Dealth_From_The_Back"动画，从中创建动画蒙太奇并保持默认名称。在"细节"面板中打开新的"Dealth_From_The_Back_Montage"，在"混合选项"部分下，勾选"启用自动混出"复选框。我们不想要它重新融合，这会让死去的角色再次站起来。

步骤07 创建"StartDeathSequence"自定义事件。切换到"BP_Character_Base"并创建一个名为"StartDeathSequence"的函数，如图16-13所示。然后在"事件HealthCompNotify_Dead"之后进行调用。

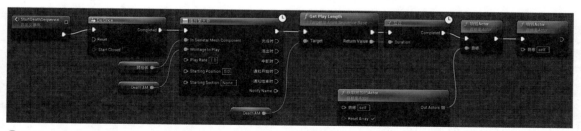

⬆图16-13　实现"StartDeathSequence"，并在"事件HealthCompNotify_Dead"后调用它

我们先将"StartDeathSequence"连接到"Do Once"节点，这个节点只允许执行通过一次。这表示在游戏中角色只会死亡一次。让网格体播放死亡动画蒙太奇，将"DeathAM"变量的默认值设置为"Dealth_From_The_Back_Montage"。然后获取死亡动画蒙太奇的长度，并等待动画蒙太奇要多长时间才能完成。根据设定它会在摧毁自己之前摧毁所有附加的Actor。再次运行游戏，继续射击虚拟角色。令人惊讶的是，当角色死亡后射击不会停止，并且直到最后才消失。

这是因为角色永远不会停止攻击，攻击动画蒙太奇替代了死亡动画蒙太奇。为了解决这个问题，我们必须防止角色死亡时受到攻击。

步骤08 创建"CanOperateWeapon"函数。向"BP_Character_Base"添加一个新函数，将其命名为"CanOperateWeapon"。如图16-14所示。在"Attack"和"Reload"事件的开头插入一个分支。

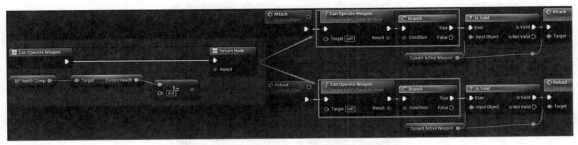

⬆ 图16-14 在"Attack"和"Reload"事件的开始处实现并调用"CanOperateWeapon"

这个函数相对简单，检查生命值并确保值不为0即可（没有死亡）。再次运行游戏，当角色的生命值耗尽时会播放死亡动画，然后消失。当角色躺在地上时，如果再次击中它，仍然会有命中反应。如果想要这种效果，可以保持这种状态。在"BP_HealthComp"中如果生命值为0，可以通过停止发送"TookDamage"接口调用防止这种情况出现。

步骤09 进一步重构。回顾一下目前所做的操作，还有一处需要修改。"Do Once"可以很好地防止死亡序列再次发生，但它应该在"BP_Character_Base"中还是在"BP_HealthComp"中呢？如果想让这种死亡行为只出现在游戏中的所有对象上，就将其放在"BP_HealthComp"中，否则就必须在所有死亡函数中添加"Do Once"。从"StartDeathSequence"中删除它，将其添加到"CheckDeath"中，如图16-15所示。

⬆ 图16-15 在"BP_HealthComp"中，对"CheckDeath"事件重构"Do Once"

像步骤09这样的重构是必不可少的，而且经常会被初学者忽略。函数应该调用什么，应该包含或不包含什么，需要考虑很多因素。下面继续创建玩家的死亡序列。

步骤10 玩家角色的死亡效果。对于玩家来说，希望可以切换到自上而下的视角并查看角色，播放死亡动画。创建一个从Pawn派生的新类，将其命名为"BP_Player_Death_Pawn"。向其添加骨骼网格体组件。在视图中，旋转网格体使其面向X轴并向下移动150个单位。切换到"细节"面板，将"骨骼网格体资产"设置为"Ellen_Skeletal_Mesh"。在"动画"部分，将"动画模式"更改为"使用动画资产"，将"要播放的动画"设置为"Death_From_The_Back"。取消勾选"正在循环"复选框，如图16-16所示。

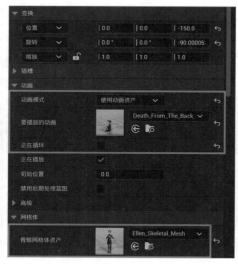

⬆ 图16-16　设置"BP_Player_Death_Pawn"的骨骼网格体资产

为什么？

为什么要向下移动150个单位呢？当玩家角色死亡时，我们想让它重生。唯一可以使用的位置就是玩家控制器位置，也就是距离地面的高度。

步骤11 设置摄像机。在"组件"面板中选择"DefaultSceneRoot"，添加弹簧臂组件"Spring Arm"和摄像机组件"Camera"。确保摄像机位于弹簧臂下方。将弹簧臂在Y轴向上旋转-60°，然后将其向上移动50个单位，如图16-17所示。

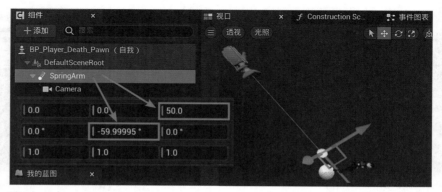

⬆ 图16-17　设置摄像机进行透视

弹簧臂组件是一种特殊类型的组件，可以在任何碰撞前移动附加组件。弹簧臂可以确保摄像机不会掉在墙壁的另一侧。我们将其向上移动50个单位以防止它与地面相撞。

步骤12 设置玩家控制器。创建一个派生自"玩家控制器"的新类，将其命名为"BP_Ellen_FPS_PlayerController"。单击工具栏中的"类默认值"按钮，切换到"细节"面板，取消勾选"自动管理激活摄像机目标"复选框。在"事件图表"中，右击搜索并创建"事件控制时"（Event On Possess）和"事件未控制时"（Event On UnPossess）。当玩家控制器控制和不再控制对象时，会调用这两个事件，如图16-18所示。

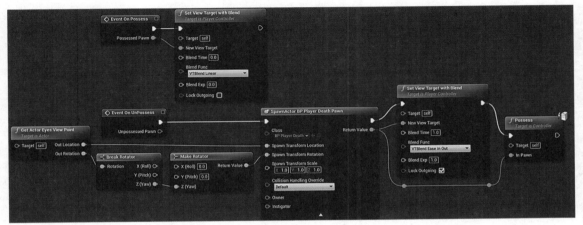

↑图16-18　实现"事件控制时"（Event On Possess）和"事件未控制时"（Event On UnPossess）

我们取消勾选"自动管理激活摄像机目标"复选框是因为这样可以以想要的方式设置摄像机过渡。当我们想控制一个对象时，想要将视图目标设置为"Possessed Pawn"。当玩家角色死亡时，玩家控制器会触发"事件未控制时"。我们在玩家控制器视点的位置生成"BP_Player_Death_Pawn"（调用"获取Actor眼睛视点"节点）。不过，旋转只是视点的偏航旋转（我们不希望生成的"BP_Player_Death_Pawn"以任何方式倾斜）。

在创建了新的"BP_Player_Death_Pawn"之后，将视图目标设置为新的Pawn。在"使用混合设置视图目标"函数中将"Blend Time"的值设置为1，将"Blend Func"设置为"VT混合交叉缓动"，将"Blend Exp"的值设为7，使摄像机与目标混合，产生轻入轻出的效果。最后得到新的"BP_Player_Death_Pawn"。

步骤13 重载"StartDeathSequence"并在游戏模式中设置"玩家控制器类"。打开"BP_Ellen_FPS"，在"事件图表"中重载"StartDeathSequence"并销毁所有附加的Actor。切换到"Blueprints/GameModes"，打开"GM_Ellen_FPS"。单击"类默认值"并展开"类"折叠按钮，将"玩家控制器类"设置为"BP_Ellen_FPS_PlayerController"，如图16-19所示。

↑图16-19　重载"StartDeathSequence"并设置"玩家控制器类"

再次运行游戏，让虚拟AI朝玩家开枪。当玩家死亡时，会看到播放的死亡动画，并顺利过渡到第三人称视角。如果没有恢复生命值的方法，游戏难度就会加大。接下来会快速创建一个生命值恢复Actor。

16.4 生命值恢复

下面创建生命值恢复Actor，具体步骤如下。

步骤01 创建"BP_HealthRegen"并设置可视化。切换到"Blueprints"文件夹，在其中创建一个名为"HealthRegen"的新文件夹。在该文件夹创建一个派生自"BP_Triggerable"的新蓝图类，将新类命名为"BP_HealthRegen"。打开"BP_HealthRegen"，向其添加静态网格体组件，将网格体设置为"floor_circles_floor_circle_deco_01"。再添加两个立方体组件，缩放并旋转它们以创建三维十字图形。将其中一个立方体拖到另一个立方体上，形成父级和子级的结构。将父级立方体重命名为"Cross"，然后将两个立方体的"碰撞预设"设置为"NoCollision"。切换到"StaticMeshes/Shared"文件夹，创建"Emmisive_Base_Mtl"的材质实例，将其命名为"HealthRegen_Cross_Mtl_Inst"。然后将该材质实例移动到"HealthRegen"文件夹，并将其分配给"BP_HealthRegen"的立方体。具体视角效果如图16-20所示。

⬆ 图16-20　创建BP_HealthRegen并设置其可视化

步骤02 设置Cross的旋转。切换到"事件图表"，找到"事件Tick"并在其末尾添加图16-21中的代码。

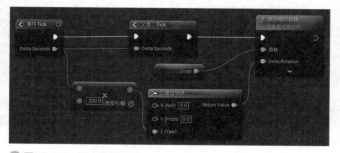

⬆ 图16-21　使十字架旋转

"事件Tick"在每一帧都会被调用，也就是每次游戏更新的时候。"Delta Seconds"表示当前帧和前一帧之间的时间。这通常是一个非常小的数字，因为游戏必须每秒更新60帧左右。我们将它乘以200，用它制作一个旋转体，并将这个旋转值添加到Cross上。旋转体是一个表示旋转的类型。将"BP_HealthRegen"拖动到关卡中，运行游戏，此时可以看到它的旋转效果很好。

步骤03 向"BP_HealthComp"中添加再生功能。打开"BP_HealthComp"，添加一个名为"RegenerateHealth"的新函数并实现它，如图16-22所示。

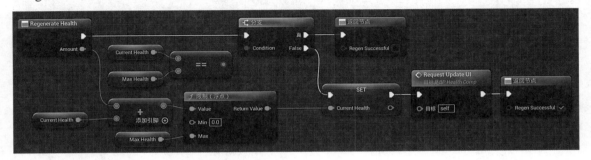

⬆ 图16-22 实现"RegenerateHealth"函数

该函数接收浮点型变量"Amount"的输入值，并返回名为"Regen Successful"的布尔值。我们需要判断"CurrentHealth"和"MaxHealth"的值是否相等。如果两个值相等，则返回False。如果两个值不相等，则将"Amount"的值添加到"CurrentHealth"中并进行限制，让该值不要大于"MaxHealth"，然后进行设置。另外不要忘记更新UI并返回True。

步骤04 实现"Consumed"自定义事件。在"BP_HealthRegen"中实现"Consumed"事件，如图16-23所示。

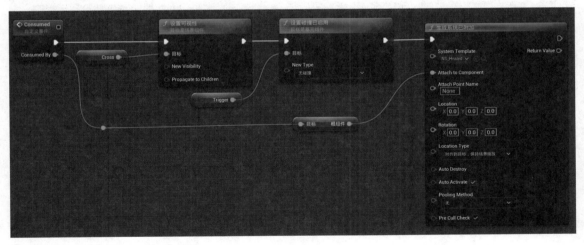

⬆ 图16-23 实现"Consumed"事件

为该事件添加一个名为"Consumed By"的输入值，将变量类型设置为"Actor">"对象引用"。"Consumed"在调用时，会隐藏Cross并将Trigger设置为不碰撞。然后我们生成一个附加到用户根组件的"NS_Healed"视觉特效。

步骤05 重载"Overlapped"事件，如下页图16-24所示。

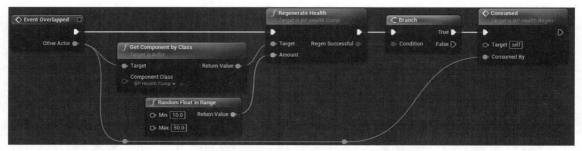

⬆图16-24 重载 "Overlapped" 事件

接下来要做的就是通过调用 "按类获取组件" 来获取Actor的 "BP_HealthComp"，并将 "Component Class" 设置为 "BP_HealthComp"。该函数会查找 "BP_HealthComp" 并返回它，然后调用 "BP_HealthComp" 的 "Regenerate Health" 函数。对于Amount输入值，这里生成一个从10到50的随机数，增加游戏的随机性。如果再生功能成功，就调用之前实现的 "Consumed" 事件。再次运行游戏，并让玩家受伤，此时应该可以使用 "BP_HealthRegen"，如图16-25所示。

⬆图16-25 再生生命值

步骤06 在10秒后返回。在 "Consumed" 事件末尾添加代码，如图16-26所示。

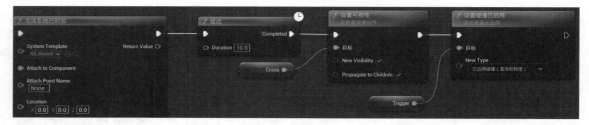

⬆图16-26 10秒后重新激活再生功能

这里要做的就是延迟10秒，并将 "Cross" 和 "Trigger" 恢复正常。

再次运行游戏，此时玩家可以在受到伤害时损耗生命值，并在10秒后恢复。

16.5 总结

在本章中，我们完成了角色的生命值、伤害值、生命值恢复和死亡等效果的处理。其中的一个关键要点是组件和接口范例，它更加灵活。随着游戏的不断完善，关卡将变得越来越有趣。不过关于游戏的设计仍然有很多部分需要介绍，游戏的重要部分之一就是背包和用户界面设计。我们将在下一章中继续讨论这个问题。

第17章
库存系统和用户界面

　　没有用户界面，我们就无法得知生命值、武器和弹药的当前使用情况，这会大大降低游戏的趣味性。现在我们可以开始构建库存系统和优化用户界面，同时也会介绍切换武器的快捷方式。一个精心设计的用户界面能够提升玩家的体验。而糟糕的用户界面会让玩家非常恼火。我们在设计用户界面时，将努力使其简洁易用。

17.1 库存系统与武器切换

首先，我们需要先完善武器装备和库存系统。接下来进入主题。

教程 武器拾取

下面我们将武器网格体重构为变量。在蓝图关卡中无法访问武器类的网格体，这正是学习如何构造脚本的好机会。

步骤01 打开"BP_Weapon_Base"，添加一个名为"Visual"的新变量，将变量类型更改为"静态网格体">"对象引用"。切换到"我的蓝图"面板的"变量"部分，单击闭眼小图标以将其打开。再次切换到"我的蓝图"面板的"函数"部分，双击"构造脚本"，脚本构建如图17-1所示。

⬆ 图17-1 在"BP_Weapon_Base"中构造脚本

在创建对象时调用构造脚本，但还没有生成对象。这里所做的就是将武器的网格体设置为添加的"Visual"变量值。这样可以通过"Visual"变量来设置和访问所使用的武器网格体。

变量右侧的小眼睛图标是它们的访问说明符。如果这个眼睛图标是闭着的，那么子类无法访问它。如果没有闭着，子类就可以访问它。当眼睛图标闭着时，这个变量为私有变量。当眼睛图标睁开，就是公有变量。

步骤02 设置三种武器的"Visual"变量。打开"BP_Gun"，可以看到它的模型消失了。切换到"类默认值"（通过单击工具栏上的"类默认值"按钮并切换到"细节"面板），将"Visual"设置为"gun_Gun_body"。然后依次设置其他两个武器。

步骤03 创建"BP_Weapon_Pickup"类。创建一个名为"BP_Weapon_Pickup"的新蓝图类，它派生自"BP_Triggerable"。添加"StaticMesh"和"RotatingMovement"组件。然后再添加名为"WeaponClass"的变量，将该变量的变量类型设置为"BP_Weapon_Base">"类引用"（注意，这里不是"对象引用"），并将"WeaponClass"的变量变为公有变量。实现的构造脚本如图17-2所示。

使用"WeaponClass"调用"获取类默认"以获取"Visual"变量，并将其作为"StaticMesh"。"RotatingMovment"组件会使对象旋转。

图17-2 "BP_Weapon_Pickup"构造脚本的组成及实现

步骤 04 测试视觉效果。在"细节"面板中,将"BP_Weapon_Pickup"的副本拖到关卡中,将"Weapon Class"的默认值设置为"BP_Gun",此时可以看到显示了枪的模型。按住Alt键并拖动,获取新的副本,将"Weapon Class"的默认值设置为"BP_GrenadeLauncher"。再次通过拖动创建一个新副本,并将"Weapon Class"的默认值设置为"BP_Pipe"。通过更改武器类可以改变视图中对象的视觉效果。再次运行游戏,就可以看到旋转的对象,如图17-3所示。

步骤 05 添加"Weapons"变量。切换到"BP_Character_Base",新添加一个名为"Weapons"的变量,将变量类型设置为"BP_Character_Base"。单击"变量类型"右侧的下拉按钮,在下拉列表中选择"数组"选项。此时"Weapons"变量是一个"BP_Character_Base"数组,如图17-4所示。

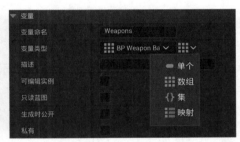

图17-3 测试视觉效果

图17-4 添加"Weapons"变量,将"变量类型"设置为"BP_Weapon_Base"数组

步骤 06 将获得的新武器添加到"Weapons"数组。找到"AcquireNewWeapon"事件,在该事件末尾创建一个"ADDUNIQUE"(添加唯一)节点。将"Weapons"变量从"变量"拖到"ADDUNIQUE"节点的第一个输入引脚。从该节点的第二个输入引脚拖出,创建一个变更路线节点,将其连接到"New Active Weapon"引脚。最后将"Switch Active Weapon to"节点的输出执行引脚连接到"ADDUNIQUE"节点的输入执行引脚,如图17-5所示。

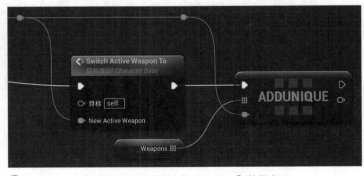

图17-5 将获得的新武器添加到"Weapons"数组中

431

"Weapons"变量是一个"BP_Weapon_Base"数组,通过"ADDUNIQUE"节点向其中添加一个项。我们要做的就是将新武器添加到武器数组中。

步骤 07 创建一个检查函数查看是否已经拥有武器。当玩家拿起武器时,需要确认玩家是否已经拥有了那件武器。如果已经有了,就不需要再获取一个新的。此时可以获取弹药,但不会有新武器。添加一个名为"HasWeaponType"的新函数并实现它,如图17-6所示。

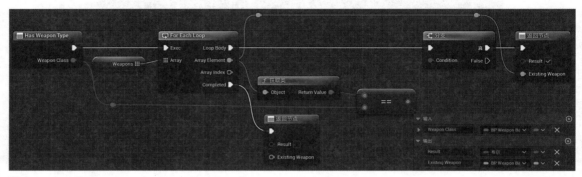

⬆图17-6 实现"HasWeaponType"函数

将"Weapon Class"引脚的类型改为"BP_Weapon_Base">"类引用",检查武器是否已经具有武器类的类型。

"HasWeaponType"函数接收"BP_Weapon_Base"类引用作为输入值并返回两个输出值。第一个输出是布尔值,显示是否已经拥有武器类型。第二个输出是返回已经拥有的武器。

通过"For Each Loop"循环遍历"Weapons"所拥有的元素。在步骤07中将获取的每个武器都添加到了"Weapons"数组中,通过该数组可以循环遍历拥有的所有武器。在循环体中,根据输入值检查元素的类。如果它们的类是相同的,则表示玩家已经有了这种武器。如果获取的类是相同的,则返回True,同时武器也具有相同的类引用。任何返回节点都会导致整个函数返回,这表示第一次获取的类是相同的,后续就会停止执行函数并返回。

如果所有元素(拥有的武器)都没有匹配成功,就表示没有这种类型的武器,然后执行顺序会到达"Completed"执行引脚。如果返回一个False结果,则表示此时没有该武器。

步骤 08 实现"WeaponPickupOverlapped"。创建一个名为"WeaponPickupOverlapped"的新函数,如图17-7所示。

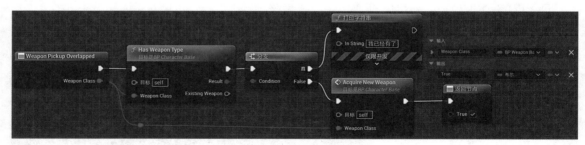

⬆图17-7 实现"WeaponPickupOverlapped"函数

"HasWeaponType"负责连接前后节点,并完成复杂的工作。当我们重叠武器拾取时,会检查是否已经拥有"Weapon Class"类型的武器。如果没有,就会转移到"AcquireNewWeapon"事件。如果有符合条件的武器,就会打印指定的消息。

432

步骤09 在"BP_Weapon_Pickup"中实现"Overlapped"事件。打开"BP_Weapon_Pickup"，重载"Overlapped"事件，如图17-8所示。

⬆图17-8 实现"Overlapped"事件

将其他Actor转换为"BP_Character_Base"。调用"WeaponPickupOverlapped"函数，使用"Weapon Class"变量作为该函数的"Weapon Class"引脚的输入值。如果返回值为True，则玩家会拾取武器。最后调用"销毁Actor"。

再次运行游戏，此时玩家可以拾取武器。不过如果玩家已经拾取了枪，就不可以再次拾取了。否则就会告知玩家已经拥有这个武器了。此外，当玩家拾取新武器后，该武器就会成为有效武器，且不能改变它的状态。不过游戏还有一个错误，如果重新装填弹药，并拾取另一件武器，那么手中的弹夹或手榴弹可能不会被销毁。下面将逐一解决这些问题。

我们可以尝试在选择现有武器时让武器补充弹药。

步骤10 实现"ReplenishAmmo"函数。在"BP_Weapon_Base"中，我们可以创建一个名为"ReplenishAmmo"的新函数，使其返回一个布尔值，将返回值设置为False。切换到"BP_Ranged_Weapon"并重载它，如图17-9所示。

⬆图17-9 实现"ReplenishAmmo"函数

在基类中，将其实现为返回False的空函数，并假设武器的默认行为是不能补充弹药。但是对于远程武器，则需要补充弹药，所以需要重载函数。

在"BP_Ranged_Weapon"中，我们可以获取武器的类、可以获取"AmmoInInventory"和"AmmoInClipclass"的默认值，并将它们添加到当前武器的"AmmoInInventory"中。此外，我们还调用了"AutoReloadIfClipIsEmpty"和"UpdateUI"（在更改弹药后，这些函数会执行合理的操作）。最后返回True，表示补充弹药成功。

步骤11 调整"WeaponPickupOverlapped"函数。切换到"BP_Character_Base"，调整"WeaponPickupOverlapped"函数，如下页图17-10所示。

我们将"打印字符串"节点替换掉，将"HasWeaponType"函数的"Existing Weapon"节点与"ReplenishAmmo"函数的"目标"节点相连。下面检查一下整个拾取操作的逻辑。每当拾取武器时，都会检查是否有提供的武器类型。

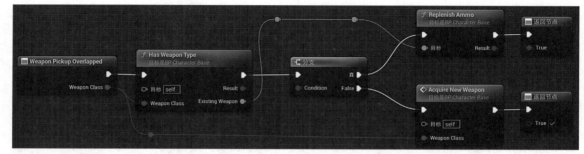

⬆ 图17-10　调整"WeaponPickupOverlapped"函数

　　如果已经有武器，就调用"ReplenishAmmo"补充弹药。如果可以补充弹药则返回真值，否则返回假值。

　　如果没有武器，玩家就会获取一种新武器。再次运行游戏，此时玩家可以在拾取现有武器时补充弹药。

　　现在我们已经完成了武器的拾取，下面继续完善武器切换功能。

教程 武器切换

　　游戏中所有的武器都存储在武器数组中，我们可以通过创建武器切换开关来选取并切换武器。

　　步骤01 实现"SwitchToNextWeapon"。首先切换到"BP_Character_Base"，然后创建一个名为"SwitchToNextWeapon"的自定义事件，如图17-11所示。

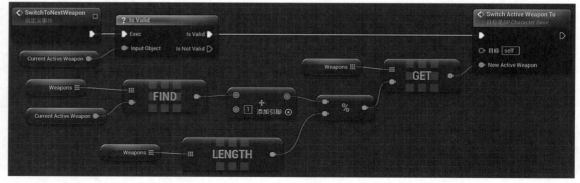

⬆ 图17-11　实现"SwitchToNextWeapon"自定义事件

　　我们已经介绍了数组、元素及其索引。在解释函数作用之前，让我们再次访问数组。

　　数组是一个包含元素列表的容器，每一个元素都有一个与之关联的唯一索引号。数组中第一个元素的索引号为0，第二个元素的索引号为1。数组列表中下一个元素的索引是前一个元素的索引值加1。我们可以通过GET函数提供的索引获取元素，通过调用"+"可以向数组添加新元素，并且会将新元素添加到数组列表中的最后一个元素。通过调用"FIND"函数查找元素的索引。每个数组都有长度，数组的长度等于数组的元素个数。调用"LENGTH"函数可以查询数组的长度。数组元素的索引从0开始并不断递增（不会跳过任何数字）。最后一个元素的索引值是数组长度减1。

434

切换到自定义事件，首先检查当前是否拥有有效武器。调用"FIND"函数查询"Weapons"数组中"CurrentActiveWeapon"的索引。如果索引加1，理论上应该是列表中下一个元素的索引。不过需要考虑以下问题。

如果"CurrentActiveWeapon"是数组元素中的最后一个元素，没有下一个元素了怎么办？如果想回到元素列表中第一个元素的位置怎么办？

为了回到第一个元素的位置，我们使用了取模（％）运算符。

％操作会返回两个输入值相除后的余数。如果数组的长度是N，那么最后一个元素的索引应该是N-1。我们可以尝试计算"index/N"的余数。

$0 \div N = 0 R 0$

$1 \div N = 0 R 1$

$2 \div N = 0 R 2$

……

$(N-1) \div N = 0 R N-1$

$N \div N = 1 R 0$

从以上结果可以看出，最后一行计算又将余数返回到0。这个算法就是代码中使用的算法。将1添加到"CurrentActiveWeapon"的索引后，创建一个"％"节点（右击搜索并创建"％"节点，这里选择"整数"）。使用"Weapons"数组的长度对其进行取模操作，以确保在达到最后一个索引后，该数字会切换到0。之后，使用"GET"函数获取计算索引的元素，并调用"SwitchActiveWeaponTo"切换到该武器。

步骤 02 实现"SwitchToPreviousWeapon"。创建另一个名为"SwitchToPreviousWeapon"的自定义事件，如图17-12所示。

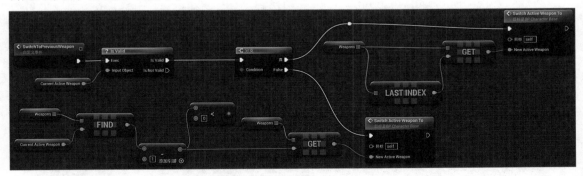

↑图17-12 实现"SwitchToPreviousWeapon"自定义事件

通过该事件可以找到"CurrentActiveWeapon"的索引，将其减去1，之后检查索引值是否小于0。如果该值小于0，那么这个武器就是第一个对象，并且我们想将索引移动到最后的位置。蓝图数组中有一个函数可以用于获取最后一个索引（即"LAST INDEX"函数）。通过这个函数可以获取数组中最后一个元素并切换到该元素。如果索引值不小于0，表示想要寻找的元素在数组列表中，可以通过减1的方式找到目标元素的索引。

步骤01和步骤02是制定算法的函数，也是编程中比较难的部分。我们既想让结果准确又想提升程序的运行速度。目前我们所看到的都是比较简单的算法，复杂的算法在游戏引擎的底层使用得较多。

步骤 03 键绑定。执行"编辑">"项目设置"命令，单击左侧面板的"输入"设置。在"绑定"折叠按钮下再添加两个"操作映射"。将其中一个操作映射命名为"NextWeapon"并使用"鼠标滚轮上滚"作为输入。将另一个命名为"PreviousWeapon"并使用"鼠标滚轮下滚"作为输入。打开"BP_Ellen_FPS"，实现这两个映射，如图17-13所示。

⬆ 图17-13 添加两个"操作映射"并将其实现

再次运行游戏，我们就可以使用鼠标滚轮循环使用武器。

步骤 04 为武器设置快捷方式。打开"BP_Weapon_Base"，添加一个名为"Shortcut"的新变量。将变量的类型设置为"键"，将该变量设置为公有变量，然后编译并保存。打开"BP_Pipe"，切换到"类默认值"，将"Shortcut"的值设置为1。对于"BP_Gun"，将其值设置为2。对于"BP_Grenade_Launcher"，将其值设置为3。这些键的设置都是任意的，下拉列表中有很多键，我们可以将其设置为任意键。

步骤 05 实现"ShortcutWeaponSwitch"。切换到"BP_Character_Base"，实现一个名为"ShortcutWeaponSwitch"的自定义事件，如图17-14所示。

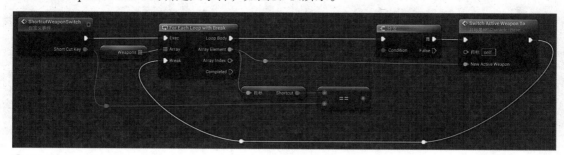

⬆ 图17-14 实现"ShortcutWeaponSwitch"自定义事件

该事件的"Short Cut Key"引脚类型为"键"。程序会循环遍历所有的武器并检查它们的快捷键是否与"Short Cut Key"相同。如果找到匹配的对象，就切换到那个武器。"For Each Loop with Break"与"For Each Loop"的功能是一样的。不过"For Each Loop with Break"有一个"Break"输入执行引脚。当调用该引脚时，循环会立即停止。在该程序中将"Switch Active Weapon to"节点的输出执行引脚与"For Each Loop with Break"节点的"Break"引脚相连。之后双击连接的线，添加两个变更路线节点，并将其向下拖动，调整路线的位置，使其呈现一个回环。这样做的目的是只要找到匹配对象，就停止循环。

步骤06 设置输入引脚。切换到"BP_Ellen_FPS",创建一个"任意键"节点,通过它调用"Shortcut Weapon Switch"节点。将"任意键"的"Key"引脚与"Shortcut Weapon Switch"节点的"Short Cut Key"输入引脚相连,如图17-15所示。

⬆ 图17-15 绑定任意键到"Shortcut Weapon Switch"

再次运行游戏,现在我们可以使用设置的快捷键切换到不同的武器。

步骤07 设置武器切换冷却时间。通过敲击键盘可以不断切换武器。我们希望切换武器的速度快一些,但并不是无限快。切换到"BP_Character_Base",找到"SwitchActiveWeaponTo"自定义事件,将其修改成图17-16的样子。

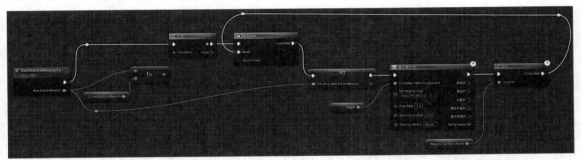

⬆ 图17-16 修改"SwitchActiveWeaponTo"

在执行任何操作之前,要检查想要切换的武器是否已经是当前有效武器。如果是就不用做任何操作了。我们添加了"Do Once"节点阻止常量输入。在节点的最后添加一个"延迟"节点,"Duration"用于获取名为"WeaponSwitchInterval"的值(新添加的变量,类型为浮点型)。将该变量的值设置为0.25,这意味着在0.25秒后,"延迟"节点运行结束并调用"Do Once"节点的"Reset"引脚。此时"Do Once"会重置并且只允许执行一次。

再次运行游戏,现在我们就不能十分快速地切换武器,因为有0.25秒的冷却时间。

提示和技巧

有时在更改父类的变量后,子类并不会跟着更新变量。如果有这种情况发生,请检查"BP_Ellen_FPS"中的"WeaponSwitchInterval"等变量。

步骤08 切换时禁用武器操作。我们可以通过在"CanOperateWeapon"函数中增加限制功能来轻松禁用其他武器操作。切换到"SwitchActiveWeaponTo",在"播放蒙太奇"中将"Montage to Play"提升为变量,并将其重命名为"Weapon Switch AM"。然后切换到"CanOperateWeapon"函数,添加一个更改,如下页图17-17所示。

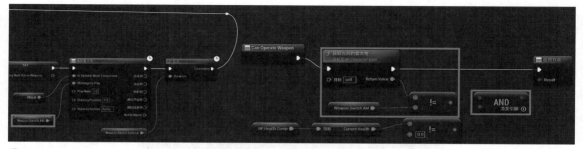

图17-17 将"Montage to Play"提升为变量并修改"CanOperateWeapon"

在"CanOperateWeapon"函数中，我们通过"获取当前的蒙太奇"检查当前播放的动画蒙太奇，然后检查它是否是"Weapon Switch AM"。如果正在播放的是"Weapon Switch AM"，则表示正在切换武器，无法操作武器。我们使用"！="对程序进行检查，使用"AND"将前后获取的值结合起来。

步骤 09 重置武器状态。每次切换武器时我们并不清楚武器状态是什么。当我们切换掉武器时，应该将武器的状态设置回空闲状态。在"BP_Weapon_Base"中添加一个名为"Activated"的自定义事件，将武器状态设置为"Idle"。在"SwitchActiveWeaponTo"事件末尾的"播放蒙太奇"节点的"完成时"执行引脚后调用"Activated"，如图17-18所示。

图17-18 创建"Activated"事件，将武器状态设置为空闲，并在武器切换结束时调用它

当动画蒙太奇播放结束时，调用"播放蒙太奇"的"完成时"执行引脚。现在是我们通过调用"Activated"事件将武器状态设置回空闲状态的好时机。

步骤 10 切换武器后自动装填。切换到"BP_Ranged_Weapon"，重载"Activated"事件，在调用父函数后添加对"AutoReloadIfClipIsEmpty"的调用，如图17-19所示。

图17-19 重载"Activated"并在"BP_Ranged_Weapon"中调用"AutoReloadIfClipIsEmpty"

步骤 11 实现在切换武器时的清理效果。对于枪和手榴弹，如果在重新装填时切换到另一种武器，我们希望实现清理左手附带的弹夹和手榴弹的效果。切换到"BP_Gun"和"BP_Grenade_Launcher"，重载"Weapon Ininventory"事件，销毁这些附加的对象（如果这些对象存在的话），如下页图17-20所示。

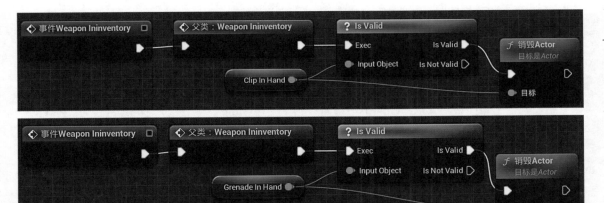

⬆ 图17-20 在重载"Weapon Ininventory"事件中实现清理附件的效果

我们对两种武器执行了几乎相同的操作。在"BP_Gun"中，如果"Clip In Hand"变量确实存在，就要销毁它。在"BP_Grenade_Launcher"中，对"Grenade In Hand"变量执行同样的操作。

17.2 用户界面

此时我们在一定程度上实现了库存系统和武器切换功能。我们可以对很多函数进行重构，但是考虑到本书的篇幅有限，就不再介绍对其他函数的重构，大家可以自行完善这部分。下面开始介绍用户界面的操作。

教程 创建游戏中武器的用户界面

下面创建游戏中武器的用户界面。

步骤01 创建一个"Master"用户界面的类。切换到"WBP"文件夹，创建一个新的控件蓝图，将其命名为"WBP_Master"。

步骤02 添加控件切换器。打开"WBP_Master"，切换到"控制板"面板。在"面板"折叠按钮中，将"控件切换器"拖到"层级"面板的"画布面板"中，将添加的控件切换器重命名为"UI_Switch"，如图17-21所示。

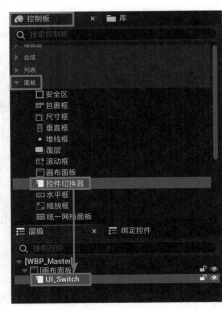

⬆ 图17-21 添加一个控件切换器

I7.2.I 控件切换器

通常我们在玩游戏时会有两种用户界面，一种是游戏运行时的界面，另一种是游戏暂停界面。如果我们将它们放在控件切换器中，就可以快速地切换到其中一种界面中。

添加两个画布面板。分别拖动两个画布面板到"UI_Switch"中，并分别将其命名为"Playing"和"Pause"，如图17-22所示。

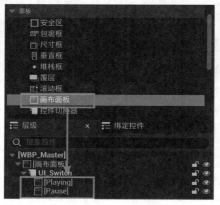

⬆ 图17-22　在"UI_Switch"中添加两个画布面板并对其重命名

I7.2.2 画布面板

画布面板是一种常规的画布，我们可以在其中放置任意用户界面的元素。如果仔细观察就可以发现，"UI_Switch"的父类（默认添加）就是一个画布面板。

步骤 01 设置"UI_Switch"的锚点。我们可以看到"UI_Switch"的两个画布面板位于二维画布的左上角，尺寸很小。画布面板的父面板决定其大小。选择"UI_Switch"，切换到"细节"面板。单击"锚点"下拉按钮，按"Ctrl+Shift"组合键，同时单击"锚点"下拉列表右下角的大方块，将其设置为填充整个画布，如图17-23所示。

⬆ 图17-23　设置控件切换器并使其填充整个画布

步骤02 为武器添加瓦片视图。单击 "控制板"面板的"列表"折叠按钮,在展开的列表中将"瓦片视图"拖动到"层级"面板的"Playing"画布面板中,将其命名为"WeaponsList"。再次切换到"锚点"下拉列表,按Ctrl+Shift组合键,同时单击"锚点"下拉列表中位于右下角的小正方形图标,如图17-24所示。此时"WeaponsList"位于右下角。

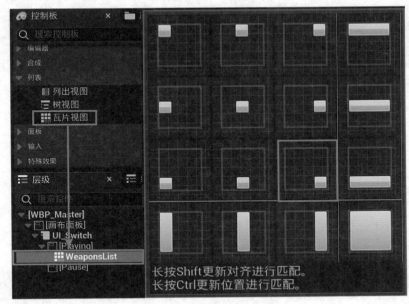

图17-24 在 "Playing"画布面板中添加一个瓦片视图

17.2.3 锚点

通过锚点,我们可以定义如何在画布上放置用户界面的各种元素。这些白色的矩形展示了如何将元素填充到画布中。对于"UI_Switch"来说,选择"锚点"下拉列表中的最后一个方块,可以让其填充整个空间。对于瓦片视图,我们想要将其定位在画布的右下角,这就是选择列表中位于右下角的小正方形图标的原因。

编译后,会出现一个错误,提示WeaponsList没有EntryWidgetClass,如图17-25所示。

编译器结果 ×

⚠ WeaponsList未指定EntryWidgetClass - UListViewBase需要它才能正常工作。

• [2844.17]编译 WBP_Master 失败。1 项重大问题;0 个警告[145 毫秒内](/Game/FirstPerson/Blueprints/WBP/WBP_Master.WBP_Master)

图17-25 编译之后的错误

为了让瓦片视图起作用,需指定一个条目或用于显示列表的控件类型。下面我们开始解决此问题。

步骤01 再次创建一个控件蓝图。创建一个控件蓝图,将其命名为"WBP_Weapon"并打开。切换到二维画布的右上角,将"填充屏幕"改为"所需"。"所需"的大小会使画布与其内容的大小相同,由于目前还没有任何内容填充,所以并没有展现出明显的效果。继续从"控制板"面板的"通用"折叠按钮下拖动"图像"到"层级"面板的"画布面板"中,将其命名为"WeaponIcon"。然后将锚点设置在画布的中心并勾选"大小到内容"复选框,如图17-26所示。

⬆ 图17-26 创建"WBP_Weapon"

(步骤02) 导入用户界面相关资产。切换到本书提供的支持文件，找到"UI"文件夹。将该文件夹拖到"内容浏览器"中并导入它们。该文件夹中包含了一些预选制作的武器图像（在虚幻引擎中渲染的）、带有不同状态的按钮、生命值状态条、准星和标题。

(步骤03) 设置"WeaponIcon"。选中"WeaponIcon"，切换到"细节"面板。在"外观"折叠按钮下，将"图像"指定为"GrenadeLauncher_icon"，图像大小为"100×100"。这个大小是任意的，稍后可以调整它。双击打开"GrenadeLauncher_icon"，在"层次细节"中将"纹理组"设置为"UI"，如图17-27所示。

⬆ 图17-27 设置"WeaponIcon"并将图像的纹理组设置为UI

提示和技巧

  虚幻引擎会根据纹理的使用情况处理不同的纹理。对于所有UI纹理，我们需要将其"纹理组"设置为"UI"，同时确保设置其他UI纹理。

(步骤04) 添加一些文字显示武器状态和快捷方式。从"控制板"面板中拖动两个"文本"到"层级"面板的"画布面板"中。

第一个文本块将用于显示弹药数量，将其命名为"Status"。设置锚点到中心为止，并勾选"大小到内容"复选框。在"内容"折叠按钮下将"文本"设置为"10/10"。在"外观"折叠按钮下将字体的"尺寸"值设置为8。调整"对齐"折叠按钮中Y的值，将其设置为3.5，使其位于图标的顶部。

17.2.4 对齐

对齐定义了UI元素的左上角到锚点的比例距离。文本块被固定在画布中心位置。对于X和Y值，"0.5"表示UI元素的上角距离中心有50%的距离，而"3.5"表示将其向上移动3.5倍的距离。

将第二个文本块命名为"Shortcut"，将锚点定位到画布底部的中心位置。勾选"大小到内容"复选框，将"文本"的值设置为1，将"大小"的值设置为16。这两个文本块的设置如图17-28所示。

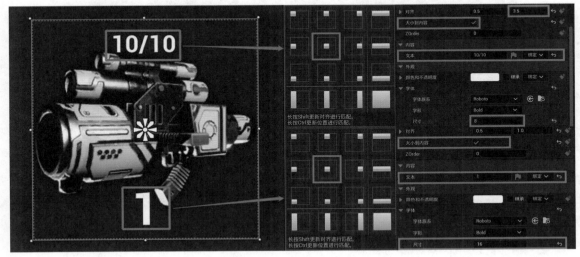

⬆ 图17-28 设置文本块

步骤01 使"WBP_Weapon"继承"UserObjectListEntry"。为了将"WBP_Weapon"添加到"WBP_Master"中"WeaponsList"的条目，必须使其继承名为"UserObjectListEntry"的接口。单击右上角的"图表"按钮，切换到控件的图表中。单击工具栏中的"类设置"按钮，切换到"细节"面板。展开"接口"折叠按钮，单击"添加"按钮。搜索并选择"UserObjectListEntry"，如图17-29所示。此时事件列表被添加到接口中，稍后我们将会通过程序实现它。"UserObject-ListEntry"的工作方式与"BPI_HealthComp"相同。

⬆ 图17-29 使"WBP_Weapon"继承"UserObjectListEntry"。

步骤02 使用 "WBP_Weapon" 作为 "WeaponsList" 的条目。打开 "WBP_Master"，在 "层级" 面板中选择 "WeaponsList"，切换到 "细节" 面板，勾选 "大小到内容" 复选框。展开 "列表视图" 折叠按钮，将 "朝向" 更改为 "水平"。最后将 "列表记录" 折叠按钮下的 "条目控件类" 改为 "WBP_Weapon"，将 "条目高度" 和 "条目宽度" 的值设置为150。然后可以编译并保存控件。编译完成后，可以看到左下角添加了一个 "WBP_Weapon" 列表，如图17-30所示。

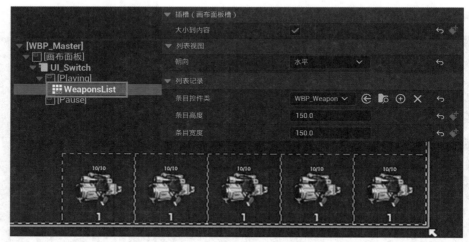

⬆ 图17-30　设置 "WeaponsList" 并使用 "WBP_Weapon" 作为条目

步骤03 在 "WBP_Master" 中实现 "UIAddNewWeapon"。切换到 "WBP_Master" 的 "图表"，实现名为 "UIAddNewWeapon" 的自定义事件，如图17-31所示。

⬆ 图17-31　实现 "UIAddNewWeapon"

步骤04 创建并添加UI到视图。切换到 "BP_Ellen_FPS"，添加一个名为UI的变量，将变量类型设置为 "WBP_Master" > "对象引用"。切换到 "BP_Ellen_FPS_PlayerController"，添加相同的变量。然后回到 "BP_Ellen_FPS"，实现一个名为 "CreateUI" 的新函数，并在 "事件开始运行" 的末尾调用它，如图17-32所示。

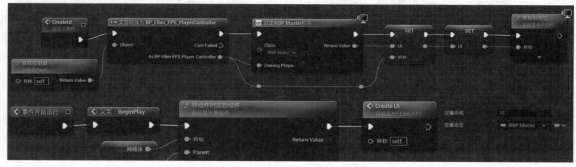

⬆ 图17-32　实现 "CreateUI" 并在 "事件开始运行" 的末尾调用它

我们需要先获取控制器并将其转换为"BP_Ellen_FPS_PlayerController"（在游戏模式中设置的播放器控制器）。然后创建"WBP_Master"类的控件，并将所有者播放器设置为"BP_Ellen_FPS_PlayerController"。再使用新的UI作为我们添加到"BP_Ellen_FPS_PlayerController"和"BP_Ellen_FPS"中的UI变量的值。第一个SET是通过拖动"AS BP Ellen FPS Player Controller"引脚创建的（搜索"SET UI"）。最后将它添加到视图中。在"事件开始运行"的末尾调用"CreateUI"，所以需要在游戏开始时添加这个UI。

再次运行游戏，令人惊讶的是，我们并没有看到任何UI。在"WeaponsList"上看到的5个条目只是预览。如果要实际添加一个UI，必须调用已经创建的"UIAddNewWeapon"。

步骤05 在"AcquireNewWeapon"之后调用"UIAddNewWeapon"。在"BP_Ellen_FPS"中创建"AcquireNewWeapon"的重载，如图17-33所示。再次运行游戏，每当角色拿起一个新武器，就会得到一个新的条目。

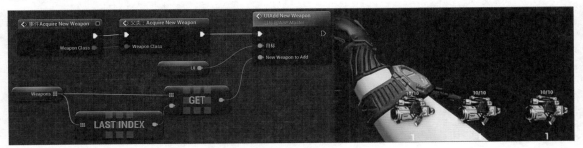

⬆ 图17-33 在"BP_Ellen_FPS"中重载"AcqurieNewWeapon"

这一操作中我们先调用了父函数，以确保在父类中可以完成所有需要完成的事情。然后获取"Weapons"数组，并获取数组中的最后一个新武器。通过UI可以调用"UIAddNewWeapon"。

为什么所有的条目显示的都是榴弹发射器？当我们在"WBP_Master"中添加一个新的对象到"WeaponsList"时，会创建一个类型为"WBP_Weapon"的条目。但是并没有一个进程提供新的"WBP_Weapon"中的图标、状态条和快捷方式。我们可以在之前添加到"WBP_Weapon"的界面中提供这些信息。但在此之前，需要将UI信息添加到"BP_Weapon_Base"中。

步骤06 将UI变量添加到"BP_Weapon_Base"并在Weapons中设置它们。在"BP_Weapon_Base"中添加3个变量，变量"UIWidget"的变量类型为"WBP_Weapon">"对象引用"，变量"WeaponIcon"和"WeaponCrosshair"的变量类型都是"纹理2D">"对象引用"。然后继续在"BP_Gun""BP_Pipe"和"BP_GrenadeLauncher"中设置它们，如图17-34所示。

⬆ 图17-34 在"BP_Weapon_Base"中添加UI变量，并在不同的武器中设置它们

注意，"BP_Pipe"的"WeaponCrosshair"是空白的，不包含十字准星。对于"BP_Gun"和"BP_GrenadeLauncher"，即使WeaponCrosshair"看起来是空白的，但是双击将其打开，就会看到实际的形状。

步骤 07 创建"GetWeaponUIInfo"函数。我们在"BP_Weapon_Base"中创建一个名为"GetWeaponUIInfo"的新函数,将其设置为蓝图纯函数。在"BP_Weapon_Base"中实现它,并在"BP_Ranged_Weapon"中对其进行重载,如图17-35所示。

⬆ 图17-35 实现"GetWeaponUIInfo"函数

在"BP_Weapon_Base"中,我们只是返回在步骤06中创建的所有UI变量、快捷键和状态条。需要注意的是,我们返回了快捷键的显示名称。如果快捷键是键盘上的数字"1",则"获取键显示命名"的返回值为"1",变量类型为"文本"。此外,对于添加到"WBP_Weapon"的"Status"文本控件,同样返回了文本类型的空状态输出。

在"BP_Ranged_Weapon"中,重载"GetWeaponUIInfo"函数。按住Ctrl键并将"AmmoInClip"变量拖到事件图表中,搜索并创建"转换为文本(字符串)"节点,从而将整数转换为字符串。对"AmmoInInventory"执行同样的操作,因此可以在两个组件后添加一个"/"符号,以创建一个用于显示弹药的弹药表。然后将其转换为文本类型作为"Status"的输出。

步骤 08 在"WBP_Weapon"中创建"UpdateUI"函数。打开"WBP_Weapon",单击右上角的"设计器"按钮,切换到控件的设计器部分。在"层级"面板中选择"Status"文本控件,然后切换到"细节"面板,勾选"为易变"复选框。对"Shortcut"文本控件执行同样的操作。我们必须勾选"为易变"复选框,才能访问"图表"中的这两个文本控件。切换到"WBP_Weapon"的图表,创建并实现一个名为"UpdateUI"的自定义事件,如图17-36所示。

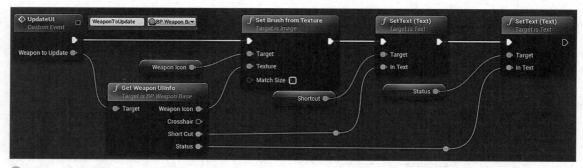

⬆ 图17-36 实现"UpdateUI"自定义事件

因为我们已经在"GetWeaponUIInfo"中完成了信息收集和转换,所以并没有进行复杂的操作。程序接收"BP_Weapon_Base"的输入值,设置"Weapon Icon"使用武器的图标。然后从"GetWeaponUIInfo"中设置"Shortcut"和"Status"。3个SET节点都是通过拖动UI控件搜索并创建的。

步骤 09 实现"列表项目对象集上"。切换到"我的蓝图"面板的"接口"部分,右击"列表项目对象集上",选择"实现事件",如下页图17-37所示。

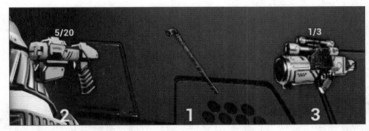

🔼 图17-37   实现"列表项目对象集上"事件

我们可以将任何对象当做新项添加到"WeaponsList"中，所以"List Item Object"的类型是"Object"（Actor的父类）。"List Item Object"是在"UIAddNewWeapon"事件中传递给"添加项目"函数的武器，我们首先将其转换为"BP_Weapon_Base"，然后将武器的"UIWidget"变量设置成控件。这样做之后，每个武器都能知道与它们关联的"WBP_Weapon"控件。然后将武器传递给"UpdateUI"事件以更新UI控件。

再次运行游戏，当我们拿起一个新武器，会得到一些添加了正确信息的UI条目，如图17-38所示。

🔼 图17-38   正确的UI条目

下面回顾一下程序之间的联系。首先我们添加了一个名为"WeaponsList"的瓦片视图控件，并为它指定了一个"WBP_Weapon"类型的条目。每次获取一个新武器时，都会将武器作为一个新的项目添加到"WeaponsList"。当我们向"WeaponsList"添加一个新项目时，会创建一个"WBP_Weapon"，并触发对它的"列表项目对象集上"事件的接口调用。该事件会将新武器作为输入参数，然后将它与创建的函数一起使用，以修改新的"WBP_Weapon"。

还记得"BP_HealthComp"和"BPI_HealthComp"吗？这里的情况与生命值系统类似，使用接口编码可以允许对所涉及的对象进行抽象操作。瓦片控件并不需要知道条目的类型，只需要继承接口。就像"HealthComp"对其所有者一无所知一样，两者关联的只是界面。

步骤10 更新弹药。切换到"BP_Ranged_Weapon"并查询之前创建的"UpdateUI"事件。目前只是在打印弹药数量，下面需要将其更新为实际的界面，如图17-39所示。

🔼 图17-39   更改"UpateUI"事件

我们只是在这个武器关联的"UIWidget"上调用"UpateUI"，它是在"列表项目对象集上"事件中设置的。

再次运行游戏并进行射击，以消耗一些弹药。此时可以看到正确更新的弹药数量。

步骤11 设置准星。切换到"WBP_Master"，将"图像"控件拖到"Playing"画布中并将其命名为"Crosshair"。将锚点设置到画布中心位置，勾选"大小到内容"复选框。在"外观"部分将图像设置为"Gun_Crosshair"。在"行为"部分将"可视性"改为"隐藏"，如图17-40所示。

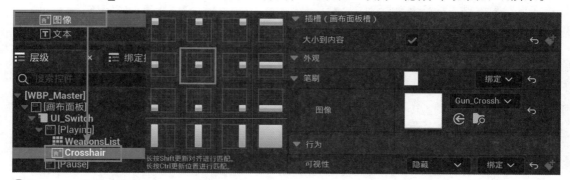

⬆图17-40　将"Crosshair"图像设置到界面中心

之所以将其设置为"隐藏"，是因为我们并不想在没有远程武器的情况下打开它。

步骤12 创建"UIWeaponSwitched"自定义事件。在"WBP_Master"中创建并实现自定义事件"UIWeaponSwitched"，如图17-41所示。

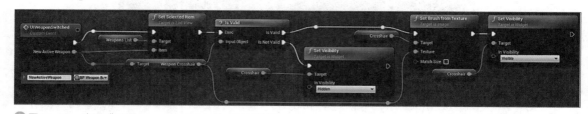

⬆图17-41　实现"UIWeaponSwitched"自定义事件

该事件中的"NewActiveWeapon"类型为"BP_Weapon_Base"＞"对象引用"。当调用该事件时，会提供有效的新武器。在该事件中，我们获取"WeaponsList"并通过有效的新武器调用"Set Selected Item"。这样会触发对条目（WBP_Weapon）的接口调用。然后获取"WeaponCrosshair"变量并检查它是否有效（管道中没有有效变量）。如果变量是有效的，则将"Crosshair"控件用作纹理，将控件设置为可见。如果变量无效，就只需要隐藏控件。

步骤13 当切换到新武器时调用"UIWeaponSwitched"。打开"BP_Ellen_FPS"并重载"WeaponSwitchHandsDownNotify"。在这里，我们只需使用当前有效的武器在界面上添加对"UIWeaponSwitched"事件的调用，如图17-42所示。

⬆图17-42　重载"WeaponSwitchHandsDownNotify"事件

再次运行游戏，当玩家拿起或切换到远程武器时，准星就会出现。当玩家切换回管道，准星就会消失。

步骤14 设置选中和未选中的效果。切换到"WBP_Weapon",创建两个"向量2D"变量,将其命名为"DeselectedIconSize"和"SelectedIconSize"。创建两个"Slate Font Info"变量,将其命名为"Deselected Font"和"Selected Font"。变量的相关值在图17-43中的左下角。如果在"字体"(Font Family)下拉列表中看不到"Roboto"字体,就单击列表右下角的"视图选项"并勾选"显示引擎内容"复选框。

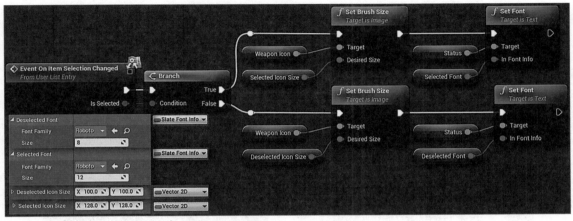

图17-43 添加新变量并实现"On Item Selection Changed"接口

设置好变量后,实现"On Item Selection Changed",如图17-43所示。

我们已经在步骤12中提到,调用武器库中的"Set Selected Item"会触发对条目的接口调用。"On Item Selection Changed"事件就是该接口的调用。每当选择或取消选择某个条目时,都会触发"On Item Selection Changed"。这里做的就是在选中时将图标和字体设置得更大,在取消选中时将它们设置得更小。

再次运行游戏,可以清楚地看到哪个武器是处于激活状态,如图17-44所示。下面开始设置生命值状态条。

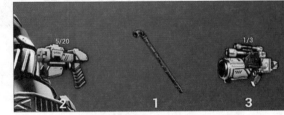

图17-44 在界面中被选中的武器会变得更大

教程 创建生命值状态条

下面创建生命值状态条。

步骤01 创建生命值状态条的材质。创建一个名为"HealthBar_Mtl"的新材质并将其打开。切换到"细节"面板,将"材质域"设置为"用户界面","混合模式"设置为"半透明"。切换到UI文件夹,将"FPS_Health_bar"拖到"材质编辑器"。我们从Substance Painter中导出的"OcclusionRoughnessMetallic"纹理有三个通道,每个代表一个材质的不同属性。"FPS_Health_bar"也有代表不同事物的通道。绿色通道是轮廓,红色通道是整个图形的Alpha,而蓝色通道里什么也没有。

步骤 02 建立基本连接。将Texture Sample节点的R输出引脚连接到HealthBar_Mtl节点的Opacity输入引脚。在图表的空白处右击，在打开的窗口中创建一个Lerp节点，然后将G通道连接到Lerp节点的Alpha。按住V键并单击以创建一个颜色参数，将其命名为OutlineColor。将OutlineColor节点的颜色设置为白色，将其第一个输出引脚连接到Lerp节点的B输入引脚，将Lerp节点的输出引脚连接到HealthBar_Mtl节点的Final Color输入引脚。此时，我们可以在左上角的预览窗口中看到轮廓。再创建一个颜色参数，将其命名为LifeColor，将颜色设置为绿色。

创建一个LinearGradient节点（右击并在打开的窗口中搜索），按住M键并单击，创建一个Multiply节点。将LinearGradient节点的Vgradient输出引脚连接到Multiply节点的A输入引脚，将LifeColor节点的第一个输出引脚连接到Multiply节点的B输入引脚。最后，将Multiply节点的输出引脚连接到Lerp节点的A输入引脚。接着，我们可以看到一个绿色的渐变出现在轮廓中，如图17-45所示。

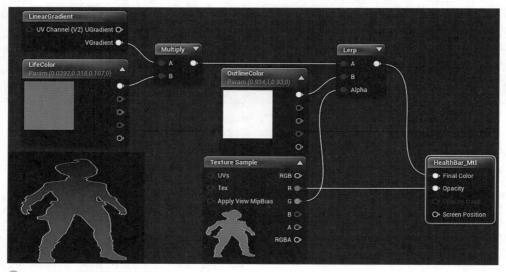

⬆ 图17-45　材质的基本连接

步骤 03 设置生命条控件。按住S键并单击，创建一个标量参数，将其命名为HealthAmount。在"细节"面板中，将HealthAmount的默认值设置为0.5，将滑块最大值设置为1。按住O键并单击，创建一个1-x节点，该节点返回1-input的结果。将HealthAmount连接到1-x节点的输入引脚。通过单击鼠标右键并搜索来创建一个If节点。将1-x节点连接到If节点的A输入引脚。将我们在上一步中创建的LinearGradient节点的VGradient连接到If节点的B输入引脚。

按住数字1键并单击，创建一个浮点数节点，然后在"细节"面板中将其值设置为0.1，再连接到If节点的A>B输入引脚。用同样的操作再创建一个浮点数节点，在"细节"面板中将其值设置为1，连接到If节点的A<B输入引脚。最后，将If的输出引脚连接到我们在步骤02中创建的Multiply节点的A输入引脚。接着可以看到一个半满的血量条。将生命值从0更改为1，可以将血量条从空变为满。

这里的逻辑是将HealthAmount与VGradient进行比较。VGradient在底部为1，在顶部为0。当我们将If节点的值设置为大于HealthAmount的值，几乎变为黑色（0.1）；当我们将If节点的值设置为小于HealthAmount的值，变为白色（1）。然后将If节点的输出引脚连接到Multiply（乘以）

节点的A输入引脚，将Multiply节点的B输入引脚连接到LifeColor节点，设置LifeColor节点的颜色为绿色，如图17-46所示。

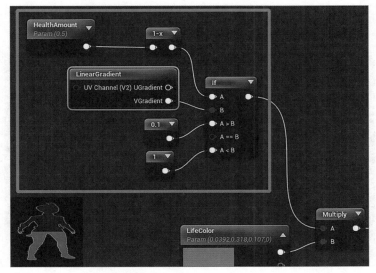

⬆ 图17-46　设置生命条控件

步骤 04 如果生命值很低，则将颜色设置为红色。再添加一个颜色参数，将其命名为LifeCriticalColor，将颜色更改为红色。创建一个If节点，将LifeColor连接到新If节点的A>B和A=B输入引脚。将LifeCriticalColor连接到If节点的A<B输入引脚。选择步骤03中创建的HealthAmount，按Ctrl+W组合键执行复制操作。将复制的HealthAmount连接到新If节点的A输入引脚。再创建一个标量参数节点，将其命名为CriticalThreshold，将该标量参数节点的默认值设置为0.3。将CriticalThreshold节点连接到新If节点的B输入引脚。最后，将新If节点连接到Multiply节点的B输入引脚，如图17-47所示。

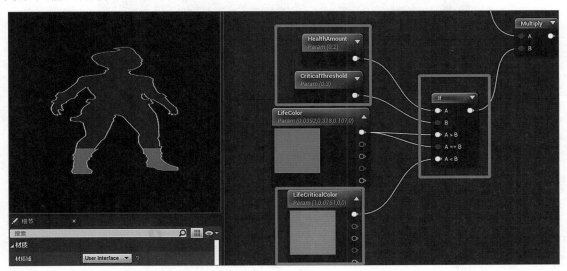

⬆ 图17-47　如果生命值很低，则颜色显示为红色

　　下面我们将使用类似的逻辑，如果HealthAmount的值小于CriticalThreshold的值，则将颜色更改为红色。然后应用并保存材质，最后关闭材质编辑器。

步骤 05 创建材质实例。首先创建HealthBar_Mtl的材质实例。

步骤 06 创建敌人的生命条材质。复制HealthBar_Mtl，将复制后的HealthBar_Mtl名称更改为EnemyHealthBar_Mtl，然后打开。将用于Enemy_Health_bar的Texture Sample替换掉，并将我们在步骤03中做的部分更改为图17-48中的内容。

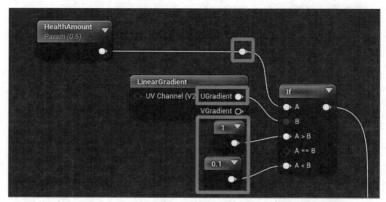

图17-48 在EnemyHealthBar_Mtl中进行调整

因为敌人的生命条是水平的，所以我们使用UGradient而不是Vgradient，将1-x节点替换为重新路由节点，切换If节点上1和0.1浮点数的连接。以上更改是为了使条形图有正确的增加或减少方向。保存材质并从中创建一个材质实例。

步骤 07 创建WBP_HealthBar控件。创建一个名为WBP_HealthBar的控件并打开，在右上角将控件设置为所需的大小。添加一个Image控件，将其锚点设置为居中，并将其名称设置为HealthBar。在"细节"面板中勾选"大小到内容"复选框。在"外观"类别下，将"图像"（Image）设置为HealthBar_Mtl_Inst，将"图像大小"设置为128×256，如图17-49所示。

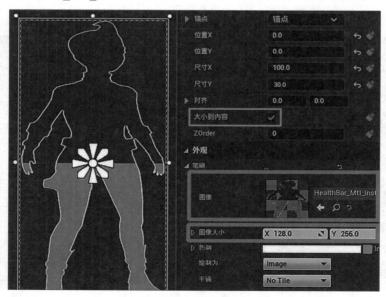

图17-49 HealthBar图像控件的参数设置

步骤 08 实现UpdateHealthBar事件。转到WBP_HealthBar的图表区域，创建并实现一个新的自定义事件，将其命名为UpdateHealthBar，如下页图17-50所示。

↑ 图17-50 UpdateHealthBar事件的实现

该UpdateHealthBar事件需要一个名为Health Amount的浮点数输入。我们获取HealthBar图像控件的Dynamic Material材质，将材质的Health Amount参数设置为输入。Dynamic Material是HealthBar（HealthBar_Mtl_Inst）所使用的材质，而且是动态的。因为Dynamic Material材质是游戏创建时动态创建的HealthBar_Mtl_Inst的副本。每当材质是动态的时，它都是唯一的，更改它不会影响原始材质。每当此事件触发时，材质的Health Amount参数都会发生更改，从而根据输入值增加或减少生命条。

步骤 09 将WBP_HealthBar添加到WBP_Master。打开WBP_Master，然后在"控制板"面板中打开User Created类别，将WBP_HealthBar拖动到"层级"面板中的Playing类别下。将锚点位置设置为左下角，将"位置X"的值设置为10，将"位置Y"的值设置为-10，以将其从角落偏移10像素。然后勾选"大小到内容"复选框，如图17-51所示。

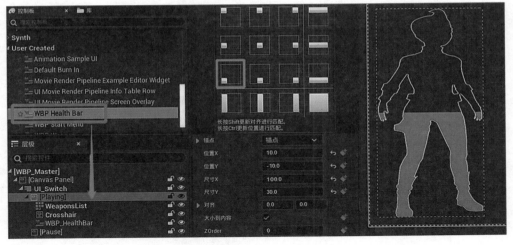

↑ 图17-51 将 WBP_HealthBar 添加到 WBP_Master

步骤 10 在WBP_Master中创建另一个UpdateHealthBar自定义事件。转到WBP_Master的图表区域，再创建一个同样接受浮点数输入的UpdateHealthBar事件，并使用它来调用WBP_HealthBar的UpdateHealthBar事件，如图17-52所示。

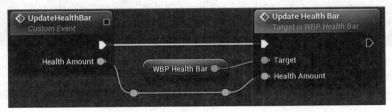

↑ 图17-52 在WBP_Master中创建另一个UpdateHealthBar自定义事件

为什么？

那么，我们为什么还要创建一个新的控件而不是直接将图像添加到WPB_Master中呢？是否创建一个新的控件取决于是否也希望在其他地方使用它。我们创建新控件是因为想在敌人身上使用它，所以重新构建一个控件使用起来会非常方便。

步骤 11 当玩家受到伤害时更新生命条。打开BP_Ellen_FPS并覆盖HealthCompNotify_UpdateUI接口，如图17-53所示

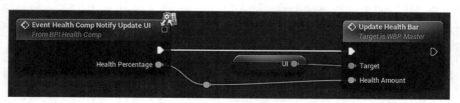

⬆ 图17-53　覆盖BP_Ellen_FPS中的HealthCompNotify_UpdateUI

步骤 12 将生命值条添加到BP_Dummy_AI。我们打算将BP_Dummy_AI更改为Patroling AI，所以现在也是为其设置生命条的好时机。打开BP_Dummy_AI并添加一个"控件组件"，选择新创建的控件组件，转到"细节"面板，将"用户界面"类别下的"控件类"设置为WBP_HealthBar。我们不想使用人形作为生命条，但是我们假设它是敌人的生命条，并使用转换工具将它放在头部上方，如图17-54所示。

⬆ 图17-54　将生命值条添加到BP_Dummy_AI

步骤 13 更改生命值条的外观。转到"事件图表"选项卡，将图17-55中的代码添加到Event BeginPlay节点。

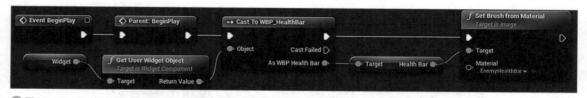

⬆ 图17-55　更改Event BeginPlay中的生命值条外观

我们所做的是首先从控件组件中获取控件对象，然后将其转换为WBP_HealthBar，获得它的HealthBar图像控件并将其材质设置为EnemyHealthBar_Mtl_Inst。再玩一次游戏，可以看到生命

值条很好地出现在角色的头部。但是，从侧面看角色时，却看到它并没有面向我们，如图17-56所示。

↑图17-56　从侧面看时，生命值条没有面向玩家

步骤 **14** 让生命值条面向玩家。将图17-57中的代码添加到Event Tick事件中。

Find Look at Rotation是一个方便的功能，它使我们可以在开始输入的位置旋转对象，以查看目标输入的位置。我们提供了控件的世界位置作为开始输入，以玩家的眼睛视点位置作为目标输入。使用Find Look at Rotation，让控件每次旋转后始终面向玩家。让游戏再次运行，可以看到现在生命条一直对着玩家。我们还移除了Attack函数的调用，该函数的存在只是为了测试。

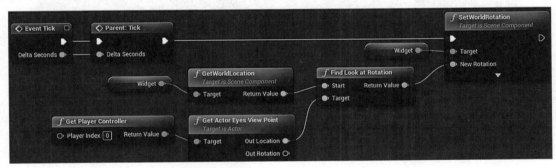

↑图17-57　在Event Tick中让生命值条始终面向玩家

步骤 **15** 接收来自HealthComp的通知。实现HealthCompNotify_UpdateUI和HealthCompNotify_Dead，如图17-58所示。

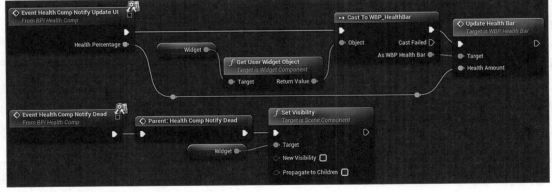

↑图17-58　接收来自HealthComp的通知

当HealthComp请求UI更新时，我们获得控件并调用UpdateHealthBar事件。当角色死亡时，将其设置为不可见，因为我们不希望它在死亡动画播放的时候还在那里。当角色死亡时，它最终会被销毁。

玩游戏并射击敌人来测试UI是否更新：当我们击杀敌人时，它应该也会消失，如图17-59所示。

我们在结束之前还需要处理最后一个问题：暂停和结束游戏UI。

⬆ 图17-59　测试敌人的生命值条

教程 在UI上创建暂停和结束游戏

下面在UI上创建暂停和结束游戏。

步骤01 添加一个按钮。打开WBP_Master，并将"按钮"从"控制板"面板拖动至暂停画布面板下。将按钮命名为Restart，将其固定在中心。进入"细节"面板，在"插槽"类别下将"尺寸X"和"尺寸Y"均设置为256，以定义按钮的大小。

在"外观"类别下的"样式"下方，将"普通"的"图像"设置为button_normal。将"已悬停"的"图像"设置为button_hover。将"已按压"的"图像"设置为button_down，将"已禁用"的"图像"设置为button_disabled。将这四个参数中的"绘制为"均设置为"图像"。

将"文本"从"控制板"面板拖到Restart按钮上，以便将文本附加到该按钮上。将文本改为Restart，如下页图17-60所示。

步骤02 再复制两个按钮。选择Restart按钮，按Ctrl+W组合键两次来创建两份副本。将两个新按钮的"位置X"和"位置Y"的值均设置为0。将第一个副本的"对齐"的X值设置为1.8，将第二个副本的"对齐"的X值设置为-0.8。现在三个按钮应该排成一行对齐，将第一个按钮的文本改为Resume，第二个按钮的文本改为Quit，如下页图17-61所示。

玩游戏时，我们看不到按钮，这是因为UI_Switch控件切换器默认切换到它的第一个子面板，即Playing画布面板。所有的按钮都在Pause画布面板中。

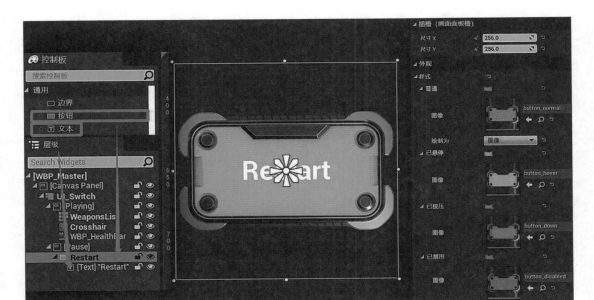

🔼 图17-60　向暂停画面中添加一个按钮

🔼 图17-61　三个按钮的排列

步骤 03 设置一个切换枚举。创建一个新的蓝图枚举，将其命名为EUISwitch。给它三个条目：Playing、Pause和GameOver。

步骤 04 创建一个UISwitchTo事件来切换UI。转到WBP_Master的设计器，选择Playing画布面板，在"细节"面板中勾选"是变量"复选框。对Pause画布面板进行同样的操作。在WBP_Master中创建并实现一个名为UISwitchTo的新自定义事件，如图17-62所示。

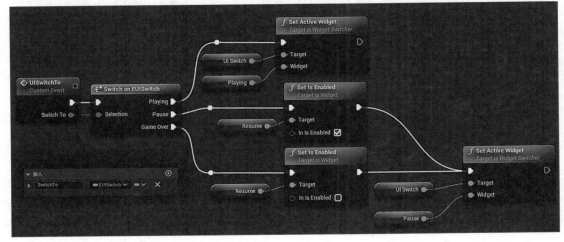

🔼 图17-62　UISwitchTo自定义事件的实现

我们勾选Playing和Pause画布面板的"是变量"复选框，以设置在图表中访问它们。该函数接受名为Switch To的EUISwitch输入参数。从Switch To中拖出并搜索Switch on EUISwitch，以创建黄色的Switch on EUISwitch节点。EUISwitch节点上的三个输出执行引脚，只有一个与Switch To参数的值匹配。对于Playing输出执行引脚，我们只要求UISwitch切换到Playing画布面板。对于Pause输出执行引脚，我们首先将Resume按钮设置为Enabled，然后切换到Pause画布面板。对于Game Over，我们将Resume按钮设置为不启用，以便玩家在游戏结束时无法恢复。然后我们也切换到Pause画布面板。

步骤 05 添加UISwitch输入。在"项目设置"窗口中的"输入"中添加一个"操作映射"。将其命名为Menu，并将Esc键和Q键指定为键。添加Q键是因为当我们在编辑器中玩游戏时，Esc键会被退出游戏所占用。在BP_Ellen_FPS中实现InputAction菜单，如图17-63所示。我们在这里所做的就是获取UI并使其切换到Pause。再玩一次游戏，按下Q键，可以看到按钮弹了出来，但是我们不能单击这些按钮，因为没有光标，此时我们甚至可以继续玩游戏。

⬆图17-63 为菜单添加输入绑定并实现输入动作

步骤 06 在切换UI时设置输入模式和光标可见性，并添加设置暂停功能。在WBP_Master中，UISwitchTo函数的Set Active Widget函数调用结束后，添加图17-64中的额外代码。

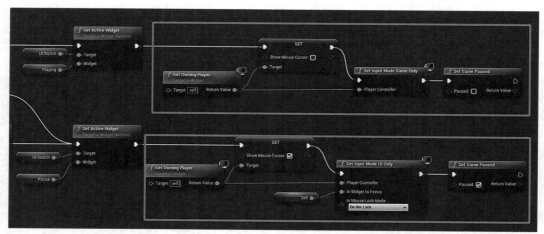

⬆图17-64 设置切换UI时的输入方式和光标可见性，并添加暂停设置

在为Playing画布面板添加Set Active Widget之后，我们获得了拥有的玩家，并设置鼠标光标为不显示。我们还调用了Set Input Mode Game Only，只为了逃避所有UI元素。然后调用Set Game Paused函数，使其不暂停。为了切换到Pause画布面板，我们将鼠标光标显示出来，并调用

Set Input Mode UI Only，将这个UI作为聚焦UI，然后暂停游戏。接下来要做的另一件至关重要的事情是进入"类设置"并勾选"是否可聚焦"复选框。聚焦于一个可聚焦的UI是取消所有游戏动作的必要条件。我们可以再玩一次游戏，按Q键打开UI，看到光标弹出，但是此时按钮还没有起任何作用。

步骤07 在GM_Ellen_FPS中创建GameOver和Restart事件。打开GM_Ellen_FPS，进入它的"事件图表"选项卡，实现一个Restart和一个Quit自定义事件，如图17-65所示。

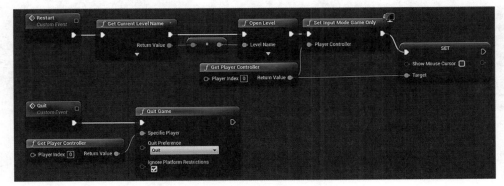

⬆图17-65 在GM_Ellen_FPS中实现Restart和Quit事件

对于Restart，我们获得当前关卡的名称，并通过调用Open Level函数打开它。当连接这两个节点时，在Get Current Level Name节点的Return Value输出引脚和Open Level节点的Level Name输入引脚之间的节点将自动添加。然后我们将Set Input Mode Game Only节点与Get Player Controller节点连接，并隐藏鼠标光标（这不会自动发生）。Quit事件只会调用内置的Quit Game函数。

步骤08 实现按钮的命令。回到WBP_Master，在"层级"面板中选择Quit按钮。转到"细节"面板，在"事件"类别下单击"松开时"右侧的+按钮。一个OnReleased（Quit）事件就被添加到了图表中。当单击Quit按钮时，就会触发这个事件。我们选择使用OnReleased事件，因为On Click太突然了。我们获得游戏模式，将其转换为GM_Ellen_FPS，并使用OnReleased（Quit）调用其退出事件。对于Restart按钮，我们采取同样的操作，只是我们调用了游戏模式的Restart事件。对于Resume，我们只需调用UISwitchTo并将SwitchTo输入设置为Playing，如图17-66所示。

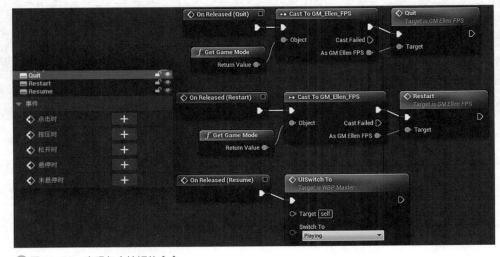

⬆图17-66 实现各个按钮的命令

再次测试游戏，所有按钮应该都能正常工作。

步骤09 当玩家死亡时，将UI切换到游戏结束。打开BP_Ellen_FPS_PlayerController，找到Event On UnPossess。在事件结束时，向Delay节点添加一个持续时间为3秒的调用。然后我们获得UI并调用UISwitch To节点，将Switch To参数设置为GameOver，如图17-67所示。

⬆图17-67　玩家死亡后切换到游戏结束

再玩一次游戏，用手榴弹发射器射击我们的脚来自杀。3秒后，会自动弹出UI并禁用恢复按钮。

步骤10 在屏幕上添加标题。当暂停游戏时，我们希望在屏幕上看到一个暂停的文本；当游戏结束时，我们希望在屏幕上看到一个游戏结束的文本。添加一个文本到Pause画布面板，将其命名为"MenuTitle"。在"细节"面板中，勾选"是变量"复选框，将其"锚点"设置在中心。

将"对齐"的Y值设置为2以偏移它，勾选"大小到内容"复选框，将文本设置为Paused。展开"外观"类别，在"字体"下方将"尺寸"设置为100。

在UISwitchTo事件中，在两个Set Is Enabled节点之后插入两个SetText节点，以将MenuTitle文本控件的文本设置为Pause和Game Over，如图17-68所示。

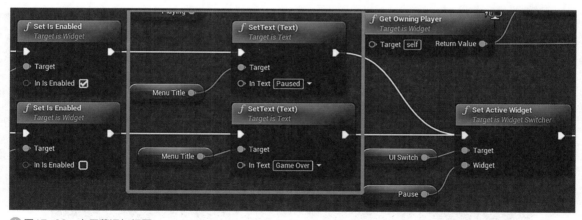

⬆图17-68　向屏幕添加标题

以上就是我们要在本书中涵盖的所有UI，不过，我们可以随意添加内容并进行实验。只需要再做一次清理：进入BP_Character_Base，删除Event BeginPlay中的Delay和Acquire New Weapon函数调用。这些只用于测试，我们说过希望玩家可以从头开始。

17.2.5 任务

现在我们已经完成了游戏中的UI，还记得在第13章创建的开始菜单吗？现在是时候对它进行完善了。有一个名为Title的UI图像，好好利用它是有好处的。我们还想在StartMenuLevel中添加一些资源来增加它的趣味性，如图17-69所示。

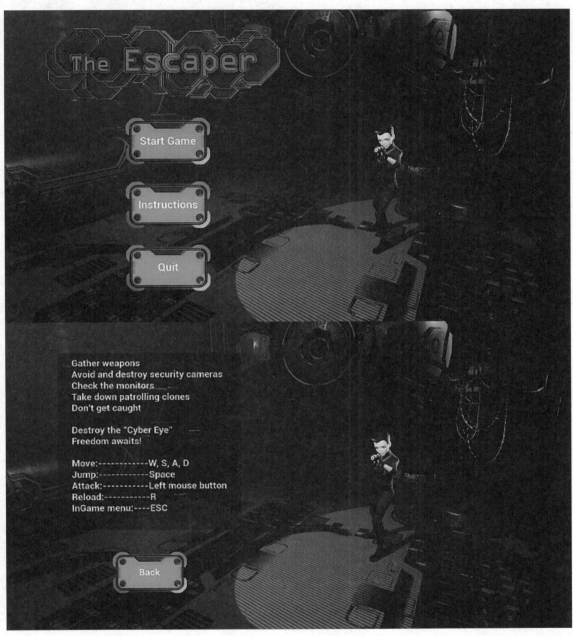

⬆ 图17-69　最终创建的主菜单里面有一个安全摄像头，我们稍后要构建它，但除此之外，还可以创建场景的其余部分

提示和技巧

如果想知道按钮和标题是如何制作的，以便我们可以创建自己的按钮和标题，可以学习Substance Designer软件的使用方法。它是Substance Painter的姊妹软件，并且是使用基于节点的方法来创建纹理，而不是使用图层，如图17-70所示。

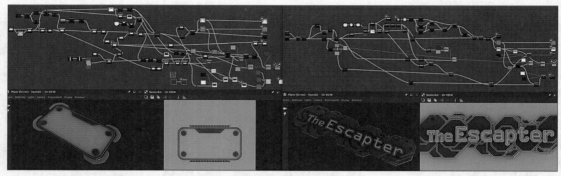

⬆ 图17-70　使用Substance Designer创建UI元素的预览图

17.3 总结

在本章中，我们已经完成了库存、武器拾取、武器切换、生命条和主要的UI等操作。游戏的玩家部分现在相当完整了。在整个过程中，我们一直遵循保持代码干净整洁的规则。对于武器库存，我们探索了更多方法来操纵阵列，并学习了如何正确地设置快捷方式。对于UI，我们尝试通过定制的函数与它通信。

在武器和UI之间，我们存储武器上的图标、快捷方式和弹药计数，并将这些数据通过精心构建的功能传递给UI。必须要理解的是，应该只有一个地方可以存储这些数据。我们不希望任何信息被强硬地编码到UI，它只是一个接收器，用于显示来自相关游戏对象的数据。

本章的代码还有很多方面可以改进，但是我们已经处在一个很好的阶段，可以继续构建敌人。当我们继续构建敌人时，真正的乐趣将开始。

第 18 章

安全摄像头

本章将探讨虚幻引擎的感知系统，以及其他的游戏机制。我们将建立一个视觉感知系统并将其用于安全摄像头。

此外，我们还将通过使用Visual Studio进行少量C++编程来研究C++和蓝图如何结合。请不必担心，因为我们很快就会了解到使用C++编写脚本与使用蓝图编写脚本相比并没有太大区别。

尽管如此，重点仍然是蓝图。我们只需要利用少量C++代码，即可访问一些蓝图无法访问的变量。通过对C++的逐渐了解，我们也可以自己探索它。

18.1 人工智能感知Actor

现在，让我们在C++中实现一个人工智能感知Actor（AI perception Actor）。

教程 在C++中实现一个AISeer

下面在C++中实现一个AISeer。

步骤 01 创建一个从"角色"类派生的C++类。在内容浏览器中的任何位置右击，在打开的快捷菜单中选择"新建C++类"命令，或者单击菜单栏中的"工具"菜单按钮，在下拉菜单中选择"新建C++类"命令。弹出"添加C++类"对话框，在"选择父类"列表中选择"角色"选项，单击"下一步"按钮。在下一个界面中，将"命名"设置为"AISeer"，并进行其他相关设置，最后单击"创建类"按钮，如图18-1所示。

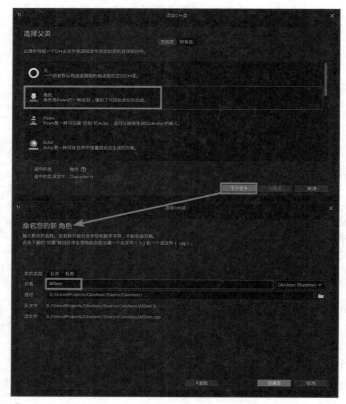

⬆ 图18-1 从"角色"类创建C++类，并命名为"AISeer"

如果出现错误，要做的一件事就是关闭项目并将Visual Studio更新到最新版本。如果出现特定的错误，就在线检查错误。通常是一些缺失的组件，例如没有正确的Microsoft.NET Framework。那我们就下载并安装这些缺失的组件。

接下来（如果遇到错误）转到项目文件夹，在创建的虚幻项目文件上右击，并在快捷菜单中选择"打开方式"命令，在子菜单选择安装的Visual Studio版本文件对应的选项。生成过程后，添加了与我们的项目同名的Visual Studio解决方案文件。打开Visual Studio，在菜单栏中单击"调试"按钮，在下拉菜单中选择"开始执行（不调试）"命令。然后Visual Studio开始构建项目，并在完成后打开它，如图18-2所示。

⬆ 图18-2　从源代码构建项目的步骤

步骤 02 在Visual Studio中打开AISeer。现在应该在Visual Studio中打开一个名为AISeer.h的文件。如果没有看到它，打开"解决方案资源管理器"面板，然后打开"Games/TheEscaper/Source/TheEscaper/"文件夹（根据我们设置的项目文件的保存路径不同，TheEscaper的名称也不同），就会看到AISeer.h文件，双击即可打开它。在这个文件夹中还可以看到另一个名为AIseer.cpp的文件，双击打开AIseer.cpp文件。可以通过单击文本编辑器上方的选项卡来切换两个文件。

提示和技巧

"解决方案资源管理器"面板就像是我们的内容浏览器，创建的所有类都在这里。本书中的编辑器使用了"深色"的主题。可以通过"工具>选项"命令，打开"选项"对话框，在左侧"环境"的下方选择"常规"选项，在"视觉体验"区域将"颜色主题"设置为"深色"，单击"确定"按钮。

步骤 03 包括AI模块。打开与AISeer位于同一文件夹的TheEscaper.Build.cs文件，找到如下所示的代码。

```
PublicDependencyModuleNames.AddRange(new string[] { "Core", "CoreUObject",
"Engine", "InputCore" });
```

在"InputCore"后面插入","和"AIModule"。然后，代码变成图18-3中的样子。

```
PublicDependencyModuleNames.AddRange(new string[] { "Core", "CoreUObject",
"Engine", "InputCore" ,"AIModule"});
```

```
10
11      PublicDependencyModuleNames.AddRange(new string[] { "Core", "CoreUObject", "Engine", "InputCore" ,"AIModule"});
12
```

⬆ 图18-3　添加AIModule

返回虚幻项目，单击工具栏中的"编译"按钮并等待它完成，该过程需要一到两分钟（添加一个新模块需要时间）。完成后，将弹出一个通知，告诉我们编译完成。如果出现错误就返回Visual Studio，并检查是否遗漏了逗号、引号或有拼写的错误。需要记住的是，在C++中，字母的大小写很重要，如果将一个大写字母输入为一个小写字母是行不通的。这个AI模块是我们使用内置的AI感知系统所必需的。

步骤 04 将必要的文件添加到AISeer.h文件中。打开AISeer.h文件，转到文件的顶部，在#include "GameFramework/Actor.h："之后插入以下三行代码。

```
#include "Perception/AIPerceptionComponent.h"
#include "Perception/AISenseConfig_Sight.h"
#include "Components/SpotLightComponent.h"
```

这三行代码的作用是将这三个文件添加（复制并粘贴）到AISeer.h文件中，之后AISeer.h就可以使用这三个文件中的任何内容了。我们需要位于这三个文件中的AIPerceptionComponent、AISenseConfig_Sight和SpotLightComponent。在所有#include行之后，可以看到AISeer类和许多熟悉的面孔，如Actor，BeginPlay和Tick。AISeer在C++中的名称是AAISeer，其中，额外的A表示它是Actor的子类（还记得我们如何在之前创建的枚举名称前面添加额外的E吗？）。

我们不需要理解这里的所有内容，但是图18-4显示了每行代码的详细含义。

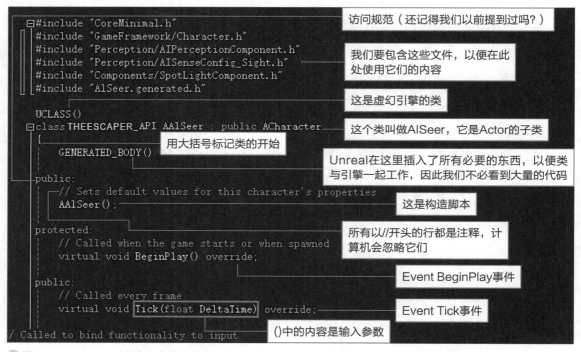

🔵 图18-4　AISeer.h文件每一行的含义

步骤 05 添加一个AIPerceptionComponent变量。转到AAISeer()后面的行，并添加以下代码。

```
UPROPERTY(EditAnywhere, BlueprintReadOnly,
Category ="AI")
UAIPerceptionComponent* PerceptionComp;
```

这里的第一行声明接下来的是一个虚幻引擎变量。这个变量可以在任何位置编辑。蓝图可以读取它，但不能将其分配给不同的事件，并且它也属于AI类别。第二行是实际的变量，它的类型是UAIPerceptionComponent，我们将其命名为PerceptionComp。"*"表示这个变量是一个指针，我们不需要理解指针的含义。第三行末尾的分号表示它是该语句的结束。添加这三行代码会创建一个名为PerceptionComp的变量，变量类型为UAIPerceptionComponent。如果我们想在蓝图中访问这个变量，第一行代码是必需的。

对于任何想要看到、听到或感知任何东西的角色来说，都需要这个UAIPerceptionComponent。理想情况下，应该按照文档的建议将其添加到AI控制器中，但将其添加到角色中也是可以的。我们需要对其进行配置，以告诉它我们想要使用哪种感觉。对于我们的项目，我们想要给它一个视觉配置。

步骤06 添加一个UAISightConfig_Sight变量。在步骤05中添加的代码之后添加以下代码。

```
UAISenseConfig_Sight* SightConfig;
```

这个也是添加了一个变量，但它没有UPROPERTY部分，我们不需要它，因为不想在蓝图中访问它。这个UAISenseConfg_Sight是我们需要添加到PerceptionComp中的一个视觉配置，以启用视觉功能。

步骤07 添加一个UsportLightComponent变量。遵循同样的方法再添加一个变量，代码如下。

```
UPROPERTY(EditAnywhere,BlueprintReadWrite)
USpotLightComponent* SeerLight;
```

在这个例子中，添加了UPROPERTY部分，因为我们想在蓝图中访问它。然而，我们没有给它一个可选的类别。在这里添加的变量类型是USportlightComponent，将其命名为SeerLight。正如逐渐看到的那样，要添加一个组件，首先要写类型，后面要加一个"*"，然后再加一个空格，最后写下变量的名称。

现在我们已经为AISeer角色创建了一些变量，接下来看看如何创建函数。

步骤08 添加SetLightRadius函数。在上一步添加的代码之后添加以下代码。

```
UFUNCTION(BlueprintCallable,
Category = "AIPerception")
void SetSightRadius(float newRadius );
```

添加代码的第一行，我们声明接下来的是一个虚幻函数，它可以被蓝图调用，并且类别是AIPerception。第二行是实际的函数，我们可以将其分解，并将其与蓝图函数进行比较，如图18-5所示。

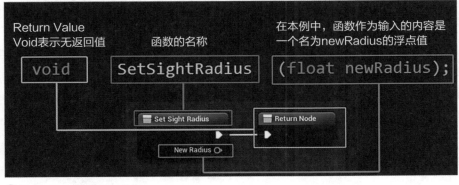

图18-5 对函数进行分解

正如所看到的，这只是描述函数的另一种方式。我们想要使用这个函数来设置瞄准镜的半径，稍后将介绍如何实现。

步骤 09 添加SetSightPeripheralVisionDegrees函数。让我们在SetSightRadius下面添加另一个函数。

```
UFUNCTION(BlueprintCallable,
Category = "AIPerception")
void SetSightPeripheralVisionDegrees(float Degree);
```

除了函数的名称不同之外，这个函数与前一个函数几乎相同。我们想用这个函数来设置视线的周边视觉。

现在，我们已经为新AISeer类创建了所需的所有变量和函数，图18-6显示了我们添加到代码中的所有内容。

```
public:
    // Sets default values for this actor's properties
    AAISeer();
    UPROPERTY(EditAnywhere, BlueprintReadOnly, Category = "AI")
    UAIPerceptionComponent* PerceptionComp;
    UAISenseConfig_Sight* SightConfig;
    UPROPERTY(EditAnywhere, BlueprintReadWrite)
    USpotLightComponent* SeerLight;
    UFUNCTION(BlueprintCallable, Category = "AIPerception")
    void SetSightRadius(float newRadius);
    UFUNCTION(BlueprintCallable, Category = "AIPerception")
    void SetSightPeripheralVisionDegrees(float Degree);
```

⬆ 图18-6　添加到AISeer.h文件中的所有内容

18.2 头文件和源文件

在C++中的每个类都有两个文件：头文件和源文件。头文件以".h"结尾，源文件以".cpp"结尾。到目前为止，我们已经处理了AISeer.h文件，这是AISeer的头文件。

在"解决方案资源管理器"面板中打开AISeer.cpp文件，我们也可以在这里看到一些熟悉的面孔：BeginPlay和Tick事件。

头文件显示了类的所有变量和函数，类似于列表，但不显示任何细节。

源文件显示了函数的详细实现，正如在AISeer.cpp中看到的，每个函数后面都有一个大括号，用于封装了这些函数的实现。下页图18-7显示了如何将其与蓝图类进行比较。

我们可将头文件看作"组件"和"我的蓝图"面板，可以在其中添加新的组件、变量和函数。可将源文件视为"事件图表"选项卡，在其中编写带有组件、变量和函数的代码。在源文件中，函数体位于两个大括号内。下页图18-7中的BeginPlay函数的主体位于它下面的两个大括号内。

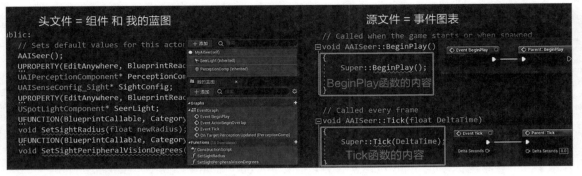

图18-7　C++文件与蓝图的比较

接下来让我们用AISeer.cpp编写代码。

步骤01 构建组件。AISeer.cpp中的第一个函数相当于构造脚本，称为类的构造函数。它的名字前添加了"AAISeer::"，这意味着该函数属于AAISeer。在构造函数的主体中添加以下代码。

```
SeerLight = CreateDefaultSubobject<US
potLightComponent>("SeerLight");
PerceptionComp = CreateDefaultSubobje
ct<UAIPerceptionComponent>("PerceptionComp");
SightConfig = CreateDefaultSubobject<
UAISenseConfig_Sight>("sightConfig");
RootComponent = SeerLight;
```

这三行位于"PrimaryActorTick.bCanEverTick=true;"代码之后。第一行代码创建了一个实际的聚光灯组件，并将其分配给SeerLight。CreateDefaultSubobject是一个用于创建组件的函数。尖括号中的USportLightComponent表示组件的类型，引号中的SeerLight是我们设置的任意名称。接下来的两行代码以同样的方式创建PerceptionComp和SightConfig。

为什么？

在头文件中，我们只创建了变量，但没有给它们赋值，所以变量仍然是空的。在这三行之后，将创建实际的组件并将其(使用"=")赋值给变量。

步骤02 设置根组件。在上一步添加的代码之后添加以下代码。

```
RootComponent = SeerLight;
```

这一行将角色的根组件设置为SeerLight，意味着这个光源现在是所有其他组件的根。

步骤03 设置SightConfig变量。继续添加以下代码。

```
if (SightConfig && PerceptionComp)
{
PerceptionComp ->ConfigureSense(*SightConfig);
}
```

这里，我们首先使用一个if语句。if语句检查括号内的内容是否为真，只有当括号中的内容为真时，大括号中的代码才会运行。我们在括号中检查的是SightConfig和PerceptionComp是否有效。两个"&"字符串组合在一起就是and的语法。

如果两个组件都是有效的(它们应该是有效的)，我们继续到大括号中的行。这里，我们调用PerceptionComp的一个名为ConfigureSense的函数。行前面的空格是通过按Tab键添加的。在C++中，调用对象的函数写成"object -> function（inputs…）"，代码中的"->"称为访问操作符（由"-"和">"组成），我们使用它从对象中获取某些内容。如果我们想从对象而不是从函数中获取变量，就将其写为"object -> variable"。

这个ConfigureSense将UAISenseConfig作为输入，并配置PerceptionComp使用UAISenseConfig作为感知。在这里传递的SightConfig类型是UAISenseConfg Sight，它是UAISenseConfig的子类。我们将它传递给PerceptionComp以进行视觉配置。

简而言之，我们现在赋予了PerceptionComp（以及AISeer）看到东西的能力。图18-8显示了AAISeer::AAISeer()函数最终的样子。

```cpp
AAISeer::AAISeer()
{
    // Set this actor to call Tick() every frame.  You can turn this off to improve pe
    PrimaryActorTick.bCanEverTick = true;
    SeerLight = CreateDefaultSubobject<USpotLightComponent>("SeerLight");
    PerceptionComp = CreateDefaultSubobject<UAIPerceptionComponent>("PerceptionComp");
    SightConfig = CreateDefaultSubobject<UAISenseConfig_Sight>("sightConfig");
    RootComponent = SeerLight;
    if (SightConfig && PerceptionComp)
    {
        PerceptionComp->ConfigureSense(*SightConfig);
    }
}
```

图18-8 最终确定的AAISeer功能

步骤 04 在BeginPlay事件中设置SightConfig的属性。现在，我们已经掌握了在C++中实现新事物的方法，并将以下代码添加到AAISeer::BeginPlay()函数中。

```cpp
if (SeerLight && SightConfg && PerceptionComp)
{
    SightConfig -> SightRadius = SeerLight -> AttenuationRadius ;
    SightConfig -> LoseSightRadius = SeerLight -> AttenuationRadius ;
    SightConfig -PeripheralVisionAngleDegrees = SeerLight -> OuterConeAngle;
    PerceptionComp -> ConfigureSense(*SightConfig);
}
```

这里，我们再次使用if语句，并检查SeerLight, SighConfig和PerceptionComp是否都有效。如果是，则继续处理大括号内的代码。大括号中的前三行设置了SightConfig的变量。

我们使SightRadius与SeerLight的AttenuationRadius相同。然后，我们将LoseSightRadius设置为相同。SightRadius变量定义了视线可以到达的距离，LoseSightRadius是视线在看到某物后失去跟踪的距离。在现实中，LoseSightRadius应该比SightRadius稍大一些，但是为了简化，我们将它们设置为相同。第三行将SighConfig的PeripheralVisionAngleDegrees变量转换为SeerLight的OuterConeAngle变量。这个PeripheralVisionAngleDegrees变量定义了视线的周边视觉。这三行将SightConfig设置为与SeerLight的范围相同。这样，我们可以通过观察光线来可视化视线。

最后一行重新配置PercepitonComp以便应用我们所做的更改。当游戏开始时，感官的所有属性都会被重新配置。图18-9显示了添加代码后BeginPlay函数的样子。

```
void AAISeer::BeginPlay()
{
    Super::BeginPlay();
    if (SeerLight && SightConfig && PerceptionComp)
    {
        SightConfig->SightRadius = SeerLight->AttenuationRadius;
        SightConfig->LoseSightRadius = SeerLight->AttenuationRadius;
        SightConfig->PeripheralVisionAngleDegrees = SeerLight->OuterConeAngle;
        PerceptionComp->ConfigureSense(*SightConfig);
    }
}
```

⬆ 图18-9　已完成的BeginPlay函数

步骤 05 实现SetSightPeripheralVisionDegrees和SetSightRadius函数。我们在头文件中创建了两个函数，接下来让我们实现它们。在AISeer.cpp的末尾添加以下代码。

```
void AAISeer::SetSightRadius(float newRadius)
{
    if (SightConfig && PerceptionComp && SeerLight )
{
    SeerLight -> SetAttenuationRad ius ( newRadius );
    SightConfig -> SightRadius = newRadius;
    SightConfig -> LoseSightRadius = newRadius;
    PerceptionComp -> ConfigureSense(*SightConfig);
    }
}
void AAISeer::SetSightPeripheralVisionDegrees(float Degree)
{
    if (SightConfig && PerceptionComp&& SeerLight)
    {
        SeerLight -> SetOuterConeAngle(Degree);
        SeerLight -> SetInnerConeAngle(Degree);
        SightConfig -> PeripheralVisionAngleDegrees = Degree;
        PerceptionComp -ConfigureSense(*SightConfig);
    }
}
```

　　我们在这里实现了两个函数。首先，在其名称前添加"AAISeer::"，以表明它们属于AAISeer。对于第一个，先做了验证检查，然后通过调用SeerLight的SetAttenuationRadius将SeerLight的衰减半径设置为newRadius。这个newRadius是输入参数。当我们在蓝图中调用这个函数时，可以指定这个变量。接下来的两行代码也将SightRadius和LoseSightRadius变量设置为newRadius。然后重新配置PerceptionComp。

　　第二个函数几乎是一样的，不同之处在于我们设置的是周边视觉。

　　回到我们的虚幻项目，再次单击"编译"按钮。这次应该编译得很快。

　　如果是第一次编写C++代码，很可能会得到编译失败的通知。回去仔细检查每一行，确保完全遵守了本书里写的代码。可能有拼写错误、缺少圆括号的问题，或者if语句中只有一个"&"。

如果不能马上找到问题，不要沮丧，给它时间，我们就能够成功编译。

但是，如果仍然不能使其工作，那么在支持文件中，我们已经将AISeer.h和AISeer.cpp放在那里。你可以使用Visual Studio打开它们，将这两个文件中的代码复制并粘贴到我们的文件中。复制时要避免的一件事是第13行上的THEESCAPER_API，如果项目名称不同，则该名称会有所不同，请保持该名称与文件中的名称相同，如图18-10所示。

🔼 图18-10　复制时不替换的部分

现在我们已经完成了C++，接下来继续在蓝图中构建我们的AISeer。

18.3　创建AISeer的蓝图版本

下面我们将通过继承C++版本来创建AISeer的蓝图版本，具体步骤如下。

步骤 01 创建BP_AISeer类并设置光源。在Blueprints文件夹中添加一个名为Seer的文件夹。创建一个从AISeer派生的新蓝图类，将其命名为BP_AISeer（必须在"选取父类"对话框中打开"所有类"部分并搜索AISeer以将其用作父类）。打开BP_AISeer，可以看到SeerLight和PerceptionComp已经在组件中了，它们是我们在C++中创建的组件。选择SeerLight，进入"细节"面板，将Light Color设置为绿色。我们希望它在玩家看不到时呈现绿色，玩家看到时呈现红色。将"内锥角"和"外锥角"的值都设置为30，因此它是一个比以前更窄的光。

步骤 02 设置检测规则。在"组件"面板中选择PerceptionComp，然后转到"细节"面板。在AI Perception部分，打开Sense Config，可以看到那里的第一个是AI Sight Config。展开这个AI Sight Config和Sense部分来访问它的设置。展开Detection by Afhliation部分，并勾选Detect Neutrals和Detect Friendlies复选框。没有C++就无法定义谁是Enemy Neutrals或Friendlies，所以我们在这里勾选所有对应的复选框。

为什么？

我们也可以在这里看到Sight Radius和Lose Sight Radius，那么为什么要在C++中设置它们呢？问题不在于我们不能在"细节"面板中更改这些属性，实际上是可以的。然而，我们不能在"细节"面板之外更改这些属性。尝试在"事件图表"中设置这些变量是不可能的。如果我们想为不同的目的定制它，需要能够用"事件图表"来改变它们。此外，在我们的设置中，无论对光线做什么，都会在游戏开始时自动设置这些值。

步骤 03 创建一个自定义事件来设置灯光的颜色。创建并实现一个名为"ChangeLightColor"的新自定义事件，如下页图18-11所示。

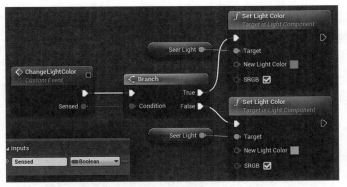

图18-11　ChangeLightColor的实现

这个事件接受一个名为"Sensed"的布尔值输入，如果输入为True，则将SeerLight的颜色设置为红色，如果输入为False，则将其设置为绿色。我们想要在看到或看不到玩家时都调用此事件。

步骤 04 执行On Target Perception Updated事件。选择PerceptionComp，转到"细节"面板的"事件"部分，然后单击"目标感知更新"加号按钮。一个新事件出现在"事件图表"中。这个On Target Perception Updated事件在PerceptionComp感知或取消感知某些东西时触发，其中Actor输入是被感知到或未被感知到的Actor。刺激输入有关于感觉的详细信息。从中拖出，选择Break AIStimulus，创建一个Break AIStimulus节点并展开它，该节点包含很多信息。下面实现函数的其余部分，如图18-12所示。

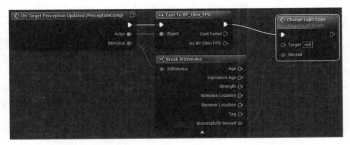

图18-12　实现目标感知更新

我们在这里所做的是将角色强制转换为BP_Ellen_FPS，这会自动过滤掉其他所有内容。然后，我们使用Successuly Sensed变量作为输入，调用ChangeLightColor。

在关卡中放置一个BP_AISeer，当走到灯光处，就会看到它变成红色，走出去后，它又变成绿色，如图18-13所示。

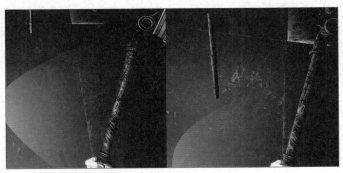

图18-13　在关卡中测试BP_AISeer

步骤 05 使光投射体积雾。转到"大纲"面板，在搜索框中输入ExponentialHeightFog，找到我们在构建关卡时定位的ExponentialHeightFog并选择它。转到"细节"面板，在"体积雾"部分勾选"体积雾"复选框。打开BP_AISeer，在"组件"面板中选择SeerLight。转到"细节"面板，将"体积散射强度"的值设置为500。现在，我们能看到美丽的体积雾从灯光中投射的效果，如图18-14所示。

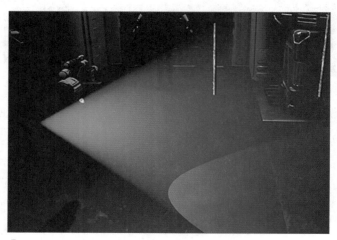

⬆ 图18-14　为SeerLight启用体积雾

步骤 06 创建扫描线效果。转到"StaticMeshes/Shared"文件夹并查找我们为屏幕构建的Sreen_Base_Mtl。将其拖到Seer文件夹中，选择"复制到这里"命令进行复制。转到Seer文件夹，将复制的文件夹重命名为Seer_Light_Mtl。打开Seer_Light_Mtl，选中Seer_Light_Mtl节点，转到"细节"面板，将"材质域"更改为Light Function。删除ScreenTexture节点及其连接的Multiply节点。将LinearSine节点的Linear Sine输出引脚连接到Multiply节点的A输入引脚，并且Multiply的输出引脚与Seer_Light_Mtl节点的Emissive Color输入引脚相连。最后，使用LinearGradient节点的Ugradient输出引脚作为Add节点的A输入，而不是使用Vgradient输出引脚。保存材质并从中创建一个材质实例，如图18-15所示。

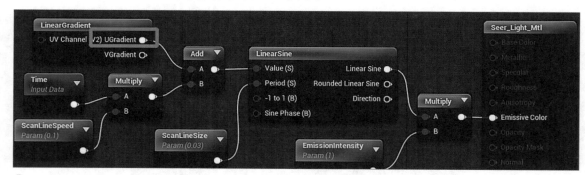

⬆ 图18-15　Seer_Light_Mtl的图表

步骤 07 将Seer_Light_Mtl_Inst应用于BP_AISeer。打开BP_AISeer并选择SeerLight，转到"细节"面板，在"灯光功能"类别下，将"灯光功能材质"设置为Seer_Ligh_Mtl_Inst。扫描线可能看起来太大，移动速度太快。打开Seer_light_Mtl_Inst并将"扫描线尺寸"的值更改为0.01，将"扫描速度"的值更改为0.02，如下页图18-16所示。

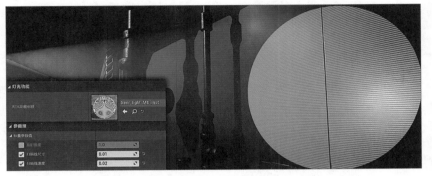

图18-16 设置SeerLight以使用Seer_light_Mtl_Inst

步骤08 为BP_AISeer创建接口。创建一个新的蓝图接口，将其命名为BPI_AISeer。打开BPI_Seer，将新函数重命名为OnSeerTargetUpdate，并为该函数提供一个名为Stimulus的输入参数，将其类型设置为AIStimulus。为该函数添加一个名为Target的输入参数，将其类型设置为BP_Ellen_FPS的对象引用。

步骤09 使用接口功能以通知所有者及其AI控制器。打开BP_AISeer，并且实现一个名为InformOnwerAndOwnerAI的函数，如图18-17所示。

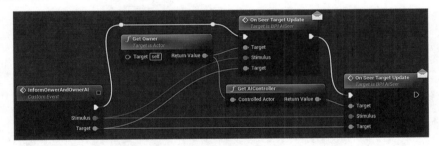

图18-17 InformOnwerAndOwnerAI函数的实现

这个函数接受与我们在步骤09中创建的OnSeerTargetUpdate接口函数相同的输入。我们在这里的操作是在所有者和所有者的AI控制器上调用OnSeerTargetUpdate接口函数及其输入。

步骤10 在On Target Perception Updated事件中调用InformOnwerAndOwnerAI。回到我们之前创建的On Target Perception Updated事件，在Cast to BP_Ellen_FPS节点之后调用新创建的InformOnwerAndOwnerAI函数。不要忘记将Cast to函数的AS BP Ellen FPS输出引用连接到Target输入引脚，将事件的Stimulus输出引脚连接到InformOnwerAndOwnerAI函数的Stimulus输入引脚，如图18-18所示。

图18-18 在On Target Perception Updated事件中对InformOnwerAndOwnerAI函数的调用

我们现在创造了一个BP_AISeer，无论它看到或看不到东西，都会与它的所有者和AI控制器对话。让我们创建一个安全摄像头，当玩家在BP_AISeer的帮助下走进它的视线时，让它捕捉玩家。

18.4 创建安全摄像头

下面将介绍安全摄像头的创建方法，具体步骤如下。

步骤01 创建安全摄像头类。在蓝图中创建一个名为"SecurityCamera"的新文件夹，并添加一个从Actor派生的新蓝图类。将新类命名为"BP_SecurityCamera"并双击打开它。转到StaticMeshes/security_cam，将其中的所有网格拖到BP_SecurityCamera的"组件"面板中。

步骤02 添加旋转轴并排列网格。在BP_SecurityCamera中添加场景组件。场景组件是一个具有变换的，但没有视觉表示的组件，我们可以将其用作旋转轴心。将其命名为CameraPitchPivot，并在Z轴上向下移动44个单位，使其成为摄像机主体在俯仰时应该围绕的旋转的轴心。选择除security_cam_security_cam_yaw_handle_geo和security_cam_security_cam_base_geo之外的所有网格，将它们拖到CameraPitchPivot上，使它们在CameraPitchPivot下设置为父网格。最后，将CameraPitchPivot设置为security_cam_security_cam_yaw_handle_geo。在X轴上将CameraPitchPivot向下旋转60°，我们可以看到它能够使摄像机向下倾斜，如图18-19所示。

⬆ 图18-19　为摄像机添加一个旋转轴以倾斜和重新排列层次结构

步骤03 添加灯光。我们首先选择CameraPitchPivot，在"组件"面板中单击"添加"按钮，添加一个聚光灯组件，将其命名为SeerRef。将它在Z轴上旋转90°，这样它的X轴（向前轴）就面向摄像机的方向。沿着X轴拖动以使其位于摄像机的镜头处。将灯光的颜色设置为与BP_AISeer相同，并将其"体积散射强度"的值更改为500。将BP_SecurityCamera的副本拖到天花板上，并检查是否正确地放置了灯光，如图18-20所示。

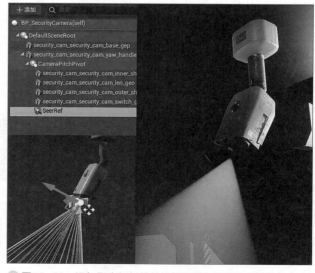

⬆ 图18-20　添加聚光灯组件并将其定位在摄像机的镜头处

步骤 04 生成BP_AISeer并将其附加到SeerRef上。向BP_SecurityCamera中添加一个名为Seer的新变量。转到"事件图表"选项卡，将图18-21中的代码添加到Event BeginPlay事件中。

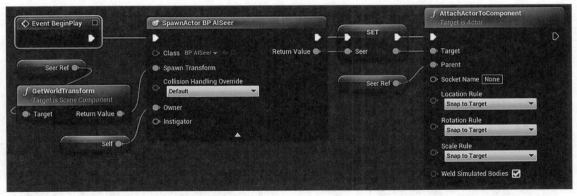

图18-21　生成BP_AISeer并将其附加到SeerRef

我们在武器章节做了相似的事情。这里，我们在SeerRef的转换处生成一个BP_AISeer，将其存储到我们创建的Seer变量中，并将其附加到SeerRef。这样，当游戏开始时，一个BP_AISeer就被创建并连接到摄像机上。

步骤 05 设置BP_AISeer以匹配SeerRef。将图18-22中突出显示的代码添加到Event BeginPlay事件的末尾。

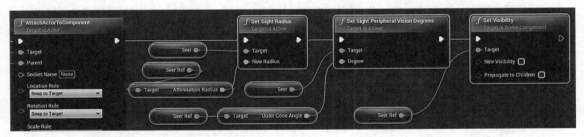

图18-22　设置BP_AISeer以匹配SeerRef

在AttachActorToComponent之后，我们还希望将BP_AISeer的视线与SeerRefspotlight的视线范围相匹配。我们在Seer上调用C++函数SetSightRadius，将其视线半径设置为SeerRef的衰减半径，然后调用C++的SetSightPeripheralVisionDegrees函数，将其周边视角设置为SeerRef的外锥角。最终，我们隐藏了SeerRef，这样，就可以在编辑器中编辑SeerRef，当游戏开始时，BP_AISeer就会变得一样了。

步骤 06 创建摄像机滚动的时间轴。创建一个名为StartRollingCamera的新自定义事件。从其执行引脚拖出并添加时间轴节点。我们之前在创造滑动门时就使用了时间轴节点，将时间轴命名为CameraRollingAnimationLerp。双击打开时间轴，添加一个新的浮点轨道，将其命名为"Lerp"，并使轨道的长度为3秒。向轨道添加两个关键帧，选择第一个关键帧，将其"时间"和"值"设置为0。将第二个键的"时间"设置为3、"值"设置为1。这个动画在3秒内从0变为1，如下页图18-23所示。

步骤 07 使用时间轴更新security_cam_security_cam_yaw_handle_geo的旋转。将security_cam_security_cam_yaw_handle_geo从"组件"面板拖到图表中，为它创建一个引用。从新的引用中拖

出，并为它创建一个SetRelativeRotation。在NewRotation输入引脚上右击，在快捷菜单中选择"分割结构体引脚"命令，NewRotation输入参数现在变成了新旋转的X、Y和Z三个输入参数。使时间轴的Update输出执行引脚调用SetRelativeRotation函数。为BP_SecurityCamera添加两个新的浮点变量，将其中一个命名为CameraLeftReach并将其默认值设置为45，将另一个命名为CameraRightReach并将其默认值设置为-45，将这两个新变量均设为公共变量。创建一个Lerp节点（即仅命名为Lerp的节点），将CameraLeftReach从"变量"区域拖到Lerp节点的A输入引脚上，并将CameraRightReach拖到Lerp节点的B输入引脚上。将时间轴的Lerp输出引脚连接到Lerp节点的Alpha输入引脚。将Lerp节点的Return Value连接到SetRelativeRotation节点的New Rotation Z (Yaw)输入引脚。最后，在Event BeginPlay事件结束时调用StartRollingCamera函数，如图18-24所示。

⬆ 图18-23　添加自定义事件并连接时间轴

⬆ 图18-24　使用时间轴更新security_cam_security_cam_yaw_handle_geo的旋转

在这里我们所做的只是使用时间轴对两个浮点值进行线性插值，以更新摄像机的旋转。玩这个游戏时，可以看到摄像机从左到右旋转，但它只旋转一次。让我们通过使用Delay和Flip Flop节点来修复它。

步骤08 让摄像机前后移动。创建一个持续时间值为1.5秒的Delay节点，并将该节点移动到时间轴节点的上方。创建一个Flip Flop节点，并使用Delay节点的Completed输出执行引脚调用Flip Flop。将时间轴的Finished输出执行引脚连接到Delay节点的输入执行引脚。将Flip Flop节点的A输出执行引脚连接到时间轴节点的Reverse from End输入执行引脚。将Flip Flop节点的B输出执行引脚连接到时间轴的Play输入执行引脚，如图18-25所示。

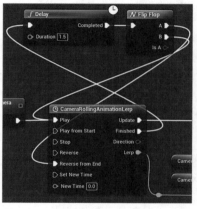

⬆ 图18-25　使摄像机前后滚动

当Flip Flop被调用时，它首先触发A，在下次调用时，它会触发B，之后，它再次触发A，每次它被调用时，都会翻转出执行引脚。

这里发生的是当动画完成时，Delay节点被调用。在1.5秒延迟之后，调用了Flip Flop，并首先通过A输出执行引脚执行。然后，A执行引脚调用时间轴的Reverse from End执行引脚，这将导致时间轴再次向后播放。因此，摄像机会倒回。当动画再次完成时，它将再次到达Delay和Flip Flop节点。这一次，B执行引脚触发并调用时间轴的Play输入执行引脚。从这里开始，执行过程不断重复。

再玩一次游戏，可以看到摄像机现在可以很好地前后滚动了。我们可以通过调整"细节"面板中的CameraRightReach和CameraLeftReach来调整每个摄像机在关卡中的角度。

步骤 09 添加停止功能。转到StartRollingCamera事件，在Delay节点和Flip Flop节点之间插入一个Gate节点，并勾选Start Closed复选框。创建一个名为StopRolling的自定义事件，将其连接到Sequence节点。将Sequence节点的Then 0输出引脚连接到Gate节点的Close输入执行引脚。将Sequence节点的Then 1输出引脚连接到时间轴的Stop输入执行引脚，如图18-26所示。

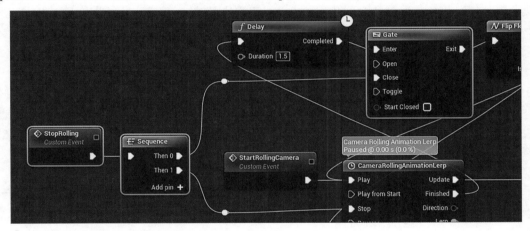

⬆ 图18-26　为摄像机添加停止功能

Gate节点的行为类似于门。当Close被调用时，它关闭并停止所有执行。当这个StopRolling事件被调用时，它关闭Gate节点并停止时间轴，从而停止摄像机的滚动。

步骤 10 当看到玩家时，让摄像机停止旋转。转到"类设置"并将BPI_AISeer添加到它的接口。在"蓝图"面板中，展开"接口"部分。右键单击On Seer Target Update，选择实现功能。一个Event On Seer Target Update就被添加到图表中，然后添加一个调用StopRolling。

再玩一次游戏，当走进摄像机的视线时，它就会停止转动，灯光变成红色。接下来我们让玩家在摄像机看到他们时向摄像机投降。

步骤 11 创建投降动画蒙太奇。转到Blueprints/Characters/Ellen/Animations文件夹中找到Ellen_FPS_Grenade_Launcher_Caught、Ellen_FPS_Gun_Caught和Ellen_FPS_Pipe_Caught。为它们中的每一个创建动画蒙太奇，并确保勾选这些蒙太奇的"启用自动混合输出"复选框。

步骤 12 将投降动画蒙太奇添加到武器中。打开BP_Weapon_Base，然后我们添加一个名为SurrenderAM的新变量，将变量的类型设置为动画蒙太奇的对象引用。转到BP_Gun、BP_Pipe和BP_GrenadeLauncher，并分配各自捕获的动画蒙太奇。

步骤13 创建BP_Ellen_FPS的投降功能。打开BP_Ellen_FPS，创建一个名为SurrenderTo的新函数并实现它，如图18-27所示。

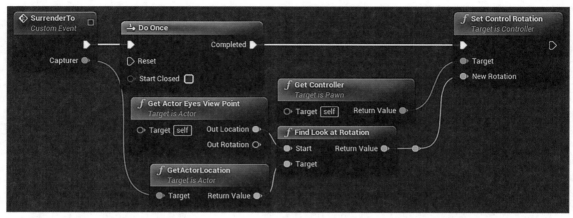

🔵 图18-27　SurrenderTo事件的实现

此事件接受一个名为Capture的角色输入。我们添加了Do Once节点，所以这只能发生一次。然后，我们找到眼睛视点（PlayerEye）并查看所需的注视旋转。最后，我们将控制器的旋转设置为找到的旋转。

为什么？

需要注意的是，我们没有使用PlayerEye来查找旋转，相反，我们使用了Get Actor Eyes View Point函数。这是因为有可能真正的玩家并没有透过PlayerEye的摄像头观看游戏。出于同样的原因，我们设置了控制器（实际玩家）的旋转，而不是PlayerEye。这部分功能会让玩家看到Capturer的输入。

步骤14 完成SurrenderTo事件。在SurrenderTo事件的Set Control Rotation之后，添加额外的代码来停止角色的运动，播放投降动画蒙太奇，并在UI上显示游戏。不要忘记在BP_SecurityCamera中的Event On Seer Target Update事件的末尾调用它，如图18-28所示。

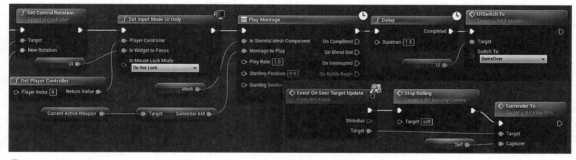

🔵 图18-28　完成SurrenderTo的第二部分，并在镜头看到玩家时调用它

这里，我们将输入模式设置为UI，以阻止所有玩家输入。然后我们播放投降蒙太奇，延迟1.5秒，将UI切换到游戏结束。我们在BP_SecurityCamera的Event On Seer Target Update的末尾调用SurrenderTo，并使用self（摄像机）作为Capturer。

再玩一遍游戏，我们走到镜头前，视图自动旋转到摄像机，随后播放投降动画，显示游戏结束的UI。我们还希望能够用枪射击摄像机，所以让我们继续介绍摄像机关闭序列。

步骤15 在Event BeginPlay中存储俯仰旋转。首先，为BP_SecurityCamera添加一个新的浮点类型的变量，将其命名为"ActivePitchRotation"。按住Alt键将ActivePitchRotation从"变量"面板拖到图表上，为它创建一个集合节点。在Event BeginPlay事件结束时调用这个新的Set节点。将CameraPitchPivot从"组件"面板拖到图表上，为它创建一个引用。从CameraPitchPivot中拖出，搜索并创建一个GetRelativeRotation节点。右键单击Relative Rotation输出引脚，并选择"分割结构体引脚"，输出现在分成X、Y和Z通道。将Relative Rotation X(Roll)连接到Set节点的Active Pitch Rotation输入引脚，如图18-29所示。

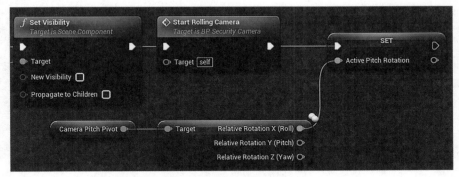

⬆ 图18-29 将CameraPitchPivot的旋转间距存储到变量

为什么？

有人可能会问，为什么我们用X而不是Y呢？毕竟，Y是旋转的俯仰角。其实，哪个轴代表实际的俯仰角是不固定的，在不同的父对象下是不同的。转到"视口"选项并上下旋转摄像机，可以看到是CameraPitchPivot的X轴在变化。

步骤16 创建PlayCameraDeathAnimation事件。创建一个名为PlayCameraDeathAnimation的新自定义事件，并在Event AnyDamage中调用该自定义事件，如图18-30所示。

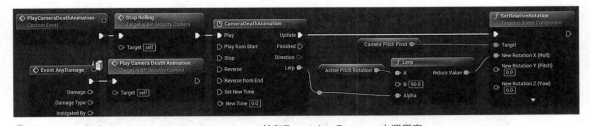

⬆ 图18-30 实现PlayCameraDeathAnimation，并在Event AnyDamage中调用它

在这里，我们首先调用Stop Rolling函数来停止摄像机的旋转。然后我们创建另一个时间轴，它与我们之前创建的CameraRollingAnimationLerp时间轴相同，只是它的长度是2秒。我们使用这个时间轴来调整CameraPitchPivot的旋转，从ActivePitchRotation线性插值到90（垂直）。Event AnyDamage事件是通过右键单击并搜索创建的。

玩游戏并攻击摄像机，然后它应该停止滚动并向下旋转。然而，当玩家走进它的视线时，仍然会被捕捉到。让我们向BP_AISeer添加一个禁用功能。

步骤17 为BP_AISeer创建一个Disable自定义事件。打开BP_AISeer并创建一个名为Disable的自定义事件，实现该事件的方式如下页图18-31所示。

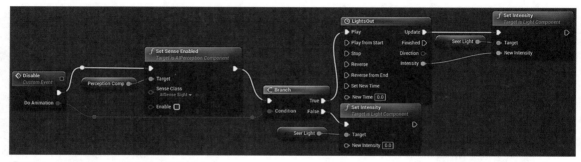

🔺 图18-31　Disabled自定义事件的实现

这个函数接受一个名为Do Animation的布尔输入。我们希望稍后在巡逻的人工智能上使用它。如果正巡逻，我们不想播放动画，所以添加了一个布尔值来控制它。首先拖出PerceptionComp并调用它的Set Sense Enabled函数来禁用感知，需要确保将该函数中的Sense Class设置为AISense Sight。如果Do Animation为True，我们将触发一个时间轴来设置动画SeerLight的强度。如果Do Animation为False，我们就将强度设置为0。

我们在这里做的时间轴更有趣。首先添加一个长度为1、名称为intensity的浮点轨道。然后我们向其添加两个关键帧：第一个关键帧位于开头，将"值"设置为5000。第二个关键帧位于末尾，将"值"设置为0，可以按F键来构建整个图形。之后，我们随机添加几个关键帧到时间轴上，并将它们上下拖动，以模拟灯光闪烁的效果，如图18-32所示。

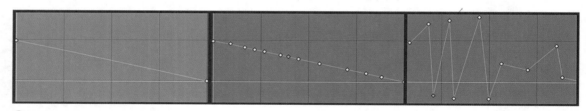

🔺 图18-32　时间轴的创建过程

步骤18 在Event AnyDamage结束时调用Disable。回到BP_Security Camera，找到Event AnyDamage事件，按住Alt键并将Seer拖到图表中。从Seer中拖出，在Event AnyDamage事件的末尾调用它的Disable事件，并勾选该节点中Do Animation复选框，如图18-33所示。

🔺 图18-33　在Event AnyDamage事件结束时调用Disable

步骤19 生成视觉特效（VFX）。在Event Damage的末尾，添加下页图18-34的代码，在CameraPitchPivot的位置生成一个NS_Sparkle。

我们已经完成安全摄像头操作。多亏了BP_AISeer，大部分工作都是动画和游戏事件。之后将在游戏的其他部分也使用BP_AISeer。让我们创建一个监视器类来显示摄像机所看到的内容。

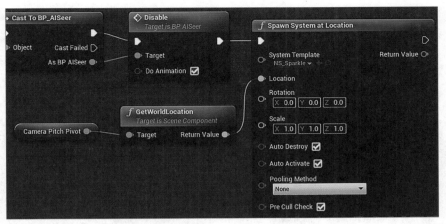

图18-34　添加一个闪烁的视觉特效

18.5 显示摄像机捕捉到的内容

下面将创建一个BP_Monitor类，用于显示摄像机所捕捉到的内容，具体步骤如下。

步骤 01 添加"场景捕获组件2D"。打开BP_SecurityCamera，在"组件"面板中选择SeerRef，单击"添加"按钮并搜索"场景捕获组件2D"。"场景捕获组件2D"可以捕捉场景并渲染出纹理。它现在应该是SeerRef下的父对象，这样就能看到BP_AISeer看到的内容。将这个新的场景捕捉组件2D重命名为Capturer。转到"事件图表"选项卡并找到Event BeginPlay事件。将Capture从"组件"面板拖到图表中，为它创建一个获取节点。从节点中拖出，在Event BeginPlay事件的末尾添加对Set Component Tick Enabled函数的调用。确保勾选"Enabled"复选框，如图18-35所示。

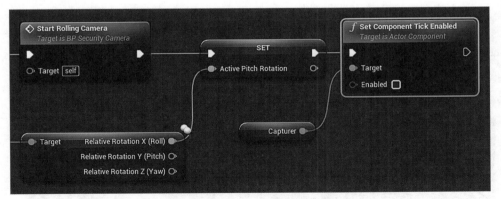

图18-35　Event BeginPlay事件结束时，在Capturer上启用Set Component Tick Enabled

从场景中捕获2D渲染场景并不便宜，就像再次渲染场景一样。Set Component Tick Enabled函数可以禁用它们的Tick，防止它们不断呈现任何内容。这样，我们可以节省很多性能，并且只会让它们在玩家靠近时才发出嘀嗒声。

步骤 02 创建捕获信息结构。在SecurityCamera文件夹中的空白处右击，在快捷菜单中执行"蓝图>结构"命令。将新结构命名为"FCaptureInfo"。双击打开它，可以看到默认情况下，它包含一个布尔变量。将该布尔变量的类型更改为"整数"，并将名称设置为"targetElement"。单击"添加变量"按钮添加一个新变量，将其命名为"SecurityCamera"，并将其类型设置为BP_SecurityCamera的对象引用，如图18-36所示。

🔼 图18-36　创建一个结构来保存材质元素和安全摄像头数据

18.6 结构

结构是类的前身。它旨在将多个变量和函数捆绑在一起，这是C语言中发明的。蓝图去掉了它的功能特性，使其成为一个纯粹的数据收集。当想要捆绑多个变量时，我们使用结构。在例子中，我们想用它来定义要为捕获到的纹理指定什么材质元素，以及从哪个相机捕获。在其名称前添加的字母F也是虚幻适应的命名约定。角色以A开头，结构以F开头，枚举以E开头。

步骤 01 创建监视器类。创建一个从BP_Triggerable派生的名为BP_Monitor的蓝图类。打开BP_Monitor，选择Trigger（触发器），并将其放大四倍左右。添加一个新的静态网格体组件，在"细节"面板中将"静态网格体"设置为monitors_Monitor_02（使用时我们可以切换到其他任何人）。为它指定一个类型为"命名"的新变量，将其命名为"ScreenTextureParamaterName"，并将变量的默认值设置为ScreenTexture。ScreenTexture是我们在第4章Screen_Base_Mtlin中设置的ScreenTexture参数的名称。添加另一个名为"CaptureInfos"的变量，将其变量类型设置为FCaptureInfo，并使其成为一个数组。将这两个变量设置为公共变量，如图18-37所示。

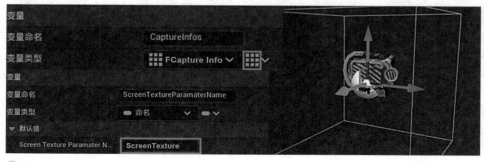

🔼 图18-37　设置BP_Monitor

步骤02 为网格创建动态材质实例。进入BP_Monitor的"事件图表"选项卡，在Event BeginPlay事件的末尾添加图18-38的代码。

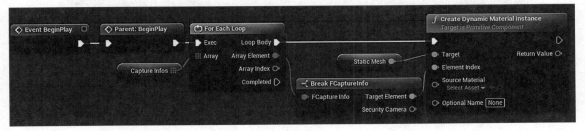

图18-38 为网格创建动态材质实例

我们在这里要做的是遍历Capture info（稍后将在编辑器中填充）。我们打破这个结构，以便可以访问它的Target Element变量，并从该元素为监视器网格创建一个动态材料。从For Each Loop节点的Array Element输出引脚拖出并搜索和选择Break FcaptureInfo来创建Break FCaptureInfo节点。Create Dynamic Material Instance创建所提供元素索引的材质的副本。然后将其分配给目标输入提供的网格。因为这是材质的副本，所以改变它不会影响原始材质，这样，我们对材料的处理只会影响提供的模型。

步骤03 创建渲染目标并将其分配给动态材质。继续从前面完成的代码的末尾开始，并添加图18-39中突出显示的代码。

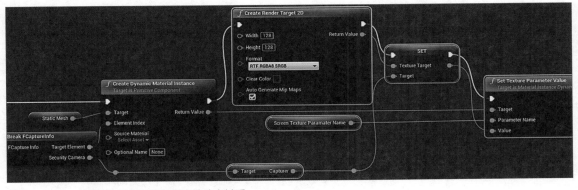

图18-39 创建渲染目标并将其指定给动态材质

在这半部分中，Create render Target 2D节点是一个动态纹理，可以分配给我们的屏幕。我们将其Width和Height值均设置为128，并将Format设置为RTF RGBA SRGB，这种格式比默认设置效率稍高一些。我们从FCaptureInfo中获得BP_SecurityCamera，并获得我们在上节步骤01中添加的Capturer。然后，我们从中拖出并创建一个Set Texture Target节点，并使用Render Target 2D创建作为Texture Target。Capturer现在捕获它所看到的渲染目标2D。最后，我们将这个渲染目标2D分配给上一步中新创建的动态材质的SceneTexture参数。

步骤04 使捕获器在重叠时发出嘀嗒声，并在未重叠时让它们停止发出声音。因为我们的BP_Monitor来自BP_Triggerable，所以我们可以覆盖Overlapped和UnOverlapped事件，让捕捉器在玩家与触发器重叠时嘀嗒作响，并在玩家离开时停止嘀嗒作响。下页图18-40显示了Overlapped和Un Overlapped事件的实现。

图18-40 使捕捉器在重叠时发出嘀嗒声，在未重叠时禁用其嘀嗒声

步骤05 测试我们的BP_Monitor。打开监视器的静态网格体，可以看到监视器模型有三个监视器，每个监视器分配一个Screen_Base_Mtl_Inst。这些屏幕材质位于元素1、2和3上。将BP_Monitor拖到场景中，转到"细节"面板，并通过单击"+"向CaptureInfos数组添加三个元素。将三个TargetElements设置为1、2和3，以便它们与监视器的材质元素匹配。

在关卡上放置三个BP_SecurityCameras，把其中一个放在隔壁走廊，另一个放在储藏室，最后一个放在Boss的房间。返回到BP_Monitor并将三个BP_SecurityCameras设置为Capture Infos变量的三个SecurityCamera选项。

现在玩游戏并靠近显示器，我们可以在三个显示器中看到三个捕获的场景。当移动得很远时，可以看到它们停止播放，如图18-41所示。

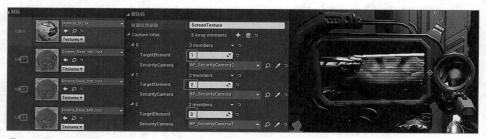

图18-41 设置和测试BP_Monitor

18.7 总结

在本章中，我们详细介绍了用C++创建一个AI_Seer类的过程，并在蓝图中进行了改进。我们利用它的视觉能力来创建我们的安全摄像头，主要是动画设置。我们再次使用了组件和接口编程模式，并且当我们转到巡逻人工智能时，能从这种编程模式中受益。

对于监视器，我们已经介绍了如何创建结构来将数据捆绑在一起。如果想做一些重构，结构也可以用于我们的武器UI。

有一些敌人一起玩游戏很令人兴奋，但如果他们能移动会更有趣。接下来让我们进入下一章，创建巡逻人工智能。

第 19 章

巡逻人工智能

在本章中，我们将探索虚幻引擎的人工智能系统，并构建一个可以让游戏变得有趣的巡逻人工智能。当我们开始创造更多游戏玩法元素时，需要时刻牢记游戏的平衡性。

我们希望玩家能够感受到乐趣、进展和挑战。构建越来越多的内容，并非没有代价，此时需要进行多次测试才能知道某些内容是否有效。有时候还会出现一些无法融入整个游戏结构但很棒的想法。

19.1 设计人工智能系统

游戏开发者应该始终牢记，我们正在创造一种自己希望玩家拥有的独特体验。这种体验并不一定需要建立在现实的基础上，大多数时候，过于真实反而会削弱乐趣。我们需要成为导演，引导玩家在游戏中获得特定的感受。

接下来，我们将基于这种方法构建人工智能系统。

知道自己想要什么是很重要的，所以让我们谈谈要建立什么样的人工智能系统。

我们想要下面这样的人工智能系统。

- ◉ AI在看不到玩家的时候就进行巡逻。
- ◉ 当AI看到玩家或被玩家击中时，移动到玩家身边，并且每2秒向玩家射击一次。
- ◉ 如果AI看不到玩家，那就再追10秒。如果仍然看不到玩家，那就继续巡逻。
- ◉ 当AI被玩家触碰，或在追逐过程中离玩家只有400个单位时，要抓住玩家。
- ◉ AI死亡后，生成一个武器拾取器。

这里进行了一些假设：首先，假设人工智能总能找到我们，然而，我们可能站在一个人工智能够不着的盒子上。在这种情况下，可以用这个假设来编写很多种程序，例如此时人工智能只能回去继续巡逻。其次，人工智能知道它被攻击时我们在哪里。同样，在现实生活中并非如此，但我们可以基于这种假设进行许多编程，游戏也仍然会很有趣。

19.2 创建巡逻人工智能角色

下面让我们开始构建自己的人工智能系统吧！创建巡逻AI角色的步骤如下。

步骤 01 创建BP_Patrol。选择BP_Dummy_AI，将其重命名为"BP_Patrol"。在Characters文件夹下创建一个名为"PatrollingAI"的新文件夹，并将BP_Patrol移动到该文件夹中。

步骤 02 添加SeerRef，就像我们为安全系统添加聚光灯一样，可以在这里做同样的事情。选择Mesh组件，单击"添加"按钮，在列表中选择"聚光源组件"选项，将其重命名为"SeerRef"。在"细节"面板的"插槽"区域下，单击"父项套接字"右侧的放大镜并在列表中选择head选项。SeerRefis现在连接到头部关节。转到"视口"选项卡，可以看到它在向上看。旋转并移动，使它在眼睛的前方，即X轴指向前方。图19-1的前半部分显示了这个过程。

步骤 03 生成BP_AISeer并将其连接到SeerRef。我们已经在安全摄像头上操作过了，在这里也进行相同的操作。在Event BeginPlay事件结束时，生成一个BP_AISeer，将其设置为名为Seer的新变量，并将其附加到SeerRef上。然后在Seer上调用SetSightPeripheralVisionDegrees和SetSightRadius，将Seer的视线半径设置为SeerRef的衰减半径，将Seer的周边视角设置为SeerRef

的外锥角。最后把SeerRef隐藏起来。BP_Patrol的音量雾很令人恼火，在Set Volumetric Scattering Intensity节点上将New Intensity值设置为0。上页图19-1的后半部分显示了Set Volumetric Scattering Intensity函数的调用内容。

步骤 04 为BP_Patrol创建一把枪。创建从BP_Gun派生的名为"BP_Gun_Patrol"的新枪。在"事件图表"中，实现Event Auto Reload if Clip is Empty事件的代码，如图19-2所示。

⬆ 图19-1 创建并设置SeerRef的组件，并在Event BeginPlay事件中生成它

⬆ 图19-2 基于BP_Gun创建一个BP_Gun_Patrol类，并实现Event Auto Reload if Clip is Empty事件

我们要做的是在重新装填弹药之后，给这把枪更多的弹药，让弹药不会耗尽。我们给了人工智能无限的弹药，这个操作是正确的。

步骤 05 把枪给BP_Patrol。打开BP_Patrol，然后我们在Event BeginPlay事件结束时调用AcquireNewWeapon，并将Weapon Class设置为BP_Gun_Patrol。在关卡中放置一个BP_Patrol。在玩游戏时，我们会看到人物拿着枪，如图19-3所示。

⬆ 图19-3 在关卡中测试游戏AI

步骤 06 暴露BP_Weapon_Pickup的WeaponClass变量。为了在AI死亡时生成武器拾取道具，我们需要能够为BP_Weapon_Pickup指定武器类别。打开BP_Weapon_Pickup，选择WeaponClass变量，在"细节"面板的"变量"区域中勾选"生成时公开"复选框。我们想让玩家是唯一可以拿起武器的人。将Event Overlapped事件连接由BP_Character_Base转换为BP_Ellen_FPS，如图19-4所示。

⬆ 图19-4 更改了BP_Weapon_Pickup

步骤07 使AI在死亡时生成武器。打开BP_Patrol，添加一个新的变量Loot，将其"变量类型"设置为BP_Weapon_Base的"类引用"并公开。在Event BeginPlay事件结束时，调用一个名为Bind Event On Destroyed的函数。从Bind Event On Destroyed节点的"Event"输入引脚中拖出，在打开的窗口中选择"添加事件>Add Custom Event"选项。将创建的自定义事件命名为SpawnLoot，如图19-5所示。

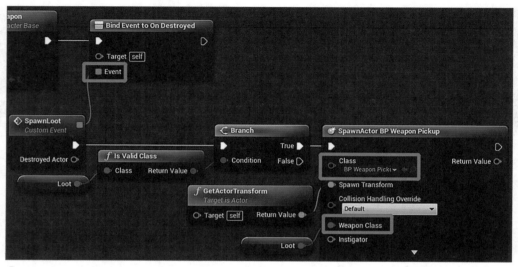

⬆ 图19-5 让AI死亡时生成武器

Bind Event On Destroyed将连接到Event input的事件绑定到角色的销毁，所以当BP_Patrol即将被销毁时，首先调用SpawnLoot。在SpawnLoot中，我们生成一个BP_Weapon拾取。需要注意的是这里有一个武器类输入，是因为我们创建BP_Weapon_Pickup变量时在"细节"面板中勾选"生成时公开"复选框。现在的情况是，当BP_Patrol死亡，会创建一个BP_Weapon_Pickup，紫色Loot变量是添加的一个新变量，"变量类型"是BP_Weapon_Base的"类引用"。我们使用它作为武器类来产生拾取。

清理关卡中所有的拾取武器，在起始房间放置一个BP_Weapon_Pickup，在"细节"面板中将其武器类设置为BP_Pipe。在下一个房间里拖动BP_Patrol，使它远离门，并在"细节"面板中将Loot设置为BP_Gun。玩游戏时，拿起管道去打倒BP_Patrol，枪的BP_Weapon_Pickup应该出现并且我们可以拿起它，如图19-6所示。

⬆ 图19-6 当AI死亡后，出现可以捡枪的情况

步骤08 创建一个CapturePlayer自定义事件和一个StopAI函数，使AI捕获玩家并停止逻辑，如下页图19-7所示。

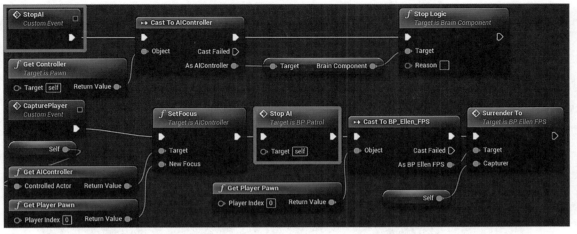

⬆ 图19-7　StopAI和CapturePlayer的实现

　　StopAI函数获取BP_Patrol的控制器，将其转换为AI控制器。然后我们获得它的Brain组件并停止它的逻辑。目前还没有创造出人工智能控制器和人工智能的大脑，但是可以定义一个函数来阻止它们。所有这些都属于虚幻引擎AI框架，我们稍后会介绍相关内容。

　　对于CapturePlayer函数，我们获取AI控件器并调用它的SetFocus函数。New Focus输入是玩家，它能让AI看见玩家。然后我们调用StopAI事件，让玩家向BP_Patrol投降。Surrender To函数是在我们创建安全摄像头时构建的。

　　步骤 09　在触碰时调用CapturePlayer。选择CapsuleComponent，转到"细节"面板，然后单击"事件"区域中"组件命中时"右侧的加号按钮。实现新创建的On Component Hit事件，如图19-8所示。

⬆ 图19-8　实现On Component Hit（CapsuleComponent）事件

　　我们在这里所做的是检查击中胶囊组件的另一个角色是否为玩家，如果它是玩家，就调用CapturePlayer。再次玩游戏并接近BP_Patrol，触摸它的时候它会立刻抓住我们。引擎会抱怨不存在的大脑组件，我们稍后添加它。

　　步骤 10　当BP_Patrol死亡时停止AI，禁用碰撞并销毁Seer。我们已经重写了HealthCompNotifyDead并隐藏了那里的生命条。让我们在它的末尾添加下页图19-9中突出显示的代码，以禁用Capsule Component和Destroy Seer的碰撞，并停止AI逻辑。

　　步骤 11　添加变量来存储巡逻点。向BP_Patrol中添加一个名为PatrolPoints的新公共变量，将其变量类型设置为Target Point的"对象引用"，并将其更改为"数组"。再添加另一个变量类型为"整数"的变量，将其命名为"CurrentPatrolPointIndex"。Target Point类就像一个定位器，可以将它放置到关卡中。当我们开始放置它时，就会看到它是什么样子的。

步骤12 实现一个功能，以获得下一个巡逻点。创建一个名为GetNextPatrolPoint的新函数，为其提供两个输出：第一个名为PatrolPoint，类型为TargetPoint；第二个是名为Found的布尔值。实现函数的前半部分，如图19-10所示。

⬆ 图19-9 当BP_Patrol死亡时，使碰撞失效，再摧毁Seer，并阻止AI

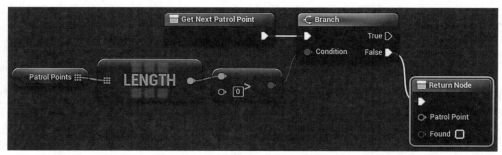

⬆ 图19-10 GetNextPatrolPoint函数的前半部分

在函数的这一半中，我们检查PatrolPoints的长度，并判断其是否大于0，或者换句话说，是否有巡逻点。我们返回一个空的巡逻点，如果没有巡逻点，则返回False。

步骤13 实现GetNextPatrolPoint的后半部分，如图19-11所示。

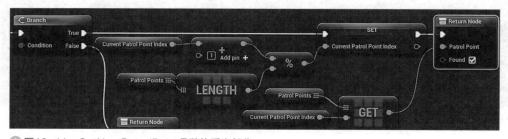

⬆ 图19-11 GetNextPatrolPoint函数的后半部分

这部分和之前的GetNextWeapon函数非常类似。在Branch节点的True输出引脚之后，我们增加CurrentPatrolPointIndex变量以获得下一个索引。为了使它循环回来，我们必须对PatrolPoints的长度进行模运算。然后将CurrentPatrolPointIndex设置为下一个索引，在PatrolPoints中获取下一个目标点，并将其与Found输出的真实值一起返回。这里的不同之处在于，我们使用索引来存储当前的位置。

现在，我们有了一个可以填充和循环的数组。让我们继续构建人工智能系统，并使其执行巡逻任务。

19.3 为巡逻人工智能创建人工智能控制器和行为树

下面为巡逻人工智能创建人工智能控制器和行为树。

步骤01 创建一个AI控制器。创建一个从AI控制器派生的新蓝图类（我们必须在所有类中搜索它），将新的AI控制器命名为"AIC_Patrol"。打开BP_Patro并转到它的类默认值，在Pawn区域，将"自动控制AI"设置为"已放置在场景中"，并将"AI控制器类"设置为我们新创建的AIC_Patrol。这种设置使得BP_Patrol在被放置或生成时被AIC_Patrol所拥有，如图19-12所示。

⬆图19-12　设置BP_Patrol为AIC_Patrol所拥有

步骤02 创建黑板和行为树。在PatrolingAI文件夹的空白处右击，在快捷菜单中选择"人工智能>黑板"选项，将新创建的黑板命名为"BB_Patrol"。再次在文件夹中右击，在快捷菜单中选择"人工智能>行为树"选项，并将新行为树命名为BT_Patrol。

19.4 黑板与行为树

人们根据自己所知道的情况做出决定，人工智能也不例外。黑板是人工智能的知识，行为树是人工智能的大脑，行为树根据黑板上填充的信息来决定人工智能应该做什么。黑板上可以显示相关的信息，例如人工智能看到玩家了吗？下一个巡逻点在哪里？行为树可以根据AI是否能看到玩家，来决定AI是应该去下一个巡逻点还是追赶玩家。

步骤01 使AIC_Patrol使用BT_Patrol。打开AIC_Patrol，将图19-13的代码添加到Event BeginPlay事件中。

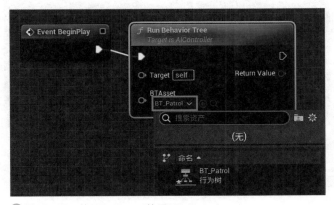

⬆图19-13　使AIC_Patrol使用BT_Patrol

Run Behavior Tree函数使人工智能使用BT_Patrol作为它的大脑（我们之前看到的大脑组件）。BT_Patrol现在告诉AIC_Patrol该做什么，因为AIC_Patrol拥有BP_Patrol，所以BP_Patrol现在遵循BT_Patrol的指令。

步骤02 添加一个NextPatrolPoint黑板键。打开BB_Patrol，在"黑板"面板中单击"新键"按钮，在列表中选择Object选项，以创建Object类型的新键。黑板键是AI知道的内容，它可以是一个对象、一个位置、一个布尔值或任何东西。将新建的Objectkey命名为"NextPatrolPoint"，转到右侧的"黑板细节"面板，展开"键"区域中的"键类型"选项，将"基类"设置为Actor。现在，这个NextPatrolPoint的类型是Actor，我们可以将它填充为我们想让AI去的下一个巡逻点，如图19-14所示。

⬆ 图19-14　添加一个名为NextPatrolPoint的新黑板键，将其类型设置为Actor

步骤03 创建一个基本的行为树。打开BT_Patrol并在图表中找到ROOT节点。从节点底部的深灰色条中拖出，在打开的窗口的搜索框中输入seq，并在搜索列表中选择Sequence，以创建Sequence节点。从Sequence节点底部灰色条的左侧拖出，搜索并创建Move To节点。选择Move To节点，转到"细节"面板，将"节点"区域中的"可接受半径"值设置为100。从Sequence节点底部灰色条的右侧拖出，在打开的窗口中搜索并创建一个Wait节点。步骤和创建行为树的结果如图19-15所示。

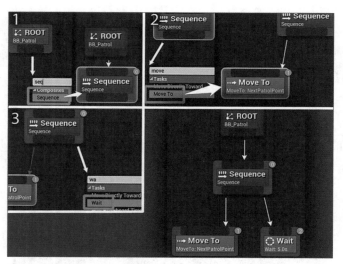

⬆ 图19-15　创建行为树基础的步骤

让我们分解一下。ROOT节点是行为树的起点，所有的逻辑都从这里开始。第一步添加了一个Sequence节点，这意味着当AI启动时，我们想让AI执行一系列任务。

第二步是在Sequence节点下添加Move To节点。这个MoveTo节点是引擎提供的一个行为树任务，它使人工智能移动到某个地方。需要注意的是，在Move To节点的底部，它显示为"Move To:NextPatrolPoint"，这是因为此时NextPatrolPoint是黑板中唯一的键，所以会被自动选择为Move To任务的目标。我们也可以在"细节"面板中将其更改为其他黑板键。在Sequence节点下添加Move to节点意味着Sequence中的第一个任务是"移动到某处"。在"细节"面板中将"可接受半径"的值设置为100，意味着AI只需要移动到离目标更近的100个单位的位置。

第三步是添加Wait节点。Wait节点是另一个让AI等待一定时间的内置任务。它目前正在进行5秒钟的等待。我们也可以在"细节"面板中更改等待的时间。

上页图19-15右下角的图像是完成的行为树。Sequence节点是从左到右运行，在行为树中，左边的内容总是比右边的优先级高并且会首先执行。所以，整个人工智能的逻辑就是当行为树开始时，执行一系列的任务。第一个任务是移动到下一个NextPatrolPoint，下一个任务是等待5秒钟。等待之后，树中没有任何剩余内容，再次从ROOT节点进行重复。我们可以通过拖动节点来移动任务以重新排列顺序。

打开BT_Patrol并再次玩游戏，可以看到行为树开始运行，用黄色突出显示的节点是当前正在执行的任务。按F8功能键取消占有，移动到有编辑器的常规导航的下一个房间。

我们可以看到人工智能没有移动，这是因为还没有给它添加任何巡逻点。不要停止游戏，单击行为树窗口中的"暂停"按钮暂停游戏。然后我们可以单击"返回：经过"按钮回到过去，看看人工智能之前做些什么。多次单击"返回：经过"按钮，然后开始单击"向前：经过"以查看AI的进展情况。可以看到，每次它从ROOT节点开始，然后到Sequence节点并运行Move to节点，最后再次回到ROOT节点，而等待任务永远不会执行。行为树的任务可能会失败，而这里发生的情况是Move To任务失败。之所以失败是因为"NextPatrolPoint"为"None"，如图19-16右下角所示。每当Sequence中的一个任务失败时，整个序列都会失败并终止。

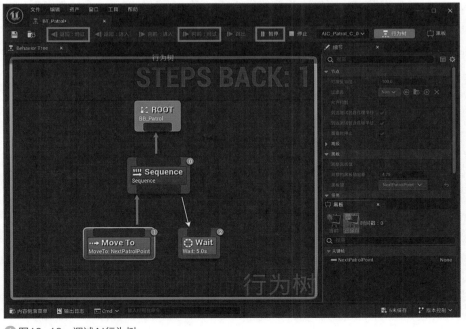

🔼 图19-16　调试AI行为树

在图19-16右上角"行为树"前面我们看到当前的AI是一个AIC_Patrol。可以通过在该下拉列表中选择一个来查看不同的AI。我们可以随时暂停游戏，并使用行为树窗口来调试AI的行为树。

步骤 04 创建一个新的行为树任务。停止游戏，单击行为树窗口工具栏中的"新建任务"按钮，在打开的"资产另存为"对话框中创建一个新的行为树任务。它会自动打开，并且可以看到一个名为"BTTaks_BlueprintBase_New"的新资产被添加到内容浏览器中，将此新任务重命名为"FindNextPatrolPoint"。

步骤 05 实现FindNextPatrolPoint。打开FindNextPatrolPoint（如果在上一步中没有关闭它，它应该已经打开了）。给它创建一个名为"NextPatrolPointKey"的新公共变量，将其"变量类型"设置为"黑板键选择器"。覆盖一个名为"Receive Execute AI"的函数并实现它，如图19-17所示。

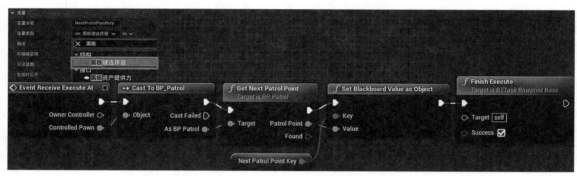

⬆ 图19-17　添加一个名为"NextPatrolPointKey"的新变量并覆盖Receive Execute AI函数

此Event Receive Execute AI事件在任务启动时被调用。Controlled Pawn输入是AI控制器的Pawn，而Owner Controller是AI控制器。我们将Pawn强制转换为BP_Patrol，并调用其Get Next Patrol Point函数以从其中获取下一个巡逻点。

然后我们调用一个名为Set Blackboard Value as Object的函数，这个函数将设置一个Object类型的黑板键的值。我们通过找到的巡逻点传递给Value输入参数，Key输入是我们创建的新公共变量NextPatrolPointKey。

NextPatrolPointKey的类型是Blackboard Key Selector。将其设置为公共，当在行为树中使用此任务时，我们可以在"细节"面板中从"黑板"中选择一个键。无论选择什么，都将成为这个Set Blackboard Value as Object函数所设置的黑板键。

最后，我们调用Finish Execute函数并勾选Success复选框，以表明整个任务成功。必须调用Finish Execute函数来完成任务。如果忘记调用它，任务永远不会结束，这将导致整个行为树陷入困境。如果我们未勾选"Success"复选框，则行为树认为任务失败。

步骤 06 在行为树中使用FindNextPatrolPoint。打开BT_Patrol，从Sequence节点的底部拖出，搜索并创建FindNextPatrolPoint任务。在"细节"面板的"默认"区域中，可以看到在任务中创建的NextPatrolPointKey变量。我们必须公开这个变量才能在这里看到它。它现在被设置为NextPatrolPoint，意味着我们将这个黑板键设置为在任务中找到的巡逻点。将FindNextPatrolPoint任务拖到左侧，使其成为第一个执行的任务，如下页图19-18所示。

现在，行为树首先找到下一个巡逻点，然后移动到下一个巡逻点。

步骤07 在储藏室中测试设置的玩家。在"大纲"面板中搜索并找到Player Start。将其移动到储藏室。玩家起点是游戏开始时玩家出生的地方。在它前面拖动三个武器拾取件,将其设置为管道、枪和手榴弹发射器,以便我们可以用所有武器测试AI,如图19-19所示。

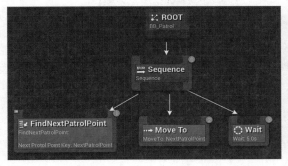

图19-18 将FindNextPatrolPoint添加到行为树

图19-19 在储藏室中进行测试设置的玩家

步骤08 添加导航网格体边界体积。转到窗口左侧的"放置Actors"面板(可以通过在菜单栏中执行"窗口">"放置Actors"命令实现),在搜索框中输入Nav Mesh Bounds Volume,并将"导航网格体边界体积"拖到关卡中。把它放大以将整个房间都包裹起来。按下P键,使其生成导航地图。它生成的绿色网格被称为导航网格,AI可以通过引擎内置的导航系统在导航网格上移动。因为Move To任务利用导航系统,所以我们需要放置导航网格让它工作。拖动更多的Nav Mesh Bounds Volume副本来覆盖整个关卡。重叠它们并按下P键以关闭可见性,如图19-20所示。

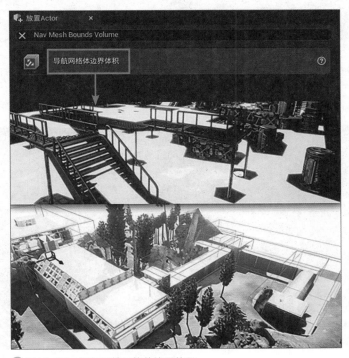

图19-20 添加导航网格体边界体积

步骤09 把门修好。此时,门挡住了导航网格,所以我们需要修复它。打开BP_SlidingDoor并选择"组件"面板中的所有网格。转到"细节"面板,搜索can ever affect navigation并勾选该复选框,如下页图19-21所示。

⬆图19-21　检查门的网格是否会影响导航

步骤10 将一个BP_Patrol拖到存储室并进行测试设置。拖一份BP_Patrol的副本到储藏室。转到 "放置Actors" 面板，搜索并拖动三个目标点到关卡中。选择放置在房间中的BP_Patrol，然后转到 "细节" 面板，在 "默认值" 部分下的Patrol Points数组中添加三个条目。单击滴管按钮，然后选择关卡中的目标点，将三个目标点分配给巡逻点阵列的三个条目，如图19-22所示。

⬆图19-22　拾取三个目标点

再玩一次游戏，可以看到人工智能在一个循环中移动到三个目标点。等待5秒钟，然后会移动到下一个，如图19-23所示。

⬆图19-23　AI移动的路径

步骤11 修复动画。目前，人工智能使用的是FPS动画，但是腿不会移动，而且我们也没有正确的攻击动画。找到我们从Mixamo重新定位的动画，并在它们的名字前面添加 "Patrol_"，以便更容易地区分它们。下页图19-24显示了重命名后的所有三个变量。

从Patrol_Shooting创建一个动画蒙太奇，并给它添加CommitAttack动画通知。打开BP_Gun_Patrol，将Idle、Walk和Attack动画替换为Patrol动画，如图19-25所示。

图19-24　重命名巡逻动画

图19-25　替换BP_Gun_Patrol的动画

再次进行游戏，这一次，人工智能行走的动画效果就很好了。

步骤12 添加黑板键来存储玩家。打开BB_Patrol并添加一个Object类型的黑板键，将其命名为"Player"，并在"黑板细节"面板中将其"基类"改为BP_Ellen_FPS。

步骤13 让AI看到玩家。打开AIC_Patrol，添加一个名为"PlayerBlackboardKeyName"的新变量，并将"变量类型"设置为"命名"。单击"编译"按钮，在"细节"面板的"默认值"区域将PlayerBlackboardKeyName设置为Player。这个名称必须与步骤12中添加的名为Player的新黑板键的名称相同（包括大写和小写字母）。转到类设置，并将BPI_AISeer添加到接口中。我们让BP_AISeer在看到玩家时通知其所有者和AI控制器。为了让这个AI控制器看到玩家，我们只需要继续执行On Seer Target Update接口功能，如图19-26所示。

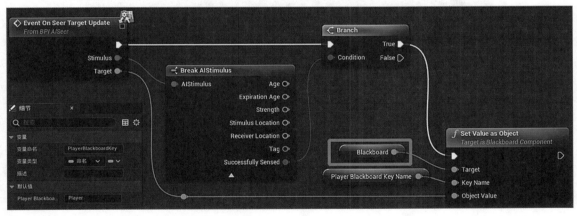

图19-26　On Seer Target Update事件的实现

在这里，我们将中断刺激输入以了解是否成功感知。如果BP_AISeer看到了玩家，布尔值为True；如果BP_AISeer看不到玩家，则为False。如果BP_AISeer看到玩家，我们将事件的目标输入设置为黑板的Player黑板键，在本例中应该是Player。AI控制器使用的黑板是一个成员变量（红框中的变量），我们可以在这里直接访问它。现在的情况是，如果附在BP_Patrol上的BP_AISeer看到了玩家，它就会在AIC_Patrol上调用On Seer Target Update事件。然后AIC_Patrol更新黑板上的信息，并将玩家黑板键的值设置为Player。提供的PlayerBlackboardKeyName是要告诉黑板我们想设置哪个键的方式。

步骤 14 让AI在看到玩家时向玩家移动。打开BT_Patrol，创建一个Selector节点（在空白处右击，在打开的窗口中搜索并添加Selector）。将ROOT节点连接到Selector节点的顶部，并将Sequence节点连接到Selector节点的底部（单击并拖动节点上的深灰色条以进行连接）。从Selector节点的底部拖出并创建另一个Move To节点，确保该节点位于Sequence节点的左侧。选择Move To节点，进入"细节"面板，并将"可接受半径"的值设置为300。在"黑板"区域，将"黑板键"更改为Player。再次进行游戏，让AI看到我们。一旦它看到了，就应该在完成当前一轮巡逻后不久就开始跟踪我们，如图19-27所示。

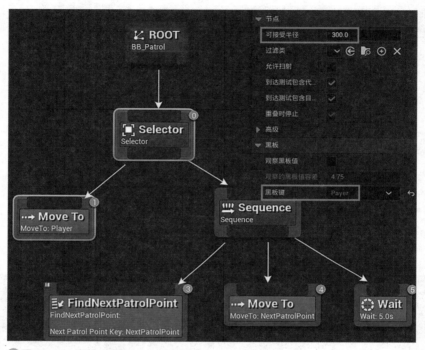

⬆ 图19-27　调整后的行为树，使AI跟踪玩家

为什么?

　　我们已经介绍了Sequence节点。该节点按照从左到右的顺序执行连接到底部的内容。如果Sequence节点遇到失败的任务并中止，则该节点失败。只有当Sequence节点下的所有任务都成功时，Sequence才返回成功。

　　Selector节点还可以按照从左到右的顺序执行连接到其底部的节点。不同的是，如果它下面的一个分支失败了，它会继续执行下一个分支。只要一个分支成功，它就会停止并成功返回到顶部。如果所有分支都失败，则Selector也失败。

　　Sequences和Selector属于一个更大的类别，称为合成器，因为它们将其他任务组合在一起了。

　　当AI看不到玩家时，玩家黑板键为None，并且最左边的Move To就失败了。Selector移动到它的第二个分支——Sequence，Sequence执行巡逻任务。当AI看到玩家时，玩家黑板键的值被设置为Player。下一次行为树循环时，最左边的Move To将拥有一个有效目标，AI将开始向玩家移动。

　　这个逻辑似乎很好，只是如果AI仍然在执行巡逻任务，它就不会立即移动到玩家身边。让我们用黑板装饰器来解决这个问题。

步骤15 AI看到玩家时中止巡逻。在Sequence节点上右击，在快捷菜单中执行"添加装饰器">"Blackboard"命令。装饰器是可以附加到合成器或任务以影响其执行的东西。Sequence节点现在附加了一个基于黑板的条件装饰器。选择这个新的装饰器，转到"细节"面板，在"流控制"区域将"观察器中止"设置为Both，此设置意味着，如果条件变为False，则中止该节点，而优先级较低的节点将被占用，条件是在"黑板"区域中设置的内容。将"键查询"设置为"未设置"，"黑板键"设置为Player。如果没有将"黑板键"设置Player，则该条件为True，如果设置了Player，则该条件为False，如图19-28所示。

⬆ 图19-28　当玩家在AI视线范围内时，添加一个装饰器以中止巡逻AI

再次进行游戏，当AI看到玩家时，它会向玩家移动。我们在这里所做的可以简单地概述为：只要AI看到玩家，就停止巡逻任务并立即移动到玩家身边。

步骤16 创建一个TryCapturePlayer任务。在行为树窗口中，单击工具栏上的"新建任务"按钮，在列表中选择BTTask_BlueprintBase选项。在打开的"资产另存为"对话框中将创建的新任务命名为TryCapturePlayer。为该任务指定一个新的公共变量AcceptableDistance，变量类型为"浮点"，编译后将默认值设置为400。实现Event Receive Execute AI事件的功能，如图19-29所示。

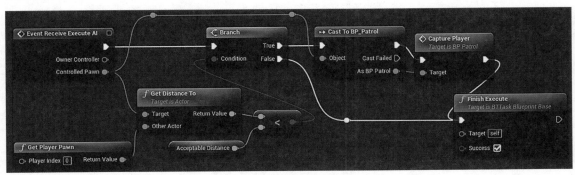

⬆ 图19-29　TryCapturePlayer的Receive Execute AI函数的实现

我们检查玩家的Pawn到AI的距离是否小于变量AcceptableDistance的值。如果小于，AI就会抓住玩家并以成功结束游戏。如果距离大于AcceptableDistance，我们仍然以成功结束游戏。原因是我们只是想尝试一下，如果离AI太远了，仍然要尝试是什么结果。继续执行行为树，不要中止任何操作。

步骤17 将TryCapturePlayer添加到行为树中。返回到BT_Patrol并修改它，如图19-30所示。如果发现有任何错误的连接，按住Alt键并单击连接即可断开它。

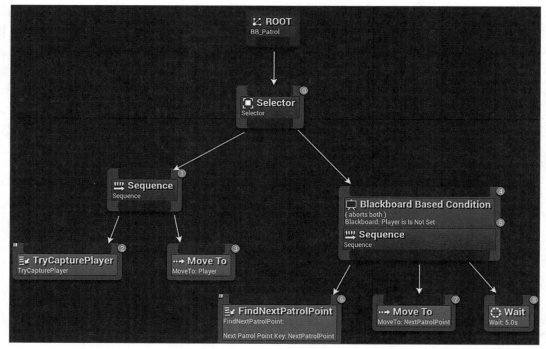

🔺 图19-30　添加TryCapturePlayer节点

在这里，我们插入一个Sequence节点，并在Move To节点之前将TryCapturePlayer添加为最高优先级。

再次进行游戏时，AI会在离我们足够近的时候抓住我们。在这里我们使用了一个小技巧，将AcceptableDistance的值设为400，比Move to多100个单位。只要Move To成功，TryCapturePlayer就应该允许AI捕获玩家。AI现在移动速度很快，使得游戏具有挑战性。打开BP_Patrol，在"组件"面板中选择CharacterMovement组件。转到"细节"面板，将最大步行速度值更改为300。

步骤18 创建攻击任务。创建一个新任务，将其命名为"Attack"。这个任务相当简单，我们重写Event Receive Execute AI事件并要求Pawn进行攻击，如图19-31所示。

🔺 图19-31　Attack的Event Receive Execute AI功能的实现

步骤19 让AI每2秒钟射击一次。回到BT_Patrol，在第一个Selector和左边的Sequence之间插入一个Selector。从新Selector的底部拖出并创建一个Attack任务，确保Attack任务在Sequence节点的右侧。在最左边的Sequence节点上右击，在快捷菜单中执行"添加装饰器">"Time Limit"命令。选择TimeLimit节点后，转到"细节"面板并将"装饰器"区域中的"时间限制"设置为2.0，如下页图19-32所示。

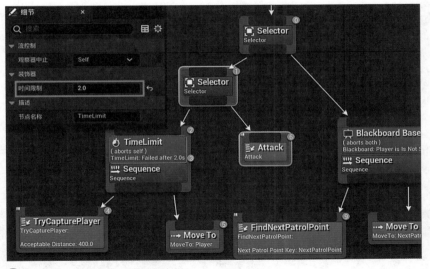

⬆ 图19-32　步骤19之后的新行为树

步骤20 让AI在看不到玩家的时候开始巡逻。AI停止巡逻的原因是巡逻部分节点是连接到ROOT节点下Selector的第二优先级。只要较高的优先级能够成功，Selector就永远不会进行巡逻。添加Attack任务后，Attack任务总是返回成功，所以要修复这个逻辑。在左边的第二个Selector添加一个新的黑板装饰器，在"细节"面板中，将"观察器中止"设置为"Both"，将"键查询"设置为"已设置"，将"黑板键"设置为"Player"。这意味着只有在玩家将"黑板键"设置为Player时才会执行这部分操作。通过此设置，只要AI没有看到玩家，Selector就会进入巡逻状态，如图19-33所示。

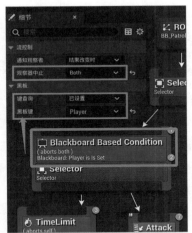

⬆ 图19-33　让AI在看不到玩家的时候开始巡逻

因为我们已经正确地设置了武器，当枪没子弹时，AI甚至可以重新装填弹药。然而，角色在攻击和重新加载期间会滑动，下面让我们通过改进动画蓝图来解决这个问题。

步骤21 创建一个FullBody插槽。打开AnimBP_Ellen，然后在菜单栏中执行"窗口" > "动画插槽管理器"命令，打开"动画插槽管理器"面板，它出现在窗口的右下角。选择DefaultGroup选项，单击"添加插槽"按钮，在搜索框中输入FullBody，然后按Enter键，创建一个名为"FullBody"的新插槽。

步骤22 为全身动画创建缓存。我们大多数的动画蒙太奇，如攻击、重新加载、武器切换和命中都应该发生在上半身。毕竟在做这些动作时，不需要腿部做任何动作。唯一应该是全身的动画蒙太奇是死亡的动画蒙太奇。

在AnimGraph选项卡中，按住Alt键并单击IdleWalk状态机的出姿引脚以断开其连接。将其向上移动，从其出姿引脚拖出，并在打开的窗口中创建一个Slot'DefaultSlot'节点。选择新的Slot'DefaultSlot'节点后，转到"细节"面板并将"插槽名称"更改为"FullBody"。从Slot'FullBody'节点的出姿引脚中拖出，在打开的窗口中搜索New Save cached pose，然后按Enter键创建SavedPose节点。将这个新的SavedPose节点重命名为"FullBody"（选择它并按F2功能键），如图19-34所示。

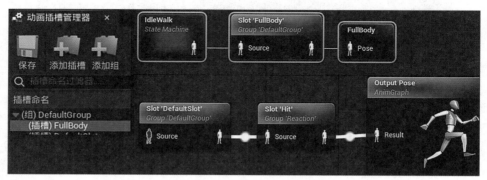

图19-34　为全身动画创建全身缓存

19.5 缓存姿势

保存缓存姿势操作会创建动画的缓存（引用），我们可以在AnimGraph选项卡的任何地方使用这个缓存。

步骤01 为上半身动画创建缓存。在AnimGraph选项卡中空白处右击，在打开的窗口中搜索FullBody。选择Use cached pose'FullBody'来创建一个Use cached pose'FullBody'节点，并将其连接到Slot'DefaultSlot'节点的输入引脚。断开Slot'Hit'节点的出姿引脚，从中向外拖出，并创建另一个缓存姿态，将其命名为"UpperBody"，如图19-35所示。

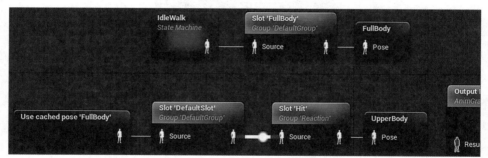

图19-35　为上半身动画创建缓存

Use cached pose'FullBody'节点为我们提供与连接到FullBody节点相同的动画。然后我们将其传递到Default插槽和Hit插槽，并将其缓存到一个名为Upperbody的新缓存中。需要注意的是，这两个缓存的命名是我们想要的。在本例中，我们想要使用IdleWalk状态机和动画蒙太奇，这些蒙太奇使用FullBody插槽用于角色的全身。我们想要缓存的FullBody动画和其他蒙太奇只在上身使用。

步骤 **02** 混合FullBody和UpperBody缓存。创建另一个Use cached pose'FullBody'节点和一个Use cached pose'UpperBody'节点。为每个骨节点创建分层混合（右击并搜索）。将Use cached pose'FullBody'节点连接到Base pose输入引脚，并将Use cached pose'UpperBody'节点连接到Blend pose 0输入引脚。选择每个骨骼节点的分层混合，转到"细节"面板，展开Layer Setup下面的0。这个0部分表示如何在Base Pose输入的基础上与Blend Pose 0输入进行混合。

单击Branch Filters的"+"号，为其提供一个名为0的新条目，打开它，并将骨骼名称设置为spine_02，将骨骼深度值设置为2。这意味着从spine_02开始，在接下来的两个子骨中，姿势逐渐从Base Pose混合到Base Pose 0。spine_02（上半身骨骼）下的两个子骨之后的任何骨骼都将执行完整的Base Pose 0。任何比spine_02（下半身骨骼）有更高层次的骨骼都将使用Base Pose。在这里，我们让打算在上半身播放的动画只在上半身播放。勾选Mesh Space Rotation Blend复选框，以避免更高层次结构引起的偏移。网格空间意味着所有骨骼的旋转都是相对于网格的位置和旋转，而不是它们的父关节（局部空间）。

最后，将出姿引脚连接到Output Pose节点的Result输入引脚，如图19-36所示。

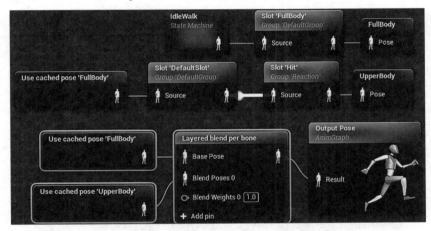

⬆图19-36　混合FullBody和UpperBody缓存，并将其用于最终姿势

步骤 **03** 将Death_From_the_Back_Montage设置为使用FullBody插槽。打开Death_From_the_Back_Montage，并将其插槽更改为DefaultGroup.FullBody。

再次进行游戏，所有动画应该都能像预期的那样工作。

步骤 **04** 当受到伤害时，让healthComp通知AI控制器。如果AI站在那里，受到伤害却什么都不做，那将是荒谬的。目前，它正在这样做。为了让这一切发挥作用，我们需要告诉HealthComp在Pawn受到伤害时通知AI控制器。打开BP_HealthComp，并找到TakeDamage事件。在HealthCompNotify_TookDamage接口调用之后，添加另一个HealthCompNotify_TookDamage，这一次，我们在AI控制器上调用它，如下页图19-37所示。

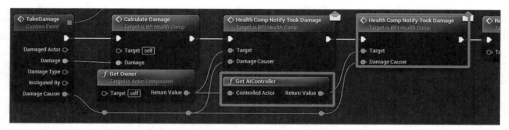

⬆ 图19-37　当受到伤害时，让healthComp通知AI控制器

步骤 05 让AI知道玩家受到伤害的时间。打开AIC_Patrol，进入它的类设置，并添加BPI_HealthComp作为另一个接口。实现HealthCompNotify_TookDamage接口功能，如图19-38所示。

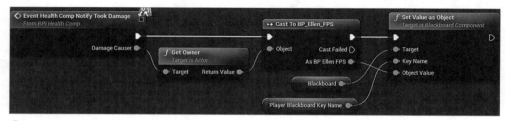

⬆ 图19-38　HealthCompNotify_TookDamage的实现

根据我们的武器设置，造成伤害的应该是枪，所以我们需要找到枪的主人并将它投射到BP_Ellen_FPS中，以确保造成伤害的是玩家。然后我们将黑板键设置为Player。

再次进行游戏，当射击AI时，它会立即向我们移动。

我们的AI在这一点上表现得很好。它一旦注意到我们的存在，就会无情地去追逐。我们可以再走一步，让AI在看不见我们的时候忘记我们。

步骤 06 创建一个布尔变量来存储玩家是否在AI视线范围内。向AIC_Patrol添加一个新的布尔类型的变量，并将其命名为"IsPlayerInSight"。在Event On Seer Target Update事件中，将其设置为Break AIStimulus节点的Successfully Sensed输出引脚，如图19-39所示。

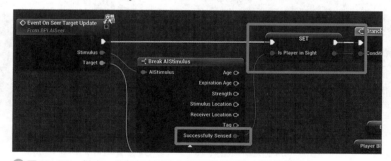

⬆ 图19-39　创建一个布尔变量来存储玩家是否在AI视线范围内

步骤 07 创造遗忘功能，让AI忘记玩家。打开AIC_Patrol并创建一个新的自定义事件，将该事件命名为"StartForgettingPlayer"。从其执行引脚拖出，然后创建Branch节点，并使用IsPlayerInSight连接Branch节点的Condition输入引脚。从False执行引脚中拖出，在打开的窗口搜索并创建Set Timer by Event节点，在该节点中将Time参数设置为10秒钟。

在Set Timer by Event节点的Return Value输出引脚上右击，在快捷菜单中选择"提升到变量"命令，为AIC_Patrol添加一个新变量。转到"我的蓝图"面板的"变量"区域，将新变量的名称更改为"ForgetPlayerTimer"。

从Set Timer by Event节点的Event输入引脚中拖出,在打开的窗口选择"添加事件">"Add Custom Event"选项,将新的自定义事件命名为"ForgetPlayer",并绑定到一个新事件。在 ForgetPlayer中,我们将Player黑板键的值设置为0,如图19-40所示。

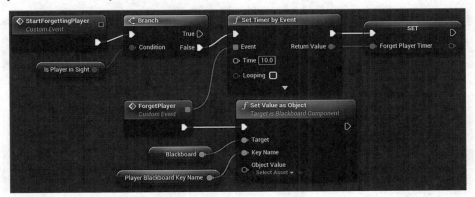

⬆图19-40 创建遗忘功能,使AI忘记玩家

在这里,我们使用了一个名为"Time"的新功能,Set Timer by Event事件在10秒后调用 ForgetPlayer事件,就像Delay节点一样。但是,它还返回一个计时器句柄,允许我们操作倒计时, 可以使用它来取消计时器、暂停计时器和查询进度。此外,我们还检查了玩家是否在AI视线范围 内,因为我们希望武器攻击触发这个事件,但是,我们不希望玩家在AI视线范围内时忘记玩家。

步骤 08 创建一个CancelForgettingPlayer事件来取消计时器。创建一个新的自定义事件 CancelForgettingPlayer。在这个事件中,我们只是获得ForgetPlayerTimer,然后通过Clear and Invalidate Timer by Handle函数清除并使其无效。创建事件后,在StartForgettingPlayer中的Set Timer by Event函数之后调用它。这个调用用于确保在添加新计时器之前清除之前的计时器,如 图19-41所示。

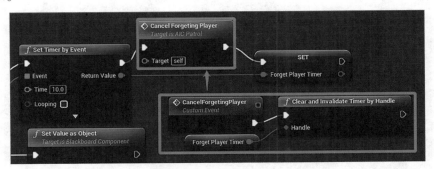

⬆图19-41 实现CancelForgettingPlayer事件并在Set Timer by Event之后调用它

步骤 09 然后我们可以在Event On Seer Target Update事件中添加对CancelForgettingPlayer和 StartForgetingPlayer的调用,如下页图19-42所示。

在这里,我们首先取消开始时就忘记玩家,因为感知已经更新。如果Successfully Sensed为 False,我们调用StartForgettingPlayer,这意味着玩家从AI视线中消失的那一刻就开始忘记玩家。

步骤 10 在Event Health Comp Notify Took Damage事件中添加对CancelForgettingPlayer和 StartForgettingPlayer的调用,如下页图19-43所示。

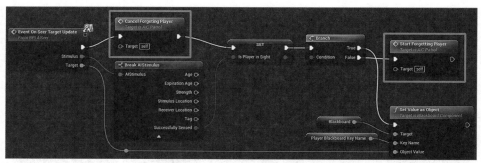

图19-42　在Event On Seer Target Update事件中调用CancelForgettingPlayer和StartForgettingPlayer

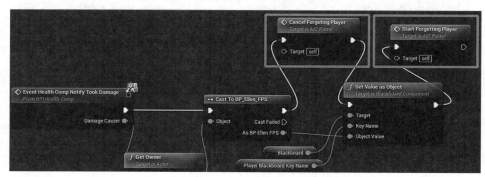

图19-43　在Event Health Comp Notify Took Damage事件中调用CancelForgettingPlayer和StartForgettingPlayer

我们在这里也有类似的逻辑，当AI受到玩家伤害时，我们取消了AI忘记玩家。但会在AI被击中后立即忘记玩家，因为无法保证AI在被玩家击中后能立即看到玩家。

最终，我们完成了AI的巡逻，图19-44显示了我们实现的所有功能。

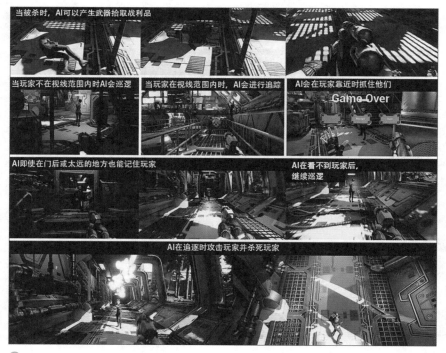

图19-44　实现的所有巡逻功能

19.6 总结

我们已经创建了一个功能很强的AI，可以看到构建的不同系统是如何联系在一起的。让我们再来介绍一下这些系统。

- ⊙ 角色：是所有其他系统围绕的核心系统，它可以攻击、受到伤害、死亡，并播放各种动画。
- ⊙ 武器系统：负责输出伤害并保持特定于武器的动画。
- ⊙ 动画系统：驱动角色动画并帮助驱动武器逻辑。
- ⊙ 生命系统：BP_HealthComp负责接收伤害，将伤害和死亡通知给其所有者。
- ⊙ 感知系统：将其所看到的信息告知所有者及其AI。
- ⊙ AI：驱动敌人的行为。
- ⊙ UI：显示游戏的状态。

所有这些系统都有其独特的结构，相互连接以使整个游戏能够良好地运行。

随着我们创建的游戏变得越来越大、越来越复杂，追踪所有内容就变得很难。随着我们不断进步，使这些系统变得简单、灵活和优雅就越来越重要。

让我们进入下一个章节，即快速为游戏创造一个Boss。

第20章

Boss

欢迎来到Boss这一章。对于玩家而言，没有什么比最终遇到Boss更让人兴奋的了。在本章中，我们将为大家带来更多乐趣，创造出具有趣味性和挑战性的Boss战斗。

20.1 设计Boss战斗

在开始本章之前，我们先列出想要Boss做的事情。

◉ Boss采用英雄资产的形式出现。

◉ 当Boss看到玩家时，它会锁定玩家并始终面对着玩家。

◉ Boss开始每3秒钟向玩家发射一枚手榴弹。

◉ Boss每8秒钟就会在它后面生成一个随从。

◉ Boss的随从是BP_Patrol的子类，它永远不会忘记玩家，在其死亡时会生成榴弹。

◉ Boss周围的四个角落有四个生命值回复点。

◉ Boss死时会爆炸，杀死所有随从，并生成"YOU WIN!"的标志。

20.2 创建Boss类

让我们马上开始创建Boss吧！具体步骤如下。

步骤01 组装Boss的视觉效果并创建层次结构。在Blueprints文件夹中创建一个名为"Boss"的新文件夹，并创建一个名为BP_Boss的新类，该类从Actor类派生。打开BP_Boss，在内容浏览器中找到所有英雄资产的静态网格，将它们拖到BP_Boss的"组件"面板中，完成组件的添加，确保它们的"移动性"都设置为"可移动"。添加一个新的场景组件，然后我们将其命名为"RotationPivot"。在"细节"面板中，将位置Z设置为320，旋转Z设置为900。现在，这个RotationPivot应该在身体球体的中心，并且其前向轴（X轴）朝向前方。将Boss球体部分的全部网格的父级设置为RotationPivot，如图20-1所示。

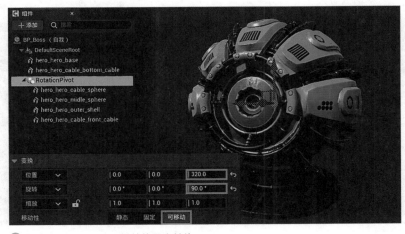

⬆ 图20-1　BP_Boss组件的层次结构

步骤02 添加SeerRef并生成BP_AISeer。这一步操作几乎与我们在BP_Patrol上设置SeerRef和BP_AISeer的方式相同。唯一的区别是，我们将SeerRef附加到RotationPivot上，并将其向前移动到Boss的眼睛（前圆）处。

对于SeerRef的设置，我们将其"内部和外部锥角"的值设置为50，"衰减半径"的值设置为5000。这些设置是为了确保当玩家进门时Boss能够看到玩家。设置完成后，将Boss房间中的模型替换为BP_Boss，将玩家起始点和三个武器拾取点拖到Boss房间并进行测试，如图20-2所示。

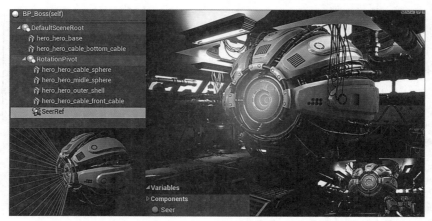

🔼 图20-2 添加SeerRef并添加生成、匹配和附加代码以生成BP_AISeer

步骤03 让Boss知道玩家的存在。添加一个名为"Player"的新变量并将"变量类型"设置为BP_Ellen_Base的"对象引用"。将BPI_AISeer接口添加到BP_Boss，并连接到Event On Seer Target Update事件，如图20-3所示。

🔼 图20-3 让Boss知道玩家的存在

在这里，我们只是将Player变量设置为BP_AISeer感知的目标。

步骤04 让Boss看到玩家。为BP_Boss添加一个名为"RotationSpeed"的浮点变量，编译后将其默认值设置为5。创建一个新的自定义事件，将其命名为"TryLookAtPlayer"，并在Event Tick事件中调用它，如图20-4所示。

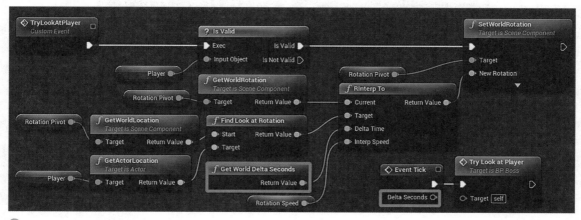

🔼 图20-4 实现TryLookAtPlayer事件

我们首先检查变量Player是否有效。然后发现RotationPivot需要旋转来观察玩家。我们在制作玩家投降代码时也做了同样的事情。

然后调用了一个RInterp To函数。该函数根据Interp Speed和Delta Time参数，返回当前和目标输入之间的旋转。速度越快，提供的时间越长，返回值就越接近目标输入。

对于Delta Time输入参数，连接Get World Delta Seconds函数，这也是从上一帧到当前帧所花费的时间。我们使用Get World Delta Second函数是因为在Event Tick事件中调用这个函数。这样，插值的时间就是实时的。

最后，将RotationPivot的旋转设置为返回值。

再试试这个游戏，Boss会马上看到我们。需要注意的是，因为有速度限制，Boss的旋转有一个很好的滞后效果。这种滞后是必要的，否则Boss就会一直攻击我们，如图20-5所示。

⬆ 图20-5　Boss开始时会看到玩家

步骤05 添加一个生命条。向BP_Boss添加另一个场景组件，将其命名为"HealthBarPivot"，并将其旋转90°，使其X轴面向Boss的前方。选择HealthBarPivot后，添加一个新的控件组件，将其命名为"HealthBar"。转到"细节"面板，将"控件类"设置为WBP_HealthBar。向前移动HealthBar，并将其在Z轴上缩小以使其平坦，如图20-6所示。

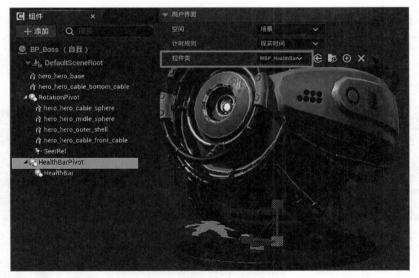

⬆ 图20-6　为BP_Boss添加生命条

为什么?

那么我们为什么要创建HealthBarPivot呢？因为我们希望玩家总是能够看到生命值。为了实现这一要求，我们需要让它围绕Boss的中心旋转。如果我们从Boss后面看，Boss会挡住它。

步骤06 设置生命条的外观。在Event BeginPlay事件的末尾添加下页图20-7中突出显示的代码。

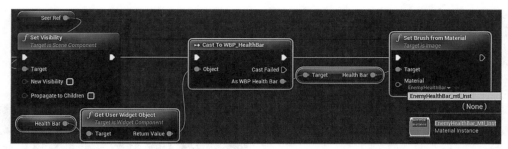

⬆ 图20-7　在Event BeginPlay事件中设置生命条的外观

在这里，我们只是将生命条使用的材质设置为EnemyHealthBar_Mlt_Inst。

步骤07 让生命条面向玩家。创建一个名为"RotateHealthBarToPlayer"的自定义事件，并在Event Tick事件的末尾调用该自定义事件，如图20-8所示。

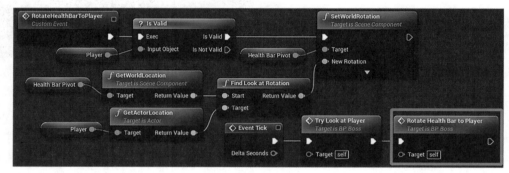

⬆ 图20-8　RotateHealthBarToPlayer自定义事件的实现

在这里，我们首先检查变量Player是否有效，然后让HealthBarPivot向玩家旋转。

步骤08 添加BP_healthComp并更新生命条。将BP_HealthComp添加到BP_Boss中，并在"细节"面板中将Max Health和Current Health的值均设置为1000。在类设置中添加BPI_HealthComp，并实现HealthCompNotify_UpdateUI事件，如图20-9所示。

⬆ 图20-9　添加BP_HealthComp和BPI_HealthComp，并实现HealthCompNotify_UpdateUI事件

我们只是更新生命条，就像在BP_Patrol上做的那样。再次进行游戏，可以看到生命条更新了，如图20-10所示。

现在我们已经建立了Boss的基础，让我们继续操作，使它会攻击玩家。

⬆ 图20-10　完成UI

20.3 Boss攻击

下面我们让Boss进行攻击，具体步骤如下。

步骤01 创建一个手榴弹生成点。在"组件"面板中选择RotationPivot，并添加一个新的场景组件。将它向前移动，这样它与Boss之间就有足够的距离让手榴弹生成，如图20-11所示。

⬆ 图20-11 添加手榴弹生成点

步骤02 创建StartShootingGrenade事件，如图20-12所示。并在Event On Seer Target Update事件的末尾调用创建的事件。

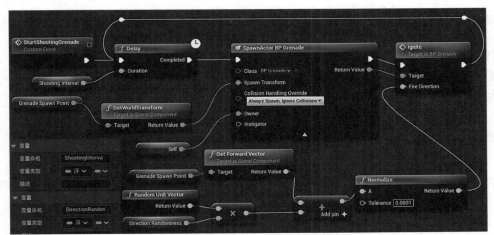

⬆ 图20-12 StartShootingGrenade事件的实施

首先，我们创建了两个新的浮点变量。第一个名为"ShootingInterval"，将默认值设置为3；第二个名为"DirectionRandomness"，将默认值设置为0.1。

对于这个函数，我们开始调用一个持续时间为ShootingInterval的Delay。这样，Boss就不会马上开始攻击玩家，然后我们在GrenadeSpawnPoint生成一个手榴弹并点燃它。再次回到Delay，重复这个过程。

对于射击方向，我们首先获得GrenadeSpawnPoint的正向向量。然后将其与某个随机单位向量相加，再乘以DirectionRandomness变量。Random Unit Vector节点返回一个具有随机方向且长度为1单位的向量。我们通过将其与DirectionRandomness相乘（通过使用向量*浮动节点），将其变小，使它对最终射击方向的影响较小。Normalize节点的Return Value是一个向量，它与A输入方向相同且长度为1。我们需要对其进行规范化，以确保速度不受其影响。

我们没有在图中显示它，但是请在Event On Seer Target Update事件的末尾调用这个函数来查看效果。再次进行游戏，Boss会开始朝我们开枪。

(步骤 03) 设置一个布尔值来定义我们是否想要AI忘记玩家。我们想要Boss的随从永远不会忘记玩家，要实现这一点，需要修改AIC_Patrol。首先打开AIC_Patrol，然后我们添加一个布尔变量ShouldForgetPlayer，编译后将其默认值设置为True。在StartForgettingPlayer事件的开头，添加一个带有ShouldForgetPlayer的Branch节点，只允许AI在ShouldForgetPlayer为True时忘记玩家，如图20-13所示。

⬆图20-13　在StartForgettingPlayer函数的开头添加一个ShouldForgetPlayer

(步骤 04) 创建一个BP_Boss_Minion类，从BP_Patrol派生一个名为BP_Boss_Minion的新类。打开BP_Boss_Minion，在类默认值中，将Loot设置为BP_GrenadeLauncher。在"组件"面板中选择BP_HealthComp，并将其Max Health值设置为20，current health的值设置为10。

为什么？

首先，游戏中的弹药非常有限，我们将Boss的生命值设置为1000。我们还需要为玩家提供更多的弹药，但这不应该是免费的。

我们让Boss产生能够追逐玩家的随从。然而，当玩家杀死一个随从时，就会产生一个手榴弹发射器，让玩家补充弹药。

其次，BP_Patrol的默认生命值太高，在与Boss战斗时很难应对，降低它有助于使游戏更容易。我们让生命值减半，这样，这些随从就有可能消耗我们稍后在Boss周围放置的生命恢复效果。

(步骤 05) 设置随从不会忘记玩家，并让他们在产生时知道玩家。在BP_Boss_Minion中，将图20-14中的代码添加到Event BeginPlay事件中。

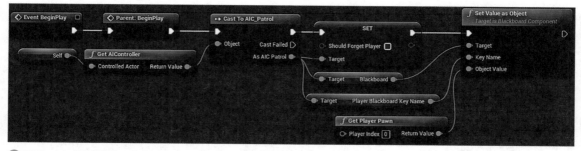

⬆图20-14　设置随从不会忘记玩家，并让他们在产生时知道玩家

在这里，我们获得AI控制器并将ShouldForgetPlayer设置为False，这样AI就不会忘记玩家了。然后我们将玩家黑板上的"键"设置为玩家，让AI知道玩家的存在。

步骤 06 添加一个球体组件来指示随从的生成参数。打开BP_Boss，添加一个新的球体碰撞组件，将其命名为"MinionSpawnPerimeter"，该组件用作碰撞器或触发器。然而，我们只是想使用它来可视化随从的生成参数。转到"细节"面板并将其"碰撞预设"设置为NoCollision。将它的球体半径值设置为800，这样它在关卡中的外周长就不会被任何东西阻挡，如图20-15所示。

图20-15　添加一个球体碰撞组件，设置其半径，使其外部周长位于一个空白区域

步骤 07 创建一个函数来获取随从的派生变换。创建一个名为"GetMinionSpawnTransform"的新函数，给它一个名为"SpawnTransform"的输出，并将类型设置为Transform。将函数标记为纯函数，并实现图20-16所示的函数。

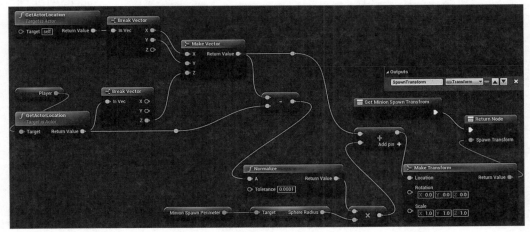

图20-16　GetMinionSpawnTransform函数的实现

我们得把它横向挤压以适合这本书。从左上角开始，我们获取Boss和玩家的位置，并使用Break Vector节点来分解这两个向量。然后，我们制作了一个新的向量，其中包含Boss的X和Y坐标，但来自玩家的Z坐标（高度）。这个新向量表示玩家的高度，X、Y表示Boss的位置。然后我们用这个新向量减去玩家的位置，得到的就是从玩家指向Boss的水平向量（为什么？）。

然后，我们将减法的结果归一化，得到一个单位向量，也是一个从玩家指向Boss的水平向量。这个归一化向量之后被缩放（乘以）至MinionSpawnPerimeter的半径。我们将其与向量相加，该向量具有Boss的X、Y坐标，也具有玩家的高度。这个最终位置将是Boss的另一边（相对于玩家）的位置，该位置位于MinionSpawnPerimeter的外围，并且与玩家具有相同的高度。

整个计算会得出Boss的高度，所有向量都使用玩家的高度。通过这种方式，我们进行水平计算，并确保派生位置与玩家的高度相同。

步骤 08 添加一个新的浮点变量MinionSpawnInterval，将其默认值设置为8。创建一个名为"StartSpawnMinions"的事件并实现它，在Event On Seer Target Update结束时调用该事件，如图20-17所示。

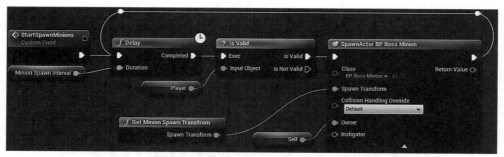

⬆图20-17　StartSpawnMinions事件的实现

就像设置StartShootingGrenade事件一样，我们从MinionSpawnInterval连接的Delay节点开始。再检查我们是否有一个有效的玩家，因为GetMinionSpawnTransform节点使用了玩家的位置。然后，使用在前一步中创建的GetMinionSpawnTransform函数来获得一个生成转换，并生成一个BP_Boss_Minion。最后事件返回到Delay节点并重复执行。

再次进行游戏，会看到每8秒钟Boss后面就会出现一个BP_Boss_Minion，如图20-18所示。

⬆图20-18　每8秒钟就有一个随从出现在Boss身后

Boss会发射手榴弹，随从会追着玩家跑，所以玩家很难赢。下面让我们在房间里添加一些BP_HealthRegens。

步骤 09 在Boss的四个角落添加四个BP_HealthRegens，如图20-19所示。

⬆图20-19　在Boss的四个角落添加四个BP_HealthRegens

攻击Boss的部分到此为止。下面我们让Boss在生命值耗尽时死亡。

20.4 Boss的死亡与胜利

下面设置Boss的死亡与胜利，具体步骤如下。

步骤01 启用APEX Destruction插件。在内容浏览器中单击"保存所有"按钮保存我们所做的工作。在菜单栏中执行"编辑">"插件"命令，打开"插件"窗口。在右上角的搜索框中输入apex，搜索结果只有一个名称为Apex Destruction插件。勾选该插件左侧的复选框，然后在下方弹出的提示信息中单击"立即重启"按钮，项目会重新启动并加载插件。我们想要使用Apex Destruction插件在Boss死亡时将其炸毁，如图20-20所示。

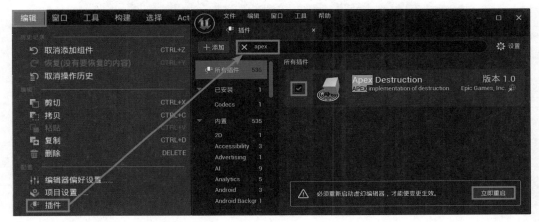

⬆ 图20-20　启动Apex Destruction插件

步骤02 导入Boss的组合网格。在支持的文件中，我们提供了一个名为"Boss_Combine"的网格，这个网格合并了Boss的所有模型。将它导入到StaticMeshes文件夹的hero文件夹中，并指定正确的材质。

步骤03 创建一个可破坏的网格。右键单击导入的Boss_Combine静态网格体，选择"创建可破坏网格"命令，然后插件创建一个名为"Boss_Combine_DM"的新资产，如图20-21所示。

步骤04 破坏可破坏的网格。打开Boss_Combine_DM，单击"断裂网格"按钮将其断裂。由于我们的模型有点复杂，断裂过程将需要一些时间。虚幻引擎也会冻结一段时间，如图20-22所示。

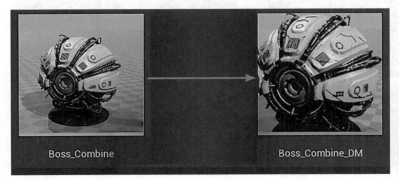

⬆ 图20-21　创建可破坏网格体

⬆ 图20-22　断开网格

步骤 05 创造一个Boss爆炸角色。在Boss文件夹中创建一个派生自Actor的新类，并将其命名为"BP_Boss_Blowup"。打开BP_Boss_Blowup并将Boss_Combine_DM从内容浏览器拖到BP_Boss_Blowup的"组件"面板中，将其作为组件添加。

步骤 06 添加一个"YOU WIN！"的标签。添加一个TextRender组件（单击"添加"按钮并搜索），TextRender组件是一个文本。选择此TextRender，转到"细节"面板，将"文本"更改为"YOU WIN!"，将"水平对齐"设置为"居中"，并将"文本渲染颜色"设置为充满活力的橙色。将TextRender向上拖动并缩放，使其与模型大小相同，如图20-23所示。

⬆图20-23 添加一个"YOU WIN！"的标签

步骤 07 实现标签的爆炸、视觉特效和旋转。在"事件图表"中，实现Event BeginPlay和Event Tick事件，如图20-24所示。

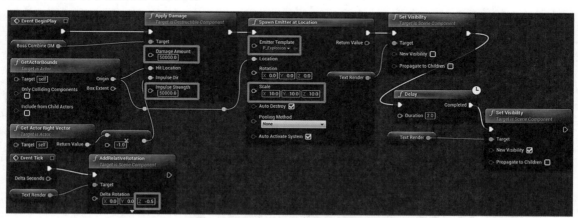

⬆图20-24 实现标签的爆炸、视觉特效和旋转

在Event BeginPlay事件中，我们对可破坏网格体施加了大量的伤害。这个插件与伤害系统一起工作，所以我们只需要应用伤害即可将其炸毁。将Damage Amount和Impulse Strength的值都设置为50,000。GetActorBounds节点提供了这个角色的边界框的原点和扩展，我们使用边界框的原点作为Hit Location，所以脉冲从整个角色的中心开始。

将Apply Damage节点中Impulse Dir参数设置为角色右向量（Y轴）的反向。如果在视口中观察它，可以看到Y轴指向网格的前面。我们使用Y轴的方向（乘以-1）作为Impulse Dir并将其向后推。

然后制作了一个爆炸视觉特效。在这里，我们将视觉特效放大十倍，使其看起来像一个更大的爆炸效果。最后，在开始时将TextRender的可见性设置为不可见，并在2秒钟后使其可见。

在Event Tick事件中，我们简单地使文本渲染旋转。

步骤 08 执行Boss之死。HealthCompNotify_Dead事件的实现如图20-25所示。

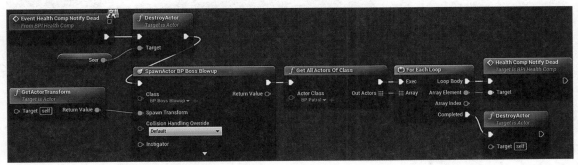

⬆ 图20-25 HealthCompNotify_Dead事件的实现

在这里，我们先摧毁Seer，然后在Boss变形时生成BP_Bose_Blowup。之后我们调用Get All Actors of Class节点来获取BP_Patrol类型的所有角色及其子类。遍历所有人并让他们去死。最后，我们杀死了Boss。

再次进行游戏并尝试打败Boss，我们会看到它爆炸并显示"YOU WIN!"的文本，如图20-26所示。

⬆ 图20-26 Boss爆炸并显示"YOU WIN!"文本

在一场残酷的战斗之后，终于看到"YOU WIN!"的标签，这种感觉很好，同时，也标志着本章教程的结束。下页图20-27显示了我们实现的所有机制。

老板会一直看着你

老板每3秒向你发射一枚
手榴弹

老板生成随从并攻击玩家

老板死亡时会爆炸

老板死亡后，显示"YOU WIN！"文本

⬆ 图20-27　为Boss实现的所有功能

20.5 总结

　　令人惊讶的是，实现Boss的所有功能并不需要很长时间。可能一个上午就能完成，甚至半个上午。在大多数情况下，我们只是将之前构建的各种组件和功能组合在一起。我们精心设计和分离游戏不同部分的主要目的是实现易用性和可重用性。手榴弹发射器就是手榴弹发射器，手榴弹就是手榴弹，如果不能在逻辑上将它们分成两个角色，我们便很难让Boss发射手榴弹。我们的BP_healthComp、BP_AISeer和WBP_HealthBar都可以通过这种方式重复使用。

　　现在，我们完成了Boss编程和所有其他游戏的玩法编程。然而，在完成游戏之前还有很多事情要做，例如还没有添加任何音频效果。让我们继续前进，在下一章添加更多的视觉特效。

第 21 章

音频和视觉特效

大家好，欢迎来到音频和视觉特效这一章。在本章中，我们将学习如何在游戏中使用音频和添加额外的视觉特效。这个行业有一个众所周知的笑话：没有人关心音频。

尽管音频对许多类型的游戏来说并不完全重要，但它却是一个不可忽视的部分。通常情况下，音频确实会产生巨大的影响。现在，我们没有足够的时间谈论如何从头开始录制音频，但幸运的是，网上可以找到很多免费资源，只要确保找到的免费的音频是无版权的。

21.1 为游戏添加音频

被允许使用声音文件有时可能也很棘手，因为尽管资源是免费的，但许多作者需要署名，所以必须给他们适当的报酬。

将音频放入虚幻引擎中也是一项简单的任务。在支持声音的文件中，有一个名为Audio的文件夹，将文件夹拖到内容浏览器的根目录中，以导入所有的内容。导入完成后，可以将光标悬停在它们上面，然后单击播放按钮进行播放。

让我们学习几种在游戏中添加音频的方法。

步骤01 将音频添加到主菜单级别。转到Level文件夹并打开StartMenuLevel文件夹，这是游戏的入口。返回Audio文件夹，将名为Menu的音频资产拖动到关卡中，如图21-1所示。

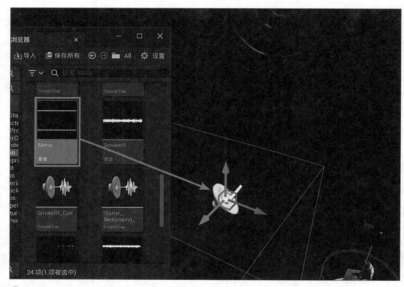

⬆ 图21-1　将音频资产添加到关卡中

操作完成后，当我们玩游戏时，会立刻听到添加的音频的声音。

步骤02 将音频组件添加到推拉门上。返回Level_01_Awake，然后打开BP_SlidingDoor。添加新的音频组件，在"细节"面板的"声音"部分，将"声音"设置为door_open。当我们玩游戏时，应该马上听到开门的声音。

步骤03 在开始时停止播放声音。为了阻止立即播放声音，需要添加图21-2的代码到Event BeginPlay事件中。

⬆ 图21-2　在开始时停止播放声音

步骤 04 使门在开启或关闭时发出声音。在Event Overlapped和Event Un Overlapped事件的开始插入图21-3中突出显示的节点。

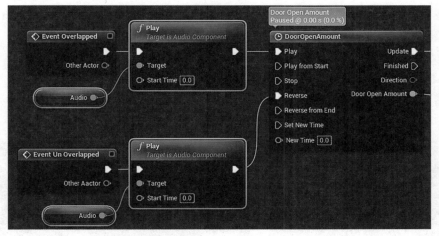

⬆ 图21-3　使门在开启或关闭时发出声音

为什么?

　　玩游戏时,声音应该只在打开或关闭门时播放。但是,如果使用的是我们提供的项目文件,仍然可以随机听到开门的声音。我们听到的额外声音来自另一扇遥远的门,是由于巡逻的AI敌人触发所发出的声音。在默认设置中,音频资产是没有衰减的,接下来将解决这个问题。

　　步骤 05 设置打开门时的音频的衰减。首先在内容浏览器中,打开door_open。在"细节"面板中向下滚动并展开"衰减"区域,单击"衰减设置"下的三角按钮,在列表中选择"声音衰减"选项。在弹出的"资产另存为"对话框中,打开Audio文件夹。然后我们在"命名"文本框中输入NaturalSoundAttenuation并单击"保存"按钮。在Audio文件夹中创建一个名为"NaturalSoundAttenuation"的新资产。将其打开,将"衰减(音量)"区域中的"衰减函数"设置为"自然声音",如图21-4所示。

⬆ 图21-4　增加打开门时音频衰减

　　任何音频资产都可以使用NaturalSoundAttenuation资产。使用NaturalSoundAttenuation的会有一个基于距离的自然衰减。我们需要所有其他音频也有自然衰减,继续并将所有其他音频的"衰减设置"设置为NaturalSoundAttenuation。

步骤 06 创建一个脚步提示。为了使脚步声起作用，我们需要让它重复执行。在footstep节点上右击，在快捷菜单中选择"创建提示"命令，创建一个名为"footstep_Cue"的新资产。音频提示是音频的蓝图，打开footstep_Cue，可以在中间看到一个图形，其中footstep节点连接到了Output节点，如图21-5所示。

就像任何其他蓝图一样，我们可以在空白处右击，在打开的窗口中搜索，在搜索的列表中创建新节点，并且可以添加大量节点来更改音频。

步骤 07 使音频以延迟的方式重复。创建Delay节点和Looping节点，连接这两个节点，如图21-6所示。

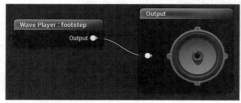

⬆ 图21-5 新创建的footstep_Cue

⬆ 图21-6 添加Delay节点和Looping节点

选择Delay节点，在"细节"面板中将"延迟最小值"和"延迟最大值"的值均设置为0.1，以便Delay节点在下一个循环之前延迟音频0.1秒。将Looping节点的Output输出节点连接到Output节点。转到"细节"面板，并将"衰减设置"设置为NaturalSoundAttenuation。单击"保存"按钮保存更改。

步骤 08 设置脚步。打开BP_Character_Base，向其中添加一个音频组件，将该组件重命名为"Footsteps"。选择Footsteps，在"细节"面板中，将"声音"设置为脚步声提示。切换至"事件图表"选项卡，并在Event Tick事件中添加图21-7中突出显示的代码。

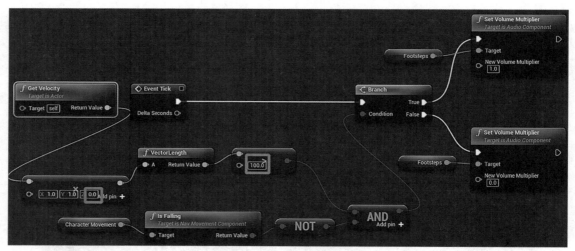

⬆ 图21-7 在Event tick事件中添加代码，根据角色的速度控制脚步的音量

这里我们得到角色的速度，然后将它与另一个向量（1,1,0）相乘，这样做是因为我们只关心水平速度。然后我们将得到向量的长度，也就是速度，再将速度与100进行比较。在图的底部，我们得到了Character Movement，并询问角色是否在下落。

如果速度大于100，并且不是在下降（在空中跳跃）时，我们将脚步声的音量乘数设置为1。

否则，我们将它设为0。我们正在设置的音量乘数用于缩放脚步声的音量，当角色不移动、下落或移动缓慢（低于每秒100个单位）时，将脚步声的音量设置为0。

再次进行游戏，玩家和巡逻队都应该有正确的脚步声了。

步骤09 让摄像机开始转动。从camera_roll创建另一个音频提示，打开它并添加一个Looping节点，在"细节"面板中将其"衰减设置"设置为NaturalSoundAttenuation，如图21-8所示。

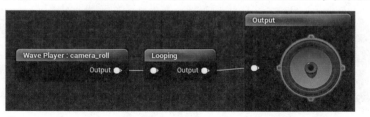

⬆ 图21-8　从camera_roll创建一个音频提示，并添加Looping节点

步骤10 在BP_SecurityCamera中添加摄像机转动的声音。打开BP_Camera并添加音频组件，将新的音频组件命名为"RollingAudio"。将RollingAudio的声音设置为camera_roll_Cue。添加一个名为"volume"的新浮点型变量，将其默认值设置为0.05。找到StartRollingCamera事件，并在其末尾添加图21-9中突出显示的代码。

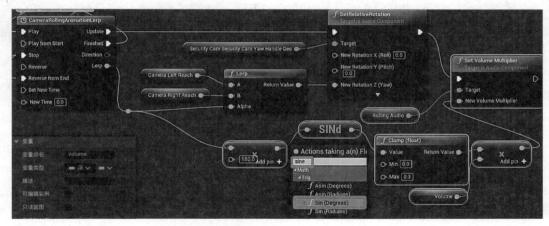

⬆ 图21-9　在StartRollingCamera事件末尾添加的代码

在这里，我们利用时间轴来确定摄像机转动声音的音量。然而，Lerp的范围是从0到1，但我们希望声音从0到1，然后再回到0。为了实现这一点要求，我们需要将一个0到1的范围重新映射到一个0到1到0的新范围。

如果我们学习过正弦波，就知道它非常适合这个目的。我们首先通过将Lerp输出值乘以180，重新映射为0到180。然后将该值传递给sine（Degrees），使SINd节点的输出变成了sine（0）到sine（180），这是正弦波的前半部分。

我们知道正弦波的前半部分的范围是从0到1，然后又回到0，但是我们将值限制在0到0.3以使曲线变平。通过变平处理,中间的音量保持不变。最后，我们将限制的结果与音量相乘，将其作为一个额外的调整。

正如我们所看到的，数学在编程中是一个有益的工具。但是不要太害怕它，因为不需要计算。在编程的世界里，数学就像一种宗教，要么信，要么不信。我们只需要知道数学计算给了我们什么，但不需要理解它是如何计算出来的。

再次进行游戏，会听到摄像机发出微妙的机械臂转动的声音。

步骤11 给管道攻击添加声音。转到我们的animations文件夹，找到并打开Ellen_FPS_Pipe_Attack。在时间轴中，找到管道开始下降的时间点并右击，然后在快捷菜单中进行"添加通知"＞"播放声音"命令。添加新的"播放声音"通知后，转到"细节"面板，将"声音"设置为pipe_whoosh。

再玩一次游戏，拿起钢管攻击，我们就会听到"嗖嗖"的声音。

提示和技巧

如果一个声音注定会在动画中出现，我们就通过动画通知将其添加到动画中。

步骤12 添加管道撞击音频。打开BP_Pipe，找到Event Commit Attack Anim Notify事件。将SphereOverlapActors节点中的Actor Class Filter更改为BP_Character_Base。此设置可确保管道仅击中巡逻人员。有人可能会认为玩家会尝试着用管子去攻击Boss，但如果一根管子能够伤害如此巨大的机器，那就太奇怪了。将图21-10中突出显示的代码添加到事件的末尾。

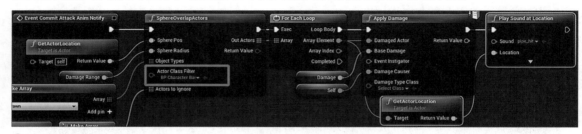

⬆图21-10　在Event Commit Attack Anim Notify事件结束时添加管道命中音频

在这里，只需在击中角色的位置播放pipe_hit音效。在游戏中用管道击中巡逻的人员时，我们应该还会听到击中的音效。

提示和技巧

如果一个声音应该只出现在一个特定的事件中，那就在那个事件中播放这个声音。

步骤13 在死亡动画中添加击中后的反应和坠落的声音。打开Death_From_the_Back动画。这一次，我们添加了两个动画通知，第一种声音是角色开始挣扎时发出的死亡声；第二种声音是body_fall_on_floor声音，发生在身体落地的时候，如图21-11所示。

⬆图21-11　为死亡动画的音效添加两个动画通知

步骤14 添加其他的声音。我们可以用相同的方法添加其他声音，只是需要确保找到适当的位置添加。当需要在游戏过程中控制声音时，可以创建一个音频组件。当只需要播放一次声音时，可以将其添加为动画通知或在蓝图中的某个地方播放。当需要对音频进行更多调整时，可以创建一个提示。在支持的文件中有很多声音，一定要好好利用它们。

21.2 为游戏添加额外的视觉特效

在结束游戏之前还有最后一件事要处理。我们有更多的视觉特效资产可以添加到游戏中。我们之前只创建关键的部分，以便可以看到武器的行为，现在让我们快速地在游戏中添加额外的视觉特效。

步骤01 增加一个枪口插座。打开gun_Gun_body，创建一个名为"Muzzle"的新插座。把新的插座放在枪的前面（子弹射出来的地方），如图21-12所示。

步骤02 导入枪口视觉特效资产。在支持的文件中，有一个名为"NS_Gun_Muzzle_Sparkle.uasset"的新资产，我们将其复制，并粘贴到游戏项目的"内容"（Content）文件夹的VFX文件夹中。需要注意的是，我们不是通过引擎导入该资产，而是通过复制粘贴，如图21-13所示。

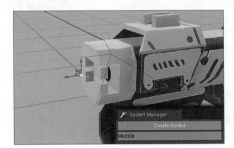

↑图21-12 添加枪口插座

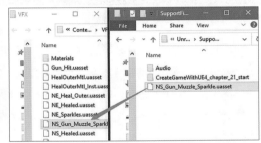

↑图21-13 将新资产复制粘贴到游戏项目"内容"文件夹的VFX文件夹中

当我们有一个资产并且扩展名是.uasset时，将其复制粘贴到内容浏览器的文件夹中，即可将其添加到项目中。

步骤03 添加枪口效果，打开BP_Gun，并将图21-14中突出显示的代码添加到Event Commit Attack Anim Notify事件的末尾。

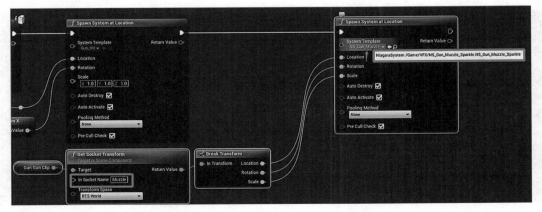

↑图21-14 将枪口效果添加到BP_Gun

在这里，我们在Muzzle插座的位置生成NS_Gun_Muzzle_Sparkle。

步骤 04 创建一个手榴弹跟踪类。在VFX文件夹中有一个名为"Projectile_back_fire"的粒子效果，打开它，可以看到有两个发射器，其中一个发射器名为"Flames"，负责发射火焰；另一颗正在冒烟，名称为"Smoke"。

创建一个从Actor派生的新蓝图类，将其命名为"BP_Grenade_Trail"。打开BP_Grenade_Trail，并将Projectile_back_fire拖到其"组件"面板中，以添加VFX作为新组件。将图21-15所示的代码添加到它的Event BeginPlay事件中。

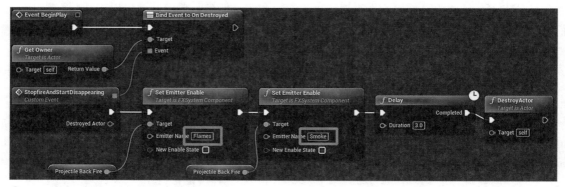

⬆ 图21-15　Bp_Grenade_Trail的全面实施

在这里，我们将一个自定义事件命名为"StopFireAndStartDisappearing"，将其与Bind Event to On Destroyed节点的Event相连。这个Bind Event to On Destroyed与我们在BP_HealthComp中操作的Bind Event to On Take Any Damage非常相似。不同之处在于，StopFireAndStartDisappearing绑定的是对所有者的破坏，而不是受到损害。当所有者被销毁时，StopFireAndStartDisappearing会被触发。

在StopFireAndStartDisappearing中，我们禁用了前面在Projectile_back_fire中看到的两个发射器。此处延迟3秒钟，然后自毁。

这么做是因为我们不希望视觉特效在手榴弹爆炸时瞬间消失。相反，我们希望火焰和烟雾停止排放，但要让已经存在的烟雾再保持3秒钟。

步骤 05 当手榴弹点燃时，产生并附加一个BP_Grenade_Trial。打开BP_Grenade，并在Ignite自定义事件末尾添加图21-16中突出显示的代码。

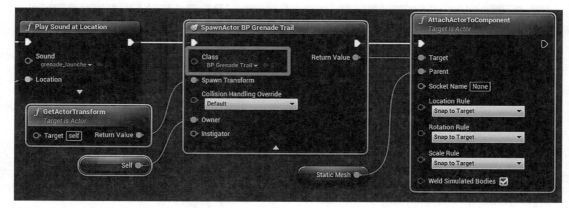

⬆ 图21-16　在Ignite自定义事件结束时添加的代码

在这里，我们只需要生成一个BP_Grenade_Trial，将其所有者设置为self，并附加到网格上。

再次进行游戏时，可以看到枪和手榴弹都有一些很酷的轨迹效果，如图21-17所示。

步骤06 使手榴弹在被击中时产生冲力。我们想给手榴弹添加的另一件事是允许爆炸将动态物体推开。打开BP_Grenade并实现新的自定义事件ApplyImpulse，如图21-18所示。

将角色作为输入的事件任务。获取角色的根组件，将其强制转换为PrimitiveComponent。PrimitiveComponent是所有具有形状的组件的父类，像静态网格体和骨骼网格这样的组件都是它的子类。然后我们可以检查它是否在模拟物理，如果是，我们给它加上冲量。需要注意

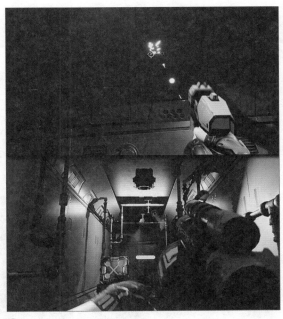

↑图21-17　武器的轨迹效果

的一点是，在Add Impulse节点中需要勾选Vel Change复选框，这样，作为脉冲提供的速度就变成了角色的新速度，所以我们不必担心效果，如图21-18所示。

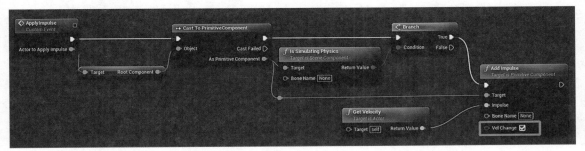

↑图21-18　ApplyImpulse自定义事件的实现

步骤07 在On Component Hit开始时调用ApplyImpulse节点，如图21-19所示。

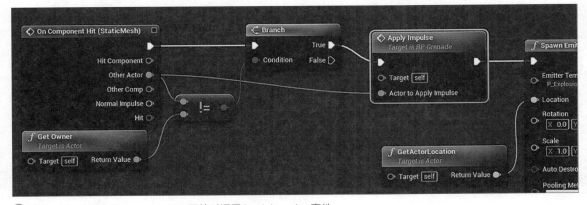

↑图21-19　在On Component Hit开始时调用ApplyImpulse事件

这里，在确定命中的角色不是所有者之后，我们将调用ApplyImpulse。

步骤08 让盒子模拟物理。在"大纲"面板中选择想要接收脉冲的任何框。在"细节"面板中，将其"移动性"更改为"可移动"，并勾选"模拟物理"复选框。我们可以在"大纲"面板中搜索以获得所有的框，如图21-20所示。

玩游戏并拿起一个榴弹发射器，射击这些盒子。现在应该看到盒子被炸飞了。"Boss"也可以把这些盒子炸飞，这让游戏变得更有趣，如图21-21所示。

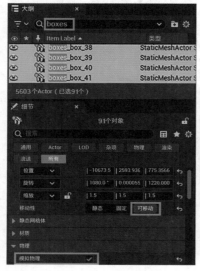

⬆图21-20 让盒子模拟物理

⬆图21-21 盒子被手榴弹炸飞了

在将这些盒子设置为"可移动"后，最好重建照明。

21.3 总结

现在，我们完成了音频和视觉特效的学习，终于可以说游戏已经完成了。然而，除非我们对其进行打包，否则游戏将一直存在于编辑器中。让我们在最后一章中快速讨论打包的内容。

第 22 章

打包

欢迎来到最后一章，本章将介绍如何打包游戏。

在虚幻引擎中，打包游戏是一个简单的过程。我们只需要确保设置了正确的启动地图、图标、启动图像，并填写了有关游戏的必要信息。

22.1 为Windows打包游戏

我们可以在不购买开发许可证的情况下尝试两个平台：Windows和Android。目前，苹果iOS确实需要付费，然而，我们的整个游戏是基于Windows平台开发的，所以我们也不会涵盖Android平台开发的内容。不同平台之间的主要区别在于目标平台的图像、输入和必要的开发工具包。

需要记住的是，如果将来要为Android构建应用程序，则只需要安装Android软件开发工具包。

接下来让我们面向Windows构建游戏。

步骤01 填写描述。在菜单栏中执行"编辑" > "项目设置"命令，并转到"描述"选项。在"关于"区域的"描述"文本框中输入"An escape game"文本，在"项目命名"文本框中输入游戏的名称，在本例子中，游戏名为"TheEscaper"，如图22-1所示。

⬆ 图22-1　填写游戏项目的描述

描述是用来描述游戏的内容。"描述"文本框中的内容只是填写的信息，不会改变游戏的任何方面。在这里，我们只要输入"An escape game"。

而项目名称是游戏可执行文件的名称。

我们还可以在其他部分填写信息，如公司名称或主页，但它们是可选的。

步骤02 设置地图和模式。在窗口左侧选择"地图和模式"选项。确保"默认游戏模式"设置为GM_Ellen_FPS。"编辑器开始地图"是打开编辑器时打开的地图，它应该是我们打开编辑器时想要处理的地图。"游戏默认地图"必须是开始菜单的地图，将它设置为StartMenuLevel，如下页图22-2所示。

步骤 03 设置打包。对于"打包"区域，所有参数都可以保留为Window平台的默认设置。然而，当进行最终构建时，需要将"项目"区域下的"编译配置"设置为"发行"，如下页图22-3所示。

"发行"模式不包括调试功能，像打印字符串或控制台命令这样的内容不会出现在发布版本中。

⬆ 图22-2　设置地图和模式

⬆ 图22-3　在进行最终构建时，"编译配置"应设置为"发行"

步骤 04 设置Windows平台。转到"平台"区域，选择Windows选项。在右侧区域中，将"编辑器启动画面""游戏启动画面"和"游戏图标"设置为我们在支持文件中提供的文件。我们可以单击它们右侧的"…"按钮来添加一个新文件。当添加新文件时，屏幕右下角会弹出一个通知，询问有内容文件变更，是否要导入，单击"导入"按钮即可导入文件，如图22-4所示。

⬆ 图22-4　添加贴图和图标

当加载编辑器时，会显示编辑器的界面，当加载游戏时，会显示游戏界面。游戏图标是游戏可执行文件的图标。

步骤05 构建游戏。单击工具栏中的"平台"按钮，将光标悬停在所需平台选项上，此处选择Windows选项，然后在子列表中选择"打包项目"选项，如下页图22-5所示。在弹出的"打包项目"对话框中，选择放置游戏的文件夹，并确保该文件夹不在我们的项目文件夹中，然后虚幻引擎开始构建游戏。

⬆ 图22-5　为Windows打包项目

打包一个项目可能需要花费一些时间，我们最终将看到一条消息，表明打包完成。

步骤06 测试游戏。当构建完成时，会出现一个带有令人愉快的科幻声音的通知。打开构建游戏时指定的文件夹，并打开WindowsNoEditor文件夹，我们应该看到构建的游戏文件和名为"TheEscaper"的可执行文件。双击TheEscaper运行游戏，如图22-6所示。

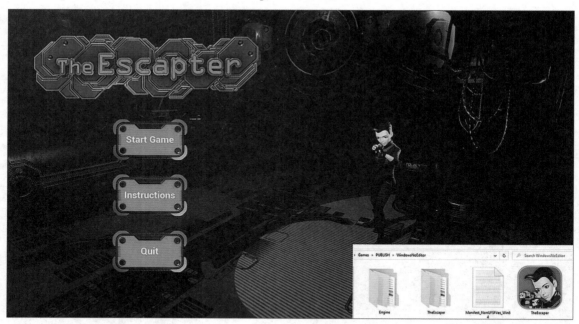

⬆ 图22-6　构建游戏后进行测试

现在是时候享受我们辛勤工作的结果和玩游戏的乐趣了！更重要的是，把它分享给朋友和家人，看看他们是否也喜欢我们设计的游戏！

22.2 总结

祝贺我们自己学习完了这本书！我们应该为自己取得的伟大成就感到骄傲。制作游戏是一项非常耗时的任务，独自完成需要大量的时间、耐心和奉献精神。

然而，游戏的旅程还没有结束，还有很多内容没有机会在本书中介绍。虚幻引擎是一个巨大的游戏引擎，有大量的内置功能。请读者继续每天不断地探索和学习新事物。

现在是开始选择职业的时候了。我们可以决定成为一名独立的游戏开发者，也可以选择在游戏开发的某个领域中继续发挥专长。

如果想成为一名艺术家，可以尝试使用各种不同的软件来提高工作效率，例如，我们应该学习ZBrush。如果想做出更好看的模型，那么ZBrush就是必学的软件之一。

作为一名艺术家，也可以选择一些技术路线。我们没有覆盖所有的绑定内容，所以可以继续研究面部表情或其他形式的生物绑定。成为一名绑定师总能保证找到一份体面的工作，因为99%的大学毕业生都不想做这份工作。

另一方面，也可以学习像Houdini的程序建模和使用Substance Designer（Substance Painter的姊妹软件）进行程序材质创建，甚至还可以学习着色器编程，这需要有艺术家的洞察力和程序员的头脑。

如果想更认真地学习游戏编程，还应该学习C++或C#编程语言。编程也可以分为低级编程和高级编程。低级编程创建了健壮且极其高效的系统，目前，C++是唯一的答案。这就是为什么所有主要的游戏引擎和三维软件都是使用C++构建的。一些程序员可能会争辩说，随着硬件越来越好，C#等其他编程语言也足够快了。在某些情况下，这可能是事实。

高级编程基于低级编程构建的系统来构建游戏逻辑。在高层次上，使用C#、蓝图和Python等更简单的语言来提高生产力。

再次祝贺大家完成了这个了不起的项目，并希望大家可以利用在本书中学到的知识来创造一个很棒的游戏！

索引

注意：斜体页码指的是插图。

I

J

K

L

Y

Z

数字